高等学校遥感科学与技术系列教材

武汉大学规划核心教材

时空数据库原理与技术

张鹏林　余长慧　李维庆　编著

图书在版编目(CIP)数据

时空数据库原理与技术/张鹏林,余长慧,李维庆编著．—武汉:武汉大学出版社,2019.8

高等学校遥感科学与技术系列教材

ISBN 978-7-307-21069-1

Ⅰ.时… Ⅱ.①张… ②余… ③李… Ⅲ.数据库系统—高等学校—教材 Ⅳ.TP311.13

中国版本图书馆 CIP 数据核字(2019)第 155762 号

责任编辑:王 荣 责任校对:汪欣怡 版式设计:马 佳

出版发行:**武汉大学出版社** (430072 武昌 珞珈山)

(电子邮箱:cbs22@whu.edu.cn 网址:www.wdp.com.cn)

印刷:武汉图物印刷有限公司

开本:787×1092 1/16 印张:20.75 字数:489 千字 插页:2

版次:2019 年 8 月第 1 版 2019 年 8 月第 1 次印刷

ISBN 978-7-307-21069-1 定价:46.00 元

高等学校遥感科学与技术系列教材

编审委员会

前　　言

数据库技术作为信息技术应用的最重要的基础领域，一直深受关注。数据库存储管理的数据对象也从经典的业务型、结构化数据，扩展到具有时间维度的时态数据、空间维度的空间数据或兼具时间维度和空间维度的非结构化复杂时空数据。随着技术的发展，虽然数据库的高效存储和查询这一基本功能保持不变，但是现在的数据库需要更广泛的技术将经典和专门的方法集成，来解决各种复杂类型、非结构化数据的操作。

在当今信息时代，时空数据库作为最重要的国家信息基础设施，已成为时空信息系统、智慧城市、物联网、云计算、航空航天、人工智能和无人自动驾驶等许多应用的核心和基础。很多信息应用都对时空数据有高效存储、高效查询和高效处理的要求。新型应用对面向时空对象进行操作的技术需求，在很大程度上推动了时空数据库领域的发展，促进时空数据库技术在相对较短的时间内发展形成了包括时空对象和时空关系的表示方法、存储模型、快速检索方法、特定查询语言、完整性管理和事务管理在内的一项综合性技术。本书通过相对易于理解的方式对时空数据库相关技术进行了系统、全面和深入的介绍，重点阐述了时空数据存储、快速检索和查询的基础原理和方法。同时，对时空数据库、时空数据库管理系统和时空数据库系统的相关技术基础也进行了介绍。

全书内容共分为 10 章。为了便于对时空数据库的理解，第 1 章介绍了时空数据库相关的概念和技术发展状况，并厘清了空间/时空数据库与信息系统及空间/时空信息系统的关系。第 2 章主要回顾了传统关系数据库的基本原理，为由浅入深地理解时空数据库技术奠定基础。第 3 章主要阐述了空间数据、时态数据和时空数据，以及空间关系、时间关系和时空关系的计算机表示方法。第 4 章阐述了时空数据库模型，重点讨论了空间数据和时空数据的数据库逻辑模型。第 5 章从空间和时空两个角度讨论了加速时空数据库访问的索引技术。在前面章节介绍时空数据库原理和方法的基础上，第 6 章从时空数据库管理的角度介绍了时空数据库查询原理和技术，并详细介绍时空数据库完整性管理和事务管理的原理和技术。第 7 章是关于时空数据库系统的介绍，重点讨论了时空数据库系统结构的发展及新型时空数据库系统结构。为保障时空数据库的质量，防止不符合质量要求的数据进出时空数据库，第 8 章从保障时空数据库数据质量的角度，介绍了空间数据质量管理的理论和方法。第 9 章综述了基于时空数据库进行知识发现的理论基础和方法。最后，第 10 章通过一个实际案例介绍时空数据管理有关知识点和技术在实践中的应用。

本书在内容编排上，立足教师教学和学生学习，兼顾时空数据管理技术的发展，以时空数据库存取、管理和应用为主线，按照数据、时态数据、空间数据和时空数据的知识结构来组织全书内容，涵盖时空数据表示、数据库模型、数据管理、质量控制和决策支持应用等方面。每个内容都通过基本原理、技术方法和典型实例进行阐述，方便教师教学，也便于学生理解必须掌握的关键知识点。

本书由张鹏林、余长慧、李维庆编著。张鹏林为主要执笔人，并进行了全书的统稿、润色等工作，余长慧老师和李维庆高工是空间数据库模型和空间数据管理应用案例的执笔人。此外，余长慧老师还对书中的内容作了修改和补充。在编著本书的过程中，研究生王豪、谢敏、徐慧、张慧芳和谭辛等在文献收集、整理和插图编绘等方面作出了重要贡献。

本书在编著过程中吸收了国内外专家、学者在数据库、空间数据库、时态数据库以及时空数据库方面的研究成果和先进理念，参考了大量相关文献(专著、论文、教材和网络资料)，在此谨向所有专家、学者和本书参考文献的编著者表示衷心的感谢。国家测绘产品质量检验测试中心张鹤高工对本书第 8 章“空间数据质量管理”内容作了修订和补充，武汉大学遥感信息工程学院杜娟老师对第 2 章的内容进行了核对，在此对两位老师的辛勤付出一并表示感谢。感谢武汉大学遥感信息工程学院李建松教授对全书内容和学术水平的审定。同时，感谢武汉大学出版社编辑们的辛勤付出，本书的顺利出版得益于他们丰富的出版经验和专业的出版精神。

本书可作为测绘科学与技术和地理信息科学等学科，以及遥感科学与技术、地理信息工程、地理国情监测、自动驾驶和物联网等专业的高年级本科生和硕士研究生教材，也可作为上述学科、专业和相近领域的研究人员和工程技术人员的参考资料。

本书的编著出版得到国家重点研发计划课题“典型城市民生设施质量检测监测地理信息综合服务平台研发(2018YFF0215006)”和武汉大学 2018 年规划教材建设项目(201850)的支持。

本书是编著团队集体智慧的结晶，由于编者水平有限，虽已尽最大努力，但书中难免有错漏、疏忽和不尽完善之处，恳请广大读者批评指正并提供宝贵意见，以期在今后再版过程中修订完善。

作 者

2019 年 4 月于武汉

目 录

第1章　时空数据库概述

本章首先介绍时空数据库相关的概念，然后介绍时空信息技术的概念、发展及其与时空数据库的关系，最后对时空数据库的管理技术发展历程和发展趋势进行阐述。

1.1　背景介绍

20世纪60年代，地理信息系统(GIS)概念的提出，标志着空间信息技术的诞生。随后，空间信息技术经历了开拓、巩固和突破阶段的发展。这一时代的典型特点在于地理信息系统作为一个高度专业化的技术，而对之感兴趣的主要是那些专业用户和特定应用的研究人员。而与这一时期形成鲜明对比的是，自20世纪90年代初开始空间信息呈现出无处不在的情形。推动空间信息普及的主要驱动力一是来自政府和商业渠道的空间数据可用性的提高，这些数据通过空间数据库、数字化地理信息图书馆和空间信息交流中心等机制在互联网上发布；另一驱动力则是社会各界日益认识到空间信息的重要性。这表现在，政府部门的决策者已经认同了空间信息在决策中的重要性和不可缺性，空间信息也因此开始成为政府各项决策的基础依据。同时，对于这些空间信息的访问和使用则成为普通大众参与公共事务的一项公民权利和日常生活的一部分。此外，包括硬件和软件开发商、数据收集和提供者、信息服务提供商等商业机构都将空间信息视为他们各自的商业领域里的一个商业机会。空间信息的使用者不再局限于专业人士和研究人员，而是有更多的人可以使用它。例如，人们可以使用网上在线地图信息服务规划他们的旅程，通过特定的电视频道来查询天气情况，在一个在线多重服务(Multiple Listing Service，MLS)中找寻一个新家，在万维网上去访问有关他们社区、环境、国家甚至是国际时事的地理参考信息。21世纪以来，随着Web服务技术、格网计算技术和云计算技术的逐步出现和应用，极大地推动空间信息技术进入面向服务和按需服务的阶段。

然而，如果没有空间数据库的支持，对于前面提到的空间信息的采集、管理和使用的变化可能不会实现，至少，在某种程度上，是不会明显发生改变的。而地理国情监测技术的提出，进一步要求空间数据的管理技术不仅要解决静态空间数据的管理，还要能服务于空间动态变化数据的管理。这是因为地理国情反映的是一个国家地表各种自然现象在相对时间内的空间分布特征、发展过程、变化规律、变化率和变化趋势，及其与人类活动、社会经济之间的内在联系(陈俊勇，2011)。因此，从地理国情监测技术领域过去几年的发展来看，我们可以肯定地说变化和发展对地理国情是永恒的，这绝对不是言过其实。

从计算机技术在空间信息的处理、存储和管理中的应用开始，新出现的硬件和软件工具在使用户更加方便地操作空间信息的同时，还不断地扩展了空间信息领域。地理国情监测也正是空间信息技术和应用发展到一定阶段新出现的领域。空间信息和地理国情监测的新概念和新技术的使用也同时推进了计算机硬件、软件的发展，而这些积累则可加速相关信息技术的应用。

本书将采用基于数据的以用户为中心的整体方法取代以应用为驱动的方法来描述时空间信息的组织、管理和使用。

1.2 时空数据库基本概念与主要特征

时空数据的存取和管理是空间信息系统的核心。而随着传统的文本、纸质地图、说明或杂志形式的管理方式的逐步消失和信息化的出现与发展，时空数据的处理和分析越来越依赖于数据库管理系统(Database Management System，DBMS)。这在很大程度上源于数据库管理系统在安全性、完整性、备份和恢复以及数据复制等方面的能力有利于提高时空数据处理和管理的效益。因此，在信息技术和时空应用飞速发展的时代，数据库和数据库系统是时空数据存储和管理的主流技术和广泛应用的方式。本章将从数据库管理系统的概念、构成、软/硬件配置、数据结构及数据操作处理等方面对数据库管理系统的基本工作原理作一个简洁而全面的介绍。

由于缺乏普遍接受的定义，数据库文献中使用到的术语经常被混淆。即使是常用的“数据文件”“数据模型”和“数据库系统”等术语也经常在不同的相关数据库图书中有不同的定义。因此，提供一套普遍接受的数据库术语的定义和流程对本书来讲是很重要的。

1.2.1 数据与信息

提到数据，人们首先想到的就是数字。但数字仅是数据中最简单的一种。除数字外，还有很多种类型的数据，如大家熟知的文字、图形、图像、声音、档案等都是数据。随着时空信息应用和技术的发展，新型的数据也应运而生，如描述时态的、复杂地理对象的、对象时变性的数据类型的出现。

数据，是对客观事物的属性、数量、位置及其相互关系等的符号描述，是反映客观事物状态和属性的符号记录，是感觉器官或观测仪器对客观事物状态的感知结果，其表现形式往往是数字、文本、视频、音频、图像、图形、档案等。

信息，在信息的奠基人香农(C. E. Shannon)看来，信息是用来消除随机、不确定性的东西。而不同领域的研究者从各自的领域出发，也为信息给出了不同的定义。但是在空间信息领域中，一般认为信息是经过加工的数据，数据是客观事物未经过加工的最原始状态，其经过加工处理之后用于反映客观事物的状态和变化，则被定义为信息。因此，可以认为数据是信息的具体表现形式，而信息是经过加工的数据。在数据库系统中，数据是数据库中存储的基本对象。

1.2.2 空间数据与伪空间数据

1. 空间数据

自 20 世纪 60 年代初提出地理信息系统这一技术，近几十年中得到了迅猛的发展。为了支持纷繁多样的地理空间信息应用，相关行业的机构生产了大量的数据——被称为海量数据，空间数据的术语因此而提出，是表示地理空间实体的位置、形状、大小及其分布特征诸多方面信息的数据。即，空间数据用来描述来自现实世界的目标，这些目标具有定位、定性、时间和空间关系等特性。其实质是指以地球表面空间位置为参照，用来描述地理空间实体的位置、形状、大小及其分布特征等诸多方面信息的数据。

简单地讲，空间数据通常可以定义为具有地理参考的数据，通常也称为地理空间数据（如无特别说明，本书中的空间数据即为地理空间数据）。

空间数据作为描述现实世界客观对象的位置、形状、大小及其分布特征诸多方面信息的数据，有两个重要性质。

(1)空间数据具有地理空间参考。也就是说，空间数据被记录在一个公认的跨越地球表面某个区域的地理坐标系统中。这样，地理对象则可在跨越地球表面某个区域的地理坐标系统下确定其位置、大小和形状等信息，且不同来源的数据可以相互参照和进行空间集成。

(2)空间数据具有多尺度性，用多种比例尺表示。当用相对小的比例尺记录空间数据时，可以代表地球表面或地球邻近表面的较大区域。反之，较大比例尺可以记录的地球及其邻近表面的区域则较小。

一方面，具有地理空间参考和尺度性是地理空间数据区别于其他数据的最重要特性。这样，地理对象则可在跨越地球表面某个区域的地理坐标系统下确定其位置、大小和形状等信息，且不同来源的数据可以相互参照和进行空间集成。另一方面，与非空间数据相比，空间数据还具备以下三个基本特征。

(1)空间位置特征，描述地理实体所在的空间绝对位置以及实体间存在的空间关系的相对位置。空间绝对位置是由定义的坐标参照系统描述，空间关系则可由拓扑关系来描述。

(2)属性特征，是描述空间现象的非空间特征，如地形的坡度、坡向、某地的年降雨量、土地酸碱度、土地覆盖类型、人口密度、交通流量、空气污染程度等。

(3)时间特征，是指地理数据采集或地理现象发生的时刻或时段。

在地理空间信息系统中，地理现象的空间位置、属性特征和时间特征是支持地理空间分析和地理空间应用的三大基本要素。

2. 伪空间数据

区别于空间数据，有一些形式的数据并不具备地理参考，且不能直接用于空间应用，但都是对客观世界的特征的描述或是与客观世界的特征相关联的数据。这些数据，称为伪空间数据，例如，街道地址、字符-数字地理数据（如与一个空间区域对应的人口统计特征和社会经济数据等）以及现有地图与航摄相片的扫描图像。在一个特定的地理空间中，伪空间数据只有在被地理编码、数字化、变化和配准到一个特定的地理坐标系统中，才能进行空间分析或空间显示。

伪空间数据是空间数据库的一个重要和有价值的数据来源。但通常情况下，伪空间数据转化为空间数据又是一个非常耗时和资源密集的过程。这一点阻碍了很多组织充分利用与他们的业务或授权职能相关的伪空间数据。但是，现在的数据转换技术明显比早期的空间数据库构建更加成熟。现在，几乎所有的地理信息系统软件包都配备了内置的地理编码、地图数字化和转换、影像纠正和配准功能，可以将伪空间数据转换为空间数据库的全功能图层数据。

1.2.3　时态数据与时空数据

1. 时态数据与时空数据的概念

事实上，客观世界中的地理现象是随时间发生变化的，因此，描述客观事物的数据也是随时间而变化的，通常，随时间而变化的或具有时间语义的数据称为时态数据。很多数据库应用都涉及时态数据。这些应用不仅需要存取数据库的当前状态，也需要存取数据库随时间变化的情况。

简而言之，时态数据是被记录在一个公认的跨越时间轴某个区间的时间坐标系统。即，时态数据是以一定的时间坐标系统为参考的，因此不同来源的时态数据可以相互参照和进行时间集成。而时态数据的时间语义包括时间点、时间间隔、与时间有关的关系。

时空数据，是指具有时间参考的空间数据。即，时空数据不仅被记录在一定的地理坐标系统中，且被记录在一定的时间坐标系统中。它用来描述或反映地理空间实体(现象)的位置、形状、大小及其分布等特征随时间变化而发生状态改变的数据。

2. 时空数据特征

时空数据的本质描述的是空间现象随时间变化所产生的动态数据。这些数据需要以一定的空间参考系统和时间参考系统作为基准才能准确刻画时空现象的运动过程。因此，时空数据除了具备空间数据的特征(如空间参考、多尺度性等)之外，还具备以下区别于空间数据和传统数据的几个重要特性。

(1)时间参考。也就是说，时空数据是被记录在一个公认的跨越时间轴某个区间的时间坐标系统中。即，时空数据是以一定的时间坐标系统为参考的，因此不同来源的时态数据可以相互参照和进行时间集成。

(2)时间多尺度性，即时间粒度的多样性。当用相对精确的时间粒度记录空间数据时，可以代表以比较高的时间精度反映客观地理现象在时间轴上的变化，即时空数据的时间分辨率高。反之，较粗的时间粒度是以较低的精度记录地理现象在时间轴上随时间的变化，即时间分辨率低。

(3)动态性。时空数据记录的是地理实体(现象)随时间变化的状态，即反映空间实体的形状、大小、位置、分布和专题特征随时间而变化的状态。

1.2.4　数据库与数据库系统

数据库技术产生于 20 世纪 60 年代末，是数据管理的最新技术，是计算机科学的重要分支，是信息系统的核心和基础。它的出现极大地促进了计算机应用向各行各业的渗透，数据库的建设规模、数据库信息量的大小和使用频度已成为衡量一个国家信息化程度的重要标志。

为直观地解释数据库系统环境中的术语及其所处的位置，图 1-1 给出了一个简单的数据库系统。

图 1-1 中，数据库被定义为存储于计算机环境中的相互关联的大数据集。数据库环境中的数据具有永久性，也就是说数据库中数据的生存不依赖于软件或硬件，即不会因为环境中软硬件的故障而无法使用。从数据库的这个概念我们知道，大数据卷和永久性是数据库的两个重要特性。简单地讲，数据库可以看作一个具有大数据卷和永久性特性的相互关联的数据集合。

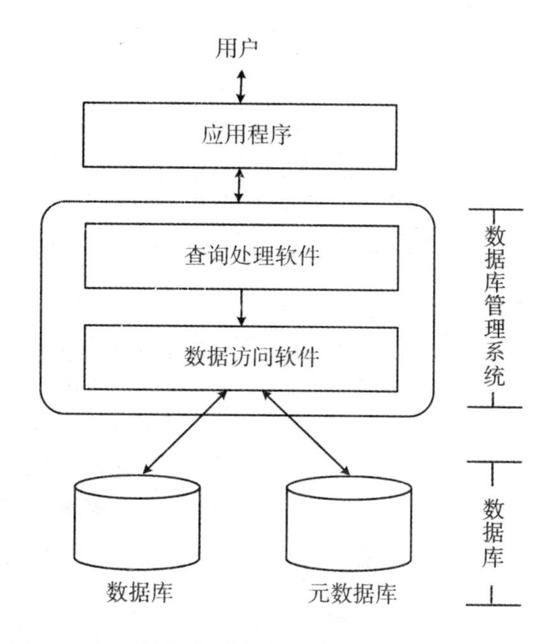

图 1-1 简单数据库系统示意(据 Philippe et al，2002)

图 1-1 也表明，一个数据库的主要功能是提供及时、可靠的数据来支持一个企业经营或机构决策应用问题的运算。由于企业经营和决策制定所参考的信息是来自一个数据库中，因此数据库所涉及的业务功能通常称为数据库的“问题空间”。

数据库系统中各术语及其在数据库系统中的位置如图 1-2 所示。其中，概念模型是数据库的概念描述，是一个抽象模型。它反映数据的实体和实体之间的关系，不包括数据库本身的物理布局或结构的任何参考。

数据库逻辑模型，是数据库的结构描述，反映的是数据在数据库中被如何组织和存储的。数据库逻辑模型是一个逻辑上的结构而非数据在数据库中的物理布局，简单地讲，它不是数据库的物理结构。它仅是对数据库包括库中表及它们之间关系的一个简单描述。关于概念数据模型和逻辑数据模型及其关系将在第 4 章进行详细论述。

数据库引擎，也就是通常所说的数据库服务器(如 Microsoft Jet 数据库引擎，SQL Server，Oracle 数据库服务器和 IBM DB2 通用服务器)，是一个操作数据库中数据的计算机程序集合。它作为由模式所描述的数据库中的数据与处理数据的应用软件工具之间的接口。

在数据库开发项目中，数据模型和数据库模式的开发是设计过程的一部分。而只有当数据库管理员通过指示数据库引擎在计算机硬盘驱动器上分配物理空间时，数据库的实际建造才算开始。除了数据文件，数据库还包含一个数据字典来描述数据库中的内容，以及一套必须强制遵循的数据库完整性规则，以保护数据库中数据的可维护性。此外，数据库中也包括将物理数据库特定方面进行逻辑提取而定义视图，还有存储过程。存储过程是结构化查询语言(SQL)的代码块，用以定义、管理和查询数据库中的数据。

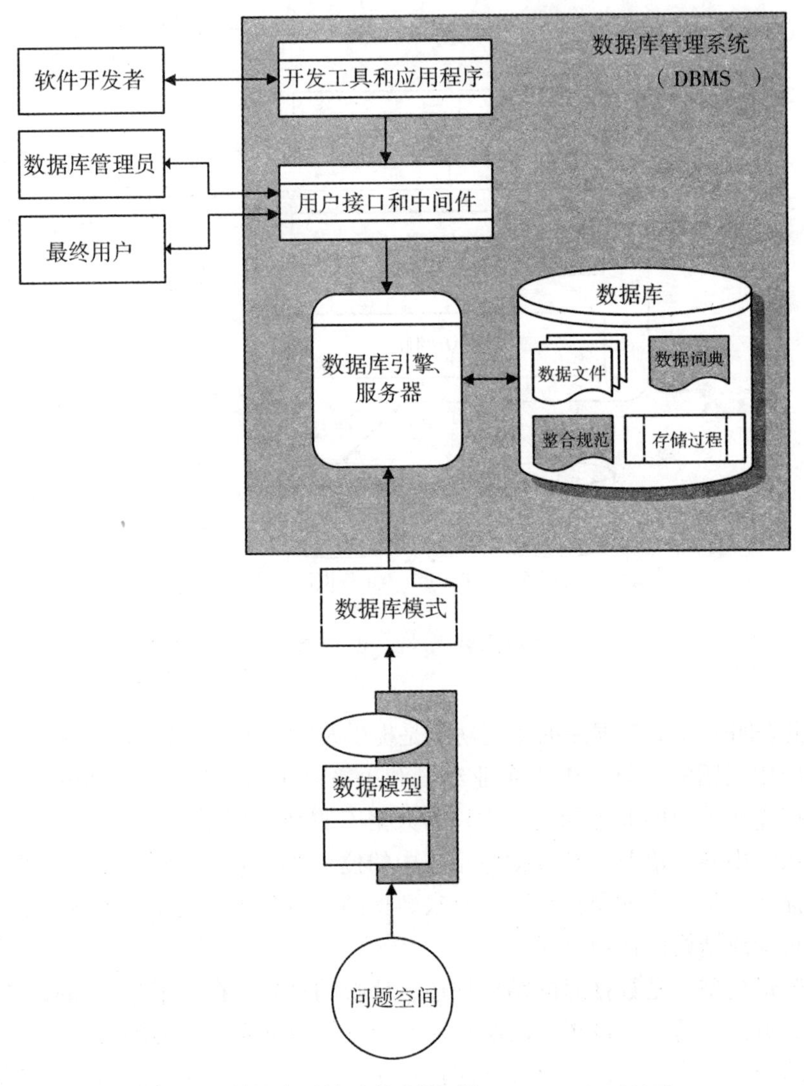

图 1-2　数据库系统及其术语(据 Yeung et al，2007)

“数据库”这一术语并不包括用户接口(UI)，通常称为数据库前端，通过它用户可以访问并与数据库交互。数据库并不包括用于处理和分析数据库中数据的应用程序及创建这些应用程序的软件开发工具。此外，数据库也不包括通信软件工具，例如，众所周知的支持在局域网、广域网或全球通信网络上进行数据传输及数据库操作的中间件。为了描述数据库及其相关组件(数据库引擎，用户界面，应用程序和中间件)，通常用数据库管理系统(DBMS)、数据库系统或信息系统这些专业术语。

数据库系统，则是由数据库、数据库管理系统以及支持它们运行的硬件系统、软件系统一起构成的计算机系统。此外，在数据库系统中，人是其中不可或缺的一部分。数据库系统组成部分中的人通常包括负责数据库系统实施和维护的数据库管理员，使用系统进行业务决策制定和操作的终端用户。此外，还包括为数据库系统的应用设计和构造软件工具的设计和开发人员。

为方便阐述，如无特殊说明，本书后续章节中提到的数据库系统(包括空间数据库系统、时空数据库系统)均为数据库管理系统(包括空间数据库管理系统、时空数据库管理系统)。

1.3 时空信息的概念和技术进展

事实上，作为一种信息技术(Information Technology，IT)的时空信息技术(Spatial Temporal Information Technology，STIT)，其发展在很大程度上与信息技术的发展保持了同步，并依赖于信息技术的发展。在时空数据的管理中，目前所使用的概念、技术和方法主要是延续并发展了数据库系统的一般原理和方法，这些概念和方法都是在近几十年中发展起来的。

1.3.1 空间信息系统的定义

传统上，空间信息可以从3个角度来进行定义，即空间数据管理、制图和空间分析。这些观点可以描述为工具或面向工具视图的空间信息。Sui 和 Goodchild(2001)认为这样的空间信息观点根本不足以表述空间信息技术的本质及其社会影响。他们建议，客观上空间信息系统还应该从作为向公众传播信息的媒介的角度进行构思。媒介的概念还包括大众媒体，在现代社会里使用这个传播工具可以将大量的信息在短时间内传播到人群中。

基于空间信息系统的传统观点及 Sui 和 Goodchild(2001)的建议，Yeung 等(2007)发展起来一个新的概念化的空间信息系统，如图1-3所示。这个概念化空间信息的核心有4个方面的功能，即数据库系统、制图学、通信和空间分析，各自都服务于一个或多个特定的但又相互关联的应用领域，在图1-3中用矩形框表示。然而，在当今时代，从空间信息系统的角度来看，我们可在 Yeung 等(2007)发展的空间信息系统概念基础上，对空间信息系统的概念进一步阐述为空间数据库、传输(通信)、表达、可视化、空间智能计算和空间分析。

1.3.2 时间与时空信息系统

时间是物理学中的基本物理量之一。它被定义为从过去向未来无限延伸，只能从其对

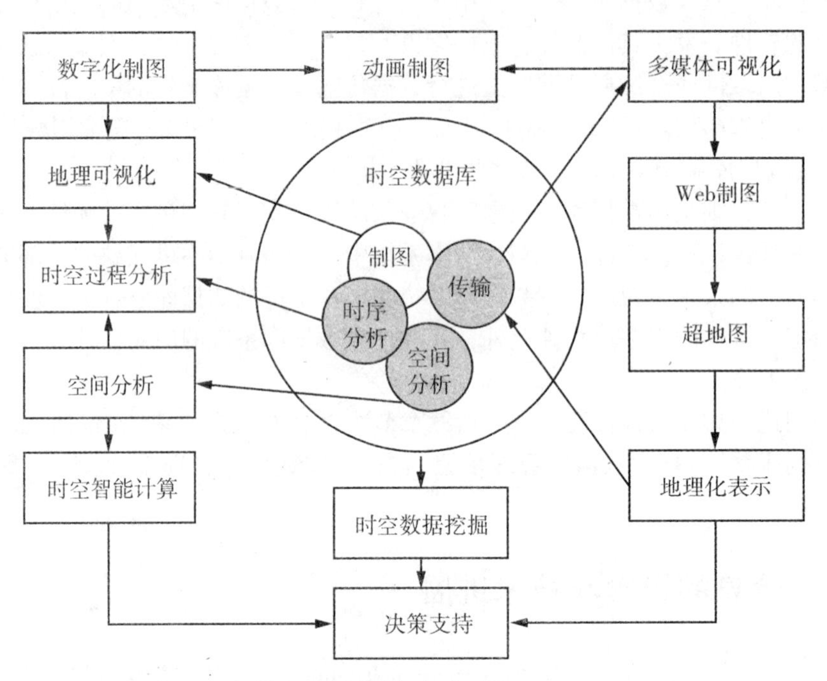

图1-3　空间信息系统功能新概念(据Yeung et al，2007)

自然现象变化的影响中才能被察觉到的现象，与空间不可分割地联系在一起，并通过空间的运动或变化表现出来。

关于时间的本质，是一个在不同的学科领域仍在进行探索的课题，例如，“时间是否有开始和结束?”就是一个哲学问题。而“时间是连续的还是离散的?”又属于科学问题。对于如何最好地描述“现在”这个概念，是心理学中探索的一个课题。但是，从地理空间信息系统的角度来观察，时间被理解为在逻辑上可以是一条没有端点，向过去和未来无限延伸的坐标轴。在每一设定的时间分辨率的坐标点上，都可以扩展其三维空间数据。它是现实世界的第四维。

从信息系统和时间概念的观点和基础来看，时间信息系统是一个具备对时间信息进行采集、表达、存储(数据库)、处理、可视化(输出)和分析功能的计算机系统。与空间信息不同，由于时间不能被直接感知，只有现象和空间的运动或变化表现，因此从这个角度来讲，时间信息系统可看作一个支持时空动态应用的计算机系统，即时空信息系统。换句话说，时空信息系统是一种采集、处理、存储、管理、分析、输出地理空间信息、时间信息和专题属性信息的计算机信息系统。

1.3.3　时空数据库与时空信息系统

我们可以发现，时空数据库在时空信息系统中起着主要和关键的作用，它是时空信息系统的基础和驱动。这是因为，通常的时空信息应用都是数据和计算密集型的，且都是以空间的、时间的和专题数据为驱动的。这就要求时空信息系统需要对空间(几何对象、图像、时间序列)、时间(时间语义、时刻、时间段)和专题(字符和数字)构成的海量数据集进行存储和管理。没有一个强大的时空数据库系统的支持，时空数据管理、空间分析、时空过程分析、制图和可视化功能都将无法有效地发挥作用。

由于时空数据库的时空索引和数据处理能力，时空数据库系统能够有效、快速地将一个特定时空应用问题所需的相关的数据收集管理起来，并与时空数据分析技术相结合，为时空决策制定形成方案。决策支持空间信息分析能力可以利用新兴智能计算技术得到提高，这种技术使用人工智能去解决处理大型数据库中存在的不精确性和不确定性，以实现可接受的稳定的解决方案(Bezdek，1994)。此外还出现了其他的新兴技术，统称为数据挖掘，它会自动扫描一个空间数据库的数据以发现它们之间可能的关系，反过来揭示从其他方面很难或不可能进行检测的现象(Miller、Han，2003)。因此，与传统的 GIS 方法相比，时空数据库的方法能够极大地提高空间信息的决策支持应用。

此外，随着互联网技术的发展，时空数据库系统对互联网及其相关技术依赖性的增强产生了许多新型的时空信息交流方法。目前，时空数据库系统以一种相对复杂的方式在使用，它不只是简单地对地理参考信息和时间参考信息的管理、显示、查询、操作和分析。通过处理新的数据类型和模型、包括时空索引的复杂数据结构和复杂的算法以及有效的数据处理操作能力，一个典型的时空数据库系统的功能得以增强。这与 20 世纪 90 年代初及其之前占主导地位的基于文件管理方法的地理信息系统有很大的区别。如图 1-3 所示，数据库方法将空间信息的传统功能和新兴功能紧密地联系在一起。这种做法不仅准确地阐明了在传统应用领域对空间信息的使用，而且它也为主流信息技术领域内空间信息互操作应用提供了所必需的桥梁。

1.4 时空数据库与 GIS

1.4.1 空间信息与传统信息技术的融合

空间信息系统中使用数据库方法起始于 20 世纪 90 年代初(Black，1996)。这其中，传统的地理信息系统(Geographic Information System，GIS)和数据库软件供应商作出了相当大的努力和贡献。它引起了很多公司之间的并购、合作以及联合来共同发展项目，而且产业合作的形成使得政府、商业组织和研究机构三者一起努力研发和工作，以实现共同的目标。今天，所有主要的数据库厂商在其产品中都提供了空间信息相关的功能和性能。同时，GIS 厂商也基本上通过利用数据库环境下空间数据的处理技术和概念优势重新设计和建造他们的产品。

现在，一个典型的空间数据库系统就是一个普通商业数据库，这个数据库具有处理空间数据的额外能力和功能。

1. 空间数据类型

空间数据被存储为或者是由开放地理空间联盟(OGC，1999)定义的“简单要素”的特殊数据类型，或者是由数据库中定义的(BLOB)数据类型。OGC 所说的“简单要素”是在数据库中被定义的，因此完全是用数据库自身的功能对它进行处理。另外，一个大二进制对象数据是一个通用的数据类型，其中任何二进制数据都可以被存储，因此以这种形式存储的空间数据必须使用数据库附加的软件组件来索引和操作。

2. 空间数据索引

空间数据索引是一种借助存储的二维空间坐标来方便空间数据库访问的机制。这里有许多不同的索引选项，如 R 树、四叉树和 B 树，根据特定的数据格式和应用需要，各自都有优缺点。

3. 空间数据操作

空间数据操作是指一系列数据处理功能和流程，通过使用结构化查询语言(SQL)查询和检索选择的数据库内容，并根据特定的空间和非空间条件连接数据库表，最后以指定的格式来表达处理结果。

4. 空间信息的应用

这包括多种针对特定数据库应用功能的软件组件，如空间数据加载、版本和长事务控制、性能优化，数据库的备份和复制。

目前，有几个提供空间信息处理能力和功能的数据库可以选择。Oracle 可以说是第一个在其核心产品中增加空间信息处理能力的数据库厂商。1995 年 9 月，Oracle 与 ESRI(环境系统研究所)同意将 ESRI 公司的产品，即空间数据库引擎(SDE)和 ArcView GIS 与 Oracle 7 结合。从那时起，Oracle 公司已与其他几个公司，包括 Intergraph、MapInfo 和 GE Smallworld Systems 建立了合作伙伴关系或达成合资开发协议。与此同时，Oracle 公司也有自己内部制定的发展战略，使得 Oracle 空间数据库系统通过扩展的 SQL 在空间数据结构的创作与对空间信息的操作中具有了更多的空间数据处理功能。

利用空间信息数据库的方法可以带来很多好处，比如将空间和非空间的商业数据集中在一个系统中以提高数据的处理效率。还可通过利用 IT 从业人员的技能增加投资回报率(Return on Investment，ROI)。通过空间数据库与主流信息技术的合并，信息技术部门可以以共享相同资源和对两种类型数据库系统使用相同的安全、优化和备份协议及过程的方式同时对空间数据和非空间数据进行管理。

然而，尽管空间和非空间数据库的操作环境是相似的，但这两种不同类型数据和数据库所要求的知识和技术方面还是有根本差异的。这意味着，在企业数据库系统内有对常规 IT 人员进行空间信息概念和方法的培训需求，而空间信息技术人员也有熟悉空间数据库原理和操作技术的需要。

1.4.2　时空数据库系统与 GIS

1. 空间数据库系统与 GIS

空间信息与主流信息技术的融合意味着空间信息不再仅是用于那些彼此没有什么联系

的特定的项目之中，而是将空间数据库作为整个 IT 基础设施中不可或缺的一部分，即空间信息基础设施。但这并不代表，空间数据库系统是 GIS 的重复。相反，空间数据库系统和 GIS 有一个相对明显的工作分工，并在一个新的工作环境中发挥着不同但互补性很强的作用。如图 1-4 所示，空间数据库系统与 GIS 之间是一个协作关系。GIS 适合解决特定的空间问题。其主要任务包括数据的采集、加工、编辑、分析、制图、传输和可视化。而空间数据库的设计则更适合于空间决策支持和其他的信息管理功能。空间数据库的主要任务则包括空间数据的存储管理、空间索引、数据的安全性与完整性保护、空间数据查询等。另外，空间问题的解决是面向应用和短期的。一旦一个特定的空间应用问题找到了解决办法，GIS 将被用于另一个空间应用问题的解决。但是空间决策支持是面向任务和业务的并且是长期的，只要业务需要，空间数据库将继续运行，只有在公司任务改变时它才随着一起改变。

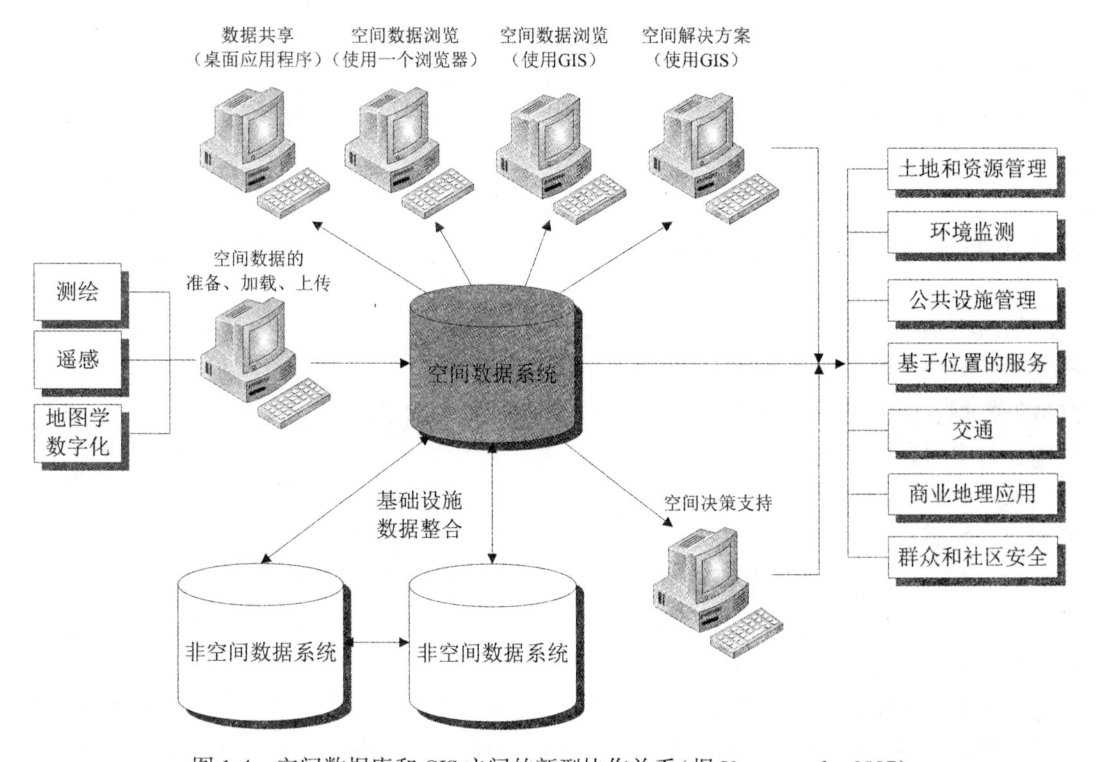

图 1-4　空间数据库和 GIS 之间的新型协作关系(据 Yeung et al，2007)

在信息管理的组织结构中，空间数据库是一个具有特定用途的数据存储系统。空间数据库的基本功能主要是关于数据库系统本身对数据的处理以及在输出到应用程序做进一步分析和建模前对数据进行的预处理(如提取、统计、空间连接、重新分类等)。一个典型的空间数据库系统具有相对有限的数据采集能力，因此空间数据库系统需要依赖 GIS 提供数据，如野外测量、遥感和数字化制图上传的数据。

GIS 也因其固有的图形编辑和数据处理能力，被当作空间数据库更新的一个便捷工具。空间数据库系统执行复杂的空间分析和建模的能力通常也是有限的。它必须依赖于 GIS 的分析功能和相关的空间分析软件将它的数据转化为不同应用领域的有用信息。

值得注意的是，空间数据库往往可以在没有 GIS 的情况下使用。虽然很多人使用桌面 GIS 来查看空间数据，但是互联网技术和数据的表达和表示形式(如地理标记语言[GML]和可伸缩矢量图形[SVG])的新发展，让人们通过互联网浏览器来查看远程空间数据库中的空间信息成为可能。空间和非空间数据库之间的数据集成与传输过程通常不需要 GIS 的参与。同样地，不使用 GIS 的空间决策支持也是可能的，但这将会失去基于 GIS 的数据可视化效果。

2. 时空数据库系统与 GIS

时空数据库系统的主要任务包括时空数据的存储管理、时空索引、时空数据的安全性、完整性保护、时空查询等。可以发现，时空数据库系统本质上与空间数据库系统相同，都是用于数据的存储、管理和查询任务的数据库系统。这一点与 GIS 的主要任务采集、加工、编辑、分析、制图、传输和可视化是有区别的。

可以发现，无论是空间数据库系统还是时空数据库系统，与 GIS 之间的任务分工都是不同的。

1.5　时空数据库技术内容

从时空数据库的功能角度看，时空数据库系统的研究内容相当丰富，主要涉及时空对象表达、时空数据建模、时空数据索引、时空数据操作、时空数据库体系结构等，同时时空数据挖掘、时空推理、时空查询代价模型等也为时空数据库的研究带来了一定的挑战。其中，时空对象的表达、建模、索引、操作及数据库体系结构属于时空数据库的基础内容，而时空数据挖掘、时空推理、时空查询代价模型则是在基础时空数据库支持下面向任务和业务的高级服务技术。

(1)时空对象表达，主要研究时空对象在计算机中的表示问题。空间数据的表达主要研究如何在计算机中表示欧氏空间中的无限点集；而时空数据表达则研究如何在计算机中表示空间对象在时间轴上随时间的变化问题。

(2)时空对象建模，研究时空对象的概念、结构和物理布局。其中包括时空数据概念模型、逻辑模型(数据模型)和物理模型的研究。时空对象的概念模型是数据库的概念描述，描述数据库的实体和实体之间的关系；逻辑模型研究数据库中数据的组织和存储结构。它描述的是数据结构的逻辑视图，而非数据的物理布局，因此被称为逻辑模型。在很多书中称逻辑模型为数据模型，为了保持术语的一致性，本书也按习惯定义逻辑模型为数据模型；物理模型研究数据库中数据在存储介质上的物理布局。

(3)时空数据索引，研究借助时空数据的固有特性，利用近似技术，通过逐步缩小查询范围的方法来加速时空数据库访问机制或技术。

(4)时空数据操作，是指一系列数据处理功能和流程，通过使用结构化查询语言(SQL)查询和检索选择的数据库内容，并根据特定的空间和非空间条件连接数据库表，最后以指定的格式表达处理结果。

(5)时空数据库体系结构，研究时空数据库系统的整体框架，包括内部体系结构和外部体系结构。其中，内部体系结构是从时空数据库管理系统的角度表述时空数据库系统的结构，例如，通常数据库采用外模式、模式、内模式三级模式结构；外部体系结构是从时空数据库的用户角度表述时空数据库系统所采用的结构。例如，现行的时空数据库系统结构通常分为集中式结构、分布式结构和客户/服务器结构等。

时空数据库的研究除了关于时空数据组织、存储、保护和访问等基础理论方法的研究外，以时空数据库为基础的面向任务和业务的决策支持也是时空数据库的另一重要研究内容。典型的如时空数据挖掘，研究以经典的数据挖掘理论为基础，挖掘时空知识或规则，且时空数据挖掘受时空数据表示、存储的影响较大(赵彬彬等，2010)。再如，时空推理作为人工智能技术在时空数据库的应用也有广泛的研究。此外，查询是时空数据库的基础操作，研究优化查询代价的模型对时空数据库的访问有至关重要的意义，因此长期以来都是时空数据库的重要研究方向之一。

1.6 时空数据管理发展历程及趋势

1.6.1 时空数据管理技术发展历程

数据管理是对数据进行分类、组织、编码、输入、存储、检索、维护和输出。概括起来，数据管理的历程可大致归纳为人工管理、文件系统和数据库系统三个阶段。与结构化的数据不同，由于时空数据具有非结构性、复杂性、海量性等特点，使得时空数据管理技术的复杂性也大大增加，其管理技术的主要发展阶段虽与数据管理发展阶段基本一致，但也因为时空数据管理的特殊技术需求，时空数据管理的各个阶段不仅在时间上有重叠，且技术也融合或组合了时空数据处理的技术，具体进展如下。

(1)人工管理阶段，20世纪50年代中期以前，计算机主要用于数值计算，尚不具备数据管理的能力。数据多存放在磁带、卡片和纸带等外部存储器中。由于这一时期没有数据管理方面的软件，也没有磁盘等直接存取的存储设备，因此数据直接由用户管理。数据间不仅缺乏逻辑组织，且对应用程序有很强的依赖性，缺乏独立性。

(2)文件管理阶段，从20世纪50年代中后期到60年代中期，随着计算机性能的发展，计算机同时具备了科学计算和信息管理能力。数据量也因计算机性能的增加而随之增加。在数据的存储、检索和维护新需求的驱动下，这一时期数据结构、数据管理技术得以迅速发展。计算机操作系统和一些高级应用软件的发展，加上磁盘、磁鼓等直接存取的外部存储设备的加速应用，文件成为数据管理的主要方式之一。数据处理方式有批处理，也有联机实时处理。

(3)文件与数据库系统混合管理阶段，20世纪60年代后期，数据库系统的出现，克服了文件系统的缺陷，提供了对数据更高级、更有效的管理。由于采用数据模型表示复杂的数据结构，有较高的数据独立性，提供了方便的用户接口、数据控制功能，增加了系统的灵活性，数据库技术开始逐步应用于数据管理中。但是由于这时的数据库技术尚不能支持非结构化数据的管理，因此对复杂的空间数据或时空数据的管理能力仍显不足。为了解决这一问题，数据库系统和文件系统的融合或组合成为这一时期空间数据和时空数据管理的新方式，即空间几何数据通过文件系统管理，而专题属性则利用数据库系统管理，二者之间通过标识连接。

(4)全关系型空间数据库管理系统，在 20 世纪 80 年代，随着关系数据技术的发展和广泛应用，GIS 在这一个时期得到了迅速的发展。利用全关系数据库技术实现空间数据和时间数据的管理在这一个阶段也得到了一定程度的应用。但是由于关系数据库对非结构化数据存储能力的局限性，全关系型时空数据库系统始终没有成为时空数据管理的主流技术。

(5)面向对象的数据库系统，20 世纪 90 年代，面向对象的程序设计语言 C++的出现，使得面向对象这一种新型技术面世。面向对象技术采用了人类在认识客观世界的过程中普遍运用的思维方法，直观、自然地描述客观世界中的事物或现象，且其抽象性、封装性、继承性和多态性等特征与人类对空间对象认识高度符合，因此很快被引入空间数据的管理中。

(6)对象关系数据库管理系统，20 世纪 90 年代，面向对象技术的出现为非结构化、复杂时空对象的建模提供了非常有效的理论和技术手段。但是为了能够充分利用关系数据库在数据完整性、一致性维护中一些成功的技术手段，加上这一时期关系数据库也进行了扩展，因此对象与关系数据库技术结合进行时空数据的管理成了主流。国内外一些 GIS 商家(如 ESRI，Geostar)和数据库商家(如 Oracle)也纷纷开始采用这一技术实现空间数据的存储管理。

1.6.2　时空数据管理技术发展趋势

1. 云端时空数据管理技术

随着云计算技术和高速互联网技术的发展，传统集中式数据管理模式因专业性强、数据的共享性差、访问不便等不足已开始显现，并将逐步退出时空数据管理的市场。本书编者认为云端数据管理模式势将成为时空数据管理的主要模式。

在云端空间数据管理方面，随着 B/S 应用模式的发展，云计算的分布式计算模式成为一种优越的技术，它通过最大化的资源利用为用户提供可靠的、自主的服务。云存储技术是云计算的核心领域，随着云计算的广泛应用，它以一种独特先进的存储方式和数据管理模式，逐步取代传统的空间数据库模型。云存储从字面意思来说，就是把空间数据资源和服务分布式部署到云端，通过存储介质和网络的融合，实现分布式文件存储、高效率的数据访问。即它是一种具有庞大容量空间来存储数据的云计算系统，这个平台能够为应用提供方便快捷的数据存储服务，降低了客户端的负荷，满足了数据的高共享特性。目前，我们知道亚马逊、AT&T、Nirvanix、Rackspace、谷歌、惠普和 Open Stack 等大型的互联网企业都对用户提供云存储服务，云存储成为互联网企业研究或使用的热门技术之一，并通过对硬件设备的更新换代来提高系统或者网站对云存储技术使用的支持。很多国内大型互联网企业开发了各种基础 IT 资源服务如云主机、云存储、开发数据库，有很多网站提供了应用云服务，移动应用云等托管服务。2013 年，IT 企业与用户逐渐接受了云计算这个新型技术，云计算在我国日渐成熟起来。云计算、空间大数据等都将集成到一个或多个应用和服务中去。不论是在搜索引擎、企业信息化，还是在数字网络、电子商务方面，空间数据在云端的存储计算都将会取得突破性进展。

2. 地理时空大数据管理

随着人类生产活动的加剧及新型智能测绘技术装备的不断涌现，地理空间数据正呈爆炸式增长，地理时空大数据正势不可挡地取代传统的静态空间数据而成为地理信息社会化应用的主要形式。与传统的静态空间数据相比，地理时空大数据除了包含空间及专题属性信息外，还包含时间信息，并呈现出“4V”(Volume，体量大；Velocity，增速快；Variety，样式多；Value，价值高）等特点。地理时空大数据的“4V”特点让其在生产管理与应用上面临存储组织与分析处理难、集成应用难及数据全生命周期管理难等问题。从地理实体产生至消亡全过程管理及地理数据生产服务全过程管理两个角度来看研究进展，研究地理时空大数据全生命周期管理与应用的相关方法：基于云计算、GIS 及 SOA 等技术，研发出一套智能高效的地理时空大数据管理与应用云平台，能满足数据生产管理部门对地理时空大数据生产过程管理、加工处理、分发共享与集成应用全生命周期管理的需要；能满足数据应用部门对地理时空大数据集成化、实时化、时序化、动态化、服务化、大众化、智能化与人性化应用的需要。

1.7 本章小结

本章围绕时空数据库、时空信息技术与 GIS 技术三个主题来组织，每个主题都在本章中进行了论述。目的是通过本章的介绍，一方面阐明时空数据库的数据对象和特征，另一方面阐明时空数据库与时空信息技术和 GIS 技术的关系。

本章首先从数据、空间数据、时态数据和时空数据等介绍了时空数据库管理对象的概念和主要特征，以此阐明时空数据库不同于传统数据库的特征。

本章接下来讨论了时空信息的概念和技术进展，包括空间信息系统、时间与时空信息系统的概念和技术发展情况，并讨论了时空数据库与时空信息系统的关系。

本章还讨论了空间信息与传统信息技术的融合发展，并从功能分工和在时空信息系统中的位置分别阐述了空间数据库系统与 GIS、时空数据库系统与 GIS 之间的新型协作关系。

此外，本章最后讨论了时空数据库的技术和时空数据管理进展。

思考题

1. 什么是空间数据与伪空间数据？
2. 空间数据和时空数据都有哪些特征？
3. 数据库、数据库管理系统和数据库系统分别指什么？

4. 数据库引擎及其作用是什么?
5. 空间数据库、时空数据库与地理信息系统的关系是什么?

参考文献

Bezdek J C. What is computational intelligence? [M]// Zurada J M, Mark II R J, Robinson C J. Computational Intelligence Intimating Life. New York: IEEE, 1994.

Black J D. Fusing RDBMS and GIS[J]. GIS World, 1996, 9(7).

Dolton L M, Lowe J W. Prospecting spatial database offerings[J]. Geospatial Solutions, 2001, 11(10).

Limp W F. From the back rom to the glass room: spatial database break computing barriers enterprise wide[J]. GEO World, 2001, 14(8).

Lutz D. Take advantage of that spatial database! [J]. GEO World, 2000, 13(8).

Miller H J, Han J. Geographic data mining and knowledge discovery[M]. London: Taylor & Francis, 2003.

OGC. OpenGIS simple features specification for SQL[P]. Wayland, MA: Open Geospatial Consortium, Inc., 1999.

Sui D Z, Goodchild M F. GIS as media? [J]. International Journal of Geographical Information Science, 2001, 15(5): 387-390.

陈俊勇. 地理国情监测[R]. 2011.

Philippe Rigaux, Michel Scholl, Agnes Voisard. Spatial database with application to GIS[M]. San Francisco: Morgan Kaufmann, 2002.

Yeung A K W, Hall G B. Spatial database systems: design, implementation and project management[M]. Dordrecht: Springer, 2007.

赵彬彬, 李光强, 邓敏. 时空数据挖掘综述[J]. 测绘科学, 2010, 35(2): 62-65, 20.

徐道柱, 焦洋洋, 金澄. 分布式空间数据库中矢量数据多级空间索引方法研究[J]. 测绘工程, 2017, 26(10): 1-6.

郑祖芳. 分布式并行时空索引技术研究[D]. 武汉: 中国地质大学, 2014.

龚健雅, 王国良. 从数字城市到智慧城市: 地理信息技术面临的新挑战[J]. 测绘地理信息, 2013, 38(2): 1-6.

肖建华, 王厚之, 彭清山, 等. 地理时空大数据管理与应用云平台建设[J]. 测绘通报, 2016(4): 38-42.

乔朝飞. 大数据及其对测绘地理信息工作的启示[J]. 测绘通报, 2013(1): 107-109.

第 2 章　数据库基础

本章介绍数据库的基本概念、数据模型等基础原理，并对关系数据库、数据库查询接口及数据库保护的有关基本知识进行总结。

2.1　数据库基本概念

2.1.1　数据库

数据库(Database，DB)从字面意思来说，是存放着大量数据的仓库。具体来说，是以同一种模式将相关联的数据长期存储在计算机的辅助存储器中的、有组织的、可共享的数据集合。数据库的数据按一定的数据模型组织、描述和存储，能为各种用户共享，具有较小冗余度、较高的数据独立性以及数据拓展性(胡孔法，2015)。

2.1.2　数据库管理系统

数据库管理系统(DBMS)是数据库系统的核心组成部分，是位于用户与操作系统之间的数据管理软件，用于将收集并抽取出的大量数据进行科学的组织，以及对数据库进行建立、运行和维护。

数据库管理系统与操作系统都是计算机的基础软件，用户通过数据库管理系统，可以对数据库系统进行操作，其主要功能包括如下几个方面(胡孔法，2015)。

1. 数据库的建立与维护

数据库的建立与维护主要包括数据库初始数据的输入，数据库转储、恢复功能、数据重组功能及性能监视、调整功能等。

2. 数据定义

通过数据库管理系统提供的数据定义语言(Data Definition Language，DDL)，用户可以定义数据库中的对象，如表、视图、索引、储存过程等。

3. 数据操纵

通过数据库管理系统提供的数据操作语言(Data Manipulation Language，DML)，用户可以实现对数据库的基本操作，包括对数据库数据的查询、插入、删除和修改。

4. 数据库的运行与管理

数据库中的数据是可以供多个用户同时使用的共享数据，为了保证数据能够安全、可靠、正确地运行，数据库管理系统在数据库建立、运行和维护时提供统一的管理和控制，这些事务管理功能能够使数据并发使用且不会产生互相干扰的情况，并且不论是否发生硬件故障或操作故障，都能够对数据库进行恢复。

5. 数据字典

DBMS 中包括数据字典。数据字典是一个特殊的数据库，它属于系统数据库，而不是用户数据库。数据字典中保存着各种模式和映像的各种安全性和完整性约束。

2.1.3　数据库系统

数据库系统(Database System，DBS)是指在计算机系统中引入数据库后的系统，一般由数据库及相关硬件、数据库管理系统及其开发工具、应用系统、数据库管理员和用户构成。另外，数据库在建立、使用和维护等过程中都需要由专门的工作人员完成，这些人称为数据库管理员(Database Administrator，DBA)，一般在不引起混淆的情况下，常常把数据库系统简称为数据库(王珊等，2014)。

图 2-1 描述了数据库系统在整个计算机系统中的地位。

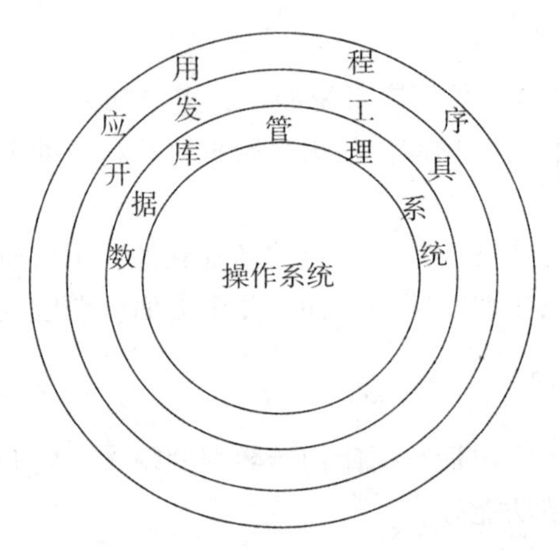

图 2-1　数据库管理系统在计算机系统中的位置

2.2　数据模型

对于模型，我们并不陌生。在现实生活中存在许多模型，一张地图、一枚火箭模型、一组建筑沙盘等都是具体的模型。人们通过模型，在一定的假设条件下，再现原型客体的结构、功能、属性、关系等特征。而计算机的模型是对事物、对象、过程等客观系统中感兴趣内容的模拟和抽象表达，是一种便于人们去理解事物的思维工具。数据模型也是一种模型，它是对现实世界数据特征的抽象。

数据库是一个具有一定数据结构的数据集合，它不仅要反映数据本身的内容，还要反映数据之间的联系。由于计算机无法直接处理现实世界中的客观对象，需要先把现实世界中的客观对象转换为可供计算机处理的数据，因此在数据库中使用数据模型来实现对现实世界数据特征的抽象、表示和处理，通俗地讲，数据模型就是对现实世界的模拟。了解数据模型的基本概念是学习数据库的基础。

数据模型应满足三个方面的要求：

(1)能比较真实地模拟现实世界。数据模型是为了将现实世界中杂乱的信息用一种规范的、形象化的方式表示出来，因此构建模型要能够真实地、形象地表达现实世界情况。

(2)容易为人所理解。数据模型的构建一般由数据库设计人员完成，而数据的使用人员可能是来自各个知识层面的用户。因此构建的模型要形象化，容易被使用人员所理解。

(3)能够方便在计算机上实现。构建数据模型的目的是能在计算机上表达和处理现实世界的业务，因此需要所构建的模型能够方便地在计算机上实现。

为了能够更好地同时满足这三个方面的要求，数据库设计人员会根据模型的不同使用对象和应用目的采用不同的模型实现。

数据模型按不同应用层次可划分概念层数据模型与组织层数据模型。

2.2.1 概念层数据模型简介

概念层数据模型，也称信息模型，它具有对客观世界抽象与表达的能力，并且不依赖于组织层数据结构。概念层数据模型是现实世界到信息世界的第一层抽象，是可以供数据库设计人员进行数据库设计所使用的工具，并且易于向数据库管理系统所支持的数据模型转换。通过概念模型能够实现用户与设计人员之间对数据库设计的交流。概念层数据模型一方面应具有较强的语义表达能力，另一方面还应该简单、清晰、易于用户理解。

概念层数据模型是面向用户、面向现实世界的数据模型，它与数据库管理系统本身无关。采用概念模型，数据库设计人员可以先将主要精力放在了解现实世界上，而把设计 DBMS 的组织层数据模型构建推迟到后面考虑。

总的来说，要将现实世界中具体事物抽象、组织为数据库管理系统中的模型，需要将现实世界的事物抽象到信息世界，之后再从信息世界向计算机世界进行转换。因此，首先要将现实世界的客观对象抽象为某一种信息结构，这种信息结构并不依赖于具体的计算机系统，而是存在于概念级别上的模型(钱雪忠等，2005)；然后再将概念层数据模型转换为数据库管理系统里所支持的数据模型。而概念层数据模型与组织层数据模型同样需要很好地反映与刻画现实世界，能够对现实世界本质的、实际的内容进行抽象。

常用的概念层数据模型有实体-联系模型(Entity-Relationship，E-R 模型)、语义对象模型。本书以 E-R 模型为例来介绍概念数据模型。

2.2.2 E-R 数据模型

E-R 数据模型，即实体-联系数据模型，由 Peter Pin-Shan Chen 于 1976 年提出。E-R 数据模型的目标侧重于有效、自然地模拟现实世界，而不是在数据库管理系统中如何实现，因此 E-R 数据模型只包含对描述现实世界有普遍意义的抽象概念。E-R 数据模型主要有 3 个抽象概念。

1. 实体

实体(entity)是具有公共性质、客观存在且可以区别的现实世界对象的集合。现实世界由各种各样的实体组成。实体可以是具体的人、事、物，如职工、学生、老师、课程等；同时也可以是抽象的概念或者联系，例如，文化艺术、梦、兴趣爱好、学生的选课、老师的授课等都抽象为实体。

在数据库中，实体中每个具体的记录值，如教师实体中每位具体的教师，我们称之为实体的一个实例；而具有相同性质的实体的集合，又称为实体集。例如，全校的教师可以构成一个教师实体集，全公司的职工可以构成职工实体集。实体集中各个实体借助实体标识符(又称为关键字)加以区别。

2. 属性

属性是描述实体或者联系的性质或特征的数据项，属于一个实体的所有实例都具有相同的性质，例如，职工的职工号、姓名、性别、年龄等都是职工实体具有的特征，这些特征就构成了职工实体的属性，通过这些属性可以完成对一个个实例的区分。

实体所具有的属性是根据用户对信息的需求决定，例如，需要了解职工的年工资情况，则可以在职工实体中加一个“年收入”。

每个属性都有一定的变化范围，通常称属性取值的变化范围为属性值的域，例如，性别属性域为男、女，年龄属性域为 1～200。

在实例的属性中，可能出现相同的性质或特征，例如一个公司里，可能会有两个名为“张三”的员工；因此为了能够对实体间进行区分，将能够唯一标识实体的一个属性或一组属性称为实体的标识属性(或称关键字)，这个属性或属性组也称为实体的码。例如，为了将职工区分开，可以设置“职工号”作为职工的标识属性。

3. 联系

在现实世界中，事物内部以及事物与事物之间都是有联系的。在信息世界，联系是指实体本身内部、实体与实体之间的联系。实体本身内部的联系通常是指一个实体内部属性之间的联系，实体与实体之间的联系通常是指不同实体之间的联系。例如，在“职工”实体中，可包含职工号、职工姓名、性别、年龄、所在部门号、部门经理号等属性，而在这些属性中，职工部门经理号是指职工所在部门的经理职工号，部门经理同时也是一名职工，并且“部门经理号”的取值范围严格按照“职工号”进行取值，这便构成了实体内部的联系。“所在部门号”属性中，“部门”也是一个实体，假设该实体中包含部门名、部门号、部门经理、部门电话、部门办公室房号等属性。则“职工”实体中的“所在部门号”与“部门实体中”的“部门号”之间存在一种关联关系，并且职工不可能属于不存在的部门，所以“职工”实体中的“所在部门号”属性的取值范围必须从“部门”实体中“部门号”中选择。因此，像“职工”与“部门”之间的这种联系就是实体与实体之间的联系。而我们最常遇到的也是这种实体与实体间的联系。

实体与实体间的联系有一对一联系、一对多联系及多对多联系。

(1)一对一联系(1∶1)。设两个实体集 E_1 与 E_2，E_1 中的每一个实体至多和另一个实体集 E_2 中的一个实体有联系，则称这两个实体集 E_1、E_2 是一对一的联系，记为1∶1。

例如，假设一个学校只允许有一个正校长。一个人只允许担任一个学校的校长，则学校和校长之间构成一对一联系，如图2-2(a)所示。

(2)一对多联系(1∶n)

设两个实体集 E_1 与 E_2，E_1 中每个实体在 E_2 中有 n 个实体与之关联，而实体集 E_2 中每个实体在实体集 E_1 中仅有1个实体与之有联系，则称实体集 E_1 和 E_2 构成一对多关系，记为1∶n。

例如，一个学院中有许多名学生，而一名学生只能属于一个学院。则学院实体集和学生实体集之间是一对多联系，如图2-2(b)所示。

(3)多对多联系(n∶n)

设两个实体集 E_1 与 E_2，E_1 中每个实体在 E_2 中有 n 个实体与之关联，而实体集 E_2 中每个实体在实体集 E_1 中也有 n 个实体与之关联，则称实体集 E_1 和 E_2 构成多对多关系，记为 n∶n。

例如，一门课程可以被多个学生选修，并且一个学生也可以选修多门课程，则学生实体集与课程实体集之间构成多对多联系，如图2-2(c)所示。

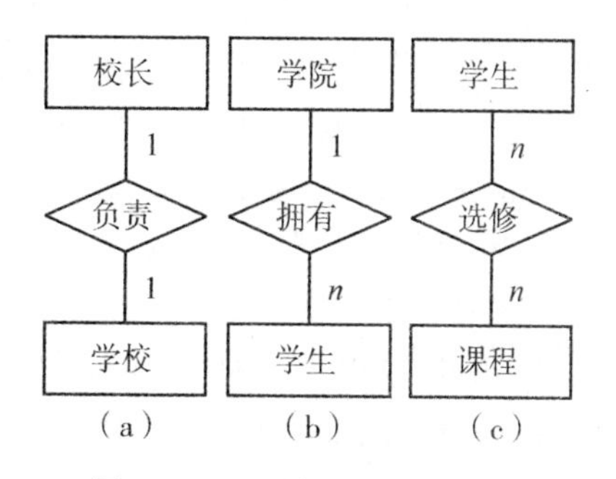

图2-2　二元关系的E-R简图

其实，一对一联系也是一对多联系的一种，并且一对多联系属于多对多联系的特例。值得我们注意的是，实体之间联系的种类是与语义直接相关，也就是由客观实际情况决定，在不同的情况下实体集之间会存在不同的联系。例如，如果客观实际情况下一个班级只有一个副班长，一个人只能担任一个班级的副班长，则班级和副班长之间是一对一联系；如果因为班级的某种工作需要，客观实际情况下一个班级允许有两个副班长，而一个人只能担任一个班级的副班长，则班级和副班长之间是一对多联系；如果客观实际情况下一个人选修了双学位，处于多个班级中，且在多个班级中都作为副班长，并且多个班级都允许有多个副班长，则班级和副班长之间是多对多联系。

另外，E-R图不仅能描述两个实体之间的联系，还能描述两个以上实体之间的联系。

例如有 3 个实体集，项目、零件和供应商，每个项目能够使用多个供应商供应的多种零件，每种零件可由不同供应商供应于不同项目，一个供应商可以给多个项目供应多种零件。因此，这 3 个实体集之间是多对多联系的，如图 2-3 所示。

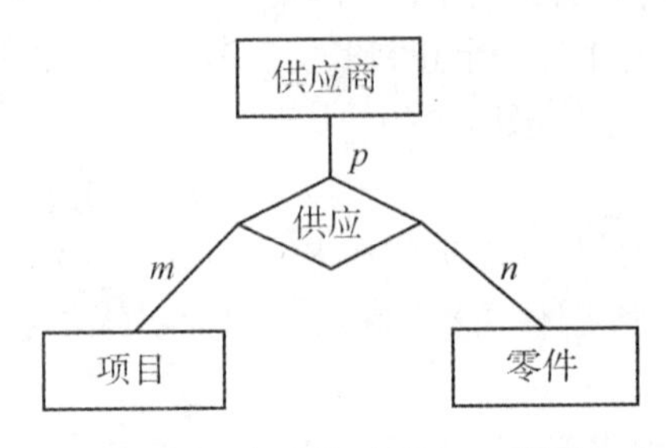

图 2-3　多元关系的 E-R 简图

E-R 图被广泛应用于数据库设计的概念结构设计阶段。通过 E-R 图表示的数据库概念设计结果非常直观，便于各领域、各知识层面的人员理解。E-R 图与具体的数据组织方式无关，并且被直观地转换为关系数据库中的关系表。

2.2.3　组织层数据模型简介

组织层数据模型，也称为组织模型(通常也简称为数据模型，一般情况下所说的数据模型都是指组织层数据模型)，它以组织的方式来对数据进行描述。目前，在数据库技术的发展过程中用到的组织层数据模型主要包括：层次模型(Hierarchical Model)、网状模型(Network Model)、关系模型(Retational Model)、面向对象模型(Object Oriented Model)和对象关系模型(Object Relational Model)。数据库管理系统根据其组织模型的逻辑结构来命名，例如，层次数据库管理系统按照层次模型组织数据，网状数据库管理系统按网状模型组织数据，关系数据库管理系统按关系模型组织数据。

一般情况下，我们将层次模型和网状模型统称为非关系模型。在数据库发展初期，非关系模型十分流行，在数据库管理系统中占主导地位，而现在已转变为关系模型发挥重要作用。1970 年，美国 IBM 公司研究员 E. F. Codd 首次提出数据库系统的关系模型，开创了关系模型数据库和关系模型理论的研究。20 世纪 80 年代以来，计算机厂商推出的数据库管理系统几乎都支持关系模型，非关系系统的产品也都加上了关系接口。

2.2.4　层次数据模型

层次数据模型是数据库管理系统中最先出现的模型。层次数据库管理系统采用层次模型作为数据的组织方式。层次数据库管理系统的典型代表是 IBM 公司的 IMS(Information Management System)。

层次数据模型用树形结构表示实体和实体之间的联系。现实世界中许多实体之间联系本身就呈现出一种自然的层次关系，如行政机构、家族关系等。在层次模型中，每个节点表示一个记录类型，节点与节点之间的连线表示这两个节点之间的联系，且这种联系为父子关系。

由于层次数据模型采用树形结构表示实体和实体之间的联系，使得层次数据模型有以下两个限制。

(1)有且仅有一个节点没有双亲节点，将这个节点称为根节点。

(2)除了根节点之外，每一个节点有且仅有一个父节点。

这两个限制就使得层次数据库只能处理一对多的实体关系，如果要求表示多对多联系，则必须通过冗余节点法和虚拟节点法将其分解成多个一对多联系。并且层次数据模型中任何一个给定的记录值只有从层次模型的根节点开始按照路径查看才能够明白其含义，任何节点都不能脱离父节点的记录值而独立存在。各个记录类型及其字段都必须命名，各个记录类型、同一类型中的各个字段不能重复。每个记录类型可定义一个排序字段，如果定义该排序字段的值是唯一的，则它能唯一地表示一个记录值。

图 2-4 为一个具有层次结构的学院数据模型的例子。该层次模型有 4 个节点，“学院”是这个层次模型的根节点，由学院编号、学院名称和学院地址 3 项组成。学院之下有两个子节点，分别是“教研室”和“学生”，“教研室”由“教研室号”、“教研室名”“室主任”组成，“学生”由“学号”“姓名”“性别”“年龄”组成。在教研室下，有一个子节点“教师”，因此“教研室”作为“学院”节点的子节点的同时，也是“教师”节点的父节点，“教师”节点由“教师号”“教师名”“职称”组成。

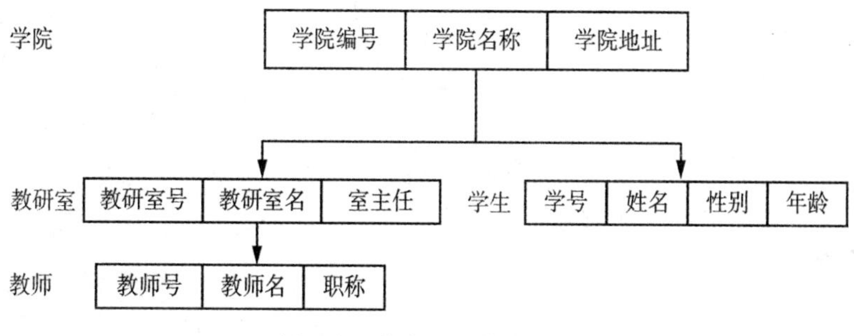

图 2-4 学院层次数据模型

通过图 2-4 所示的数据模型，可构建如图 2-5 所示的某学院层次数据库的一个值。

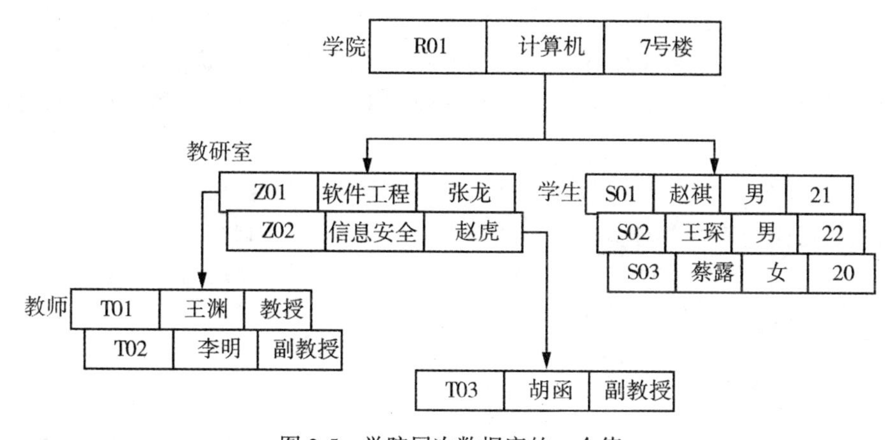

图 2-5 学院层次数据库的一个值

层次数据模型本身比较简单，只需要几条命令即可对数据库进行操作；对于实体间联系是固定的，预先定义好的应用系统，采用层次模型来实现，其性能更为优秀。但现实世界中很多联系是非层次性的，如多对多联系、一个节点具有多个双亲等，层次模型表示这类联系的方法笨拙且不太实用，只能通过引入冗余数据或创建非自然的数据组织来解决，对插入和操作的限制也比较多，使得层次模型在使用上有许多的限制。

2.2.5 网状数据模型

在现实世界中，许多事物之间的联系是非层次的，用层次数据模型来表达现实世界中存在的联系有很多限制。网状数据模型是一种比层次模型更具有普遍性的结构，它去掉了层次模型的两个限制，使得网状数据模型具有允许多个节点没有双亲节点，允许节点有多个双亲节点的特点；并且它还允许节点之间有多种联系(称之为复合联系)，因此网状数据模型可以更直接地描述现实世界。图2-6是几个不同形状的网状数据模型的形式。

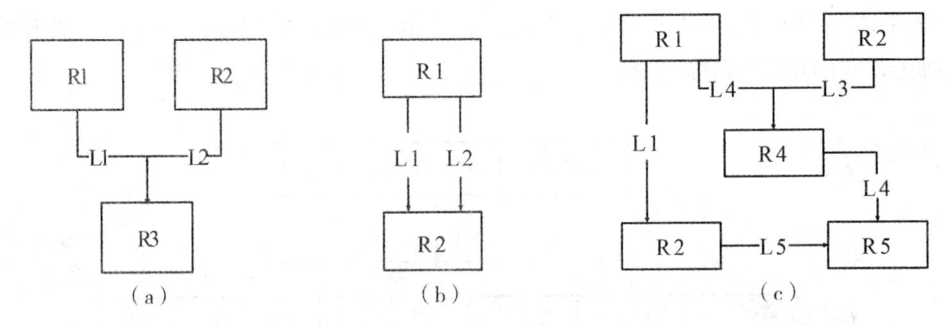

图2-6 不同形状的网状数据模型

从图2-6可以看出，网状数据模型父节点与子节点之间的联系可以不唯一，因此需要为每个联系进行命名。如图2-6(a)中，节点R3有两个父节点R1和R2，因此，我们需要为两对父节点与子节点命名，将R1与R3之间的联系命名为L1，将R2与R3之间的联系命名为L2。图2-6(b)与图2-6(c)同理。

网状数据模型和层次数据模型在本质上是一样的，从逻辑上看，两者都是用连线表示实体之间的联系，用节点表示实体；从物理上看，层次模型和网状模型都是用指针来实现文件以及记录之间的联系，其差别仅在于网状模型中的连线或指针更复杂，使得理解难度稍微加大。

由于网状数据模型没有层次数据模型的两点限制，因此可以直接表示多对多联系。但是使用网状数据模型表示多对多联系实现起来依然太复杂，因此一些支持网状数据模型的数据库管理系统对多对多联系还是进行了限制。例如，CODASYL(Conference on Data System Language)就只支持一对多模式。

2.2.6 关系数据模型

关系数据模型是目前主流数据模型，关系数据库就是使用关系模型作为数据的组织方式。关系模型与层次模型和网状模型不同，关系模型中数据的逻辑结构是一张二维表，有着较强的数学理论基础，并且结构简单、清晰、通俗易懂，不仅可以用关系描述实体，而且用关系描述实体间的联系（王珊等，2014）。它由行和列组成，每一行为一个元组，每一列为一个属性。下面通过图 2-7 来介绍关系模型中的相关术语。

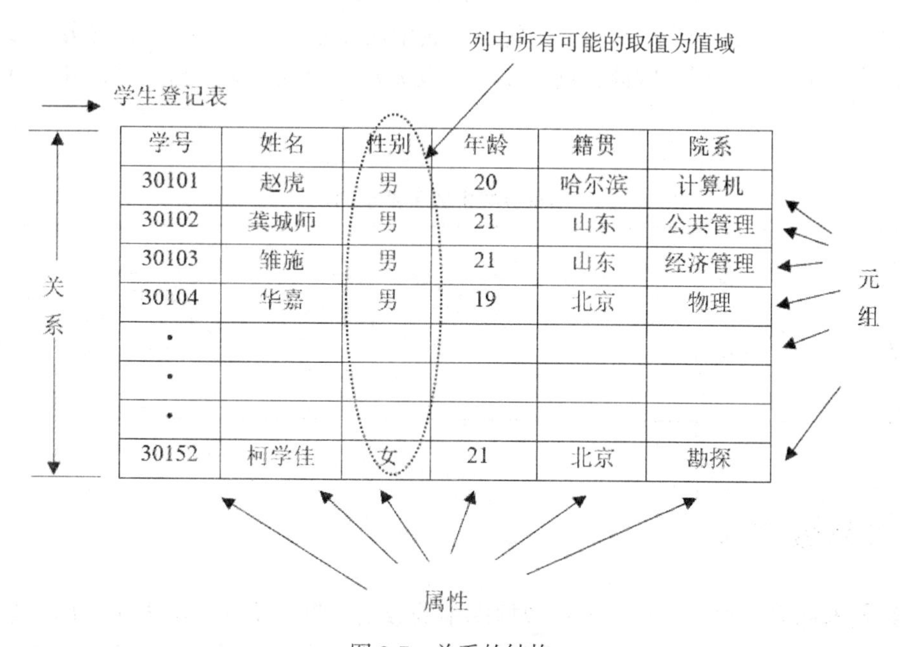

学号	姓名	性别	年龄	籍贯	院系
30101	赵虎	男	20	哈尔滨	计算机
30102	龚城师	男	21	山东	公共管理
30103	雒施	男	21	山东	经济管理
30104	华嘉	男	19	北京	物理
·					
·					
·					
30152	柯学佳	女	21	北京	勘探

图 2-7　关系的结构

关系：一个关系对应一张二维表，图 2-7 中表示的就是一张学生关系表。

元组：二维表中的一行称为一个元组。

属性：二维表中的一列为一个属性，对应每一个属性的名字称为属性名。如图 2-7 中有 6 列，对应着 6 个属性(学号、姓名、性别、年龄、籍贯、院系)。

主码：如果二维表中的某个属性或是属性组可以唯一确定一个元组，则称为主码(或称关系键)，如图 2-7 中，通过学号就可以唯一确定一个学生，因此学号可以称为本关系的主码。

域：属性的取值范围称为域。例如，性别域为男、女，院系域为该学校的所有院系，年龄域一般在 1~120 岁。

分量：元组中的一个属性值。例如学生姓名“赵虎”为第一个元组中的一个分量。

关系模式：表现为关系名和属性的集合，是对关系的具体描述。一般表示为：

关系名(属性 1，属性 2，…，属性 n)

例如：

学生(学号，姓名，性别，年龄，籍贯)

在关系模型中，实体以及实体间的联系都是用关系来表示。例如，教师、课程、教师与课程之间的多对多关系在关系模型中可以表示如下：

教师(教师号,姓名,性别,年龄,院系)

课程(课程编号,课程名,学时,学分)

授课(教师号,课程编号)

关系模型必须是规范化的,要求关系模型必须满足一定的规范条件。其中,最基本的一条是,关系的每一个分量必须是一个不可分的数据项(王珊等,2014),也就是说,不允许表中还出现子表或子列。如表2-1所示,表中成绩是可分的数据项,可分为政治、数学、英语、数据库等子列。因此,此表不符合关系模式要求,必须对其规范化后才能称其为关系。

表2-1 不符合要求的关系示例

学号	姓名	性别	成绩			
			政治	数学	英语	数据库
30151	张齐	男	82	135	80	123
…	…	…	…			

2.3 关系数据库

关系数据库采用数学方法来处理数据库中的数据。最早将这一类方法运用于数据处理领域的是CODASYL于1962年发表的《信息代数》;在这之后的1968年,David Child在IBM7090机上完成了集合论数据结构。而严格提出关系模型的是美国IBM公司的E. F. Codd,他从20世纪70年代起陆续发表了多篇论文,奠定了关系数据库的理论基础。

关系数据库已成为当下最流行、最重要的数据库。目前基本全部的数据库管理系统都是关系型数据库,并且非关系模型基本接上关系模型结构,这也使得目前对数据库的相关研究多通过关系数据库来进行。关系数据库就是支持关系模型的数据库系统,由关系数据结构、关系操作集合和完整性约束3部分组成。

2.3.1 关系数据结构的形式化定义

在关系模式中,无论是实体还是实体间的联系均由单一的结构类型即关系(二维表)来表示(马桂婷等,2008)。关系模式是建立在代数基础上,这里从集合论角度给出关系数据结构的形式化定义。

1. 笛卡儿积

定义2.1 给定一组域 D_1, D_2, D_3, …, D_n, 这些域中可以包含相同的元素, D_1, D_2, D_3, …, D_n 的笛卡儿积为

$$D_1 \times D_2 \times \cdots \times D_n = \{(d_1, d_2, \cdots, d_i) \mid d_i \in D_i, i = 1, 2, \cdots, n\}$$

其中,每个元素$(d_1, d_2, \cdots, d_i)$称为一个n元组或简称元组,元组中每一个值d_i称为一

个分量。元组不是 d_i 的集合，元组由 d_i 按序列排列而成。

例如，设

D_1 = {测绘工程专业，软件工程专业}，D_2 = {李晨，王勇}，D_3 = {20，21，22}。则 D_1、D_2、D_3 的笛卡儿积为：

$D_1 \times D_2 \times D_3$ = {(测绘工程专业，李晨，20)，(测绘工程专业，李晨，21)，(测绘工程专业，李晨，22)，(测绘工程专业，王勇，20)，(测绘工程专业，王勇，21)，(测绘工程专业，王勇，22)，(软件工程专业，李晨，20)，(软件工程专业，李晨，21)，(软件工程专业，李晨，22)，(软件工程专业，王勇，20)，(软件工程专业，王勇，21)，(软件工程专业，王勇，22)}

其中，(测绘工程专业，李晨，20)、(软件工程专业，王勇，21) 等都是元组，“测绘工程专业”“王勇”“21” 等都是分量。

笛卡儿积实际上是一张二维表，上面的例子可以用表 2-2 来表示。

表 2-2　**笛卡儿积 $D_1 \times D_2 \times D_3$**

D_1	D_2	D_3
测绘工程专业	李晨	20
测绘工程专业	李晨	21
测绘工程专业	李晨	22
测绘工程专业	王勇	20
测绘工程专业	王勇	21
测绘工程专业	王勇	22
软件工程专业	李晨	20
软件工程专业	李晨	21
软件工程专业	李晨	22
软件工程专业	王勇	20
软件工程专业	王勇	21
软件工程专业	王勇	22

2. 关系

定义 2.2　$D_1 \times D_2 \times D_3 \times \cdots \times D_n$ 的任一子集叫作在域 D_1，D_2，D_3，…，D_n 上的一个 n 元关系，表示为 $R(D_1, D_2, D_3, \cdots, D_n)$。

其中，R 表示关系名；n 是关系的目或度。

当 $n=1$ 时，称为单元关系；当 $n=2$ 时，称为二元关系；并依次类推，$n=m$ 时，称为 m 元关系。

由于关系是笛卡儿积的子集，所以形式化的关系定义同样能把关系作为二维表，表的每行对应一个元组，表的每列对应一个域，并给表的每列取一个唯一的名字，称之为属性，属性的取值范围称为该属性的域。若关系中某一属性组的值能唯一地表示一个元组，则称该属性组为主码，关系中至少含有一个主码。

例如上面的例子中，$D_1 \times D_2 \times D_3$ 的一个子集为：

R = {(软件工程专业，李晨，20)，(测绘工程专业，王勇，21)}

这就构成了一个关系。其二维表可以由表 2-3 所示，把第一个属性的名字命名为“专业”，第二个属性命名为“姓名”，第三个属性名为“年龄”。

表 2-3　　关　系

专业	姓名	年龄
软件工程专业	李晨	21
测绘工程专业	王勇	20

基本关系具有如下 6 种性质(王珊等，2014)。

(1)关系是同质的(homogeneous)，即每一列中的分量是同一类型的数据，来自同一个列。

(2)不同的列可出自同一个域，称其中的每列为一个属性，并且属性名必须唯一。

(3)列的顺序并无严格要求，即列的顺序可以做任意调换。

(4)行的顺序同列一样并无严格要求，即行的顺序可以做任意调换。

(5)任意两个元组不能完全相同。

(6)分量必须取原子值，即每一个分量都必须是不可分的数据项。这是关系数据库中对关系最基本的限定。

2.3.2　关系代数

关系模型源自于数学，关系是元组构成的集合，可以用对关系的运算来表达对关系的操作。关系代数是一种抽象的关系操作表达语言，可以对关系操作进行表达(马桂婷等，2014)。

关系代数的运算对象是关系，运算结果也是关系。与一般的数学运算相同，运算对象、运算符和运算结果是关系代数的三大要素。表 2-4 给出了关系代数操作运算符。

表 2-4　　关系代数操作运算符

类别	运算符	含义
集合运算符	∪	并
	∩	交
	−	差
	×	笛卡儿积

续表

类别	运算符	含义
专门的关系运算符	Π	投影
	σ	选择
	$\bowtie$	连接
	$\div$	除
比较运算符	$>$	大于
	$<$	小于
	$\geqslant$	大于等于
	$\leqslant$	小于等于
	$=$	等于
	$\neq$	不等于
逻辑运算符	$\wedge$	与
	$\vee$	或
	$\neg$	非

关系运算符可以分为两大类，分别是传统的集合运算，包括集合的广义笛卡儿积运算、并运算、交运算、差运算；以及专门的关系运算，包括选择、投影、连接、除(王珊等，2014)。

其中，传统的集合运算将关系看作元组的集合，而专门的关系运算除了把关系看作元组的集合外，还通过运算表达了查询要求。

1. 传统的集合运算

传统的集合运算包括并(union)、差(difference)、交(intersection)、广义笛卡儿积(extended cartesian product)4 种运算。以下以表 2-5 的内容为例，说明这几种传统集合运算。

(1)并运算。假设有关系 R、S，关系 R 与关系 S 的并记为：

$$R \cup S = \{t \mid t \in R \wedge t \in S\}$$

其中，t 为元组变量，表示新关系中的元组。结果为 n 目关系，由属于 R 或属于 S 的元组组成，如表 2-6(a) 所示。

(2) 交运算。假设有关系 R、S，关系 R 与关系 S 的交记为：

$$R \cap S = \{t \mid t \in R \vee t \in S\}$$

其结果为 n 目关系，由属于 R 同时也属于 S 的元组组成，如表 2-6(b) 所示。

(3) 差运算。 假设有关系 R、S，关系 R 与关系 S 的差记为：

$$R - S = \{t \mid t \in R \wedge t \notin S\}$$

其结果为 n 目运算符，由属于 R 并且不属于 S 的元组组成，如表 2-6(c) 所示。

(4) 广义笛卡儿积。设有 n 目关系和 m 目关系 S，两个关系的笛卡儿积是一个 $(n+m)$ 列的元组的集合。元组的前 n 列是关系 R 的一个元组，后 m 列是关系 S 的一个元组，若 R 有 k_1 个元组，S 有 k_2 个元组，则关系 R 和关系 S 的广义笛卡儿积有 $k_1 \times k_2$ 个元组，记作

$$R \times S = \{(t_r, t_s) \mid t_r \in R \land t_s \in S\}$$

其中，(t_r, t_s) 表示由两个元组 t_r 和 t_s 前后有序链接而成的一个元组。任取元组 t_r 和 t_s，当且仅当 t_r 属于 R 且 t_s 属于 S 时，t_r 和 t_s 的有序链接即为 $R \times S$ 的一个元组。

实际操作时，可从 R 的第一个元组开始，依次与 S 的每一个元组组合，然后对 R 的下一个元组进行同样的操作，直至 R 的最后一个元组也进行同样的操作为止，最终可得到 $R \times S$ 的全部元组。

表 2-5　**学生信息表**

(a)学生表 A

学号	姓名	年龄	学院
002	张丹丹	20	计算机学院
003	韩梅梅	21	信息学院
004	杨晨	20	测绘学院
005	徐亮	20	信息学院

(b)学生表 B

学号	姓名	年龄	学院
001	李华	19	马克思学院
002	张丹丹	20	计算机学院
003	韩梅梅	21	信息学院

表 2-6　**集合的并、交、差运算**

(a)并运算

学号	姓名	年龄	学院
001	李华	19	马克思学院
002	张丹丹	20	计算机学院
003	韩梅梅	21	信息学院
004	杨晨	20	测绘学院
005	徐亮	20	信息学院

(b)交运算

学号	姓名	年龄	学院
002	张丹丹	20	计算机学院
003	韩梅梅	21	信息学院

(c)差运算

学号	姓名	年龄	学院
004	杨晨	20	测绘学院
005	徐亮	20	信息学院

2. 专门的关系运算

专门的关系运算包括投影、选择、连接和除操作。我们建立如表 2-7 所示的 3 个关系，来说明专门的关系操作。

表 2-7 学生、课程与选课 3 个关系表

(a) Student 关系

Sno	Sname	Ssex	Sage	Sdept
30101	李晨	男	20	计算机系
30102	范刚	男	20	马克思系
30103	李响	男	20	自动化系
30195	郭慧	女	22	自动化系
30456	吴刚	男	21	历史系

(b) Course 关系

Cno	Cname	Credit
C01	高等数学	4
C02	大学英语	4
C03	程序设计	4
C04	市场营销	2
C05	统计学	2
C06	数据库基础	2
C07	中国近代史	4

(c) *SC* 关系

Sno	Cno	Grade
30101	C01	86
30101	C07	95
30102	C01	84
30102	C03	84
30102	C03	88
30103	C05	76
30456	C07	80

1) 选择

选择又被称为限制，是专门关系运算中最简单的运算。它是从指定的关系中选择某些满足给定条件的元组组成一个新的关系的运算。记作

$$\sigma_F(R) = \{t \mid t \in R \wedge F(t) = \text{'真'}\}$$

式中，σ 被称为选择运算符；R 为关系名；t 为元组；F 为逻辑表达式，取逻辑“真”值或“假”值。

例如，从表 2-7(a) 中，查询性别为女的学生信息的关系代数表达式为

$$\sigma_{\text{Ssex} = \text{'女'}}(\text{Student})$$

其结果如表 2-8 所示。

表 2-8　**选择结果表**

Sno	Sname	Ssex	Sage	Sdept
30195	郭慧	女	22	自动化系

2) 投影

投影是指从 R 中选择出若干属性列组成新的关系。记作

$$\prod_A(R) = \{t[A] \mid t \in R\}$$

式中，$\prod$ 被称为投影运算符；R 为关系名；A 为被投影的属性或属性组；$t[A]$ 为 t 这个元组里相应于属性 A 的分量。

例如，对于表 2-6(b) 中，选择 Cno 列构成新关系，可以表示为

$$\prod_{\text{Cno}}(\text{Course})$$

其结果如表 2-9 所示。

表 2-9　**投影结果表**

Cno
C01
C02
C03
C04
C05
C06
C07

3) 连接

连接运算，用来连接相互之间有联系的两个关系，从而产生一个新的关系。连接也称

为 θ 连接。它是从两个关系的广义笛卡儿积中选取属性间满足一定条件的元组，记作

$$R \underset{A\theta B}{\bowtie} S = \{(t_r, t_s) \mid t_r \in R \wedge t_s \in S \wedge t_r[A] = t_s[B]\}$$

式中，A 和 B 分别为 R 和 S 上度数相等且可比的属性；θ 是比较运算符。连接运算从 R 和 S 的笛卡儿积 $R \times S$ 中选取在 A 属性组上的值与在 B 属性组上的值满足比较关系 θ 的元组。

连接运算中有两种最为常用的连接，一种是等值连接，另一种是自然连接。

θ 为“=”的连接运算称为等值连接。它是从关系 R 与 S 的广义笛卡儿积中选取 A、B 属性值相等的那些元组。等值连接表示为

$$R \underset{A=B}{\bowtie} S = \{(t_r, t_s) \mid t_r \in R \wedge t_s \in S \wedge t_r[B] = t_s[B]\}$$

自然连接是一种特殊的等值连接，它要求两个关系中进行比较的分量必须是相同的属性组，并且要在结果中把重复的属性去掉。若 R 和 S 具有相同的属性组 B，则自然连接可记作

$$R \bowtie S = \{(t_r, t_s) \mid t_r \in R \wedge t_s \in S \wedge t_r[B] = t_s[B]\}$$

自然连接和等值连接有以下两点差别。

(1) 自然连接要求相等的分量必须有相同的属性名，等值连接对此不作要求。

(2) 自然连接要求去掉重复的属性名，等值连接对此不作要求。

例如，对表 2-7 的 Student 和 SC 关系分别进行如下的等值连接和自然连接运算。

等值连接：

$$\text{Student} \underset{\text{Student. Sno}=SC.\text{Sno}}{\bowtie} SC$$

自然连接：

$$\text{Student} \bowtie SC$$

等值连接的结果如表 2-10 所示，自然连接的结果如表 2-11 所示。

表 2-10　　**等 值 连 接**

Student. Sno	Sname	Ssex	Sage	Sdept	*SC*. Sno	Cno	Grade
30101	李晨	男	20	计算机系	30101	C01	86
30101	李晨	男	20	计算机系	30101	C07	95
30102	范刚	男	20	马克思系	30102	C01	84
30102	范刚	男	20	马克思系	30102	C03	84
30102	范刚	男	20	马克思系	30102	C04	88
30103	李响	男	20	自动化系	30103	C05	76
30456	吴刚	男	21	历史系	30456	C07	80

表 2-11　　**自 然 连 接**

Sno	Sname	Ssex	Sage	Sdept	Cno	Grade
30101	李晨	男	20	计算机系	C01	86

续表

Sno	Sname	Ssex	Sage	Sdept	Cno	Grade
30101	李晨	男	20	计算机系	C07	95
30102	范刚	男	21	马克思系	C01	84
30102	范刚	男	20	马克思系	C03	84
30102	范刚	男	22	马克思系	C03	88
30103	李响	男	20	自动化系	C05	76
30456	吴刚	男	21	历史系	C07	80

4)除运算

(1)除法的简单形式。

设关系 S 的属性是关系 R 的属性的一部分，则 $R \div S$ 为满足以下条件的关系：①关系的属性是由属于 R 但不属于 S 的所有属性组成；②$R \div S$ 的任一元组都是 R 中某元组的一部分。但必须符合的要求为任取属于 $R \div S$ 的一个元组 t，则 t 与 S 的任一元组连接后，都为 R 中原有的一个元组。

(2) 除法的一般形式。

设有关系 $R(X, Y)$ 和 $S(Y, Z)$，其中 X、Y 为关系的属性组，则

$$R(X, Y) \div S(Y, Z) = R(X, Y) \div \prod_{Y}(S)$$

在说明除运算之前，为了方便理解，首先要引入象集的概念。

给定一个关系 $R(X, Y)$，X 和 Y 为属性组，那么当 $t[X] = x$ 时，x 在 R 中的象集为

$$Y_X = \{t[Y] \mid t \in R \wedge t[X] = x\}$$

式中，$t[Y]$ 和 $t[X]$ 表示 R 中的元组 t 在属性组 Y 和 X 上的分量的集合。

例如，在给定的 SC 关系中，如果设 $X = \{\text{Sno}\}$，$Y = \{\text{Cno, grade}\}$，则当 $X = \{30101\}$ 时，Y 的象集为{(C01, 86), (C07, 95)}

现在，我们再来讨论除运算，设有关系 $R(X, Y)$ 和 $S(Y, Z)$，其中 X、Y、Z 为关系的属性组，则

$$R \div S = \{t_r[X] \mid t_r \in R \wedge \prod_{Y}(S) \subseteq Y_X\}$$

关系的除操作能用其他基本操作表示为

$$R \div S = \{\prod_{X}(R) - \prod_{X}(\prod_{X}(R) \times \prod_{Y}(S) - R\}$$

图2-8为除运算的一个例子。

2.3.3 关系模型的完整性约束

数据的完整性要求数据库中的数据是正确的或者有意义的。关系模型中的数据完整性是指对关系的某种约束条件。关系模型的完整性约束包括：实体完整性(entity integrity)、

Sno	Cno
30101	C01
30101	C07
30102	C01
30102	C03
30102	C06
30456	C07

÷

Cno	Cname
C01	高等数学
C07	中国近代史

=

Sno
30101

图 2-8　除运算示例

参照完整性(referential integrity)及用户定义完整性(user-defined integrity)。其中，实体完整性与参照完整性是关系模型必须要满足的约束条件，又称为两个不变性(王珊等，2014)。

1. 实体完整性

实体完整性要求数据中的每个元组都是可识别的并且是唯一的，即要求关系数据库中的所有表都必须有主码，不允许有主码出现空值，且主码必须唯一。

在现实世界中，每一个实体都具有某种唯一的特征，通过这一特征可以对实体进行区分，而关系模式中，以主码作为区分实体的唯一性标识。

例如，在如图 2-7 中，若设定“学号”为学生实体的主码时，“学号”不能为空值，并且“学号”要能唯一确定一名学生，不允许出现重复的数值。若“学号”为空值，则此学生不能被数据库正常地管理。空值在关系数据库中是特殊的标量常数，它标识了未定义的或者有意义但是目前还属于未知信息的值，例如，在授课关系“授课”(“教师号”，“课程编号”，“课程人数”，“教室号”)中，“教师号”和“课程编号”为主码，两者缺一不可，都不能为空值；如果还在选课阶段，上课人数未知，或者教室未安排，可以在选课结束前设置为空值，空值可以用“NULL”来表示。另外，如果选课系统中出现了“学号”相同的重复值，且其他值也相同，则这些记录为重复记录，重复记录的数据没有任何意义，如果“学号”相同，其他值不同，则会出现语义矛盾。

因此，对于实体性规则，有以下说明(李益，2007)。

(1)实体完整性规则是针对基本关系而言。一个基本表对应了现实世界的一个实体集。

(2)现实世界的实体和实体间的联系具有某种唯一性标识，可以将它们区分开来。

(3)在关系模型中，使用主码作为唯一性标识。

(4)主码的属性不能取空值，且不能为重复数值。除主码外的属性无此要求，既可以取空值，也可以取重复值。

2. 参照完整性

参照完整性又被称为引用完整性。现实世界中的实体与实体之间都会存在某种联系，在关系模型中，实体与实体之间联系用关系表示，因此就会存在关系与关系之间的引用。参照完整性描述的就是实体与实体之间的联系(李益，2007)。

参照完整性描述了多个实体之间的关联关系，见如下 3 个例子。

例 1　教师实体和院系实体可以用下面的关系表示，其中关系的主码使用下画线进行标识：

教师(<u>教师号</u>，教师名，性别，院系号，职称)

院系(<u>院系号</u>，院系名，院系地址)

这两个关系中就存在属性的引用。教师关系引用了院系关系的主码“院系号”，即教师中“院系号”的值必须严格按照院系关系中存在的院系号进行取值，不可能出现一名教师属于不存在的院系之中。这也就是教师关系中某个属性的取值需要按照院系关系的属性取值，这种一个关系中某列赋值受到另一个关系中某列的取值范围约束的特点就称为参照完整性。

例 2　教师、课程、教师与课程之间的多对多关系可以用以下的关系表示：

教师(<u>教师号</u>，教师名，性别，院系号，职称)

课程(<u>课程编号</u>，课程名，学分)

授课(<u>教师号，课程编号</u>，课程人数，教室号)

这 3 个关系中同样也存在着属性的引用。授课关系中的教师号需要参照教师关系中的教师号属性来进行取值，课程编号也必须按照课程关系中的课程编号属性来进行取值。即授课关系中某些属性的取值必须参照其他关系的属性取值。

不仅两个或两个以上的关系间可以存在引用关系，同一关系内部也会出现引用关系。

例 3　同一关系内部的引用关系可以用以下关系表示：

学生(<u>学号</u>，姓名，性别，年龄，班级，班长)

在学生这个关系中，“学号”作为这个关系中的主码，“班长”属性表示了该学生所在的班级班长的学号，因此“班长”的值必须参照同一关系的“学号”属性进行取值，即“班长”必须是“学号”中已存在的值。

设 F 是基本关系 R 的一个或一组属性，但不是关系 R 的主码，如果 F 与基本关系 S 的主码 K_S 相对应，则称 F 是基本关系 R 的外码(foreign key)，并称基本关系 R 为参照关系(referencing relation)，基本关系 S 为被参照关系(referenced relation)或目标关系(target relation)。关系 R 和 S 有可能为相同的关系，即出现自身参照的情况。因此，目标关系 S 的主码 K_S 需要与参照关系的外码 F 定义在同一个域中。

例如，在例 1 中，教师关系的“院系号”与院系关系的“院系号”相对应，因此“院系号”属性是教师关系的外码，是院系关系的主码。在这其中，院系关系作为被参照关系，而教师关系作为参照关系，如图 2-9 所示。

$$\text{教师关系} \xrightarrow{\text{院系号}} \text{院系关系}$$

图 2-9　参照关系

参照完整性规则就是定义外码与主码之间的引用规则。主码要求必须是非空值并且不能有重复值，但外码无此要求。对于外码，值可以为空，或者等于其引用关系中的某个元组的主码值。

3. 用户定义完整性

实体完整性与参照完整性能够适用于所有的关系数据库系统。此外，根据关系数据库系统的应用环境不同，往往还需要制定一些特殊的约束条件。用户定义完整性就是针对某一具体应用的关系数据库所制定的约束条件，它反映某一具体应用所涉及的数据必须满足的语义要求(王珊等，2014)。例如，某个属性有一定的取值范围，某个属性必须取唯一值，某个属性必须满足某种函数关系等。关系模型应提供定义和检验这类完整性的机制，以便用统一的系统方法来处理它们，而不是由应用程序承担这一制约功能。例如，某门课的成绩取值被定义为 0 到 100 之间的数值。

2.4　SQL 语言基础与数据定义

用户在使用数据库时，需要对数据库做出各种各样的操作，如查询、添加、删除、修改数据，定义、修改数据模式等，因此就需要 DBMS 为用户提供相应的命令或语言。

结构化查询语言 SQL(Structured Query Language)是国际标准数据库语言，SQL 虽然叫作结构化查询语言，但是 SQL 不只包含查询操作语言，还包括数据定义、数据操纵和数据控制等与数据库有关的全部功能。

自 SQL 成为国际标准语言后，各个数据库厂家都推出了能够支持 SQL 的软件或与 SQL 的接口软件，使得大多数数据库均用 SQL 作为共同的数据存取语言和标准接口，使不同的数据库之间的互操作有了共同的基础。

2.4.1　SQL 基本概念

1. SQL 语言的特点

SQL 之所以被称为国际标准语言，是由于它是一个综合的、功能强大且又比较简洁易学的语言，集数据定义(data definition)、数据查询(data query)、数据操纵(data manipulation)和数据控制(data control)功能为一体，其主要特点包括以下 4 点。

(1)综合统一。SQL 语言集数据定义语言 DDL、数据操纵语言 DML 和数据控制语言 DCL 多功能一体，能够完成数据库中全部工作，包括创建数据库、定义模式，数据的插入、更新、删除、查询以及安全控制和维护数据库等，SQL 具有可拓展性，能够为数据库应用系统提供良好的开发环境。在数据库投入使用后，用户可以随时修改结构模式，使数据库适应外部数据的变化。

(2)高度非过程化。在使用 SQL 语言访问数据库时，用户只需要告诉数据库要“做什么”，而不需要描述“如何做”。SQL 语言可以将要求提供给数据库管理系统，由数据库管理系统自动完成全部工作，这样大大减轻了用户的工作负担，提高了工作效率，并且提高了数据的独立性。

(3)简洁。SQL 在具有强大的语言功能的同时，还具有简洁性。它只有为数不多的几条命令，并且十分接近自然语言，容易被用户学习与掌握。

(4)多方式使用。SQL 语言能够直接以命令方式交互使用，也可以嵌入到程序设计语言(如 Visual Basic、PowerBuilder、C#、ASP+)中使用。并且不论是哪种使用方式，SQL 语言的语法都保持一致，使用起来十分方便。

2. SQL 的结构

SQL 支持三级模式结构，如图 2-10 所示。

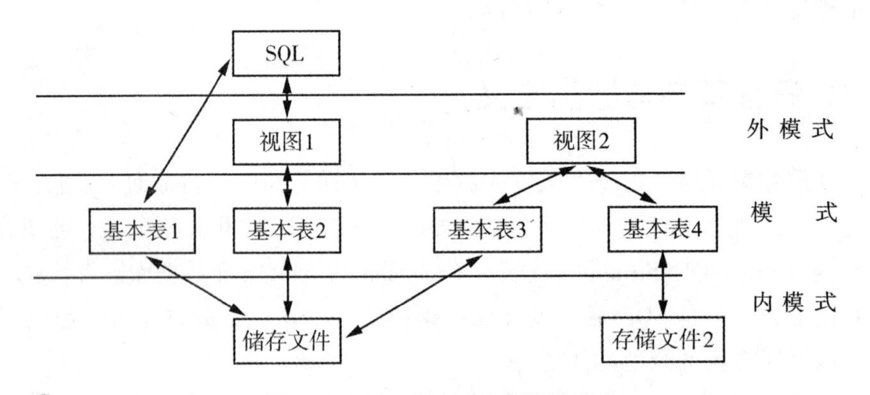

图 2-10　SQL 支持的关系数据模式

从图 2-10 可以看出，外模式对应视图和部分基本表，模式对应基本表，内模式对应储存文件。

基本表是一种独立存在的表，每个表都对应了一个储存文件，一个表可以带若干索引，索引储存在储存文件中。

视图是一个或几个基本表的表，它本身不储存在数据库中，实际上是一个虚表，也就是说数据库中仅储存了视图的定义，不储存对应的数据，这些数据储存于导出视图的基本表中。

用户可以使用 SQL 对视图和基本表进行查询操作。对于用户方面来说，视图和基本表都是关系，而储存文件对用户来说是透明的。

2.4.2　数据定义

SQL 使用数据定义语句来实现数据定义功能，数据定义功能包括定义表、定义视图和定义索引，如表 2-12 所示。

表 2-12 数据定义

操作对象	操作方式		
	创建	删除	修改
表	Create Table	Drop Table	Alter Table
视图	Create View	Drop View	
索引	Create Index	Drop Index	

从表 2-12 可以看出，SQL 不支持视图以及索引的修改，这是因为视图是基于表的虚表，视图中的数据是与基本表相关联的，而索引是依附于基本表的。若用户想对索引和视图的定义进行修改，只能删除之后重建。

1. 基本表的定义

基本表的定义是建立数据库最基本的一步，同时也是最重要的一步。在 SQL 语言使用 Create Table 语句来进行基本表的创建。其格式为：

```
Create Table <表名>(<列名><数据类型>[列级完整性约束条件]
                        [,<列名><数据类型>[列级完整性约束条件]…]
                        [,[表级完整性约束条件])
```

其中，<表名>是所定义的基本表名字，它可以由一个或多个属性(列)组成。<列名>是表中所包含的列的名字。<数据类型>指明了列的数据类型，建表时需要定义与表相关的完整性约束条件。如果完整性约束条件仅涉及一个列，则可以在[列级完整性约束条件]处定义，也可以在[表级完整性约束条件]处定义。如果完整性约束条件涉及多个列，则必须在[表级完整性约束条件]处进行定义。

在定义基本表时，可以定义列的取值约束。在[列级完整性约束条件]处可以进行如下约束：

NOT NULL:取值不能为空。

DEFAULT:设定列的默认值。

UNIQUE:列取值不能重复。

CHECK:列的取值范围。

PRIMARY KEY:设定该属性为主码。

FOREIGN KEY:定义该属性为引用其他表的外码。

例如，用 SQL 语句，完成对表 2-13 至表 2-15 的创建。

```
Create Table Student(
                    Snoint(5) PRIMARY KEY,
                    Sname char(30) NOT NULL,
                    Ssex char(2) CHECK(Ssex='男' Or Ssex='女')
                    Sdept char(20) DEFAULT '数学系')
```

表 2-13　　学　生　表

列名	说明	数据类型	完整性约束条件
Sno	学号	整数	主码
Sname	姓名	字符串，长度为 30	不为空值
Ssex	性别	字符串，长度为 2	取“男”“女”
Sdept	院系	字符串，长度为 20	默认为“数学系”

```
Create Table Course(
                Cno int PRIMARY KEY,
                Cname char(20) NOT NULL,
                Ccredit intCHECK(Ccredit>0 And Ccredit<10)
```

表 2-14　　课　程　表

列名	说明	数据类型	完整性约束条件
Cno	课程号	整数	主码
Cname	课程名	字符串，长度 20	不为空值
Ccredit	学分	整数	取值大于 0 且小于 10

```
Create Table SC(
             Sno int NOT NULL,
             Cno char(20) NOT NULL,
             Grade int CHECK(Grade)= 0 And Grade<=100)
             PRIMARY KEY(Sno,Cno)
             FOREIGN KEY(Sno)PERENCES Student(Sno)
             FOREIGN KEY(Cno)PERENCES Student(Cno))
```

表 2-15　　选课关系表

列名	说明	数据结构	完整性约束条件
Sno	学号	整数	主码，引用学生关系外码
Cno	课程名	字符串，长度 20	主码，引用课程关系外码
Grade	成绩	整数	取值 0~100

2. 基本表的删除

当我们需要删除某个基本表时，可以用 Drop Table 语句删除它。其语句格式为：

```
Drop Table<表名>
```

例如，删除Student表，语句为：

```
Drop Table Student
```

3. 基本表的修改

创建基本表后，若需要对基本表进行修改，可以使用Alter Table语句进行修改，其语句格式为：

```
Alter Table<表名>
[Add <新列名><数据类型>[完整性约束]]
[Drop<完整性约束名>]
[Modify<列名><数据类型>];
```

其中，<表名>为需要作修改的基本表；Add用于增加新列和完整性约束条件；Drop用于删除完整性约束条件，Modify用于修改列名与数据类型。

例如：若要为Student表添加一个表示年龄的列，此列定义为Sage int，取值在0~100之间。

```
Alter Table Student ADD Sage int CHECK(Sage>=0 And Sage<=100)
```

2.4.3 数据查询

数据查询是数据库中最常用的操作命令，也是数据库的核心操作。SQL语言提供了SELECT语句进行数据库查询，通过该操作，可以得到需要的信息。其格式为：

```
SELECT<目标列表达式>,<目标列表达式>…
FROM <数据源>
[WHERE <检索条件表达式>]
[GROUP BY <列名1>]
[HAVING <条件表达式>]
[ORDER BY <列名2>]
```

在以上的表达中，SELECT可以指定输出字段信息，FROM可以指定数据的来源，WHERE可以指定数据的选择条件。GROUP BY可以对检索到的记录进行分组，HAVING可以指定组的选择条件，ORDER BY可以对查询结果进行排序。在上述子句中，SELECT和FROM是必须的。

1. 简单查询

简单查询即单表查询，查询的数据源仅由一张表构成。

1)查询指定值

当用户仅对某一列感兴趣时，可以使用SELECT的<目标列表达式>来指定要查询的属性。

例如，查询全体学生的学号、姓名。

```
SELECT Sname,Sno FROM Student
```

当用户需要查询一个表中的所有属性时，可以将所有的目标列表达式都加在 SELECT 语句后，又或者选择另一种更为简便的方法，将<目标列表达式>指定为“ * ”。

例如，查询所有课程。

```
SELECT * FROM Student
```

<目标列表达式>可以是表中的列，也可以是由表的列组成的函数表达式。通过一定的函数，可以查询经过计算的条件。

例如，查询所有学生的出生年份，并为出生年份添加列标题

```
SELECT Sname,2017-Sage AS 出生年份 From Student
```

2)指定 WHERE 查询条件

在 SQL 语句中，通过 WHERE 来查询满足条件的元组。表 2-16 为常用的查询条件。

表 2-16　　常用的查询条件

查询条件	谓　词
比较	=, >, <, >=, <=, ! =, <>, NOT 等
确定范围	BETWEEN AND，NOT BETWEEN AND
确定集合	IN，NOT IN
字符匹配	LIKE，NOT LIKE
空值	IS NULL，IS NOT NULL
多重条件	AND，OR

(1)利用 WHERE 限定查询条件，可以查询到用户感兴趣区域的类型信息。例如，根据列值来进行查询。

例 1　查询所有男生名字。

```
SELECT Sname FROM Student WHERE Ssex=‘男’
```

例 2　查询所有不及格学生姓名。

```
SELECT Sname FROM SC WHERE Grade<60
```

(2)BETWEEN... AND 和 NOT BETWEEN AND 是逻辑运算符，可以用来查找值在或者不在其指定范围内的元组。AND 前面为范围的上限，后面为范围的下限。

例 3　查询年龄在 20~22 岁之间的学生的姓名、性别、年龄。

```
SELECT Sname,Ssex,Sage From Student WHERE Sage BETWEEN 20 AND 22
```

(3)利用谓词 IN 可以用来查找属性值属于指定集合的元组。

例 4　查询数学系、计算机系的学生的名字和学号。

```
SELECT Sname,Sno From Student WHERE Sdept IN (‘数学系’,‘计算机系’)
```

(4)利用 LIKE 谓词，可进行字符串的匹配。LIKE 谓词可以包含的通配符如表 2-17 所示。

表 2-17 **通配符列表**

通配符	作用
____(下画线)	匹配任意一个字符
%	匹配 0 个或多个字符
[ ]	匹配[ ]中任意一个字符
[^]	不匹配[^]中任意一个字符

例 5 查询所有名字中带“薇”的学生的详细信息。

```
SELECT * FROM Student WHERE Sname LIKE '%薇%'
```

例 6 查询名字第二个字中带‘薇’的学生详细信息。

```
SELECT * FROM Student WHERE Sname LIKE '__薇%'
```

(5)谓词 IS NULL 和 IS NOT NULL 可以用来查询空值和非空值。

例 7 某些学生由于未参加考试，则 *SC* 关系中没有考试成绩，下面对没有参加考试的学生的姓名与学号进行查询。

```
SELECT Sname,Sno FROM Student WHERE Grade IS NULL
```

(6)运用运算符 AND 和 OR 可以用来联结多个查询条件，当两个运算符同时存在时，则 AND 的优先级要大于 OR，若用户需要对运算符的优先级进行操作，可使用括号来改变优先级。

例 8 查询数学系的所有男生的姓名。

```
SELECT  Sname FROM Student WHERE Sdept='数学系'  AND  Ssex='男'
```

3)对查询结果进行排序

使用 ORDER BY 子句可以完成对查询结果按照一个或多个列的升序(ASC)或降序(DESC)排序，缺省值为升序。

例 9 询年龄在 22 岁的学生的姓名，其结果按照学号升序排列。

```
SELECT Sname FROM Student WHERE Sage='22' ORDER BY Sno ASC
```

4)使用聚合函数

聚合函数也称为计算函数或集函数、聚集函数，其作用是对一组值进行计算并返回值。SQL 提供的计算函数如表 2-18 所示。

表 2-18 **计 算 函 数**

计算函数	作用
COUNT(*)	统计表中元组个数
COUNT(<列名>)	统计本列列值个数
SUM(<列名>)	求列值总和
AVG(<列名>)	求列值的平均值

续表

计算函数	作用
MAX(<列名>)	求列值的最大值
MIN(<列名>)	求列值最小值

值得注意的是，以上函数除了 COUNT(*)会不忽略空值之外，其他计算函数都在计算过程中忽略空值。

例 10　求出数学系学生年龄平均值。

```
SELECT AVG(Sage) FROM Student WHERE Sdept='数学系'
```

例 11　统计选修了课程的学生人数。

```
SELECT COUNT (DISTINCT Sno)
FROM SC
```

此处 DISTINCT 的作用是避免重复计算。一个学生可选多门课程，添加上 DISTINCT 后，会忽略掉其中的重复值，使结果更为真实。

注意：聚合函数不能出现在 WHERE 子句中。

5)对查询结果进行分组

GROUP BY 可以将查询结果表的各行按一列或多列取值相等的原则进行分组。分组的目的是为了构成聚合函数的作用对象。如果未对查询结果分组，聚合函数的对象将作用于整个查询结果，即整个查询结果中只有一个函数值。

例 12　查询各个课程的选课学生人数。

```
SELECT Cno,COUNT(Sno)
FROM Student
GROUP BY Cno
```

若分组后还需要按一定的条件对组进行筛选，最终只输出满足指定条件的组，则可以用 HAVING 指定筛选操作。

例 13　查询选修了 2 门以上课程的学生的学号。

```
SELECT Sname,Sno
FROM SC
GROUP BY Sno HAVINGCOUNT( * )>2
```

2. 多表连接查询

前面介绍的简单查询，都只对一个表进行了查询，当我们需要从多个表中获取信息时，就需要进行连接查询。连接查询是关系数据库中最主要的查询，主要包括等值连接查询、非等值连接查询、自然连接查询、自身连接查询、外连接查询和复合条件连接查询(王珊等，2014)。

1)等值连接查询与非等值连接查询

用来连接两个表的条件称为连接条件或连接谓词，其一般格式为：

[<表名 1>.]<列名 1><比较运算符>[<表名 2>.]<列名 2>

其中，比较运算符有：=、>、<、>=、<=、!=、<>。使用连接运算符为=的时候，称为等值连接；使用其他符号时，称为非等值连接。

从概念上讲，DBMS 执行连接操作的过程是，首先在表 1 中找到第一个元组，然后从头开始顺序扫描或按索引扫描表 2，查找满足连接条件的元组，每找到一个元组，就将表 1 中的第一个元组与该元组进行拼接，形成结果表中的元组。表 2 全部扫描完毕后，再到表 1 中找到第二个元组，然后从头开始顺序扫描或按索引扫描表 2，查找满足连接条件的元组，每找到一个元组，就将表 1 中的第二个元组与该元组拼接起来，形成结果表中的一个元组，之后再重复上面的步骤，直到表 1 中全部的元组都处理完毕。

例 14 查询每个学生信息及其选课情况。

由于学生的信息存放在 Student 表中，而选课信息存放在 *SC* 表中，所以本次查询实际上会同时涉及 Student 表以及 *SC* 表中的两个数据。而这两个表中有关联的都具有属性 Sno。因此我们可以通过 Sno 属性来将两个表进行一个等值连接。具体 SQL 语句为：

```
SELECT Student.*,SC.*
FROM Student,SC
WHERE Student.Sno=SC.Sno
```

在上面的语句中，为了避免发生属性名的混淆，在属性名的前面都加入了表名的前缀，如果属性名在参加连接的表中唯一，则不必加入前缀。

2)自身连接

同一个表不仅可以和别的表进行连接，同一个表也可以与自己进行连接，这一类连接称为表的自身连接。

例如，在一个课程表中，有着课程的课程号、课程名、先修课程、学分(在表中为 Cno、Cname、Cpno、Ccredit)。在这个表中，只有课程的先修课程，而如果我们需要知道每门课程的间接先修课程，就需要将同一个表进行自身连接。在进行自身连接时，为了区分两个表，必须为两个表取别名。

例 15 查询每门课程的间接先修课程。

```
SELECT FIRST.Cno,SECOND.Cpno
FROM Course FIRST,COURSE SECOND
WHERE FIRST.Cpno=SECOND.Cno;
```

3)外连接

在一般连接操作中，只有满足连接条件的元组才能作为结果输出，但某些情况会希望输出一些值为空的元组。例如，在 *SC* 表中，记录了每个学生的选课情况，对 Student 表和 *SC* 表进行连接，可以输出每个学生的信息以及选课情况，但是却忽略掉了那些没有进行选课的学生，当我们希望同时也输出没有选课的学生基本信息，就要使用外连接。外连接的运算符通常为“*”，有的关系数据库中也会使用“+”表示外连接。

例如，对例 14 的例子改为外连接。

```
SELECT Student.*,SC.* FROM Student,SC WHERE Student.Sno=SC.Sno
(*)
```

通过外连接，类似在表中加了一个全部由空值组成的“万能行”，在进行连接时，这个“万能行”会与另一个表(Student)中未进行连接的数组进行连接。

4)复合条件连接

当在进行连接查询，WHERE 子句中有多个条件的连接操作时，称为复合条件连接。

例 16　查询选修 1 号课程且不及格的学生。

```
SELECT Student.Sno,Sname
FROM Student,SC
WHERE Student.Sno=SC.Sno AND
      SC.Cno='1' AND
      SC.Grade <60
```

2.4.4　数据视图

视图是一个或几个基本表导出的表，与基本表最主要的不同在于视图是一个虚表。数据库中只存放视图的定义，而不存放视图对应的数据，视图中的定义存放在原来的基本表中，即视图中的数据与基本表中的数据是相关联的。当基本表中的数据发生变化时，视图也会随之变化(李社宗等，2003)。

1. 建立视图

SQL 语句使用 Create View 命令建立视图，其一般格式为：

```
Create View <视图名>[<列名>[,列名]...]
AS <子查询>
```

其中，子查询可以是任意 SELECT 语句，但不允许含有 ORDER BY 和 DISTINCT。

如果 Create View 语句仅仅指定了视图名，而省略了组成视图的各个属性列名时，则隐含该视图由子查询中 SELECT 子句目标列中的字段组成。但是，在如下的 3 种情况下必须明确指定组成视图的所有列名：

(1)某个目标列不是单纯的属性名，而是聚合函数或列表达式；

(2)多表连接导出的视图中有几个同名列作为该视图的属性列名；

(3)需要在视图中为某个列启用新的更合适的名字。

例 17　建立学生学号、姓名、院系、出生年份、选修课名、成绩组成的视图。

```
Create View StudentView
AS
SELECT Student.Sno,Sname,Sdept,2017-Sage,Cname,Grade,
FROM Student,Course,SC
WHERE Student.Sno=SC.Sno AND SC.Cno=Course.Cno
```

2. 删除视图

SQL 语句使用 Drop View 命令来删除视图,其一般格式为

```
Drop View <视图名>
```

例 18 删除视图 StudentView。

```
Drop View StudentView
```

执行语句之后，视图将从数据字典中删除。

3. 查询视图

在定义视图后，就可以像基本表查询一样使相关的语句对视图进行查询。

DBMS 在执行对视图的查询时，首先进行视图的有效性检查，以确保检查涉及的表与视图在数据库中存在。之后取出查询涉及视图的定义，把定义中子查询和用户对视图的查询结合起立，转换成对基本表的查询，然后再执行这个经过修正的查询。将对视图的查询转换为对基本表查询的过程称为视图消解(view resolution)。

例 19 查询全体男同学组成的学生视图 MStudent 中的数学系学生的姓名和学号。

```
SELECT Sname,Sno FROM MStudent WHERE Sdept ='数学系'
```

因为视图是定义在基本表上的虚表，所以对其的操作方式基本与基本表相同，并且可以和其他基本表一起进行连接查询等功能。

2.5 数据库保护

如今，随着信息化的不断发展，各种数据库被广泛应用于各个领域。数据库中的数据是由数据库管理系统进行统一的管理和控制。为了适应和满足数据共享环境和要求，DBMS 要保证数据库及整个系统的正常运转，防止数据意外丢失和不一致数据产生，并且能够在数据库遭到破坏后及时对数据库以及数据进行恢复，这就是数据库的安全保护。

一般来说，数据库的破坏来自以下 4 个方面。

(1)非法用户，指未经过数据库管理系统授权，企图恶意修改或破坏数据库的用户，其中包括那些超过了授予权利范围来访问数据库的用户。

(2)非法数据，是指由用户误操作而向数据库输入的不符合规定或语义要求的数据。

(3)故障，数据库故障是由计算机硬件错误、系统软件与应用软件错误、用户操作错误等引起的故障。

(4)并发访问数据，数据库具有共享性，数据库中数据为共享资源，允许多个用户同时存取同一个数据的情况，即并发访问。如果不对并发访问加以控制，会使得各个用户读到的数据不正确，最终导致数据库的一致性遭到破坏。

对于以上 4 种情况，数据库管理系统已采取相应措施对数据库实施保护。

(1)用户权限控制。为了保证用户只能访问其有权存取的数据，必须预先对每个用户定义存取权限，系统根据其存取权限定义对他的各种操作请求进行控制，确保合法的操作。

(2)完整性约束。数据的完整性是指数据的正确性和相容性。完整性防止合法用户使用数据库时输入错误的数据造成无效操作。

(3)数据库恢复。数据库不可避免会遭受来自各方面的破坏，造成数据的损坏和丢失，因此系统必须具有检测故障并把数据从错误状态恢复到某一正确状态的功能，这就是数据库恢复。

(4)提供并发控制。并发控制机制，能够控制多个用户对同一数据的并发操作，以保证多个用户并发访问的顺利进行。

2.5.1 安全性控制

安全性控制是指禁止一切非法的数据库访问。用户非法使用数据库的方法有很多，例如，通过编写合法的程序绕过数据库管理系统的授权机制，通过操作系统直接存取、修改或备份有关数据。数据的流动也可能使无权访问的用户获得访问的权利。

例如，数据库管理系统仅仅对学生A授权访问表T1，但无权访问表T2。而学生B将表T2的数据存入T1后，使得学生A获得了对T2中记录的访问。用户可以通过多次利用允许访问的结果，经过逻辑推理得到他无权访问的数据。

为防止这一点，访问的许可权还要结合过去访问的情况而定，使得安全性的实施代价提高。安全保护策略就是要以最小的代价来最大程度地防止对数据的非法访问。通常需要层层设置安全措施。如图2-11所示，为一个常用的安全模式。

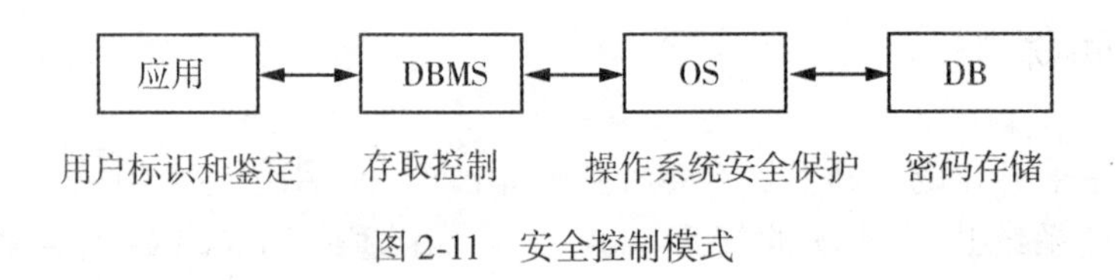

图2-11 安全控制模式

在图2-11的安全模式中，当用户要求进入计算机系统时，系统先根据数据库用户标识进行身份鉴定，判断其合法性，通过合法用户的进入请求。对已进入系统的用户，DBMS进行存取控制，确保用户在系统执行合法操作。并且在操作系统一级也会有自己的保护措施，不允许用户越过DBMS，直接通过操作系统或其他方式访问(李社宗等，2003)。最后，数据可以采用密码的形式储存到数据库中，使得非法者即使得到了数据也无法对其进行识别。

操作系统安全保护为操作系统方面相关知识，因此只对与数据库有关的用户标识和鉴定、存取控制和密码存取三类安全设施进行讨论。

1. 用户标识和鉴定

用户标识和鉴定是系统提供的最外层安全保护措施，数据库系统不会允许一个未获得权限的用户对数据库进行操作。其方法是，系统提供给用户一定方式来标识自己的身份，系统内部同时储存所有合法用户的标识，用户请求进入系统时，将用户提供的身份标识与系统内部记录的标识进行核验，通过核对的用户才能获得机器的使用权。

用户标识和鉴定的方法有很多种，通常系统会采用多种方法并举的方式，以提高安全性。常用的用户标识和鉴定方法有以下几种。

(1)仅采用用户名或用户标识符来标明用户的身份。系统通过鉴定用户名或用户标识符来验证用户是否合法，若合法，则可进入下一步的核实。这种方法被称为单用户名鉴别法。单用户名鉴别法较为简单，安全性也相对较低。

(2)为了弥补单用户名鉴别法在用户身份鉴别安全性上的不足，通常还会采用用户名与口令(password)相结合的方法。系统不仅要对用户的用户名进行核对，还会对用户的口令进行核对，为了保密，输入的口令不会显示在屏幕上，只有同时通过了用户名与口令的核对，系统才允许用户的进入。这种方法被称为联合鉴定法。

(3)虽然通过用户名和口令的联合鉴定法简单易行，具有一定的安全性，但是固定的用户名与口令也容易被人盗用。因此可以采用更复杂的检验方法。例如，采用非固定方式对用户身份进行验证，能够使安全性更高。例如，用户自己定义一个复杂的计算函数，系统生成随机数，用户根据自己预先设定好的计算过程对函数进行计算，系统根据计算结果来鉴定用户身份是否合法。

通过用户名和口令来鉴定用户的方法虽然简单易行，但是近年来随着非法用户不断通过系统漏洞窃取用户名与口令，使得口令法对安全强度要求比较高的系统不适用。因此，技术人员正在向更高科技的身份认证技术领域迈进，例如，智能卡技术，物理特征(指纹、声音、手图、视网膜)等。通过这些更高安全强度的技术，使得数据库中储存的数据更加安全。

2. 存取控制

用户存取控制是指对于不同的用户，设置其访问数据的权限。系统根据预先设定的用户权限，对合法进入系统的用户的各种操作进行控制，确保其操作的合法性。

存取权限由数据对象和操作类型两个要素组成。定义一个用户的存取权限就是定义这个用户可以在哪些数据对象上进行哪些类型的操作。在数据库中，定义存取权限称为授权(authorization)。

这些授权定义经过编译后以一张授权表的形式存放在数据字典中，授权表主要有3个属性：用户标识、数据对象及数据操作类型。对于取得了上机权限后又想进一步做出存取数据库操作的用户，DBMS查找数据字典，根据其存取权限对操作的合法性进行检查，若用户的操作请求超出了定义的权限，系统将拒绝执行此操作。

在关系数据库系统中，用户通过从数据库管理员处获得建立、修改基本表的权限后，可以建立和修改基本表、索引、视图。因此，关系系统中存取的数据对象不仅有数据本身，还有内模式、外模式、模式等数据字典中的内容。表2-19列出了关系系统中的存取权限。

表2-19 **关系系统中的存储权限**

数据对象		操作类型
模式	模式	建立、修改、检索
	外模式	建立、修改、检索
	内模式	建立、修改、检索

续表

数据对象		操作类型
数据	表	查找、插入、修改、删除
	属性列	查找、插入、修改、删除

3. 定义视图

在关系系统中，通过对拥有不同权限的用户定义不同的视图，可以将用户未获得授权许可的数据隐藏起来，以此来限制各个用户的访问范围，从而在一定程度上提高数据的安全保护。

例如，若想限制一名学生在系统中操作权限，可以通过授权机制对学生进行授权，也可以直接定义一种学生专有的视图，使其不能访问未经许可的数据。但是视图机制的安全保护功能不太精细，往往不能达到应用系统的要求，因此可以采用视图机制与授权机制结合的方式，使得视图机制屏蔽一部分保密数据，然后在视图上进行储存权限定义。

4. 数据加密

数据加密技术是防止数据库数据在储存与传输过程中遭到泄露的有效方法。加密的基本思想是，通过将原始数据转换为不可直接识别的格式，即数据以密码的形式储存和传输。通过这种方法，能够有效地提高数据的安全性。数据加密后，当非法人员通过非法操作得到数据时，得到的数据格式已经加密，对于不知道数据解密算法的非法人员，即使得到了数据也无法进行识别。而合法用户通过身份鉴别获得系统编译支持才可获得解密后可识别的数据。

加密的方法分为对称加密与非对称加密两种，对称加密是指加密所用的密钥与解密所用的密钥相同，如典型的数据加密标准(Data Encryption Standard，DES)。非对称加密是指加密所用的密钥与解密所用的密钥不同，这两个密钥分别称为公开密钥(public key)与私有密钥(private key)。

目前已有不少的数据库产品能够提供数据加密程序，用户能够根据自己的实际需求对数据进行加密处理，还有一些本身没有提供加密程序的数据库通过提供加密接口完成用户对数据加密的要求。

2.5.2　完整性控制

数据库的完整性是指保护数据库中数据的正确性、有效性和相容性，防止错误的数据进入数据库造成无效操作。例如，性别只能用男和女来表示；数量属于数值型数据，只能含有数据，不能含有字母或特殊符号；月份只能用 1~12 之间的正整数来表示。

维护数据库的完整性十分重要，数据库是否具有完整性关系到数据能否反映真实世界。

从定义上看，完整性与安全性是保护数据库的两个不同方面，安全性保护着数据库不会因非法的操作使得数据遭到破坏、泄露或更改，安全性措施的防范对象是非法用户和非法操作。而完整性是防止合法用户在使用数据库时向数据库输入不符合语义的数据，完整性防范对象是不符合语义的数据(李益，2007)。

为了保证数据库的完整性，数据库管理系统制定了加在数据库数据之上的语义约束条件，即数据库完整性约束条件，这些约束条件作为表定义的一部分储存在数据库中。而DBMS中检查数据是否满足完整性条件的机制被称为完整性检查。

1. 完整性规则

为了实现完整性控制，数据库管理员应向DBMS提出一组完整性规则，来检查数据库中存放的数据是否满足语义约束。这些语义构成了数据库的完整性规则，这组规则作为DBMS控制数据完整性的依据，定义了什么时候进行检查、检查什么、查出错误后的处理等事项。

因此，完整性规则主要由以下3部分构成(陈效军、杨章琼，2008)。

(1)触发条件：规定系统何时使用完整性约束条件机制对数据进行检查。

(2)约束条件：检查用户发出的操作违背了什么样的完整性约束条件。

(3)违约响应：如果用户发出的操作请求违反了完整性约束条件，应采取一定的措施来保证数据的完整性。

从检查是否违背完整性约束的时机可将完整性规则分为：立即执行约束(immediate constraints)、延迟执行约束(deferred constraints)。

立即执行约束是指在执行用户事务的过程中，在某一条语句执行完成时，系统立即对此数据进行完整性约束条件的检查，以确保数据的完整性。延迟执行约束是指在执行完用户的全部事务时，再对约束条件进行检查，通过检查的数据才能够提交到数据库中。

例如，银行数据库中“借贷总金额应平衡”就属于延迟执行约束。当账号A转账给账号B一笔钱，从账号A转账出去后，账就不平了，此时应等金额转入账号B后，账得到平衡，才能进行完整性检查。

当发现用户操作请求违背了立即执行的约束时，可以直接拒绝此操作，以保证数据库中数据的完整性；当发现用户操作请求违背了延迟执行约束时，由于在时间上操作延迟，可能不知道是哪个操作破坏了完整性，为了保证完整性，只能拒绝整个事务，将数据库恢复到事务执行前的状态(王珊等，2014)。

一条完整性规则，可以用一个五元组(D，O，A，C，P)来形容。其中，D(Data)为数据作用的约束对象；O(Operation)为触发完整性检查的操作；A(Assertion)为数据对象需要满足的语义约束；C(Condition)表示A作用的数据对象的谓词；P(Procedure)代表违反完整性规则时触发执行的操作过程。

例如，在“职工年龄”不能小于18岁的约束中，D代表约束作用的数据对象为“职工年龄”属性；O代表用户插入或修改数据时要进行完整性规则检查；A代表“职工年龄”岁数不能小于18岁的约束；C代表A可作用于职工属性值的记录上；P代表拒绝执行用户操作。

如2.3.3节介绍，关系模型的完整性约束包括实体完整性、参照完整性以及用户定义完整性。对于违反了实体完整性与用户定义完整性规则的操作一般都是采用拒绝执行来处理，但违反了参照完整性的操作是采用接受这个操作的同时，执行一些附加的操作，从而保证数据库运行状态依然正确。

完整性规则由 DBMS 提供的语句进行描述，经过编译后存放在数据字典中，数据进出数据库系统时，这些规则就开始起到保护数据库完整性的作用。这样能够使完整性规则的执行由系统来处理，而不是由用户进行，并且规则存放在数据字典中，易于从整体上理解和修改，效率较高。

2. 完整性约束条件的分类

完整性约束条件作用的对象可以分为列级、元组级、关系级三种粒度。其中，列级的约束又分为对取值类型、范围、精度、排序等约束。元组级约束是对各个字段间联系的约束。关系级约束是对若干元组之间、关系集合上以及关系之间联系的约束。

完整性设计的这三类对象，状态可以是静态的，也可以是动态的。静态约束是指数据库每一确定状态时刻的数据对象所应满足的约束条件，它是反应数据库状态合理性的约束，这是最重要的一类完整性约束。动态约束是指数据库从一种状态转变为另一种状态时新、旧值之间所满足的约束条件，它是反映数据库状态变迁的约束。

综上所述，可以将数据库的完整性约束条件分类为六类：列级静态约束、元组级静态约束、关系级静态约束、列级动态约束、元组级动态约束、关系级动态约束。

1) 列级静态约束

列级静态约束是对列取值域的说明，包括以下几个方面。

(1) 对数据类型的约束：包括数据的类型、长度、单位、精度等，如规定学生的性别类型为字符型，长度为 2。

(2) 对数据格式的约束：部分列需要以特定的格式来表达信息，如时间的格式 15：26，电话的格式 123-6987 等。

(3) 对取值范围或取值集合的约束：如职工年龄的取值范围在 18~65 岁之间。

(4) 对空值的约束：空值表示未定义或未知的值，有的列允许设置空值，有的则不允许。

(5) 其他约束：关于列的排序说明、组合列等。

2) 元组级静态约束

元组由若干列组合而成，静态元组约束规定元组的各个列之间的约束关系。例如，商场关系中的售出量不会大于其进货量。职工关系中包含工资等列，规定工资不得低于 1000 元。

3) 关系级静态约束

在一个关系的各个元组或者多个关系之间常常存在各种联系，关系级静态约束有以下几种。

(1) 实体完整性约束：关键字不能为空值并且唯一。

(2) 参照完整性约束：表中的外码必须在主表中存在。例如，学生表和成绩表之间是主/从关系，成绩表中学号必须在学生表中存在，表明是哪个学生的成绩。

(3)函数依赖约束：大部分函数依赖约束都是隐含在关系模式结构中的，特别是规范化程度。

(4)统计约束：字段值与关系中多个元组的统计值之间的约束关系。例如，普通职工的工资不得低于高级职工的一半。

4)列级动态约束

列级动态约束是修改列定义或列值时应该满足的约束条件，包括以下两方面(王能斌，2000)。

(1)修改列定义时的约束：原来允许值为空值的列改为不可存放空值的列，如果表中已记录空值，则不允许修改。

(2)修改列值的约束：修改列值有时需要参照其旧值，并且新旧值之间需要满足某种约束条件。

5)元组级动态约束

动态元组约束是指修改某个元组的值时需要参照其旧值，并且新旧值之间要满足某种约束条件。例如，职工工资调整时新工资不得低于(原工资+工龄×1.2)等。

6)关系级动态约束

关系级动态约束是加载关系变化前后状态的限制条件，如事务一致性、原子性等约束条件。

2.5.3 并发控制

数据库可以被多个用户共享使用。用户在存取数据库中数据时，可能存在同一时刻只有一个用户在使用，也可能出现多个用户在同一时刻进行使用，即串行执行。当串行执行时，其他的用户想使用数据库则需要等待正在使用数据库的用户完成使用才可对数据库进行操作，而这样会使得数据库的利用效率大大下降。因此为了提高数据库的利用效率，大部分情况下数据库用户都是对数据库系统并行存取数据，而在多个用户进行并行存储的情况下，则可能发生丢失更新、污读、不可重读等破坏数据库中数据的现象，因此需要对并发数据进行严格的控制，以保证数据库数据在并发存取的情况下能够顺利进行。

因此，为了提高数据库的利用效率以及完整性，数据库采用并发控制机能，以保证数据库中数据在多用户并发操作时的一致性、正确性。

1. 并发控制的单位——事务

事务是数据库系统中执行的一个逻辑工作单位，它是由用户定义的一组操作序列组成。一个事务可以是一组 SQL 语句、一条 SQL 语句或整个程序，一个应用程序可以包括多个事务。

事务的启动与结束可由用户在其需要的时间段进行控制。如果用户没有显式的定义事务，此时 DBMS 就会根据系统默认的规定自动划分事务。在 SQL 语句中，对事务的开始与结束进行定义的语句有以下三条：① BEGIN TRANSACTION；② COMMIT；③ ROLLBACK。BEGIN TRANSACTION 表示事务的开始。COMMIT 表示提交事务所有的操作，即将事务中所有对数据库的更新写回到磁盘上物理数据库中，并结束事务。

ROLLBACK 表示事务的回滚，在事务运行时，若遭遇了某个无法使事务继续进行下去的故障时，系统将事务中对数据库的所有已完成的更新操作全部撤销，并回滚到事务开始之前的时间点。

事务是由有限的数据库操作序列组成，一般要求事务具有以下四个特征（王珊等，2004）。

1）原子性（atomicity）

一个事务是不可分割的一个工作单位，事务在运行时，只能选择做与不做，不能将其分割进行部分做、部分不做的操作，若事务因故障未能完成全部操作，会执行回滚操作使已经执行的部分操作取消。

2）一致性（consistency）

一致性是指事务所进行的数据库操作时，能使数据库从一个一致状态转变到另一个一致状态。当数据库只包含成功事务提交的结果，就可以说数据库处于一致性状态。银行转账是一个典型的例子，假设一名用户拥有两个银行账号，分别为 A 和 B，该用户想从账号 A 中取出 10 万元存入账号 B，那么这个事务包括两个操作，从账号 A 中减去 10 万元和在账号 B 中增加 10 万元，如果只执行一个操作，则数据库就会处于不一致的状态，最终导致财务发生问题。

3）隔离性（isolation）

如果多个事务并发地执行，应像各个事务独立执行一样，不能被其他事务干扰。即一个事务内部的操作及使用数据对并发的其他事务是隔离的。并发控制就是为了保证事务之间的独立性。

4）持久性（durability）

持久性是指完成了一个事务后，该事务对数据库中的数据的改变应具有持久性，即不论数据库遭到破坏，又或者其他非法操作，DBMS 都能够将其恢复。

2. 并发操作导致数据的不一致性

同一个数据库系统中有多个事务并发运行时，对其不加以控制，可能会导致数据的不一致性。常见的并发操作就是网上商城的售卖系统。例如，当多名用户同时购买商品时，如果不进行并发控制，可能会出现以下情况：

（1）在商品剩余 9 件时，售货员 A 读取到剩余商品数 9；

（2）同一时间售货员 B 也收到了商品的购买请求，读到剩余商品数同样为 9；

（3）售货员 A 完成出售过程，将剩余商品数调整为 8，写入数据库；

（4）售货员 B 完成出售过程，也将剩余商品数调整为 8，写入数据库。

结果是卖出了两件商品，但是最终数据库中只显示卖出了一件。得到这种错误的操作结果是由两个事务并发操作引起的，数据库的并发操作导致的数据库不一致主要包括三类：丢失更新、不可重复读和污读（王珊等，2014）。

1）丢失更新

丢失更新是指事务 A 和事务 B 从数据库中读入同一数据并进行修改，事务 A 先对数据进行了修改并存入数据库中，结果事务 B 的提交结果破坏了事务 A 的提交结果，从而导致事务 A 的提交结果丢失。例如，表 2-20 描述了之前的网上商城例子，事务 A 和事务 B 都读到了剩余物品数 9，在出售后都将剩余结果数 8 写回，而较晚写回的事务 B 提交的结果破坏了事务 A 对数据库的修改，从而导致了数据库修改的丢失。这种情况称为丢失更新(updata lost)。

表 2-20　**丢失更新问题**

时间	事务 A	库存数 I	事务 B
T_1	—	9	—
T_2	读取 I	9	—
T_3	—	9	读取 I
T_4	$I = I - 1$	9	—
T_5	—	9	$I = I - 1$
T_6	更新 I	9	—
T_7	—	8	更新 I
T_8	—	8	—

2)不可重复读

事务 A 读取了数据 R，事务 B 读取并更新了数据 R，当事务 A 再读取数据 R 进行核对时，得到的两次读取值不一致，这种情况称为不可重复读(unrepeatable read)。表 2-21 描述了不可重读的例子。在表中，在 T_2 时刻事务 A 读取了 I 的值，T_3 时刻事务 B 读取了 I 的值，并在 T_5 时刻更新了 I 的值为 7，而事务 A 在 T_6 时刻读取的 I 值就与之前读取的不一样了。

表 2-21　**不 可 重 读**

时间	事务 A	I	事务 B
T_1	—	9	—
T_2	读取 I	9	—
T_3	—	9	读取 I
T_4	—	9	$I = I - 2$
T_5	—	7	更新 I
T_6	读取 I	7	—

3)污读

事务 A 修改某一数据，并将修改后的数据写入数据库中，事务 B 读取到同一数据后，事务 A 由于某种原因被撤销，同时数据也被恢复为原始数值，事务 B 读到的数据就与数据库中的数据不一致，这种情况被称为污读(dirty read)。

表 2-22 描述了污读的例子，事务 A 把 I 值更改为 7 并写入数据库中后，事务 B 在 T_5 对 I 进行了读取，事务A 在 T_6时刻进行了回滚，使得之前更改的操作无效，数据恢复到原始值，使得事务 B 在 T_5时刻读到的数值与数据库中的不一致。

表 2-22　　污　读

时间	事务 A	I	事务 B
T_1	—	9	—
T_2	读取 I	—	—
T_3	$I = I - 2$	—	—
T_4	更新 I	7	—
T_5	—	7	读取 I
T_6	回滚	—	—
T_7	—	9	—

3. 封锁与封锁类型

目前的并行控制方法主要是使用封锁机制，即加锁(locking)，加锁是一种并行控制技术，用来调整对共享目标的并行存取。事务通过向封锁管理程序的系统组成部分发出请求而对记录加锁。

当事务 A 需要修改某个数据时，在读取之前，先向系统发出请求对其加锁，加锁之后事务 A 就对该数据对象有了一定的控制权，直到事务 A 修改完成并将数据写回到数据库中，并解除对该数据的封锁之后，其他的事物才能使用这些数据(李益，2007)。

加锁是实现并发控制的一个非常重要的技术。加锁具体得到的控制权由锁的类型所决定。基本的锁的类型有两种：排它锁(exclusive lock，或称 X 锁)和共享锁(share lock，或称为 S 锁)。

(1)排它锁：若事务 A 给数据对象 R 加了排它锁，则不允许其他事务再给事务 A 加任何类型的锁和进行任何的操作。即一旦一个事务对某一数据使用了排它锁进行封锁，则任何其他事务均不能对该数据进行任何封锁，其他事务只能等事务 A 对数据对象 R 进行解锁，才可以对事务 R 进行操作。

(2)共享锁：若事务 A 给数据对象 R 加了共享锁，仅允许其他用户对同一数据对象进行读取，但不能对该数据对象进行修改，其他事务能够对 R 加 S 锁，但是不能加 X 锁，直到 A 释放了 R 上的 S 锁，其他事务才能对数据对象 R 进行加锁与修改，这就保证了其他事务在 A 对 R 加 S 锁时，只能读取 R，而不能对 R 作任何修改。

排它锁和共享锁的控制方式可以用表 2-23 所示的相容矩阵表示。

表 2-23 **加锁类型相容矩阵**

事务 A \ 事务 B	X 锁	S 锁	无锁
X 锁	否	否	是
S 锁	否	是	是
无锁	是	是	是

在表 2-23 中，第一列表示事务 A 已经获得数据对象上锁类型，第一行表示事务 B 在事务 A 上各类型的锁后，发出的加锁请求。事务 B 能否加锁在表中用“是”与“否”表示，“是”表示事务 B 的加锁请求能够与事务 A 的加锁兼容，能够进行加锁请求。“否”表示事务 B 的加锁请求与事务 A 已有的锁冲突，无法进行加锁请求。

4. 封锁协议

在运用 X 锁和 S 锁给数据对象加锁时，还需要约定一些规则，如何时给数据对象加锁，应加什么锁、加锁持续时间、何时释放等，我们将这一类的问题称为封锁协议(locking protocol)。对封锁方式规定不同的规则，就形成了各种不同的封锁协议，不同级别的封锁协议所能达到的系统一致性级别是不同的。

1)一级封锁协议

一级封锁协议是指对事务 A 所要修改的数据加 X 锁，直到事务正常结束或非正常结束才进行释放。

一级封锁协议可以防止丢失更新，并保证事务 A 是可恢复的。如表 2-24 所示，事务 A 要求对 I 进行修改，因此给 I 加上了 X 锁，当事务 B 也需要对 I 进行修改时，由于事务 A 已对 I 进行加锁，因此事务 B 的加锁请求被拒绝，只能等待，等到事务 A 对 I 进行解锁。而解锁后事务 B 能够读取到事务 A 更新后的 I。因此，一级封锁协议可以防止丢失修改。

表 2-24 **一级封锁协议防止丢失更新**

时间	事务 A	数据对象 I	事务 B
T_1	对 I 加 X 锁	9	—
T_2	读 $I = 9$	—	—
T_3	—	—	请求对 I 加 X 锁
T_4	求 $I = I - 1$	—	等待
T_5	更新 I	8	等待
T_6	释放对 I 的 X 锁	—	等待

续表

时间	事务 A	数据对象 I	事务 B
T_7	—	—	获得对 I 的 X 锁
T_8	—	—	读 $I = 8$
T_9	—	—	修改 $I = I - 1$
T_{10}	—	7	更新 I
T_{11}	—	—	释放对 I 的 X 锁

2) 二级封锁协议

二级封锁协议：在一级封锁协议的基础上增加了事务对要读的数据加 S 锁，读完后即可释放 S 锁。

二级封锁协议除了可以防止丢失更新外，还能防止污读，如表 2-25 所示，为用二级封锁协议防止污读的情况。

在表 2-25 中，事务 A 请求对 I 进行修改，因此对 I 加了 X 锁，修改后的值写回数据库，此时事务 B 请求对 I 进行加锁，但由于事务 A 未释放加在 I 上的 X 锁，因此事务 B 只能等待，当事务 A 由于某些原因撤销了之前的操作，I 的值变回原来的 9，并对 X 锁进行释放。之后事务 B 对 I 进行读取，加上了 S 锁，当事务 B 读到 I 时，I 的值仍然是原来的值。因此，避免了读到“脏”数据。

表 2-25　**二级封锁协议避免读脏数据**

时间	事务 A	数据对象 I	事务 B
T_1	对 I 加 X 锁	9	—
T_2	读 $I = 9$	—	—
T_3	求 $I = I - 1$	—	—
T_4	更新 I	8	
T_5	—	—	请求对 I 加 S 锁
T_6	回滚	9	等待
T_7	释放对 I 的 X 锁		
T_8	—	—	获得对 I 的 S 锁
T_9	—	—	读 $I = 9$
T_{10}	—	—	释放对 I 的 S 锁

3) 三级封锁协议

三级封锁协议：在一级封锁协议上加上了事务对要读取的数据加 S 锁，直到事务结束后才释放。

三级封锁协议在可以防止丢失数据更新和污读的功能上，还能进一步防止不可重复读。如表 2-26 所示，为使用三级封锁协议防止不可重复读的情况。事务 A 要读取 I 与 J，因对 I 与 J 加了 S 锁，并对两数进行求和，事务 B 想对 J 加 X 的锁的请求被拒绝，事务 B 只能等待。事务 A 在 T_6 时刻对两者的和值进行了验算，这时读出的 I、J 依然是原来的值，因此求和结果依然不会变，即可重复读。直到事务 A 释放了 I 与 J 的锁，事务 B 才能对 J 加 X 锁。

表 2-26　**三级封锁协议防止不可重复读**

时间	事务 A	事务 B	数据对象 I	数据对象 J
T_1	对 I、J 加 S 锁	—	10	20
T_2	读取 I、J	—	—	—
T_3	求 $I+J=30$	—	—	—
T_4	—	请求对 J 加 X 锁	—	—
T_5	读取 I、J	等待	—	—
T_6	求 $I+J=30$	等待	—	—
T_7	释放 I 与 J 的锁	等待	—	—
T_8	—	对 J 加 X 锁	—	—
T_9	—	读 $J=20$	—	—
T_{10}	—	求 $J=J-1$	—	—
T_{11}	—	更新 J	10	19
T_{12}	—	释放对 J 的 X 锁	—	—

3 个封锁协议的主要区别在于哪些操作需要申请锁并且在何时释放锁，3 个级别的封锁协议如表 2-27 所示。

表 2-27　**三级封锁协议的加锁操作**

封锁协议	X 锁	S 锁	不丢失数据更新	不污读	可重复读
一级	事务全程加锁	不加锁	√		
二级	事务全程加锁	事务开始加锁，读完即释放锁	√	√	
三级	事务全程加锁	事务全程加锁	√	√	√

2.5.4　数据库的恢复

1. 数据库恢复概述

虽然数据库已经采取了很多办法来防止安全性及完整性遭到破坏，但数据库数据仍然无法保证绝对不会遭到破坏，如计算机系统中的硬件故障、软件错误、操作员失误等随时可能会发生，这些错误的发生可能会导致事务非正常中断，影响数据库中数据的正确性，甚至可能造成数据库的破坏，使数据库中数据大量丢失。

数据库恢复的原理十分简单，就是利用冗余数据来进行数据恢复。数据库中任何一部分被破坏的数据都可以利用储存在系统其他位置的冗余数据来进行恢复。因此，恢复机制涉及两个问题(黎宙，2001)：第一，如何建立冗余数据；第二，如何利用冗余数据对数据库进行恢复。

建立冗余数据最常用的技术是数据转储和登记日志文件，通常在实际应用中，将这两种方法结合起来使用。

1)登记日志文件

登记日志文件(log)是一种记录事务对数据库的更新操作的文件。每次事务对数据库进行修改，被修改项目的旧值和新值都将写在一个名为运行日志的文件中。运行日志能够为数据库的恢复保留依据。

对于以记录为单位的日志文件，日志文件中需要登的内容包括：①各个事务的开始标记；②各个事务的结束标记；③各个事务的所有更新操作。

这里每个事务开始的标记、每个事务结束的标记以及每个更新操作均作为日志文件中的一个日志记录。

典型的日志文件包含以下内容：①更新数据库的事务标识；②操作的类型(插入、删除、修改)；③操作对象；④更新前数据的旧值(若选择插入操作，则没有旧值)；⑤更新后数据的新值(若选择删除操作，则没有新值)。

日志文件是对系统运行历史的记载，必须具有高度可靠性。所以一般都采用双副本的形式，并且独立地记载在两个不同类型的设备上。因日志的信息量很大，所以一般都保存在海量储存器上。

在对数据库修改时，在运行日志中要写入一个表示这个修改操作的记录。为了防止在两个操作之间发生故障后，运行日志中没有记录下这个修改，以后也无法撤销这个修改。为了保证数据库是可恢复的，登记日志文件必须遵循两条原则：①登记的次序严格按并行事务执行的时间次序；②必须先写日志文件，后写数据库。

这两条原则又被称为“先写日志文件”原则。遵循这两条原则，如果数据库出现故障，而只是在日志文件中登记所做的修改，并没有修改数据库，这样在系统重新启动进行恢复时，只需撤销或重做因发生事故而没有做过的修改，并不会影响数据库的正确性。如果先进行数据库修改，而在运行记录中没有登记这个修改，则以后就无法恢复修改，因此一定要先写日志文件，后写数据库修改(何泽恒等，2011)。

2）数据转储

数据转储（data dump）是指数据库管理员定期将整个数据库复制到多个储存设备如硬盘、磁带上保存起来的过程。这些备用的数据文本被称为后备副本。一旦系统发生介质故障，造成数据的丢失甚至是数据库遭到严重破坏，都可以将后备副本重新装入，把数据库恢复起来。它是数据库恢复中采用的基本手段。

重装后备副本后，只能把数据库恢复到转储时的状态，如果想要恢复到故障发生时的状态，必须重新运行自转储以后的所有事务。例如，在图2-12中，系统在T_a时刻进行了数据库的转储操作，并于T_b时刻完成了转储的操作，当数据库系统运行至T_s时刻发生了故障，此时，为了恢复数据库，利用后备副本重装了数据库，使其恢复到了T_b的时刻，然后重新运行自T_b时刻到故障时刻T_s的所有事务，或者根据日志文件将这些事务对数据库的更新重新写入数据库，这样就能将数据库恢复到发生故障前的状态。

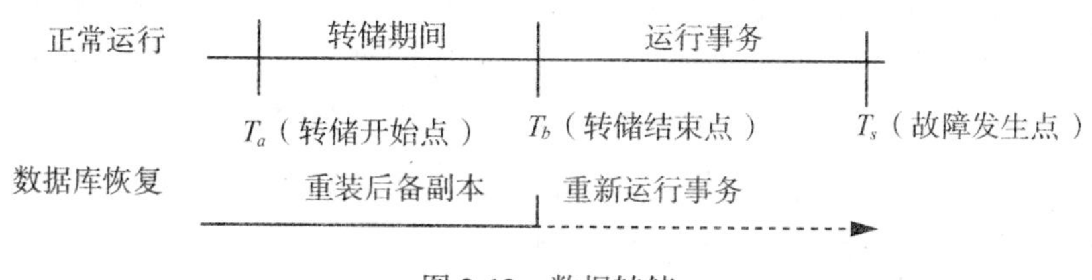

图2-12 数据转储

按照转储方式可以将转储分为海量转储和增量转储。海量转储是指每次转储全部数据库；增量转储是每次只对上次转储过后增加的数据进行转储，自上一次的转储以来的更新修改操作都被记录在日志文件中，通过日志文件可以进行这种转储，将更新后的数据写入上次转储的文件中。从恢复的角度来看，使用海量转储得到的后备副本进行恢复会更方便些，但如果数据量十分巨大，事务的处理又十分频繁，则增量转储会更实用一些（马桂婷等，2010）。

按照转储状态可以将转储分为静态转储和动态转储。静态转储期间不允许有任何的存取活动，因此所有的事务活动必须在转储之前结束，并且新的事务必须在转储结束后才能进行，如果数据库的转储时间过长，静态转储会降低数据库的可用性；而动态转储正好相反，它允许在转储期间继续运行事务，但产生的副本并不能保证与当前状态一致，需要把转储期间各事务对数据库的修改活动记录下来，建立日志文件。因此，备用副本加上日志文件就能把数据恢复到某一正确状态。

通过数据转储技术，能够有效地把数据库进行恢复。后备副本越接近故障发生点，恢复的效果越好。这就代表着经常进行数据转储制作后备副本，有利于数据库恢复。但是转储是十分消耗时间和资源的，不能频繁地进行，应该根据数据库的使用情况选择一个合适的转储周期。

2. 恢复策略

当数据库处于不一致的状态时，利用数据库后备副本和日志文件就可以将数据库恢复到故障前某个一致性状态。而数据库在运行过程中会出现各种各样的故障，不同的故障，其恢复技术也不一样(钱进，2006)。

1)事务故障的恢复

事务故障(transaction failure)表示事务在运行时，由于非预期的、不正常的因素在正常终止点前被中断运行。造成事务故障的原因包括输入数据错误、运算溢出、违反储存保护、并行事务发生死锁等。

在事务故障发生时，被迫中断的事务可能已经对数据库进行了修改，因此需要利用日志文件中所记载的信息，强行回滚该事务，使数据库恢复到修改前的初始状态。这一类操作被称为事务撤销(UNDO)，具体做法如下：

(1)反向扫描文件日志，查找该事务的更新操作。

(2)对该更新操作执行反操作，即对被删除的数据采取插入操作，对新插入的数据采取删除操作，对已经被修改的值用旧值替代新值，这样由后向前逐个扫描该事务已做的所有更新操作，并做同样处理，当扫描到事务的开始标记时，事务故障恢复完毕。

因此，事务作为一个工作单位的同时，也是一个恢复单位。越短的事务，越容易对它进行撤销操作。如果一个应用程序运行时间较长，则可以将该应用程序划分为多个事务，以此来保证数据库在发生故障时能较好地撤销。

2)系统故障及其恢复

系统故障(system failure)是指系统在运行过程中，因为某种原因遭到破坏，使得系统停止运转，导致系统中的所有事务以非正常的方式终止。引起系统故障的原因可能有硬件错误、操作系统或 DBMS 代码错误、断电等(徐爱芸等，2011)。

发生系统故障后，内存中数据库缓冲区的内容全部丢失，储存在外部储存设备上的数据库虽然未遭到破坏，但内容的可靠性也降低。系统故障造成数据库不一致状态的有以下两种情况。

(1)未完成事务的更新写入数据库。由于系统遭到破坏，使得正在运行的事务都以非正常的方式终止；但一些未完成事务对数据库的更新已经写入数据库，这样在系统重新启动后，要强行撤销所有未完成事务，清除这些事务对数据库所做的修改。

(2)事务已提交的更新未写入数据库。有些已提交的事务对数据库的更新结果还留在缓冲区，没来得及写入数据库，这也使得数据库处于不一致状态，因此应将这些事务已提交的结果重新写入数据库。

因此，对于系统故障的恢复分为两方面，既要对未完成事务的更新做撤销操作，还需要重做所有已提交的事务。具体的做法如下所示。

(1)正向扫描日志文件，查找在故障前已经做出提交操作的事务，将其事务标识记入重做列表。同时查找出在故障发生前尚未提交的事务，将其事务标识记入撤销列表。

(2)对撤销队列中的各个事务进行撤销处理，方法同事务故障中的撤销方法一致，利用反向扫描日志文件，对每个撤销事务的更新操作执行反操作。

(3)对重做列表中的各个事务进行重做处理，重做处理的方法是：正向扫描日志文件，对每个重做事务重新执行操作，使数据库恢复到最近某个可用的状态。

但若在系统发生故障后，无法确定哪些未完成事务已更新过数据库，哪些事务的提交结果尚未写入数据库，则需要在系统重启后，撤销所有未完成事务，重做所有已提交的事务。

3)介质故障的恢复

介质故障是指系统在运行过程中，由于辅助储存器介质遭到破坏，使得储存在介质中的物理数据和日志文件部分丢失或全部丢失，这是最严重的一种故障，恢复手段为装入发生介质故障前最新的后备数据库副本，然后利用日志文件重做该副本所运行的所有事务。具体操作方法如下(徐爱芸等，2011)。

(1)装入最新的后备数据库副本，使数据库恢复到最近一次转储时的一致性状态。

(2)装入最新的日志文件副本，根据日志文件中对事务操作的记录，找出故障发生时已提交的事务，将其计入重做列表，然后正向扫描日志文件，对重做队列中的每个事务进行重做处理，即将日志记录中“更新后的值”写入数据库。

通过以上处理，可以将数据库恢复至故障前某一时刻的一致状态。

通过对以上3种故障的分析可以看出，故障对数据库的影响有两种可能性：

(1)数据库未遭到破坏，但数据库中的数据可能处于不一致状态。这是由事务故障以及系统故障引起的，在这种情况下进行数据库恢复，不需要进行数据库的重装，直接根据日志文件，撤销故障发生时未完成的事务，重做已完成的事务，使数据库恢复到正确的状态。这一类故障一般会在重新启动时由系统自动处理，不需要用户参与。

(2)数据库本身被破坏。这是由于介质故障引起的，这种情况在恢复时，把最近一次转储的数据装入，然后借助于日志文件，在此基础上对数据库进行更新，从而重建数据库。这类故障需要数据库管理员的介入，由数据库管理员重装转储的后备副本和相应的日志文件的副本，再执行系统提供的恢复命令。

2.6 本章小结

概括而言，数据库可以被定义为一个相互关联数据的集合。数据库利用特定的数据模型，如关系模型、网状模型、层次模型、面向对象模型等在逻辑层面实现数据库中数据的组织。因此，数据模型的基本原理和结构是本章的主要介绍内容。

数据库管理系统是一个数据处理系统，由数据库及其数据库引擎、用户界面、应用程序和通信软件组成的信息系统。数据库引擎是数据库管理系统和数据库之间的接口程序。数据库引擎通过结构化查询语言(SQL)实现对数据库的操作，包括数据库的定义、存取、查询和更新等。因此，SQL语言的基础也是本章的重要内容之一。

安全性、完整性和多用户性是数据库区别于文件的重要特征，也是数据安全的重要保障。因此，本章最后重点阐述了数据库保护技术的基本原理和方法。

本章学习的有关数据库系统的一般概念、原理和方法为后文空间数据库和时空数据库的学习提供了相应的理论基础。

思考题

1. 数据库、数据库管理系统和数据库系统分别指什么？
2. 概念模型、逻辑模型和物理模型分别指什么？
3. 关系、层次和网络数据库模型各自有哪些特点？
4. 什么是完整性约束？关系数据库中如何进行完整性约束？
5. 什么是数据库事务？数据库事务有哪些特性？关系数据库并发控制的机制是什么？
6. 简述数据库视图及其操作。
7. 什么是数据查询？如何对关系数据库进行查询操作？
8. 简述 SQL 及其特点。
9. 数据库的恢复策略有哪些？

参考文献

胡孔法. 数据库原理及应用 [M]. 2 版. 北京：机械工业出版社，2015.

何玉洁. 数据库原理与应用教程[M]. 2 版. 北京：机械工业出版社，2007.

何泽恒，张庆华. 数据库原理与应用[M]. 北京：科学出版社，2011.

刘惟一，田雯. 数据模型[M]. 北京：科学出版社，2001.

王珊，萨师煊. 数据库系统概论(第5版)[J]. 中国大学教学，2014(9)：100.

钱雪忠，黄学光，刘肃平. 数据库原理及应用[M]. 北京：北京邮电大学出版社，2005.

马桂婷，武洪萍，袁淑玲. 数据库原理及应用：SQL Server 2008 版[M]. 北京：北京大学出版社，2010.

李益. 数据库数据完整性论述[J]. 科技经济市场，2007(7)：20-21.

李社宗，赵海青，马青荣，等. 数据库安全技术及其应用[J]. 河南气象，2003(1)：36-37.

陈效军，杨章琼. 数据库安全概述[J]. 科技创新导报，2008(9)：21.

王能斌. 数据库系统原理[M]. 北京：电子工业出版社，2000.

钱进. 基于 SDML 存储的并发控制[D]. 济南：山东大学，2006.

徐爱芸，马石安，向华. 数据库原理与应用教程[M]. 北京：清华大学出版社，2011.

黎宙，梁华金. 数据库的恢复实现技术[J]. 现代计算机(专业版)，2001(3)：29-32.

第3章 时空信息建模与表示

本章从数据建模所涉及的空间和时间领域本质概念的角度，阐述空间信息和时间信息的多种建模方法。也就是说，本章是从空间认识和时间认知的角度出发，阐述如何将客观世界的地理现象及其随时间的变化表示为计算机数据或信息。本章知识将为空间和时间信息的数据库存取奠定基础。

3.1 空间信息模型

为了便于阐述空间信息模型，我们引入两个地理空间场景的例子，说明空间信息建模的有关概念。例1，为武汉大学校园的场景，武汉大学由4个学部组成，每个校区都有多片操场、若干建筑、人工湖、广场、绿地，珞珈山，最后一点是由道路穿越校园并连接不同校区。例2，城市亮温的空间分布。

这两个例子分别代表了两种不同的地理现象。首先考虑例1所示的场景，其中的每一地理现象可以被抽象成明确的、可识别的和相关的事物，即可被抽象为离散的实体。我们可以通过校园中的建筑、操场、湖、广场、绿地和道路等一些可区分和可识别的实体来认识和刻画校园场景。这些可区别、可识别和相关的实体在对象模型中被称为对象。而对于例2所示的地理现象，则无法像例1那样抽象为一个个独立、可区分、可识别和相关的实体，而只能用一个以位置(x, y)为变量的函数$f(x, y)$来描述和刻画它。

事实上，之所以两个例子中的地理现象的刻画方式不相同，是因为这两个例子代表了两种不同的地理现象，例1所示的是一种离散的地理现象，而例2则代表一种连续地理现象。用可区别、可识别和相关的实体进行刻画和建模离散地理现象的方式在数学上被称为实体模型(Entity-based Models)，而通过关于位置(x, y)的函数进行刻画和建模连续地理现象的方式在数学中被称为场模型(Field-based Models)。

3.1.1 地理现象建模

如前所述，地理现象主要有可区别的离散现象和不可区别的连续现象2种类型，且可分别通过实体模型和场模型进行建模。

1. 实体模型

实体模型通常也被称为基于对象的模型(Object-based Models)或基于要素的模型(Feature-based Models)。在实体模型中，地理实体被抽象为描述型信息和反映实体在地理空间中的位置、形状和大小等的空间信息(也称为空间对象或空间范围)。为了使实体之间加以区别，每个实体都赋予一个唯一的标识。这样，在实体模型中，地理实体(地理对象或要素)则可表示为一个三元组：(标识，空间对象，描述型信息)。其中，标识是为了区分和识别不同的地理实体而赋予地理实体的标记。需要指出的是，在实体模型中，地理实体的标识具有唯一性，即每个地理实体被赋予唯一的标识。描述型信息是地理实体的专题属性信息，属于结构化的非空间数据或伪空间数据。实体模型中空间对象通常被定义为点集，在实践中，通常由 0-维，1-维和 2-维几何对象进行定义(Philippe et al，2002)。

(1)0-维对象，又称为"点(point)"。由于点是没有形状和大小的几何对象，因此，0-维对象多用于表示实体的位置，或者在一定尺度的数据中因面积太小，以致于其大小和形状可以不予考虑的地理实体。典型的如城市、学校、政府大楼等实体因其空间范围在大尺度地图上非常小，因此可以用 0-维的点实体进行表示。

(2)1-维对象，又称为"折线(polyline)"。如本节例 1 中的校园道路，一些地理现象在一定比例尺的地图上往往呈现出线性的几何形状或是由线性实体构成的网络。再如图 3-1 所示的道路网络和水利网络也属于这类地理现象。

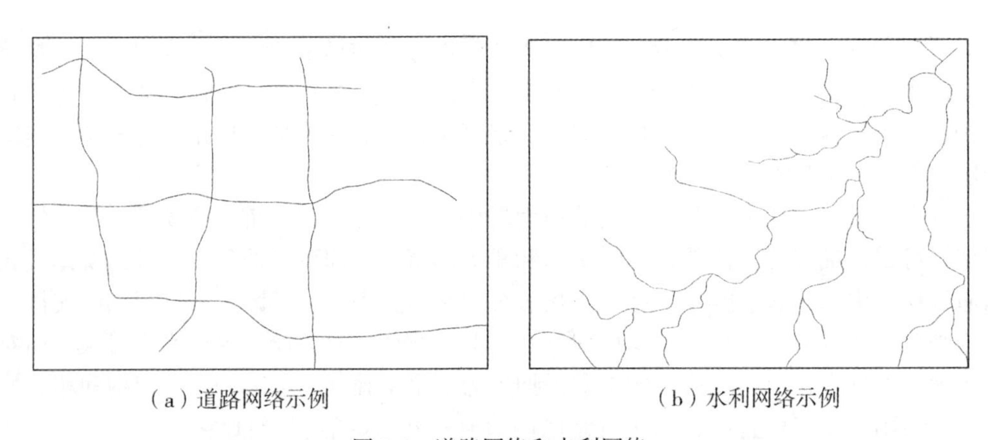

(a) 道路网络示例　　(b) 水利网络示例

图 3-1　道路网络和水利网络

这样的线性或线性网络现象通常用折线来表示。而折线又被定义为线段或边的有限集合。每个线段或边有 2 个端点(endpoints)，而构成折线的线段至少有一个端点是与另外一个线段共享的，这些共享的端点被定义为顶点(vertex)，如图 3-2 所示。

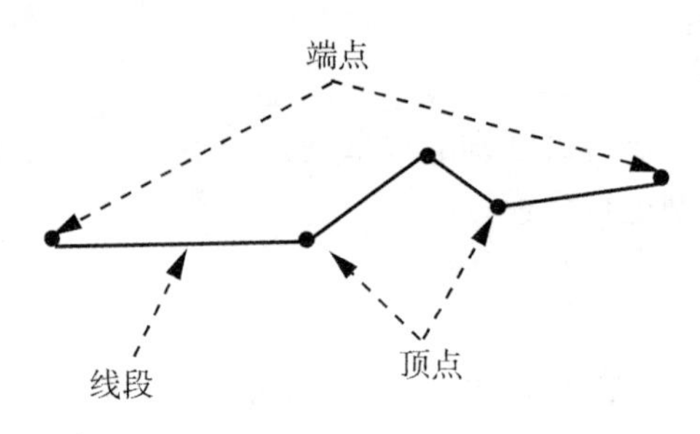

图 3-2　折线图示例

(3)2-维对象，又称为“面(surface)”。如本节武汉大学校园的例子(例1)中，操场、建筑、人工湖、广场、绿地等地理实体在大比例尺、小尺度的地图上呈现出的几何对象都有面积大小、形状等特征。而这种代表一个区域的面状地物在多数情况下采用多边形(polygon)这一几何类型或多边形的集合进行表示。事实上，一个多边形区域通常是指由一个闭合的折线所包围的平面，而这个闭合的折线称为多边形的边界。区域(region)则用一组多边形表示，如图3-3所示。

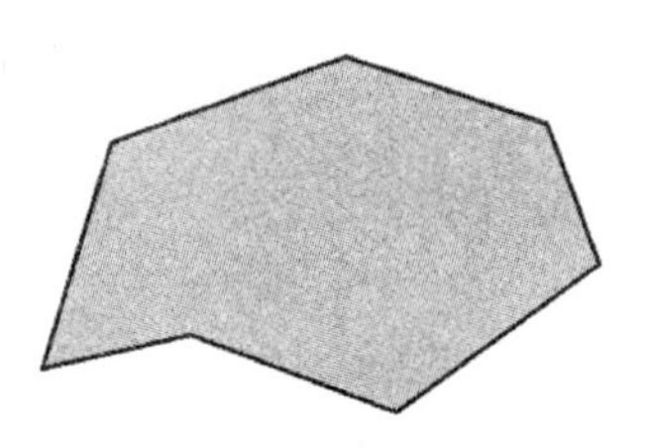

(a) 多边形 (polygon)

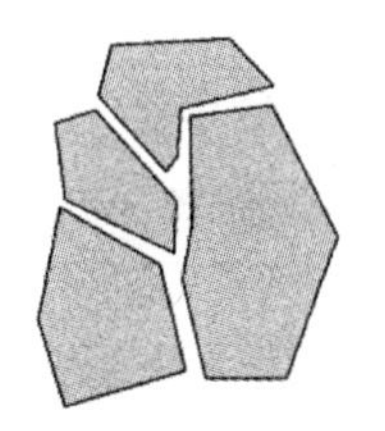

(b) 区域 (region)

图3-3 多边形(polygon)及区域(region)

需要指出的是，至于选择0-维、1-维还是2-维的几何体来表示一个地理实体，是受很多因素影响的。但是一个最重要的因素就是所采集地图的尺度，而尺度是依赖于地图的用途的。例如，武汉大学可以表示为一个点，也可以表示为一个区域。当我们只需要关注武汉大学的位置时，那么这时则可将武汉大学表示为一个点，反之，如果我们希望了解武汉大学的内部空间结构，那么就需要将其表示为一个区域。简而言之，同一个地理实体根据其用途和地图的尺度不同，则可选用不同的几何体来表示。

另外，由前述我们知道，2-维面状对象实际上是由1-维的闭合折线所包围的部分构成。也就是说，无论是线状还是面状实体，我们都可以用折线来逼近实体的几何形状。而且通过这种近似表示可以有效简化空间数据库的设计，并为空间信息建模和查询提供有效手段。但是这其中需要对实体逼近的真实程度和逼近过程中所采用的线段数量之间有一个平衡。通常，线段的数量越多，对实体的逼近程度越高，也就是精度越高；反之，精度就越低。如图3-4所示，分别用一个十边形和七边形来逼近一圆形区域，可以发现，十边形逼近圆形区域的精度要高于七边形逼近圆形区域的精度。然而，高精度的实体近似表示需要以增加存储空间为代价的。同样以图3-4所示的情形为例，图3-4(a)虽然精度高，但需要存储十段线实体，而图3-4(b)仅需存储七段线实体。

2. 场模型

在客观世界中，许多地理现象，如本节例2所示的现象，再如区域降雨量大小、沙尘暴强度、污染物浓度等，都无法用本小节第一部分阐述的实体模型进行建模，因为这些地理现象的属性随空间位置的变化而变化，无法利用属性的同质性将其区分为一些基本的几何形体，即它们是不可区分的、不可唯一标识的。这类地理现象通常采用场模型进行建模。

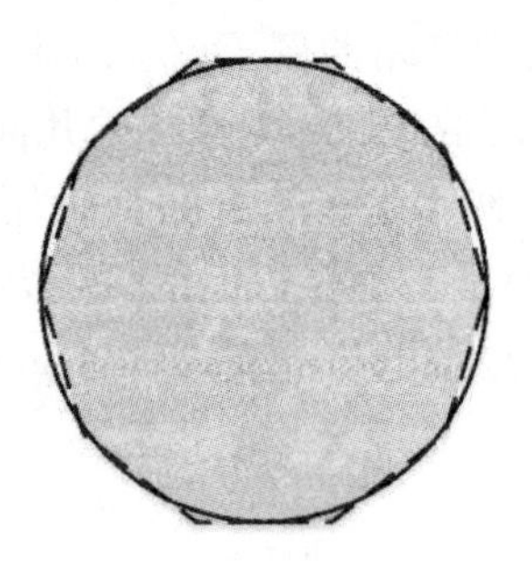

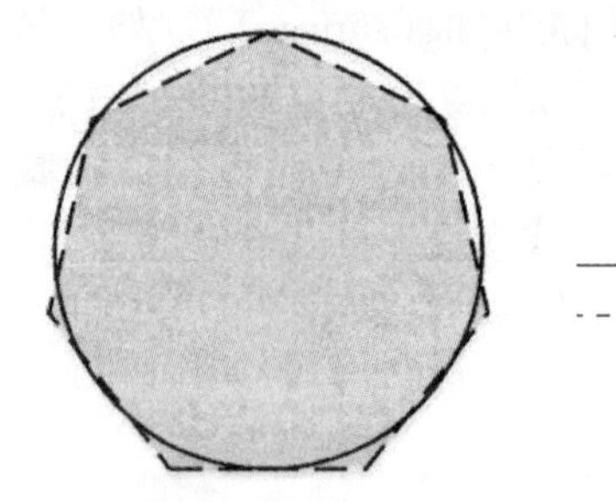

（a）用十边形近似圆形区域　　（b）用七边形近似圆形区域

图 3-4　利用闭合折线逼近圆形区域示例

场模型是将地理空间中位置为(x, y)的每个点赋予一个或多个属性值(如高程、温度、污染物浓度、雨量等)的方式对连续地理现象进行建模的。即，场模型是在一定的空间框架下，将建模空间定义为一个关于空间位置(x, y)的连续函数$f(x, y)$。f的取值表示点$p(x, y)$的属性，并随位置(x, y)的不同而不同。

对于连续地理现象，定义其场模型需要确立空间框架(framework)、场函数(field function)和一组相关的场操作(field operartion)3 个组成部分。

(1)空间框架，是一个加诸于基本空间上的有限格网，用以作为空间度量的基准框架。空间框架中最典型的例子是地球表面的经纬度参照系。空间框架是对连续空间进行离散化而形成的一种有限格网结构。需要指出的是，这种离散化的过程会造成精度的损失。

(2) 场函数，是一个将空间框架映射到不用属性域中的函数。设 F 为空间框架，则一个离散的空间框架 F 是包含 n 个可计算的函数或简单场$\{f_i, 1 \leqslant i \leqslant n\}$的有限集，其中的$f_i$即为空间框架 F 中所包含的第 i 个场函数。再设$\{A_i, 1 \leqslant i \leqslant n\}$为属性域，则场函数对于客观世界的建模方式可用公式(3-1) 表示

$$f_i: F \longrightarrow A_i \tag{3-1}$$

需要指出的是，一个空间框架可包含 n 个可计算的函数或简单场，这是因为地球上一个给定的空间范围可能包含 n 个连续不可区分的地理现象，如温度、污染浓度、地面起伏、土壤湿度、土壤水分等。这里的每一种连续场的建模过程就是公式(3-1) 所示的一个函数映射过程。另外，在场模型中，各种场函数和属性域的选择主要依赖于当时的空间应用。例如，本节例 2 关于亮温的例子。如图 3-5 所示，为武汉市城区 2015 年 2 月的亮温反演结果。设 x, y 表示平面二维坐标，$T(x, y)$ 表示位置(x, y) 处的温度值，那么，根据场函数的定义，图 3-5 所示的场现象可建模为

$$f_i: F \longrightarrow T(x, y) \tag{3-2}$$

(3) 场操作，是把场的一个子集映射到其他的场，用于指定不同场的联系和交互。例如，场的并(+) 和复合(o) 操作为

$$f\&g: \longrightarrow f(x) + g(x) \tag{3-3}$$

$$f(x)\ \mathrm{o}g(x) = f(g(x)) \tag{3-4}$$

场的操作可在局部进行，也可在区域进行。局部操作指空间框架内一个给定位置的新

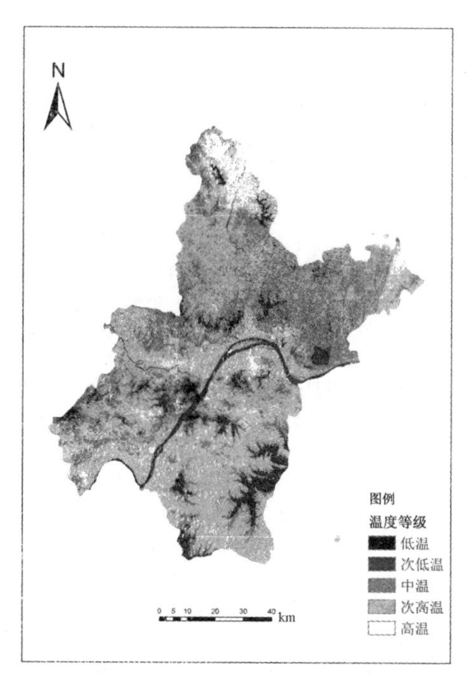

图 3-5 武汉市 2015 年 2 月亮温分布

场的取值只依赖于同一位置场的输入值。例如，设人工种植草地 $f(x)$ 和天然草场 $g(x)$ 都可以是草地 $G(x)$ 的子类，且表示为

$$f(x)=\begin{cases}1, & \text{如果 } x \text{ 处为“人工草地”}\\ 0, & \text{其他}\end{cases} \tag{3-5}$$

及

$$g(x)=\begin{cases}1, & \text{如果 } x \text{ 处为“天然草地”}\\ 0, & \text{其他}\end{cases} \tag{3-6}$$

则，如果位置为 x 处无论是“人工草地”或是“天然草地”，那么，其均可以抽象为草地 $G(x)=f(x)+g(x)$，根据并操作的定义

$$G(x)=\begin{cases}1, & \text{如果 } x \text{ 处为“人工草地”或“天然草地”}\\ 0, & \text{其他情况}\end{cases} \tag{3-7}$$

而区域操作将场表示为一个区域的函数，例如，用分段函数表示草地映射到属性集{人工草地，天然草地，牧草地}。又如，将一个空间划分为一些子区域后，计算每个子区域草地的平均长势。

3.1.2 地理现象表示模型

在地理空间建模中，我们是在一个很抽象的层次(人类认识客观地理世界的层次)讨论了客观世界的地理现象的表示问题，即对地理空间进行建模。在这个层次，地理世界被看作欧氏空间中的无限点集。其中，地理实体被表示为点、折线(边)等几何类型，而连续的地理现象则用一个空间框架上的函数实现空间框架向属性域的映射。本节我们将讨论在实践中如何实现这些几何信息。概括地讲，就是如何在计算机中来表示欧式空间中的点集。事实上，关于地理现象的计算机表示问题，已经存在不同的模型来解决。这些模型主要包括：通过离散方式近似表示连续空间的镶嵌模型和通过构建适当的数据结构表示实体的矢量数据模型。

1. 矢量数据模型

在矢量数据模型中，地理对象的几何特征和属性特征是分别进行表示的。其中，地理对象的几何特征是用点、边这样一些基元来构造。通常，在矢量数据模型中，点对象用代表其位置的坐标对（x，y）表示；线对象用构成折线节点的坐标串(列表)表示；而面对象则用代表其边界的闭合折线表示，即用闭合的坐标串(列表)表示。假设符号[ ]表示元组，< >表示列表或串，而用符号{ }表示集合，那么，矢量数据模型中点、线、面和区域等几何特征的表示可以定义如下：

点对象：[x，y]

线对象：<点>

面对象：<点>

区域：{多边形}

利用这一模型，在图 3-6 中所示的点、线和面对象的几何特征用矢量数据结构分别表示为：

点对象：[5，17]

线对象：<[8，13]，[9，9]，[11，10]，[12，15]>

面对象：<[13，7]，[15，16]，[14，18]，[19，18]，[21，15]，[17，5]，[13，7]>

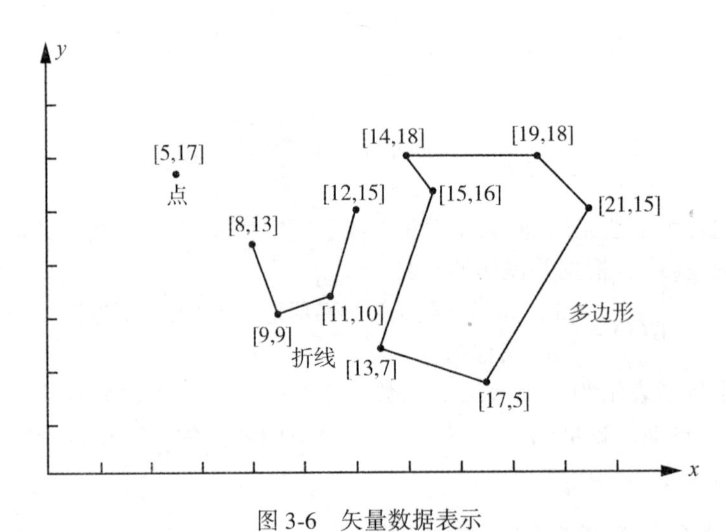

图 3-6　矢量数据表示

矢量数据模型中除了几何特征外，还有专题属性特征。根据属性所描述的信息内容，专题属性特征可以归纳为两种情况：一种用于描述空间数据的类别，例如，考虑本节例 1 关于武汉大学校园的例子，从类别上有操场、建筑、湖、广场、绿地，山体和道路等几类；另一种则是地理实体的具体说明信息、统计信息等。例如，在例 1 中，建筑的说明信息可以包括：建筑的名称(如教1、教2、教3等)、建筑的用途(如行政楼、教学楼、办公楼、实验楼等)、建筑坐落校区(如信息学部、文理学部、工学部等)等。从数据结构的角度看，无论是类别信息或是说明信息，属性特征都是结构化的非空间数据。因此，可以多采用成熟的结构化数据表示方式(如字符串、整型数值、浮点型数值、日期等)进行表示。

2. 镶嵌数据模型

镶嵌数据模型通常借助格网以离散空间的方式近似化表示空间几何特征。在镶嵌模型中格网是作为连续空间分解或离散的基础，通过格网将连续的空间分解为一系列的单元格(cell)。这种通过格网把连续空间分解为单元格的方法被定义为离散模型，有时也称为空间解析模型。在镶嵌模型中，根据单元格的形状，可以把镶嵌模型分为规则的和不规则的两种类型。

规则镶嵌模型利用规则的格网或栅格分解空间，其结果是通过大小和形状均相等的一组多边形单元(单元格)的集合来近似表示地理空间，如图3-7所示。

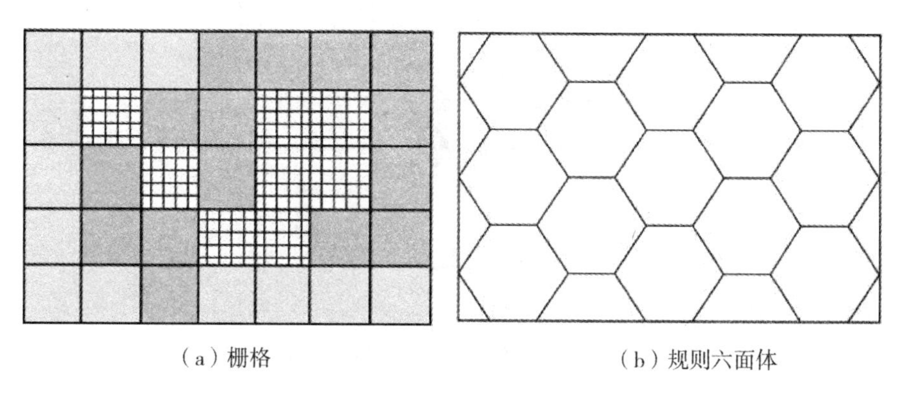

(a) 栅格　　(b) 规则六面体

图3-7　规则镶嵌模型(据Philippe et al，2002)

不规则镶嵌模型中空间分解单元的形状和大小均不固定，如图3-8所示。

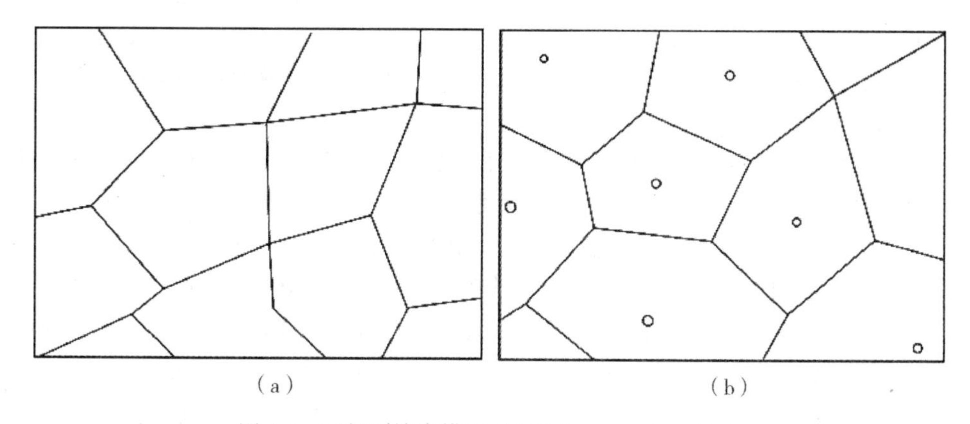

(a)　　(b)

图3-8　不规则镶嵌模型(据Philippe et al，2002)

基于镶嵌模型的基本原理，我们考虑本节例 2 中的城市亮温空间分布的表示问题。这里我们选用武汉城市 2016 年 8 月地表亮温为例进行表示。由于亮温不能像地理实体那样加以区分，所以，这里采用在一定的空间框架下利用规则镶嵌模型对武汉城市范围亮温进行离散后近似表示，其结果如图 3-9 所示。

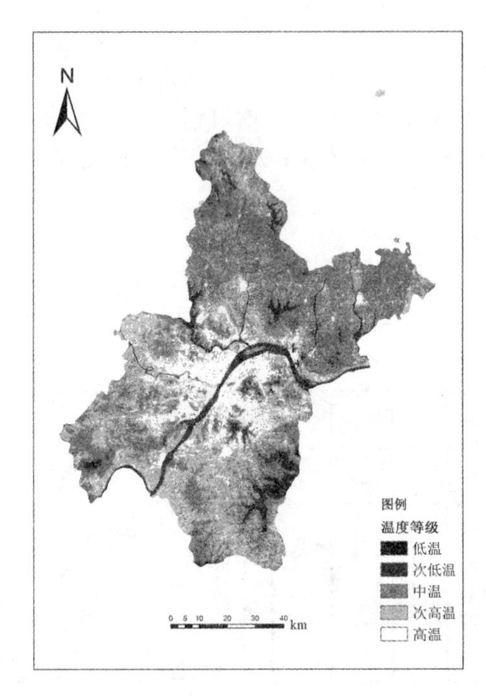

图 3-9　武汉城市 2016 年 8 月亮温

3. 矢-栅数据相互表示

一般而言，在多数情况下矢量数据模型用于基于实体模型的离散地理实体的计算机表示。而镶嵌模型多用于基于场模型的连续地理现象的计算机表示。但是，也有用矢量模型表示基于场模型的数据和利用镶嵌模型表示基于实体模型的离散地理实体的情形。

1) 镶嵌模型对实体的表示

离散地理实体用镶嵌模型进行表示的基本思想是首先对二维空间利用规则或不规则镶嵌模型进行分解。分解后的二维空间中的地理空间实体被表示为包含它的有限单元格(也称为像元)子集。具体来讲，一个基于实体模型的点实体在镶嵌模型中被表示为一个像元，用像元在二维空间中的位置表示点实体的位置，如图 3-10(a)所示。而一个基于实体模型的折线，多边形或区域(region)在镶嵌模型中则用实体穿越的有限个像元所构成的像元集来表示，如图 3-10(b)、(c)所示，分别为折线和多边形实体的镶嵌模型。

2) 矢量模型对场数据的表示

由于场是对连续地理现象的建模，而矢量数据中几何特征的表示是利用一定的数据结构(如元组、列表)表示点、折线和多边形实体的。可见，矢量模型并无法直接表示基于

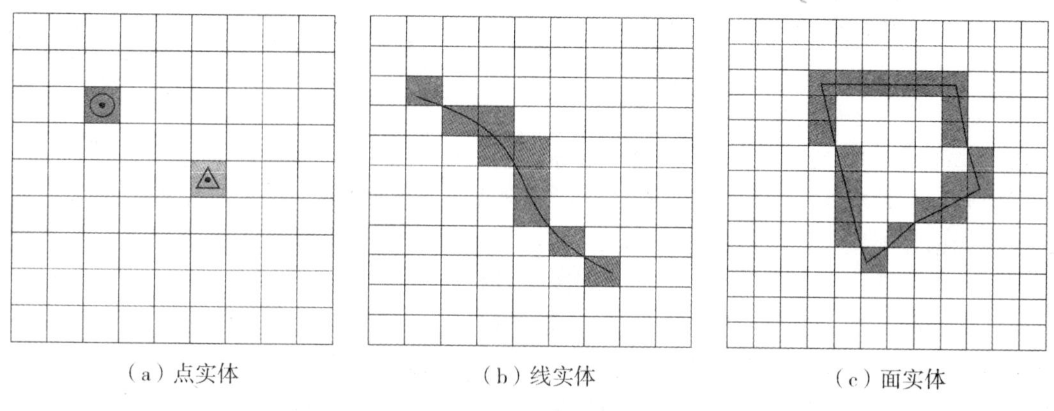

图 3-10 离散实体的镶嵌模型

场模型建模的数据。因此，矢量模型表示场模型的基本思想是首先需要对基于场模型建模的数据利用镶嵌模型得到其近似的表示，然后，再利用矢量模型的数据结构对镶嵌模型的单元格进行表示。关于矢量模型对场数据表示的典型例子如数字高程模型（Digital Elevation Model，DEM）的表示。DEM 是在一定的空间框架下对地形起伏进行的场建模，本质上代表的是一种连续地理现象。但是，为了方便在计算机中进行表示，通常在二维空间中基于镶嵌模型的思想，利用不规则的三角网（Triangulated Irregular Networks ，TINs）对其进行分解，即利用分解得到的三角形面片对地形的起伏进行近似逼近。而在 TINs 中，其单元格（像元）则正是实体模型中的多边形实体。因此，只要用矢量模型对 TINs 中的三角形进行表示，则可实现利用矢量模型表示 DEM。如图 3-11 所示，为利用矢量模型表示 DEM 的过程。在这一例子中，TINs 中的每个三角形被看作一个三角形实体，其由点（三角形顶点）和边（三角形的边）所构成。然后，基于矢量模型中点、边和多边形的表示方法可以实现 TINs 的表示。

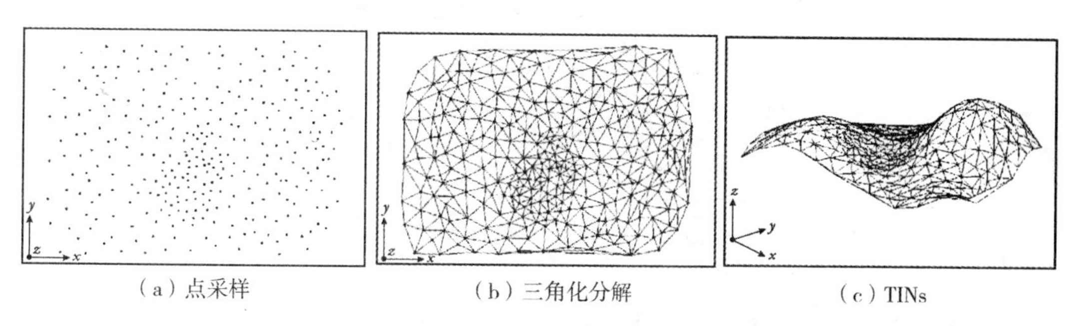

图 3-11 利用 TINs 产生过程（据 Philippe et al，2002）

4. 空间关系的表示

在矢量数据模型一小节（见 3.1.2 节第一部分）中，主要讨论了基于实体模型的单个对象在二维平面中的矢量化表示问题。但在实践中，常常存在由若干个对象构成的对象集合对现实世界建模的情况。而且，对象之间不是孤立的，是存在一定关系的(在空间信息领域称之为拓扑关系)。这就要求对象集合的表示模型，不仅要能够解决实体几何特征的表示问题，还需要解决集合中对象之间关系的表示问题。这一节我们将主要讨论在表示实体几何特征的同时，来表示对象集合中对象间的关系问题。关于二维平面中对象集合的表示模型通常有无拓扑模型(也称为 Spaghetti 模型或面条模型)、网络模型和拓扑模型。

1)无拓扑模型

在无拓扑模型中，对象集合中每个对象的几何特征都是利用矢量模型中对应的数据结构单独(独立)描绘的。无拓扑模型并不对集合中对象间的空间关系(拓扑关系)进行描绘。换句话说，在无拓扑模型中并不记录对象间的拓扑关系，拓扑关系需要在应用中根据需要进行计算得到。这样的问题在于一方面增加了计算的复杂度，另一方面因为没有记录空间关系而造成数据的冗余。考虑本节例 1 的情况，武汉大学校园的学部图层由医学部、工学部、文理学部和信息学部的 4 个多边形构成，如图 3-12 所示。

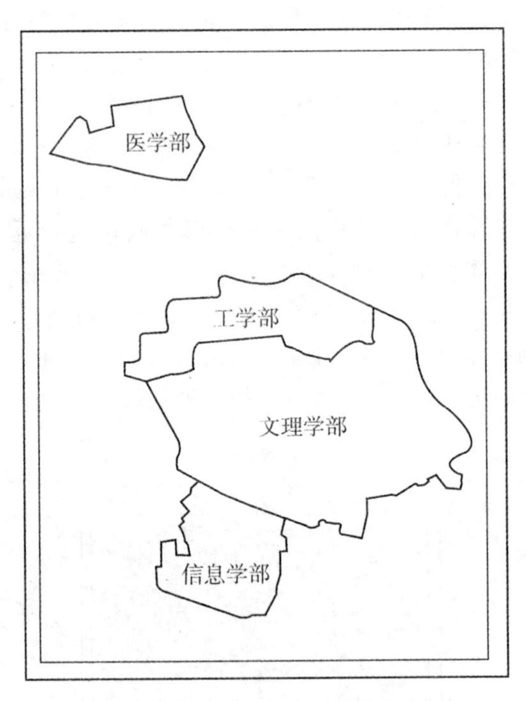

图 3-12　武汉大学校园学部图层

如果采用无拓扑的数据模型来记录这个图层，那么图 3-12 中的四个多边形都将采用 3.1.2 节第一部分的矢量模型中多边形数据结构单独进行记录，其结果如下：

- 医学部：<顶点>
- 工学部：<顶点>
- 文理学部：<顶点>
- 信息学部：<顶点>

但是，从图 3-12 中我们可以发现，工学部与文理学部、文理学部与信息学部都分别有公共的边。按照上述方式，构成这些公共边的顶点将被重复记录，其结果就是造成数据冗余。另外，假设我们需要知道与文理学部相邻的学部，现在的做法只能是计算各个学部的多边形之间是否有共享边(这个过程本质上就是拓扑关系的计算问题)，这样无疑就导致了计算复杂性的增加。

2)拓扑模型

与无拓扑模型不同，拓扑数据模型在对象集合数据的描绘中不仅记录对象的几何特征，同时还记录对象间的空间关系。为了便于介绍拓扑模型，我们引入两个新的术语：节点(nodes)和弧(arcs)或弧段。弧是连接起始节点和终止节点的线(如图 3-13 中的 a，b，c，…)，其中，起始节点和终止节点是弧或边的两个端点(如图 3-13 中 N_1 和 N_2)。节点不同于实体点，它是作为弧的端点而连接多个弧段。这是区别于前面提到的点(point)对象的，点对象指的是折线或多边形的顶点。为了便于与节点区分，可以把表示折线和多边形顶点的点称为常规点。

在拓扑结构中，节点是相互独立存储。节点间的连线即为弧，弧起始于起点，终止于终点，由弧的起点和终点来定义弧方向。多边形被表示为弧的列表，每条弧为相邻的多边形所共享。区域被表示为一个或一组多边形。具体而言，拓扑数据模型中各对象的表示结构如下：

- 常规点：[x，y]
- 节点：[常规点，<弧段>]
- 弧：[起始点，终止点，左多边形，右多边形，<常规点>]
- 多边形：<弧段>
- 区域：{多边形}

图 3-13 为图 3-12 所示的武汉大学校园学部图层的拓扑模型，基于拓扑模型的基本思想，我们以图中的多边形 P_E、P_L 为例阐述多边形的拓扑结构表示：

- P_E：$< a, j, k, l >$
- P_L：$< a, b, c, d, e, f >$
- P_I：$< h, e, g, i >$
- a：$[N_1, N_2, P_E, P_L, < >]$
- e：$[N_3, N_4, P_L, P_I, < >]$
- N_1：$[[x_1, y_1], < a, l, f >]$
- 区域：$\{P_E, P_L, P_I\}$

在拓扑模型中，需要指出的是：①节点往往与一个常规点对应，但常规点并不会一定与一个节点对应。②一个节点作为一个或多个弧段的一个端点(起点或终点)而连接一个或多个弧段。③弧段起始于一个节点，终止于另一个节点，弧段之间通过节点而连接。

3)网络模型

网络模型主要用于一些线性网络应用(如交通网络，供水管线，排水管线，电力、通

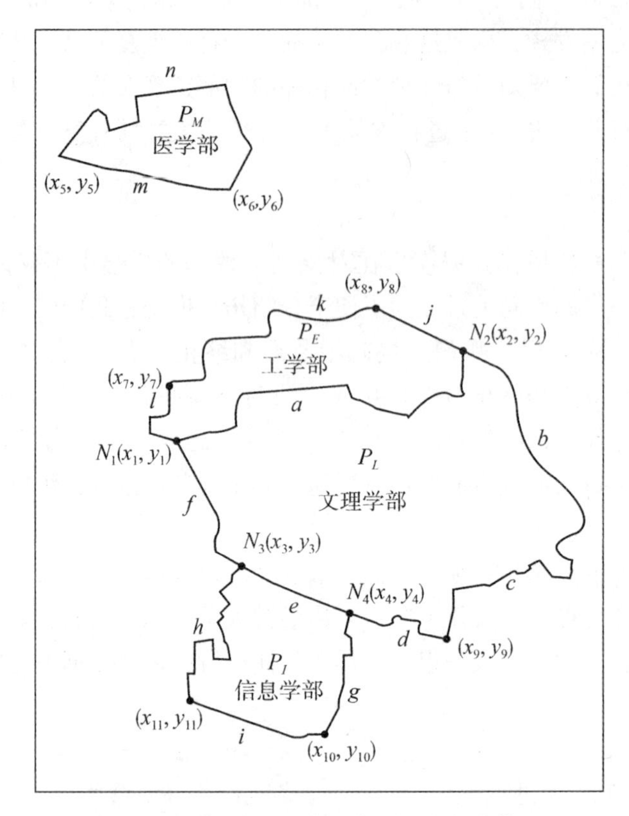

图 3-13　武汉大学校园学部图层的拓扑模型

信管线等)所产生的数据集的表示。网络应用中的对象主要为点和折线，点和折线对象间的拓扑关系在网络模型中会被存储。与拓扑模型一样，网络模型中同样引入了节点和弧段的概念来记录点和折线的拓扑关系。概括而言，线性网络应用中各对象的网络模型数据结构如下：

◆ 常规点：[x，y]

◆ 节点：[常规点，<弧段>]

◆ 弧：[起始点，终止点，<常规点>]

基于网络模型的数据结构，图 3-14 是图 3-1(b)所示的水利网络的网络模型，其数据结构可表示为：

◆ *point*：[x，y]

◆ N_0：[[x_0，y_0]，< c，d，l >]

◆ N_1：[[x_1，y_1]，< d，e，h，k >]

◆ ……

◆ d：[N_0，N_1，< >]

◆ ……

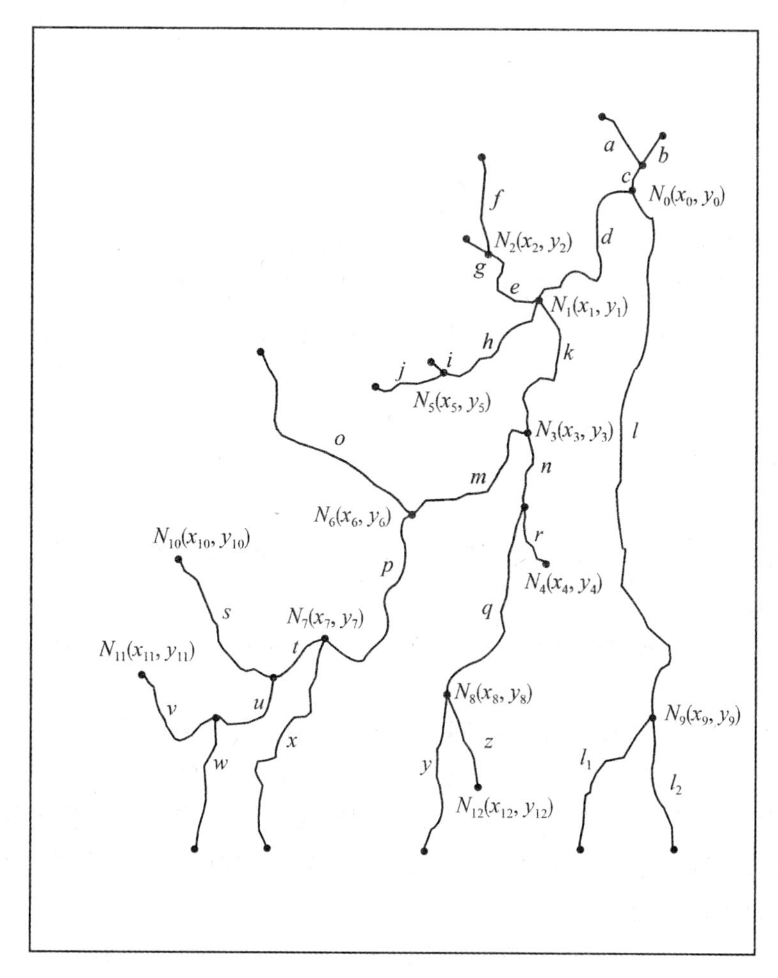

图 3-14　网络模型示例

3.2　时空信息基准与模型

如第 1 章所述，时间是物理学中的基本物理量之一，被定义为从过去向未来无限延伸，只能从其对自然现象变化的影响中才能被察觉到的现象，与空间不可分割地联系在一起，并通过空间的运动或变化表现出来。因此，本节将结合时间和空间信息讨论客观世界中时空信息建模问题。

3.2.1　时间认识

时间用以描述客观现象发生变化的顺序。虽然关于时间的本质仍是不同学科领域持续探索的课题，但是可以确定的是客观世界中任何事物都随时间发生变化和演变。换句话说，任何客观现象(事物)的演变历程中都伴随有时间特性。而这样的时间特性又是由现象或事物的变化才可反映出来。可见，时间与空间具有不可分性。爱因斯坦在相对论中指出：不能把时间、空间、物质三者分开解释。时间与空间一起组成四维时空，构成宇宙的基本结构。

1. 时间的含义

时间包含有“时刻”和“时间间隔”两个概念。时刻，表示事物在运动过程中的某一瞬间，即某一事物或现象发生的瞬间。在天文学和卫星定位中，与所获数据对应的时刻也称为历元。而时间间隔，也称为时间段，指某一事物或现象发生所经历的过程，是这一过程始末的时刻之差。所以，时间间隔也称为相对时间。从时间测量的角度来看，时刻测量称为绝对时间测量，而时间间隔测量则称为相对时间测量。

2. 时间的特性

作为客观世界基本结构的描述，时间具有一维性、客观存在性、通用性、连续性、可量测性和单向性。

(1)一维性，由于空间具有三维性，因此构成宇宙基本结构中第四维的时间具有一维性。

(2)客观存在性，不同于空间，时间具有不可见性，但这并不代表时间不存在。时间与空间一样具有客观存在性，且空间现象伴随时间的发展而演变。

(3)通用性，客观世界中的任何事物或现象都具有时间特征。客观世界的事物或现象的演变与变化是与时间不可分割的。换句话讲，事物或现象的变化是客观存在的，且这些变化与时间之间不能分割。

(4)连续性，是从物理学理论的角度认为时间具有持续不间断的特性。

(5)可量测性，基于一定的时间坐标系统，时间具有可度量性。例如，小时、天、周、月、年等都是在一定的时间坐标系统(时间基准)下对时间的度量。

(6)单向性，也指时间的不可逆性。即事物或现象的变化在时间轴上总是向前发展的，不具备向相反的方向发展的可能性。

3. 时间的表现形式

由于时间具有不可见性，其在客观世界中的表现形式只能从事物或现象的发展中来窥得端倪。根据事物或现象的发展变化规律，可以发现时间具有以下表现形式。

(1)线性，从自然界中一些事物的发展规律来看，时间没有起点和终点，表现为向过去和未来无限延伸的轴。向过去无限延伸，表明了事物发展的历史状态存在追溯的可能性，而不是指事物可以逆向发展。向未来无限延伸，指事物不断向前发展，新生事物不断出现、新思想不断形成，世界向未来不断发展，生物随时间不断进化。

(2)周期性，也称循环性或稳定性。虽然时间的线性特征在整体上说明了自然界中万物都沿时间轴向前发展，但是自然界的发展规律也呈现出了周期性特征。例如，日出日落，昼夜交替，日月季年的往复，生老病死的规律等都使得时间表现出周期性。

(3)分支性，是线性的延伸，线性表明了事物随时间变化的确定性，即自然界万物都会随时间向前发展。而分支性则表明了事物随时间发展变化中的不确定性，即事物或现象从现在向未来的发展表现出多种可能性，这是事物发展的不确定性。

3.2.2 时间系统

时间和空间是物质存在的两种基本形式，因此，在客观世界中认识或描述物质需要两个基准：一个是空间基准，也就是空间坐标系统，主要用于确立物质的空间位置；另一个则是时间基准，即时间系统。时间系统规定了时间测量的参考标准，包括时刻的参考标准和时间间隔的尺度标准，用于物质的运动或变化中的时间测量框架。一般来说，凡是周期性运动都可以作为测量的时间参考，下面介绍几种常见的时间系统(宁津生，2006；李征航等，2010)。

1. 世界时(Universal Time，UT)

世界时以地球自转周期为基准，在 1960 年以前一直作为国际时间基准。由于地球的自转，太阳会周期性地经过某个地点上空。太阳连续两次经过某条子午线的平均时间间隔称为一个平太阳日，以此为基准的时间称为平太阳时。英国格林尼治从午夜起算的平太阳时称为世界时，一个平太阳日的 1/86 400 规定为一个世界时秒。地球除了绕轴自转之外，还有绕太阳的公转运动，所以一个平太阳日并不等于地球自转一周的时间。

2. 历书时(Ephemeris Time，ET)

为了避免世界时的不均匀性，1960 年起引入了一种以地球绕日公转周期为基础的均匀时间系统，称为历书时。它是一种以牛顿天体力学定律来确定的均匀时间系统，又称牛顿时。

历书时以地球绕太阳公转周期为基准，理论上讲它是均匀的，不受地球极移和自转速度变化的影响，因而比世界时更精确。回归年(即地球绕太阳公转一周的时间，即地球绕日公转时两次通过春分点的时间间隔为 1 回归年)长度的131 556 925.974 7为一历书时秒(即秒长为 1980 年 1 月 0.5 日所对应的回归年长度的1/31 556 925.974 7)，86 400历书时秒为一历书时日。但是，由于观测太阳比较困难，只能通过观测月亮和星换算。其实际精度比理论分析的低得多，所以历书时实际只正式使用了 7 年。

3. 原子时(Atomic Time，AT)

人们对时间准确度和稳定度的要求不断提高，以地球自转为基准的恒星时和平太阳时、以行星和月球公转为基准的历书时已难以满足要求(尺度：秒)。而原子能级跃迁时，会发射或吸收电磁波，电子波频率很稳定，以上现象很容易复现，所以原子可以作为很好的时间基准。20 世纪 50 年代建立了以物质内部原子运动为基础的原子时，从 1958 年 1 月

1 日世界的零时开始启用。

原子时以位于海平面(大地水准面，等位面)的铯原子内部两个超精细结构能级跃迁辐射的电磁波周期为基准。铯束频标的9 192 631 770个周期持续的时间为一个原子时秒，86 400个原子时秒定义为一个原子时日。由于铯原子内部能级跃迁所发射或吸收的电磁波频率极为稳定，比以地球转动为基础的计时基准更为均匀，因而得到了广泛应用。

原子时是以物质内部原子运动的特征为基础建立的时间系统。

原子时的尺度标准：国际制秒(SI)。

原子时的原(起)点：1958 年 1 月 0 日世界时(UT2)0 时 0 分 0 秒作为原子时的起点，但事后发现在这一瞬间原子时与世界时相差0. 003 9s。

虽然原子时比以往任何一种时间尺度都要精确，但它仍含有某些不稳定因素，需要修正。因此，国际原子时尺度并不是由一个具体的时钟产生的，它是一个以多个原子钟的读数为基础的平均时间尺度。目前国际上分布在欧洲、美洲、澳大利亚和日本等国家或地区的约 100 座原子钟参加国际原子时的计算，经过相互比对，并经数据处理推算出统一的原子时系统，称为国际原子时(IAT)。

4. 协调时(Universal Time Coordinated，UTC)

世界时是采用天体测量的方式测定时间，而因为各种因素，相对于原子时会有微小的误差。为了避免原子时与世界时之间产生过大的偏差，科学家们提出采用一种以原子时秒长为基础，在时刻上尽量接近于世界时的一种折中的时间系统，这种时间系统称为协调世界时(UTC)，或简称协调时。

根据国际规定，协调时的秒长与原子时秒长一致，在时刻上则要求尽可能与世界时接近。协调时与国际原子时之间的关系用下式表示：

$$\mathrm{IAT}=\mathrm{UTC}+1\mathrm{s}\times n(n \text{ 为调整参数})$$

从 1972 年开始使用的协调时并不是一种独立的时间，而是时间服务工作钟把原子时的秒长和世界时的时刻结合起来的一种时间。它既可以满足人们对均匀时间间隔的要求，又可以满足人们对以地球自转为基础的准确世界时时刻的要求。协调时的定义是它的秒长严格地等于原子时秒长，采用整数调秒的方法使协调时与世界时之差保持在 0. 9s 之内。

5. 动力时

在动力学理论和星历表中可发现严密的均匀时间尺度，即在适当的参考框架中所描述天体的时变位置。基于这种概念的时间尺度称为动力时，最佳地满足惯性时间概念则必须区分两个动力时间基准的差别。重心动力学时可由与太阳系的重心有关的行星(或地球)轨道运动导出，而地球动力学时与地心有关，可由地球卫星轨道运动导出。

6. GPS 时(GPS Time，GPST)

GPS 时是由 GPS 星载原子钟和地面监控站原子钟组成的一种原子时基准，与国际原子时保持有 19s 的常数差，并在 GPS 标准历元 1980 年 1 月 6 日零时与 UTC 保持一致。

GPS 时间在 0~604 800s 之间变化，0s 是每星期六午夜且每到此时 GPS 时间重新设定为 0s，GPS 周数加 1。

3.2.3 时间尺度

时间与空间在测量上都不是绝对的，观察者在不同的相对速度或不同时空结构的测量点，所测量到时间的流逝是不同的。与空间测量一样，测量时间，必须建立一个测量的基准，即时间的单位(尺度)和原点(起始历元)。其中，时间单位作为时间的尺度基准是关键，而原点作为时间系统的起算时刻是可以根据实际应用加以选定。

1. 时间单位的发展

在我国古代的不同时期就已经建立了相关的时间单位，例如，甲子，一甲子相当于 60 年；时，即时辰，古时将 1 天分为 12 时辰，每个时辰相当于现代计时单位的 2 小时；更与点，古人将一夜分为五更，一更又分为五点，折合为现代计时单位，每天从晚上 7 点开始起更，一更约两小时，一点合 24 分钟，三更四点就相当于半夜 12 时 36 分；刻，一昼夜均分为 100 刻，折合成现代计时单位，1 刻等于 14 分 24 秒。

2. 时间基准建立的条件

前面曾讲到，时间具有不可见性，其必须通过事物或现象的运动变化反映出来。因此，时间度量基准的建立需要依靠事物(物体)或现象在一定条件下的运动为基础，这些运动需满足以下条件：①运动是连续、周期性的；②运动周期充分稳定；③运动周期必须具有复现性，如沙漏、游丝摆轮的摆动、石英晶体的振荡和原子谐波振荡等。主要时间基准所依赖的运动条件包括以下 4 点。

(1)地球自转，是建立世界时基准的基础。

(2)行星绕太阳的公转运动(开普勒运动)，是建立力学时基准的基础。

(3)原子谐波振荡，是建立原子时的基准。

(4)脉冲星发射周期性脉冲信号，是建立脉冲星时的基准。

3. 现代计时单位

现代计时中，“秒”作为国际单位制中时间的基本单位，符号是 s。有时也会借用英文缩写标示为 sec。其他由秒派生的时间单位包括时(hour，h)、分(minute，m)、毫秒(millisecond，ms)、微秒(microsecond，μs)、纳秒(nanosecond，ns)和皮秒(picosecond，ps)等。计时单位之间的换算关系为：

$1s=10^3ms$；$1ms=10^3\mu s$；$1s=10^9ns$；$1s=10^{12}ps$。

同一计时单位从一个时刻到另一时刻之间间隔的时间段也称为时间粒度，不同计时单位的间隔的时间长度不同，反映出时间尺度的多样性。时间粒度有粗细之分，粒度越细，表明时间的精度越精确或精度越高；反之，时间的精度越低。

3.2.4　时空信息建模

1. 时刻与时段

时间总是在事物或现象的变化中表现出来的，或者才能被“观察”到。因此，对客观事物的时间特征进行建模是离不开客观世界的物体和现象的变化的。对象或现象在其生命周期(life-span)里演变往往呈现出不同的状态，有时表现出一种逐渐进化的过程，当渐进的量变过程积累到一定程度时，对象或现象将实现从一个状态到另一个状态的质变过程，并进入另一个渐进的变化过程。在质变中，对象或现象处于显著变动状态，质变往往伴随明显的、突发的、非连续性的特点。在事物的演变过程中，对象或现象从一种状态到另外一种状态的这种突变或飞跃被称为“事件”。而“状态”则被认为是对象逐渐进化的过程。事件是渐进过程中的中断或革命。图 3-15 所示的示例，表示一个椭圆运动变化成为圆的整个过程。

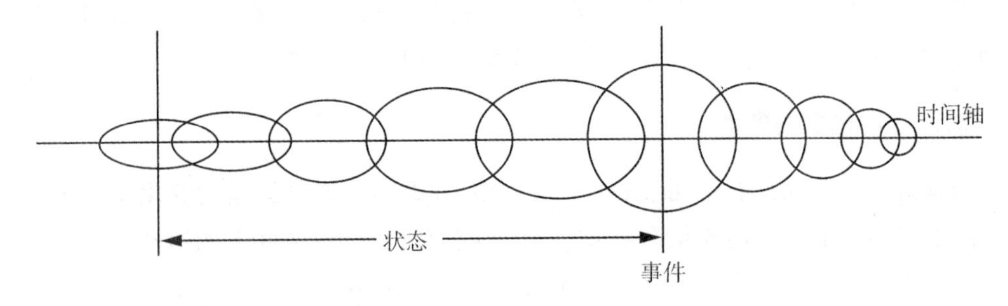

图 3-15　状态与事件

为了对现实世界中物体运动的事件和状态进行建模，可以从时间语义抽象两个概念：一个是“时刻”的概念，另一个是“时段(时间间隔)”。这两个概念的理解见 3.2.1 节。如果用 T_0 表示时间基准原点，S 表示时间步长，n 表示步数，那么，时刻 T_i 和时段 ΔT 则可表示为

$$T_i = T_0 + S \times n \tag{3-8}$$

$$\Delta T = |T_k - T_l| \tag{3-9}$$

需要指出的是，时刻是对事物质变时间点的定义或抽象，强调的是事物质变的瞬时性。然而，在时空数据管理中，对这种瞬时性的理解通常应与所采用的时间标度相关。例如，一栋建筑物被拆除后变为城市绿地。在这个例子中，建筑物是一种状态，城市绿地是另一个状态，而从建筑变化为城市绿地并非瞬间完成，而是经历一段时间，只是这个时段相对这块地的建筑和城市绿地这两个状态持续的时间来说比较短。换句话说，一些空间现象从一个状态到另外一个状态并非瞬时可以完成的，而通常需要一个小的时段，由于这个时段相对于空间现象的变化前后的两个状态持续的时间来说比较短，所以，从时空数据管理的角度，被近似为一个时间点，即时刻。

2. 事件与状态时空建模

本小节将在一个较高的抽象层次讨论地理空间对象随时间变化的时空过程的建模问题。主要从事物演变过程中的事件和状态两个方面讨论对象的时空建模问题。

1)基于事件的时空建模

前述表明，事件和状态是人类对事物运动过程的认识方式，而时刻和时段为事件与状态在时间语义中的对应概念。图 3-16 所示的例子为一个简单的时空过程中事件与时刻的对应关系。

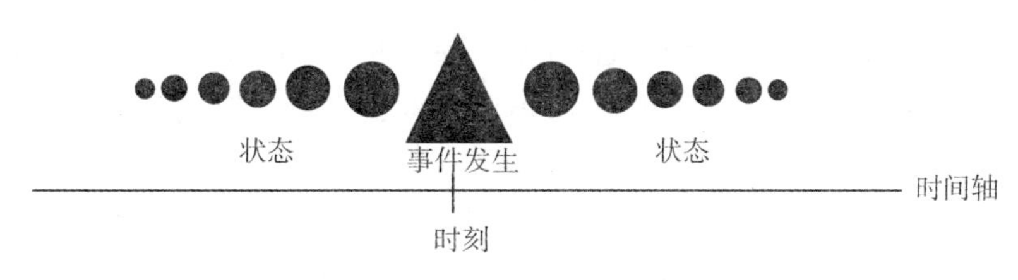

图 3-16　事件、状态与时刻

从图 3-16 的例子可以发现，在时空过程中，事件的发生不仅有空间状态的改变，而且通常对应了时间轴上的一个时刻。因此，可以用事件的空间特征和时间特征(时刻)对时空过程中的事件进行建模。考虑到二维空间的情况，设 $G_i(x, y)$ 表示第 i 个事件发生后对象的空间状态，T_i 表示第 i 个事件发生的时刻，ID_{E_i} 表示第 i 个事件的事件标识，那么，对象生命周期中的第 i 个事件 E_i，则可表示为

$$E_i = [ID_{E_i}, G_i(x, y), T_i] \tag{3-10}$$

2)基于场的时空建模

图 3-16 所示的例子同时也表明，一个对象的状态是一个持续和渐进的过程。从时间的角度来看，状态通常会持续一段时间，即状态对应时间轴上的一个时段。从对象运动的角度来看，状态随时间的变化具有渐进性，是一个连续的过程，而非突变。相比事件的建模，对于连续过程的建模，通常都采用场模型。与空间场模型相似，对于对象运动状态的建模，定义其场模型需要确立时间框架、场函数和一组相关的场操作三个组成部分。

时间框架，就是以一定时间基准为基础而建立的时段。而场函数，是一个将时间框架映射到不用空间属性中的函数。设 TF 为时间框架，G 为空间特征域，则场函数 f 对于对象的建模方式可用公式(3-11)表示。

$$f_i: TF \longrightarrow G_i \tag{3-11}$$

需要特别指出的是，时空场模型与空间场模型所不同的是，空间场模型是将离散的空间框架映射到属性域，而时空场模型是将离散的时间框架映射到空间域。因为在对象的运动中，对象空间特征是随时间的变化而改变的。

3.2.5 时空信息表示

时空信息建模是在一个较高的抽象层次讨论如何对客观世界的时空现象的运动过程进行表示。在这个层次中，地理空间现象的运动过程看成渐变和跃变。其中，地理现象的渐变过程表示为状态，而跃变或质变则用事件进行表示。现象运动过程所反映的时间则分别用时段和时刻表示。本小节将讨论地理对象的时空运动过程在计算机中的表示问题。

1. 时间的表示

时间的表示主要有离散(discrete)和连续(continuous)两种方式。离散的时间表示与自然数的表示相似，将时间看作非负整数的集合，每个时刻之后都有一个后继者。如果用 T 定义时间，t_i 定义第 i 个时刻，而用 NOW 表示当前，则离散时间的表示如公式(3-12)所示。

$$T = \{t_i \mid i = 0,\ 1,\ 2,\ \cdots,\ NOW\} \tag{3-12}$$

式中，由于 NOW 表示当前时间，显然 NOW 是一个可以改变的量。

连续(continuous)的方式相似于数学上实数的定义(数学上，实数定义为与数轴上的点相对应的数)，在连续时间表示中，时间被定义为与时间轴上的任意点对应的时刻，即，在时间轴上与任意两个时刻 t_1 、t_2 对应的两点之间总能找到与时刻 t_3 所对应的第三个点，且 3 个时刻间满足关系式(3-13)。

$$t_1 < t_3 < t_2 \tag{3-13}$$

2. 离散事件的表示

事件是对在某一时刻发生质变的空间现象的建模，即事件记录对象在一个时间点的空间状态。从空间信息模型一节内容(3.1 节)我们知道，地理现象可以通过实体或场进行建模，并用矢量模型或镶嵌模型对其几何特征进行表示。而时间的表示也有离散和连续的两种方式。因此，结合空间信息模型和时间的表示，离散时空事件可以表示为对象几何特征和时间特征的二元组，具体表示方式如下：

事件：[对象几何特征，时间特征]

点对象：[x，y]

折线：<点>

多边形：<点>

区域：{多边形}

时间：时刻

3. 状态的表示

状态是对象或连续地理现象随时间渐进运动(变化)过程的表示，是对持续过程的建模。利用场模型建模的连续过程在计算机中都无法表示，因为计算机只能处理离散数值。

为了方便解释状态的表示，我们引入两个新的术语：时点(time nodes)和时元(time units)。时元，也称时间单元，是指对状态所处时段进一步划分后所得到的子时间段，是连接起始时点和终止时点的子时间段(如图3-17中的U_1，U_k)。时点则是构成时元的端点(如图3-17中N_{t1}和N_{t2})，通常也是一个时间点或时刻，为了与事件发生的时刻相区别，本书中定义其为时点。在时空状态的表示中，相邻的两个时元共享一个时点，时元的大小即为时间粒度。

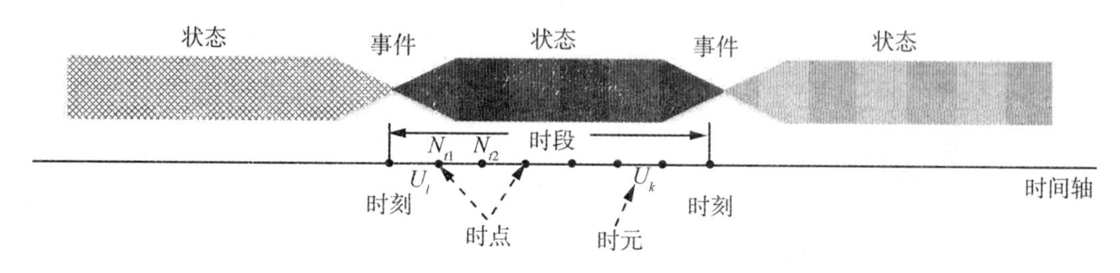

图3-17 时点、时元、时刻与时段

这样，首先将状态所经历的时段离散得到时元；然后对于状态的表示，存储(记录)时元端点对应时点上对象的几何特征，通过离散时点的状态来逼近或近似时段上地理现象的时空过程——状态。

客观上，对于对象在空间随时间的运动过程可以大致分为两种情况：一种是仅对象的位置随时间改变，而其形状和大小特征不变或可以近似看作没有发生变化(如飞机的飞行、汽车的运动、野生动物的移动等)；另一种，则是位置、形状和强度大小都随时间在渐进变化(如沙丘的运动、台风运动等)。对于第一情况，其时空过程表现为一个对象的位置随时间移动后所形成的一个连续轨迹，对其时段进行离散后则可得到用于逼近或近似对象运动过程的离散轨迹，如图3-18所示。

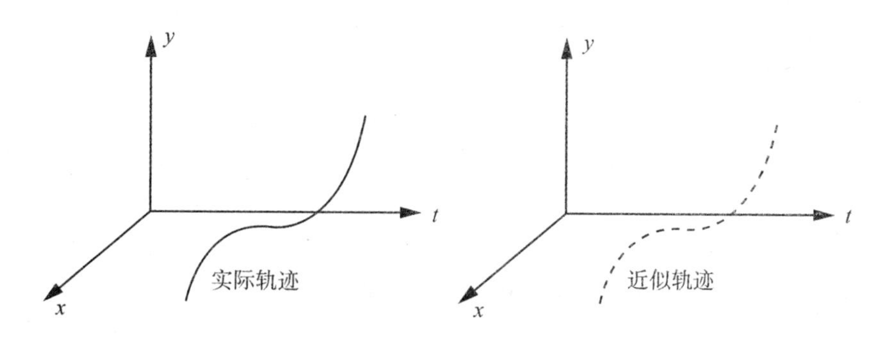

图3-18 轨迹近似表示示例

如果我们把由时间和空间位置确定的一个点称为时空点(STP)，那么，时空轨迹(STT)则可表示为时空点的列表。具体表示如下：

空间点：[x，y]

时空点：[空间点，时点]

时空轨迹：<时空点>

而对于第二种情况，不仅对象的位置随时间而改变，对象的形状、大小(或强度)等几何特征均随时间而改变。这就需要在时间和空间两个方向上去逼近或近似，结果是得到状态所处时段内的一系列镶嵌模型表示的数据，通常也称为时间序列，如图 3-19 所示，视频影像是连续场建模的时空现象表示中最典型的例子之一。

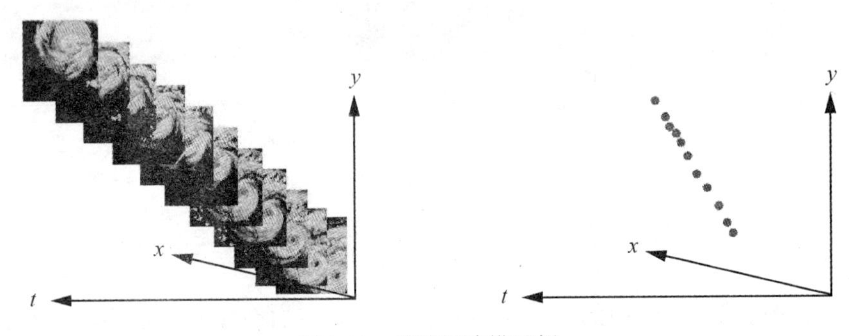

图 3-19　连续场建模示例

另外，值得指出的是，离散单元时点之间的过程可通过构成时元端点的时点状态插值而获得。

3.3　时空关系表示

空间拓扑关系描述的是地理实体之间的关系，而将时间和空间作为一个综合参照，在一个综合框架内的实体间组合关系就构成了时空关系。本节将首先讨论时间框架下的时态关系，然后综合时间和空间框架对时空关系进行讨论。

3.3.1　时态拓扑关系

时态关系，也称时间拓扑关系。由于时间的连续性及其向过去和未来无限延伸的特性，本质上不存在拓扑关系，因为拓扑关系反映的是离散实体之间的关系。但事实上，为了事物的演进过程建模的需要，通常情况下会将时间离散表示为时刻和时段。这样，时刻-时刻之间，时刻-时段之间，时段-时段之间则存在顺序相关的关系，将这种关系称为时态拓扑关系。

1. 时刻-时刻拓扑关系

时刻反映的是一个时间点，根据时间发生的先后顺序，时刻之间关系可定义为“先于”“后于”和“同时”三种关系。假设用 T 表示时间的集合，$t_i \in T$ 表示时间集合中的第 i 个时刻，那么，时刻-时刻之间的拓扑关系的表示如表 3-1 所示。

表 3-1 时刻-时刻拓扑关系

关系	算子	关系描述
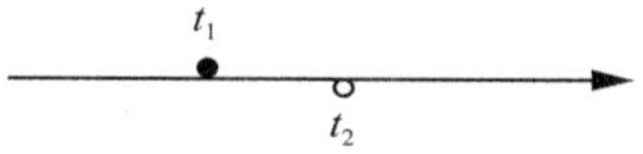 t_1 t_2	t_1 before t_2	t_1 先于 t_2
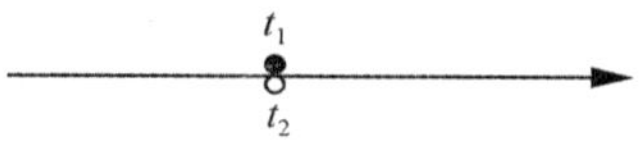 t_1 t_2	t_1 equals t_2	t_1 和 t_2 同时
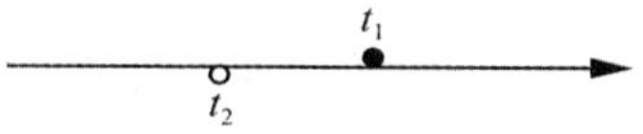 t_1 t_2	t_1 after t_2	t_1 后于 t_2

从某种意义上讲，表 3-1 中的第一种和第三种关系是重复的，因为若 t_1 先于 t_2，那么必然有 t_2 后于 t_1，所以，本质上这两种关系是对称的。

2. 时刻-时段拓扑关系

时刻与时段之间的拓扑关系反映的是一个时间点和时间段之间的关系。假设 T 表示时间的集合，$t \in T$ 表示时间集合中的时刻 t，$I \in T$ 表示时间集合 T 中的一个时间段，那么，时刻-时段之间的拓扑关系有表 3-2 所示的 5 种情况。

与时刻-时刻间的拓扑关系相似，表 3-2 中的第一种和最后一种关系也具有对称性，因为若时刻 t 先于时段 I，那么必然有时段 I 后于时刻 t。

表 3-2 时刻-时段拓扑关系

关系	算子	关系描述
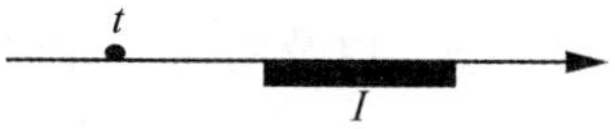 t I	t before I	t 先于 I
 t I	t starts I	t 终于 I 起点
 t I	t during I	t 终于 I 期间
 t I	t finish I	t 终于 I 终点
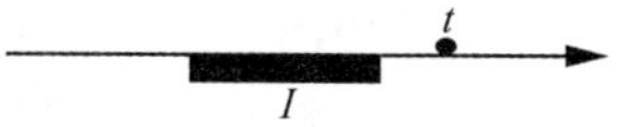 t I	t after I	t 后于 I

3. 时段-时段拓扑关系

相对于时刻-时刻、时刻-时段的拓扑关系，时段-时段间的拓扑关系要复杂得多，其种类也多。同样，假设 T 表示时间的集合，$I_i \in T$ 表示时间集合 T 中第 i 个时间段，那么，时段-时段之间的拓扑关系有表 3-3 所示的 7 种情况。

表 3-3　　**时段-时段拓扑关系**

关系	算子	关系描述
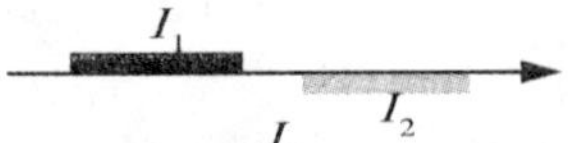	I_1 before I_2	I_1先于 I_2
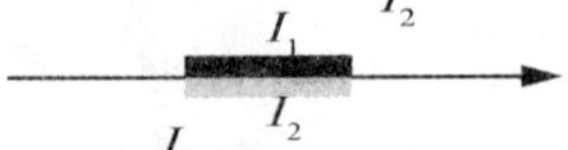	I_1 equal I_2	I_1和 I_2 同时
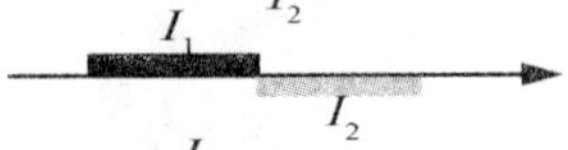	I_1 meet I_2	I_1开始 I_2 结束
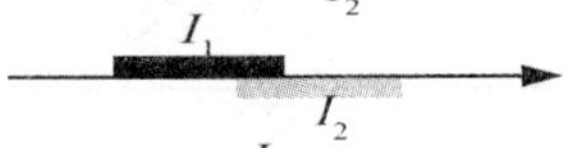	I_1 overlap I_2	I_1和 I_2 重叠，且先于 I_2 开始
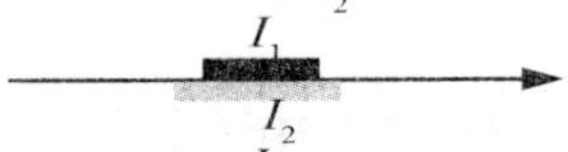	I_1 during I_2	I_1在 I_2 同期间
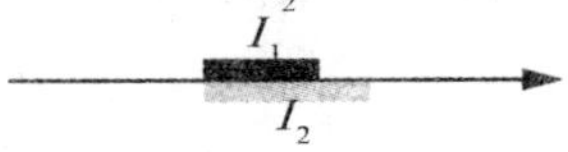	I_1 start I_2	I_1 和 I_2 同时开始，且 I_2先于 I_1
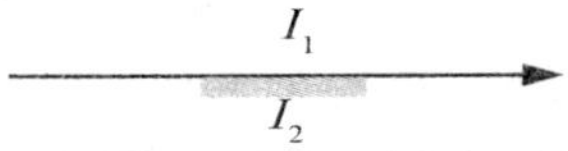	I_1 finish I_2	I_1 和 I_2 同时结束，且 I_2晚于 I_1

最后，如前所述，时间具有不可见性，它只有通过事物的变化才可被观察，而时刻和时段也正是对事物的事件和状态在时间轴上的表示。因此，需要指出的是，时刻和时段及它们相互间的拓扑关系，本质上反映的就是事件、状态及它们相互之间的拓扑关系。

3.3.2　时空拓扑关系

Christophe 等(2000)指出时空关系的组合无论是从认知还是形式的角度来说，都是一项非直接的任务。其中的一些困难与空间中时间的感知和表示问题，以及用时间对空间的正规化(形式化)有关。前面的章节从时间和空间的观点分别都对时间拓扑关系和空间拓扑关系进行了适当的描述。但是，无论时间拓扑关系还是空间拓扑关系，都不能从时空组合的二元关系的角度对时空拓扑关系进行重要的理解。这是因为空间导向的观点所确定的空间关系仅在操作区域生命周期的交集期有效，而时间导向观点所确立的时间关系也不能提供操作区域内的任何空间关系。

时空关系就是结合时间维度和空间维度，表达在一个时空域内两个区域间的时空关系。在一个时空域内的单个区域被定义为一个有效的空间区域。为了构造一个时空域，可以将二维空间内的二元关系映射(非投影)到相关的一维空间中的二元关系上。这样，时空域的第一维度则由空间关系给出，第二维度由时间给出。因此，一个时空域中的相互关系源于最小时间关系和空间关系的组合。为了维持时间的特性，时空域中的时间维度是定向的，即一个区域无法回溯到过去。并且我们假设一个区域不能同时存在于空间中两个不同位置。

现在我们考虑一个时态空间中的两个区域(region)，分别记作 $e_1(r_1,\ i_1)$ 和 $e_2(r_2,\ i_2)$。将 i 作为时间段 I 除端点外的时间。∂ 是时间段 I 的端点。$i=[t_1,t_2]$,$i^\circ=[t_1,t_2]$,$\partial_i=(t_1,t_2)$。这样，时空域中两个区域间关系的极小集可由它们的空间关系与它们的时段内部和边界之间可能的理论交集之组合而推导出来。如果用 TR 表示时间关系，SR 表示空间关系，TSR 表示时空域的关系，那么，可类比经典二维空间中已确定的关系推导出一个时空域内可能存在的 8 种关系的组合(表 3-4)。其中，EQUAL 即 equal(等于)，TOUCH 即 touch(接触)，IN 即 in(在……中)，CON 即 contain(包含)，CVR 即 cover(覆盖)，CVRD 即 covered(被覆盖)，OVLP 即 overlap(叠置)，DISJ 即 disjoint(不相交的)。而在 TSR 关系空间限定了时空域所表示的语义，例如，当且仅当两个区域在同一个时段共享一片公共空间区域时，它们的拓扑关系才定义为“相交”，否则定义为不相交(DISJ)。可以说，这种表示方式提供了使用原子运算符描述关系的代数方法。

表 3-4　　**一个时空域的相互关系(据 Christophe，2000)**

SR	$i^\circ_1 \cap i^\circ_2$	$\partial_{i_1} \cap \partial_{i_2}$	$i^\circ_1 \cap \partial_{i_2}$	$\partial_{i_1} \cap i^\circ_2$	TSR
any	Ø	Ø	Ø	Ø	DISJ
¬disjoint	Ø	¬Ø	Ø	Ø	TOUCH
disjoint	any	any	any	any	DISJ
touch	¬Ø	any	any	any	TOUCH
in	¬Ø	¬Ø	Ø	any	CVRD
	¬Ø	any	¬Ø	any	OVLP
	¬Ø	¬Ø	Ø	¬Ø	IN
contain	¬Ø	¬Ø	any	Ø	CVR
	¬Ø	any	any	¬Ø	OVLP
	¬Ø	¬Ø	¬Ø	Ø	CON
cover	¬Ø	any	any	Ø	CVR
	¬Ø	any	Ø	¬Ø	OVLP
covered	¬Ø	any	Ø	any	CVRD
	¬Ø	Ø	¬Ø	any	OVLP
overlap	¬Ø	any	any	any	OVLP
equal	¬Ø	¬Ø	Ø	Ø	EQUAL
	¬Ø	Ø	¬Ø	¬Ø	OVLP
	¬Ø	any	Ø	¬Ø	CVRD
	¬Ø	any	¬Ø	Ø	CVR

为了进一步阐明时空域中的时空拓扑关系，Christophe 等(2000)进一步总结了最小时空关系组合中获得的时空域中 8 个 TSR 最小正交关系，结果如表 3-5 所示。在表 3-5 中，一个关系由一个三元组(SR，TR，TSR)所构成。这样，表 3-5 实际上定义了 71 种关系，

包括 8 种空间关系(SR)、7 种时态关系(TR)和 56 种时空关系(TSR)。

表 3-5　　　　　　　　**TSR 直观表示(据 Christophe，2000)**

SR \ TR	相等	之前/之后	相遇/相遇后	重叠/重叠后	期间/包含	开始/开始后	结束/结束后
相等	EQUAL	DISJ	TOUCH	OVLP	CVRD/CVR	CVRD/CVR	CVRD/CVR
接触	TOUCH	DISJ	TOUCH	TOUCH	TOUCH	TOUCH	TOUCH
之中	CVRD	DISJ	TOUCH	OVLP	IN/OVLP	CVRD/OVLP	CVRD/OVLP
包含	CVR	DISJ	TOUCH	OVLP	OVLP/CON	OVLP/CVR	OVLP/CVR
覆盖	CVR	DISJ	TOUCH	OVLP	OVLP/CVR	OVLP/CVR	OVLP/CVR
被覆盖	CVRD	DISJ	TOUCH	OVLP	CVRD/OVLP	CVRD/OVLP	CVRD/OVLP
重叠	OVLP	DISJ	TOUCH	OVLP	OVLP	OVLP	OVLP
互斥	DISJ	DISJ	DISJ	DISJ	DISJ	DISJ	DISJ

3.4　时空数据类型

时空数据库是相互关联的空间数据或时空数据的集合。其根本作用是对时空数据的存储和管理。从空间信息和时空信息建模和表示的角度来看，通过空间信息模型和时空信息模型，指出需要时空数据库存储和管理的数据类型。

3.4.1　空间数据类型

广义认为，空间数据是由有地理参考的空间数据和专题属性数据构成，如图 3-20 所示。其中，空间数据是可以利用表示地球表面或近地表位置的空间属性显示、操纵和进行分析的数据。这些空间属性一般以坐标对的形式提供，表示被测量和用图形表示的特定空间要素的位置和形状。从本章空间数据的建模与表示来看，空间数据通常以矢量和栅格这两种基本形式进行采集和存储，如图 3-20 所示。

矢量空间数据是对客观世界中可以唯一标识的离散地理现象(地理对象)的描述。它的基本单位是地理要素(对象)。在空间信息系统中，这些离散地理现象用点、线、多边形等基本几何形体或它们的组合进行表示。矢量数据往往是对描述自然环境的状况(如环

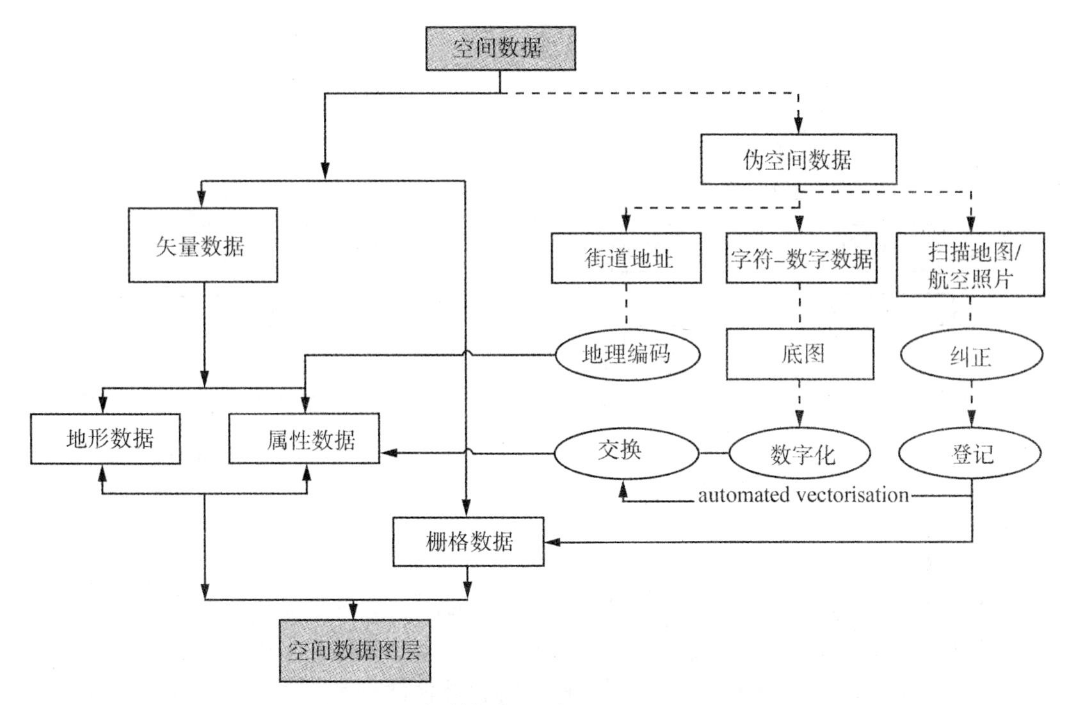

图 3-20 空间数据类型(据 Yeung et al，2007)

境保护区，森林资源清查，土地覆盖、大气和水的质量)以及关于人类活动、土地及其资源利用(如土地利用，交通网络，地下管线网络)等地理现象的计算机表示。其特点为所表示的地理实体(对象)不仅具有地理参考，且具有可标识性，如建筑、道路、草地、农田、河流、管网、公园、行政区等均具有可标识性。

栅格形式的地理数据用于描述现实世界中连续的地理现象，如雾霾、降雨、温度、地形等无法标识的连续地理现象。栅格数据的基本空间单元最常采用的是单元格，或者像素。这个基本空间单元既提供了地理空间参考(单元格在栅格格网的位置隐含地定义了其在现实世界中的位置)，也存储了单元格的属性数据(包含单元格所代表的空间专题性质)。在栅格数据中，单个像素或者空间单元的大小称为分辨率，定义了栅格数据集能表示(分辨)现实世界要素的能力。

3.4.2 时空数据类型

一般而言，时空数据是由具有时间参考的地理空间数据和专题属性数据构成的，即由空间数据和时间数据构成，如图 3-21 所示。其中，事件是可以利用表示事件空间属性的几何特征和时间属性时间特征显示、操纵和进行分析的数据。事件空间属性的几何特征一般以矢量或栅格的形式提供，表示事件所描述地理现象的位置、形状和大小等。对于事件而言，其时间特征往往用时刻来刻画或描述事件发生的时间。

状态用于表示事物的运动过程，是对连续渐进过程的刻画，相对时间来讲，其数据类型较为复杂。轨迹数据是仅有位置随时间变化的运动现象的表示。因此，离散的轨迹数据

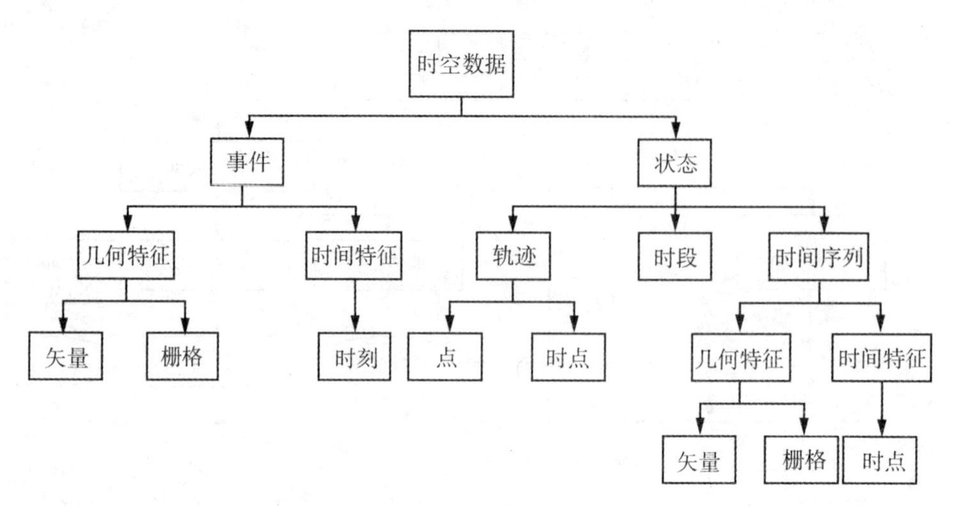

图 3-21　时空数据类型

用空间点表示其位置，时点表示与运动位置对应的时间。而对于形状、大小和位置都持续变化的地理现象或强度在持续变化的连续地理现象，在计算机中多用时间序列数据进行刻画。这样，在时间序列数据中，几何特征有矢量和栅格两种数据类型，而对于时间特征，则用时点表示。另外，需要指出的是在反映状态的数据类型中，无论是轨迹数据还是时间序列数据，都是对某一时段事物或现象状态的记录。

3.5　本章小结

本章主要阐述了空间数据和时空数据的建模与表示。一方面，从实体和场的建模及其在计算机中的表示角度阐述了客观世界的地理现象的计算机建模和表示。另一方面，从事件和状态对时空动态现象的建模和表示进行了阐述。根据本章空间数据和时空数据的建模与表示，从空间数据和时空数据类型的角度看，空间数据库中要求存储和管理的基本数据类型包括空间数据(矢量数据、栅格数据)、伪空间数据和专题属性数据。而时空数据库中除要解决空间实体和空间现象的存储之外，还需要解决空间实体和现象变化所对应时间语义存储问题。

思考题

1. 什么是实体模型、场模型？它们各在地理世界建模中的作用是什么？
2. 请回答时间的含义、特征和表现形式。
3. 请解释矢量数据模型和镶嵌数据模型。
4. 常用的时间系统有哪些？
5. 时刻、时间段和时间尺度分别指什么？

6. 什么是事件？什么是状态？二者有何不同？
7. 在时空信息系统中如何表示时空信息？
8. 什么是时态拓扑关系？简要叙述各种时态拓扑关系。
9. 请阐述空间拓扑关系、时态拓扑关系和时空拓扑关系。

参考文献

Philippe Rigaux, Michel Scholl, Agnes Voisard. Spatial database with application to GIS[M]. San Francisco: Morgan Kaufmann, 2002.

宁津生. 现代大地测量理论与技术[M]. 武汉：武汉大学出版社，2006 .

李征航，魏二虎，王正涛，等. 空间大地测量学[M]. 武汉：武汉大学出版社，2010.

Shashi Shekhar, Sanjay Chawla. 空间数据库[M]. 谢昆青，马修军，杨冬青，等，译. 北京：机械工业出版社，2004.

中国天气网. 城市气候及其变化[EB/OL]. [2017-09-27]. http://www.weather.com.cn/beijing/sdqh/qhkpbh/09/69595.shtml.

吴信才. 空间数据库[M]. 北京：科学出版社，2009.

舒红，陈军，杜道生，等. 时空拓扑关系定义及时态拓扑关系描述[J]. 测绘学报，1997，26(4)：299-306.

Christophe Claramunt, Bin Jiang. A representation of relationships in temporal spaces [M]// Atkinson Peter. GIS and GeoComputation: Innovations in GIS 7. 2000: 41-53.

第4章　时空数据库模型

本章从数据库中数据组织层次介绍时空数据的组织与建模，给出空间数据的概念模型和逻辑模型的基本概念和实现方法，进而阐述当前主流的几种时空数据模型，给出通用的数据建模原则和技术，最后介绍空间数据的组织方法。

4.1　数据建模

数据建模是一个抽象过程，数据库中的模型用来描述数据库中的数据结构和对数据的处理操作。模型中描述了数据库中包含的内容，并不提供构建数据库的方法。在设计阶段的数据库模型主要起到沟通数据库开发商、数据库设计者、数据库开发人员和终端用户的作用。数据建模小组通过对真实世界的数据抽象和概念化形成数据库的概念模型，描述成文本或图形的形式。随着建模的开展，概念被转换成关系数据库模型语言中的“实体”或面向对象数据库模型中的“对象”，构成数据库的逻辑模型，其抽象过程如图4-1所示。

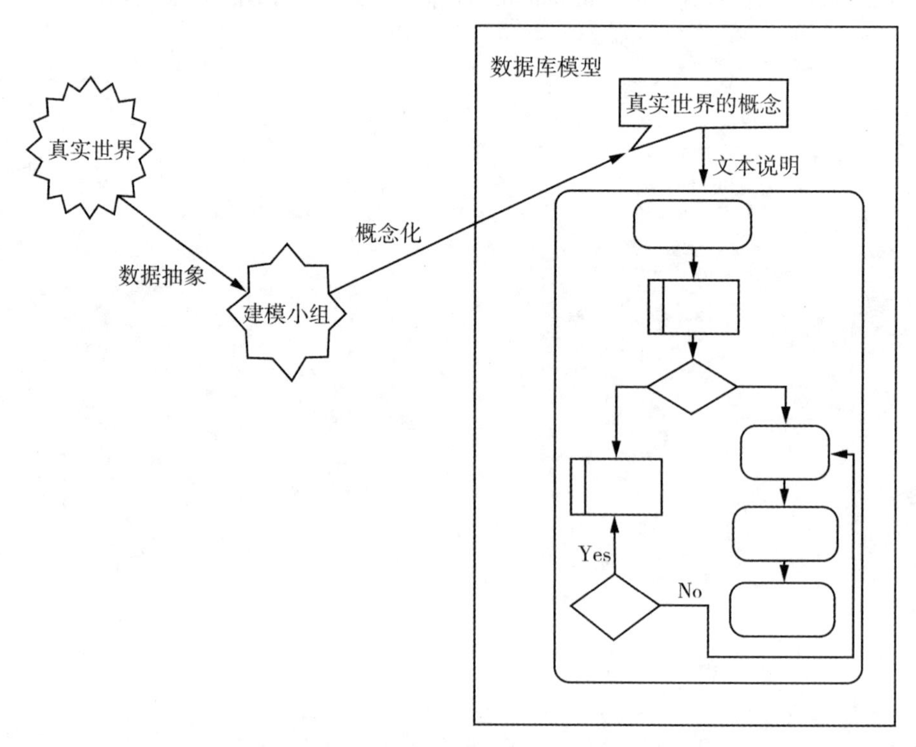

图4-1　数据建模过程(据 Yeung et al，2007)

数据库模型为数据库设计者提供合并用户需求、测试设计概念、方案比较和数据库可视化的方法。通过数据建模，设计者将一个复杂的问题分解成若干个更小和更易于管理的部分，并使彼此之间相互协调。值得强调的是，数据库模型和数据建模不仅用于大型和复杂的数据库实施项目，所有的数据库项目，或大或小，都可在一定程度上从数据库模型和数据建模的使用中获利。数据建模需要同时在时间上和资金上投入大量的资源，有时这是一个相当大的资金成本，并且必须在数据库项目初期投入。然而，从降低系统开发风险和缩短周转时间所带来的效益证明，数据建模物有所值。所有的数据库系统开发人员，包括空间数据库系统和时空数据系统，都应该对数据库模型和数据建模的原理和方法有一个好的认识，并将这些原理和方法应用于数据库项目的数据建模实践中。

4.2 空间数据概念建模

空间数据模型是对空间数据及其相互之间联系的组织和描述，是有效组织、存储、管理各类空间数据的基础。在数据库层面上考虑空间数据的特征构建空间数据模型，可以将空间数据模型分为空间数据概念模型和空间数据逻辑模型。

4.2.1 空间数据的概念模型

概念模型指概念化的数据模型，是在建模初始阶段形成的对真实世界的认识，也是数据库设计中数据建模的第一步，概念模型组织所有与数据应用相关的可用信息，构成数据库中的数据内容，概念模型中描述的内容会进一步转化为数据库支持的逻辑数据模型。空间数据的概念模型建立在用户对空间现象理解的基础之上。

空间现象或空间实体的基础信息结构包括空间实体的几何类型信息、特征属性信息及各类空间实体之间存在的基本关系。概念模型的建模有很多可用的设计工具，E-R 模型是其中最为流行的工具之一。E-R 模型与数据库关系模型可以无缝地整合在一起，所以关系数据库的概念模型如 E-R 图方法可以引入到空间数据建模中。除了 E-R 模型之外，UML 是另一个流行的概念建模工具，我们将在下面的章节中详细讨论空间数据的 E-R 模型和 UML 模型。

4.2.2 空间数据的 E-R 模型

概念模型的构建是一个高度抽象的过程，E-R(实体-联系)模型把要描述的对象抽象为实体和实体之间的联系，根据联系的类别将实体之间的关系表达出来，是最常使用的概念模型之一。E-R 模型用图形化的方法表示概念模型，结构简单，可以充分描述结构化的事务型数据。在构建空间数据的概念模型时，我们很自然地会想到使用 E-R 图模型对空间数据进行抽象以构建空间数据的概念模型。以第 3 章武汉大学校园场景为例，武汉大学由 4 个学部(对应 4 个校区)组成，每个校区有多片操场、若干建筑、人工湖、广场、绿地和山，道路穿越校园并连接不同校区。对武汉大学校园场景用 E-R 模型描述，可以将其抽象为以下 3 个方面。

(1)场景包含 9 类实体，即武汉大学、校区、山、湖泊、建筑物、操场、绿地(广场)、设施和道路，用矩形框表示。

(2)对每一类实体设计各自的属性，如建筑物的属性包括建筑物名称、建筑物形状、建筑物类别等，用椭圆形表示。其中以名称作为标识，即关键属性，在数据库中称为主码。需要注意的是图 4-2 中的双线椭圆表示空间实体的多值属性，如用 Polygon 表示地物多边形的位置特征。

(3)实体和实体之间的联系以菱形表示，如穿过、在内部、属于等，实体之间联系的类型用菱形框两边的字母表示。如 1∶*M* 表示一对多的联系，1∶1 表示一对一的联系，*M*∶*N*表示多对多的联系。在表达实体之间存在的联系时，有些关系可以明确表示，如珞珈山位于校区内部，校区包含操场等；而有些关系是隐含的，如模型中标明道路连接各校区，而道路连接各建筑物、设施等关系则是隐含的。经过抽象后的武汉大学场景 E-R 模型如图 4-2 所示。

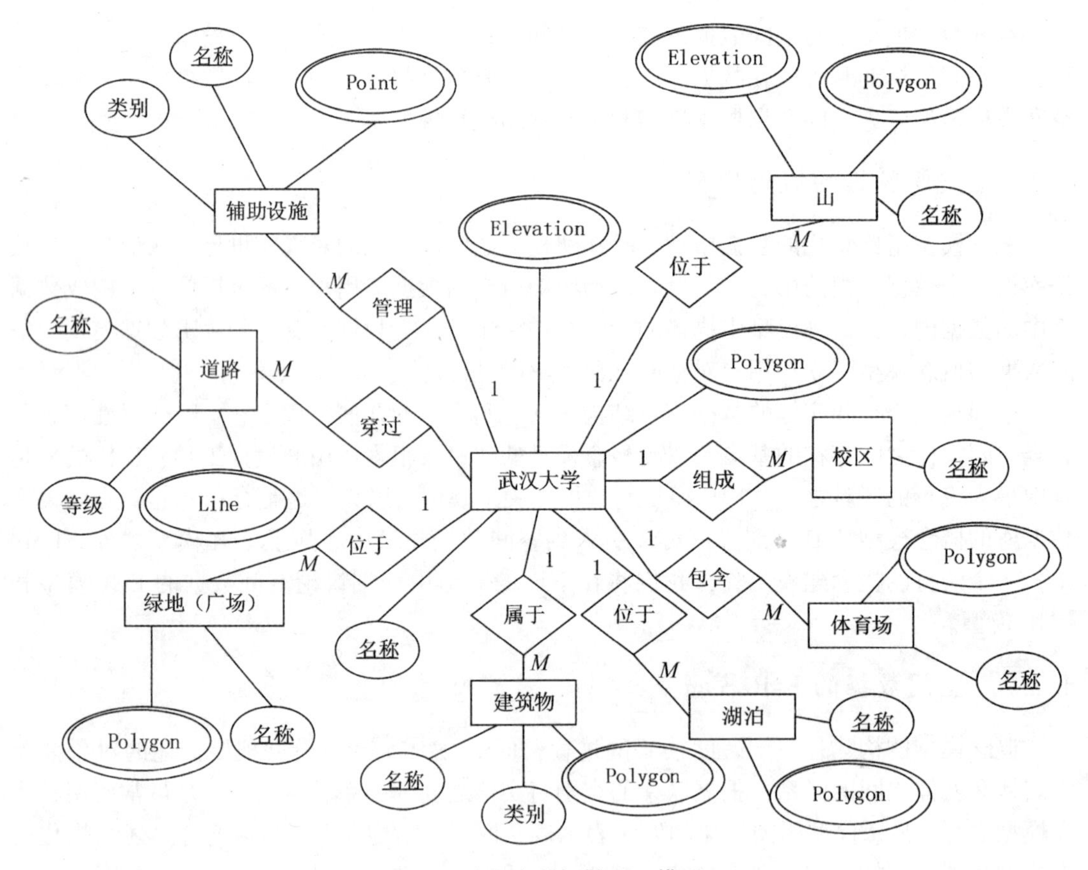

图 4-2　武汉大学场景 E-R 模型

图 4-2 是一个典型的 E-R 模型，图形简洁清楚，提供了对武汉大学的可视化抽象表达。对空间数据用实体、实体的属性和实体之间的联系描述出对空间数据的理解。但是空间数据与事务型数据不同，主要区别在于空间实体具备空间属性，且空间实体之间存在着复杂的空间关系。图 4-2 中将空间实体的空间属性作为非空间属性进行表示，没有说明空

间数据的类型，对空间实体之间存在的联系的类型表达也不全面。Shashi Shekhar 和 Sanjay Chawla(2004)总结了 E-R 图作为空间数据概念模型存在的不足之处：

(1)E-R 模型的最初设计隐含了对空间信息模型采用基于实体模型的假设，对场模型来讲，E-R 模型无法进行自然的映射；

(2)在传统的 E-R 模型中，实体之间的关系由其对应的应用导出，而对空间数据建模，空间对象之间存在更多内在的联系，如空间实体之间的拓扑关系，那么这些关系如何整合到 E-R 模型中，又不使 E-R 图变得过度复杂?

(3)建模时空间对象的实体类型实际上和“地图”的比例尺有关。一个实体如建筑物是用点还是用多边形表示，与地图的分辨率有关。在 E-R 模型中，如何表达同一个对象的多种表现形式?

在思考上述问题的基础上，出现了很多对 E-R 模型进行扩展的方法，如增加某种结构来表达空间实体的语义，同时又能保持图形表示的简洁性。Shashi Shekhar 和 Sanjay Chawla(2004)给出了一种用象形图注释和扩展 E-R 图的方法。

4.2.3 扩展 E-R 模型以支持空间概念

构建 E-R 模型用于空间数据表达时，面临的一个重要问题是：用来描述结构化数据的 E-R 图能不能直接表达复杂的空间数据? 上节中介绍的武汉大学空间场景 E-R 模型在表达空间联系(包括拓扑关系、方位关系、度量关系等)时只能表达实体之间部分的空间关系，如珞珈山位于武汉大学区域之内，道路穿越校园等。对于实体和实体之间存在的更多复杂问题，扩展的 E-R 模型如何进行自然的表达呢?

扩展的 E-R 模型引入象形图的概念来表达空间数据类型、比例尺以及空间实体的隐含关系。对象形图的语法符号只用了 BNF 范式(Bachus-Naur Form)来表示。这类符号的信息可以在任何介绍编译器的标准计算机科学图书中找到。

1. 实体象形图

1)象形图

象形图是将对象表示成缩微图，这些缩微图被插入到实体矩形框的适当位置上以扩展 E-R 图(图 4-3)。缩微图可以是一些基本形状，也可以由用户自定义对象的形状。

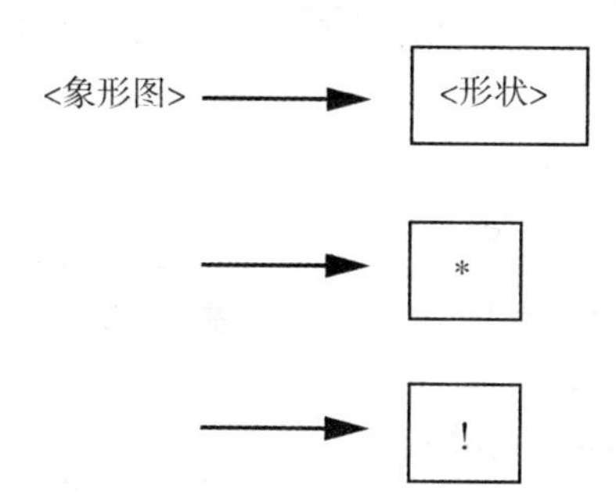

图 4-3 象形图的语法(据 Shashi Shekhar et al, 2004)

2)形状

形状是象形图中的基本图形元素，用来表示空间数据模型的要素，形状包括基本形状、复合形状、导出形状或备选形状(图 4-4)。大部分对象可以用简单的基本形状来表示。

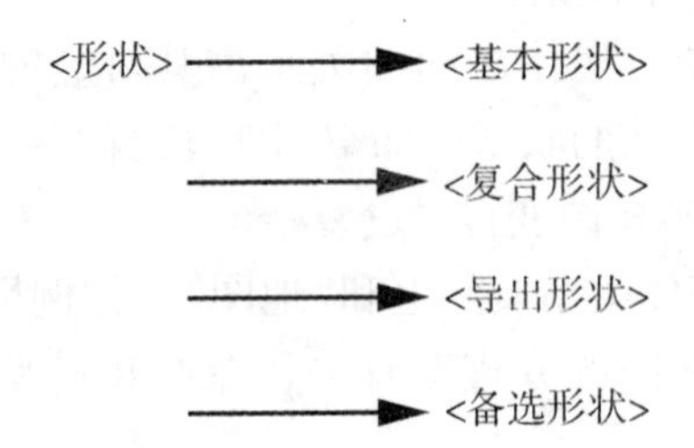

图 4-4　形状的语法(据 Shashi Shekhar et al，2004)

3)基本形状

在矢量模型中，空间数据的基本要素有点、线和多边形。实际应用中大多数空间实体可以用简单形状表示。在武汉大学的例子中，设施可以表示成点(0-维)，道路表示为线(1-维)，绿地广场区域表示成多边形(2-维)。图 4-5 是基本形状的语法和基本形状的象形图。

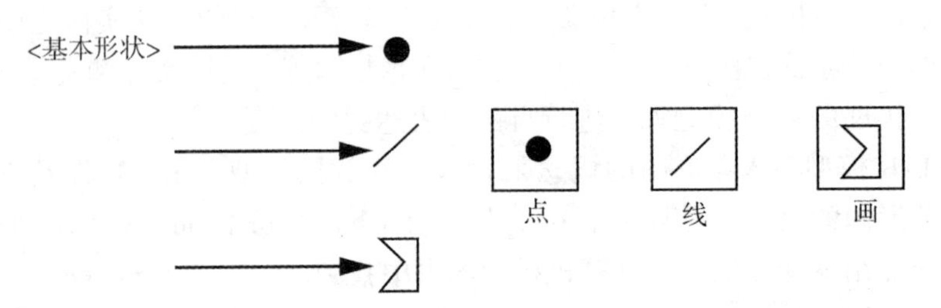

图 4-5　基本形状的语法和象形图(据 Shashi Shekhar et al，2004)

4)复合形状

若对象比较复杂，不能用一个基本形状表示，可以定义一些复合形状，并用基数来量化(图 4-6)。如道路用线表示，而道路网用相互连接的线的象形图表示，其基数为 n。类似地，对于无法在给定比例尺下进行描绘的要素，用 0 作为基数。

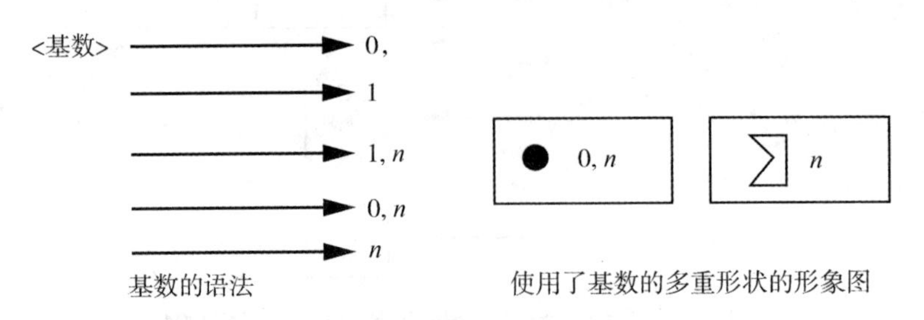

图 4-6　复合形状(据 Shashi Shekhar et al，2004)

5）导出形状

一个对象的形状也可以由其他对象的形状导出，用斜体形式表示这个象形图（图4-7）。如可用校园的边界导出武汉大学的形状。

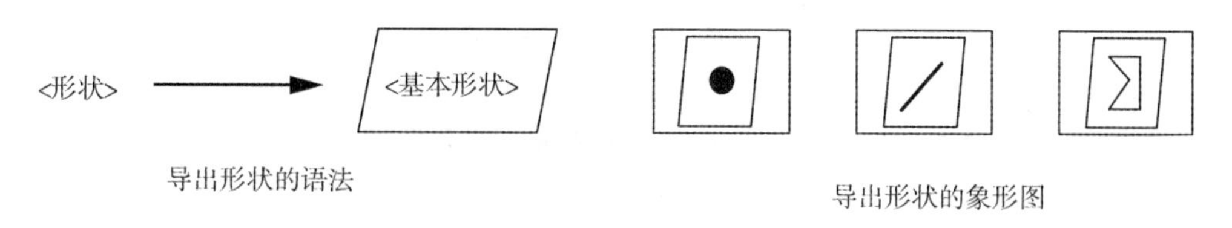

图 4-7　导出形状（据 Shashi Shekhar et al，2004）

6）备选形状

备选形状用于表示不同条件下的同一个对象，如不同比例尺下，一栋建筑物可以表示成一个多边形，也可以表示成一个点（图 4-8）。

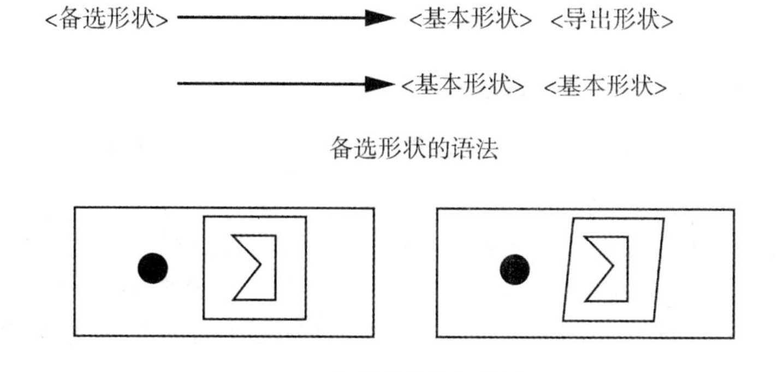

图 4-8　备选形状（据 Shashi Shekhar et al，2004）

7）任意形状

如果要表示不同形状的组合，可以使用通配符（ * ）进行表达（图 4-9），如灌溉网由泵站（点）、水渠（线）及水库（多边形）组成，可以用任意形状表示。

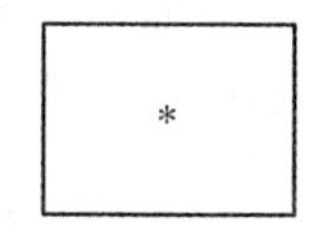

任意可能的形状

图 4-9　任意可能的形状（据 Shashi Shekhar et al，2004）

8）用户自定义形状

除点、线和多边形这些基本形状外，用户根据应用的目的可以定义自己的形状（图

4-10)，如用感叹号之类的象形图表示灌溉网。

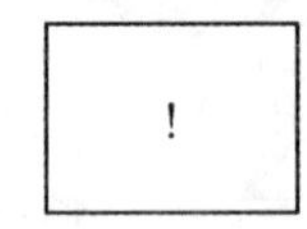

用户自定义的形状

图 4-10　用户自定义的形状(据 Shashi Shekhar et al，2004)

2. 联系象形图

联系象形图用来构建实体之间的联系。如组成(part-of)可以用于构建道路和路网之间的联系，也可以表达整体由部分组成的联系(图 4-11)。

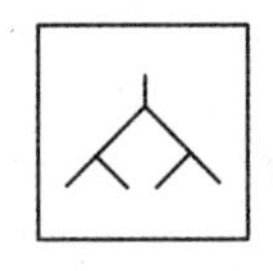

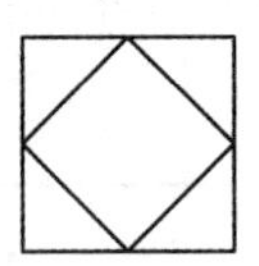

组成（网络）　　组成（分区）

图 4-11　联系的象形图(据 Shashi Shekhar et al，2004)

使用象形图对图 4-2 武汉大学空间场景的 E-R 图模型进行扩展，得到扩展后的 E-R 图如图 4-12 所示。其中设施用点的象形图表示，道路用线的象形图表示，其他实体用多边形的象形图表示。武汉大学与各校区之间的关系用组成(part-of)象形图表示。对比两幅 E-R图可以看出，扩展后的 E-R 图并没有增加复杂度，而且表达了更多的空间信息，扩展的 E-R 图增强了对空间数据的表达能力。以 part-of 象形图为例，part-of(组成)象形图隐含了 3 个空间完整性约束：

(1)各校区在空间上彼此“分离”，即空间中任意一点只属于一个校区；

(2)各校区在空间上位于武汉大学的“内部”，是武汉大学的一部分；

(3)所有校区的几何并集在空间上组成了武汉大学。

这些完整性约束描述了空间的集合分区语义。

实体-关系(E-R)模型和扩展的 E-R 模型是一个概念化的数据库模型，高度抽象地描述了数据组织的本质以及这些数据如何使用。创建 E-R 模型的过程是数据库设计中数据建模的第一个阶段。从本质上讲，E-R 模型的工作流程是自上而下的数据建模方法。其目的是确定实体、实体之间的关系以及用户需要的属性。在建模过程中，赋予每个确定的实体、关系和属性各自的性质和特性。E-R 模型所需要的信息可从多种来源得到，包括访谈、专题小组会议，联合应用开发会议和对现有商业形式的分析等。

E-R 模型的核心概念是实体，也称数据对象或对象。实体是真实世界中独立存在的要素或现象(如人、建筑、汽车、高速公路等)，同时它还能代表一个抽象的概念(如温度、土地价值、等高线等)。拥有共同属性的实体统称为实体类型或实体类。每个实体都有一

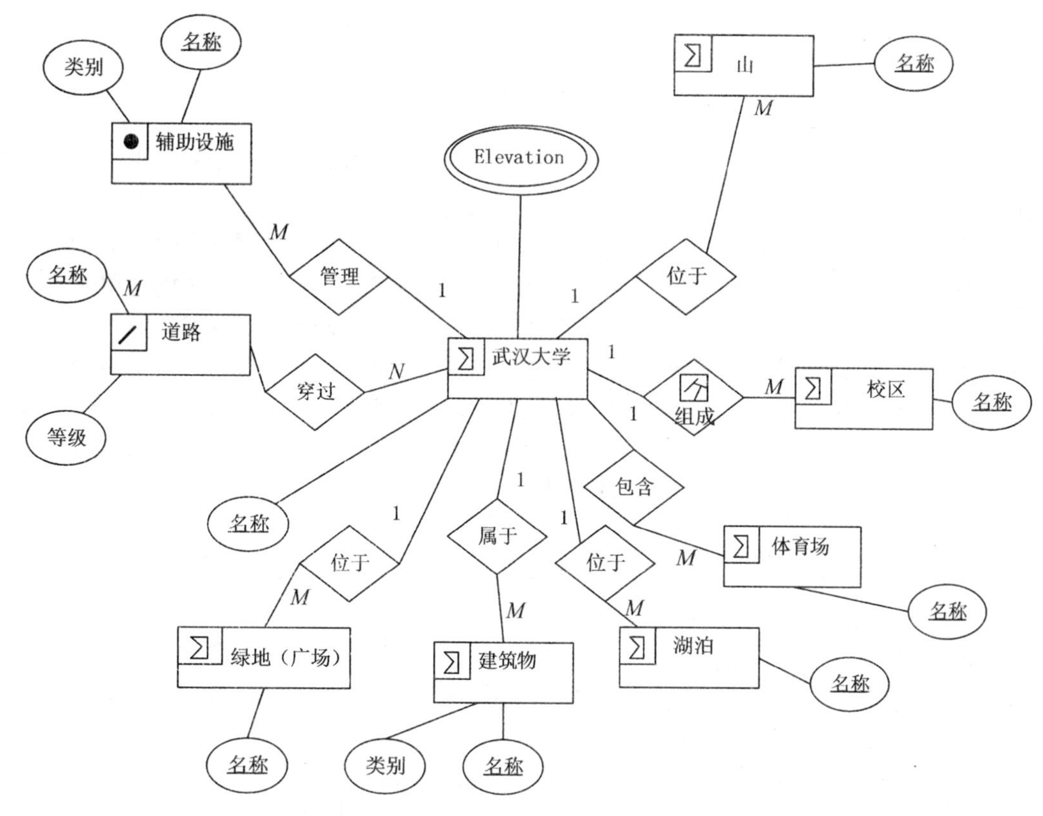

图 4-12　用象形图扩展的武汉大学 E-R 模型

个唯一的名称，也用于实体类型和实体类(即实体及其实体类型的名称没有区别)。一个典型的数据库通常包含许多不同的实体。

在 E-R 模型中，关系指实体之间的关联。它必须是唯一可标识的，并被赋予描述其功能的名称(如属于，被……管理，拥有等)。在图 4-12 的 E-R 图中，“属于”是建筑物和校区关系的名称。

E-R 模型的另一个重要组成部分是属性。根据定义，属性是一个实体或关系的特有特征或性质。E-R 模型的属性可以用不同的方法来分类。

(1)简单或复合属性。简单属性不能再被细分(例如，一个地块所有者的身份证号码)，而复合属性还可以进行更细的划分(例如，所有者的姓名可以再分成名字部分和姓氏部分)。

(2)单值和多值属性。单值属性是指每次出现只有一个值。大多数属性是某一实体的单值属性，但多值属性的情况也并不少见(例如，一个建筑物底部楼层是商铺，而上部楼层是住宅)。

(3)派生属性。派生属性是由另一个属性计算得出的属性(例如，财产税就是用财产的估值乘以一个比例计算得到)。

实体的某个属性或属性的集合可以用作“关键字”或索引来搜索数据库中所需信息。关键字可以是主关键字，用于查询关系表中某个属性的一条特定记录。关键字还可用作次关键字或外键，功能是协助主键进行查询。当某一个列在多个表中出现时，通常表示这些表中数据的关系。

4.2.4　空间数据的 UML 概念模型

E-R 建模的概念和过程看起来相对简单、直接，但是在实践中，需要考虑到数据库开发商、设计人员和用户投入的时间和资源，需要数据库设计者具备相当高的从不同来源的海量非结构化信息中设计和开发出 E-R 图的能力。UML(统一建模语言)(Booch et al, 1999)则是用于面向对象软件设计的概念层建模的新兴标准之一。用于在概念层对结构化模式和动态行为进行建模。将 UML 的静态建模用于数据库设计中，使用类图对数据库建立概念模型，图 4-13 是表示武汉大学例子的一个等价 UML 类图概念模型。随着面向对象思想的发展，使用统一建模语言(UML)来表达数据库的概念模型呈现出不断增长的趋势。

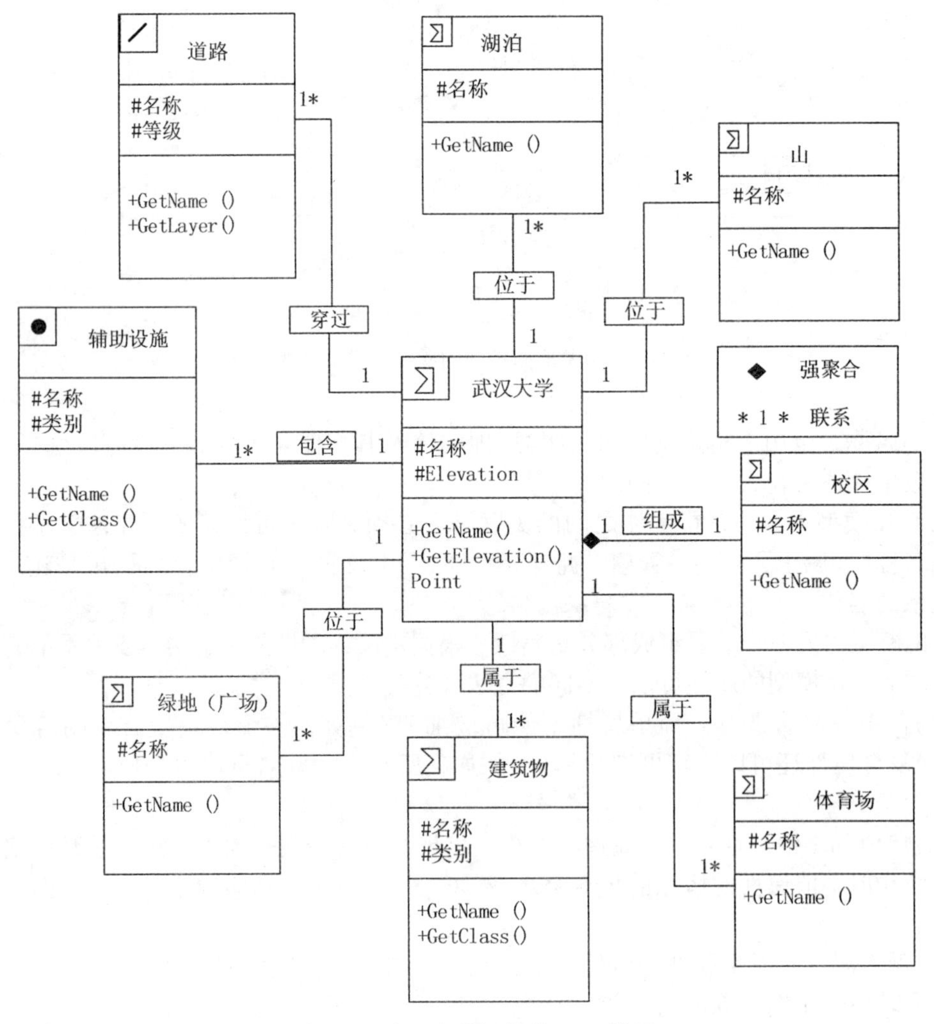

图 4-13　武汉大学场景的 UML 类图

对 UML 类图的解释如下所示。

类：是指应用中具有相同性质的对象的封装，等价于 E-R 模型中的实体。例如，设施是一个类，包含了武汉大学中的功能性构造，如亭子、供电设施、供水设施、照明设施等。对于类图也可以进行象形图的扩展，可以清楚地看到设施类的实例是空间对象，准确地说，设施类的空间几何形状用点来表示。根据类的特性，有关点对象的所有空间属性、联系和操作都适用于设施类。

属性：为描述类的对象。与 E-R 图不同的是，类图没有符号表示实体对象的码，在面向对象的系统中，所有对象有一个系统生成的唯一标识。属性有属性作用域，作用域规定属性是从类的内部还是外部进行访问，这是控制数据库设计模块化程度的关键。作用域有 3 个级别，每一个级别有特定的符号。

(1)+(共有的)：属性可以被任意类访问和操纵。

(2)-(私有的)：只有属性所在的类才可以访问此属性。

(3)#(受保护的)：从父类派生的类可以访问此属性。

方法：指一些函数，是类定义的一部分，用于修改类的行为或状态。类的状态由属性的当前值体现。在面向对象的设计中，属性只能通过方法来访问。在设施类中，通过方法 GetName()来访问属性名称。

关系：是一个类与另一个类或者与它自己的联系。类似于 E-R 图中的联系，对于数据库建模，UNL 类图有 3 种重要的关系：聚合、泛化和关联。

(1)聚合，在 UML 类图中用于描述部分和整体的关系。如武汉大学与校区之间是部分-整体关系，称强聚合。如果一个类是多个其他类的一部分，称弱聚合。

(2)泛化，如 Geometry 类是其子类 point、line 和 polygon 的泛化。

(3)关联，反映不同类的对象之间是如何联系的。如果一个关联涉及两个类，这个关联是二元关联；如果涉及 3 个类，称三元关联。如关系穿越(across)是 Road 类和校区类的一个关联。

4.2.5 E-R 模型与 UML 类图的比较

对数据建模来讲，E-R 模型和 UML 类图有很多相似之处，也存在一些差异，表 4-1 给出了两种概念模型的对比。

表 4-1 **E-R 模型和 UML 类图对比表(据 Shashi Shekhar et al，2004)**

E-R 中的概念	UML 类图中的概念
实体 属性 码属性	类 属性
继承 聚合 弱实体	方法 继承 聚合

E-R 图中的实体与 UML 类图中的类概念相似，表示客观存在的一类对象，实体和类都有属性表示对象的特征，都可以参与继承和聚合的关系中。类除了属性之外还包括方法，方法指封装了逻辑和计算代码的过程或函数，类图可以对类的属性及方法进行建模。E-R 模型的实体没有方法的概念，而类图有方法的概念，可用来修改类的状态和行为。E-R模型中有码的概念，即每个实体的实例有一个用户定义的显式标识，而 UML 类图中由系统为每个类的实例生成一个唯一的标识。

4.3　空间数据库逻辑模型

概念模型是数据库设计的第一级模型，建立在对建模对象的认识之上，而数据库的逻辑数据模型指数据及其联系的逻辑组织形式的表示，在数据库中称为数据模型。数据模型是数据库的核心问题，是数据库组织、存储、管理各类数据的基础。通常数据模型包括数据结构、数据操作和数据的完整性约束。数据结构指数据库中包含的数据类型的集合；数据操纵体现在数据库中，指对数据的增加、删除、更新等操作；而完整性约束是用来维护数据完整性、正确性和有效性的约束条件。

空间数据逻辑模型描述空间数据库的数据内容和结构，是 GIS 对地理数据表示的逻辑结构，属于数据抽象的中间层，由概念数据模型转换而来。经典数据库系统中常用的 3 种逻辑数据模型，分别是层次数据模型、网状数据模型和关系数据模型，将 3 种数据模型应用到空间数据的组织上，形成层次空间数据模型、网状空间数据模型和关系空间数据模型。将面向对象的思想用于空间数据建模中，则形成面向对象的空间数据模型。逻辑数据模型既要考虑用户容易理解，又要考虑便于物理实现、易于转换成物理数据模型等。

4.3.1　层次型空间数据库模型

层次数据模型用树形结构表示实体和实体之间的联系。层次模型可以自然地反映现实世界中许多实体之间的层次关系。以图 4-14 的空间对象为例：武汉大学包括 4 个学部，对应 4 个多边形 P_M，P_E，P_L，P_I，每个多边形由边组成，边由顶点组成。

用层次关系对上述数据进行描述，可以得到如下层次模型(图 4-15)。

层次模型结构清晰、层次分明，比较容易实现，是众多空间对象的自然表达形式，在一定形式上支持数据的重构。空间数据有明显的层次关系，特别是对于空间数据的属性来说，使用层次模型能很好地反映出其层次特征。

4.3.2　网状型空间数据库模型

网络模型是用网络结构表示实体与实体间的联系，是数据模型另一种重要结构，反映现实世界中复杂的联系。其基本特征是节点数据之间没有明显的从属关系。网络模型表现为有向图结构，4.3.1 节的例子中的数据如果用网络模型组织，则其结构如图 4-16所示。

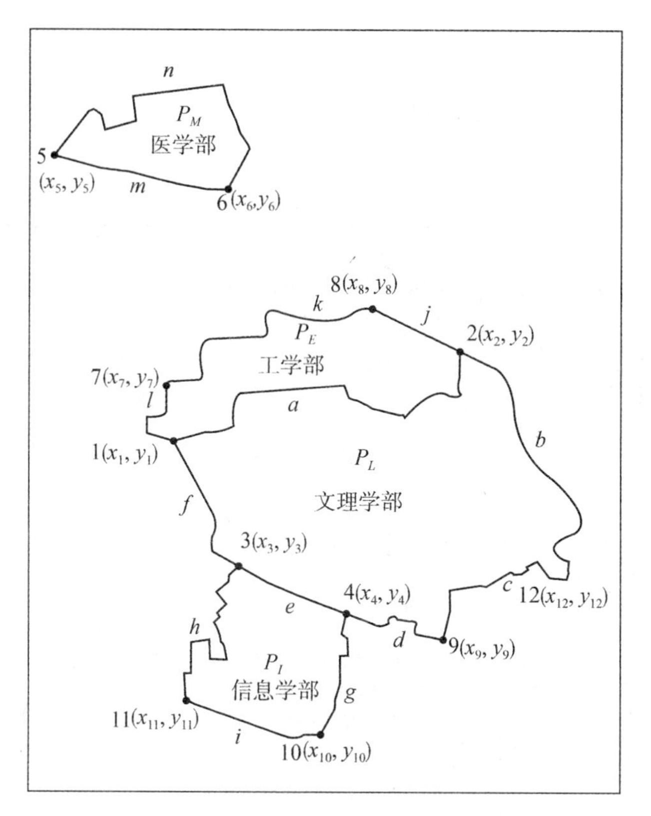

图 4-14　武汉大学场景

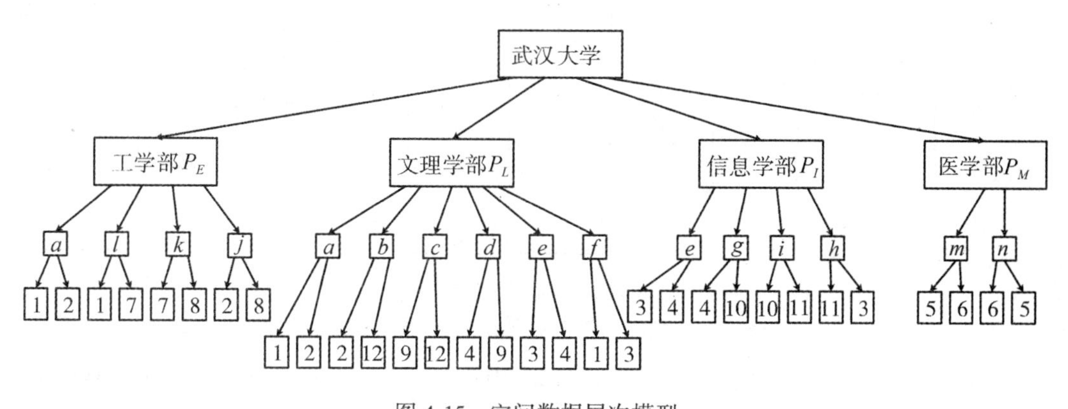

图 4-15　空间数据层次模型

网络模型数据结构实质上是若干层次结构的并，所以具有较大的灵活性和较强的关系定义能力，能反映现实世界中常见的多对多关系。

4.3.3　关系型空间数据库模型

关系模型建立在数学概念的基础上，将数据的逻辑结构用满足一定条件的二维表表

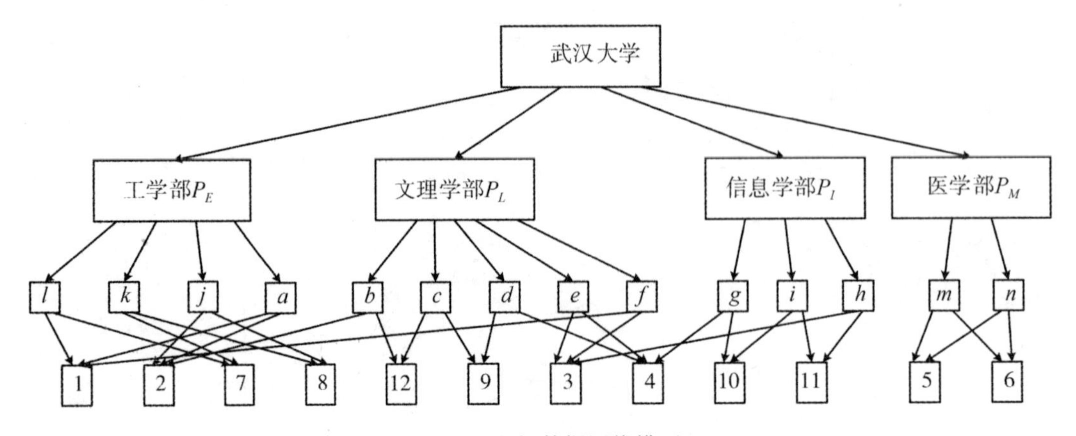

图 4-16　空间数据网络模型

示，二维表称为“关系”。对于 4.3.1 节武汉大学的例子，如果用关系数据模型来表达，数据结构变成以下形式(图 4-17)。

关系1：多边形关系

多边形号	边号	边长
P_E	a	62
P_E	l	19
P_E	k	48
P_E	j	18
P_L	a	62
P_L	b	41
P_L	c	28
P_L	d	20
P_L	e	22
P_L	f	23
P_I	e	22
P_I	g	22
P_I	i	31
P_I	h	35
P_M	m	36
P_M	n	60

关系2：边-节点关系

边号	起节点号	终节点号
a	1	2
b	2	12
c	12	9
d	9	4
e	4	3
f	3	1
g	4	10
h	11	3
i	10	11
j	8	2
k	7	8
l	1	7
m	6	5
n	5	6

关系3：节点坐标关系

节点号	x	y
1	x_1	y_1
2	x_2	y_2
3	x_3	y_3
4	x_4	y_4
5	x_5	y_5
6	x_6	y_6
7	x_7	y_7
8	x_8	y_8
9	x_9	y_9
10	x_{10}	y_{10}
11	x_{11}	y_{11}
12	x_{12}	y_{12}

图 4-17　空间数据关系模型

关系模型是二维表结构，二维表表示同类实体的各种属性的集合。每个实体对应于表中的一行，在关系中叫作元组，相当于一个记录。关系模型可以简单、灵活地表示各种实体及其关系。数据操作通过关系代数实现，具有严格的数学基础。

4.3.4　面向对象的空间数据库模型

面向对象的数据库系统引入了面向对象编程的基本思想，具备面向对象编程语言的基本特征。面向对象方法的基本思想是对问题领域进行自然的分割，用更接近于人类思维模式的方式建立问题领域的模型，对空间实体进行模拟。面向对象数据模型是一个由类及类的继承与合成关系所构成的类层次结构图，如图 4-18 所示。

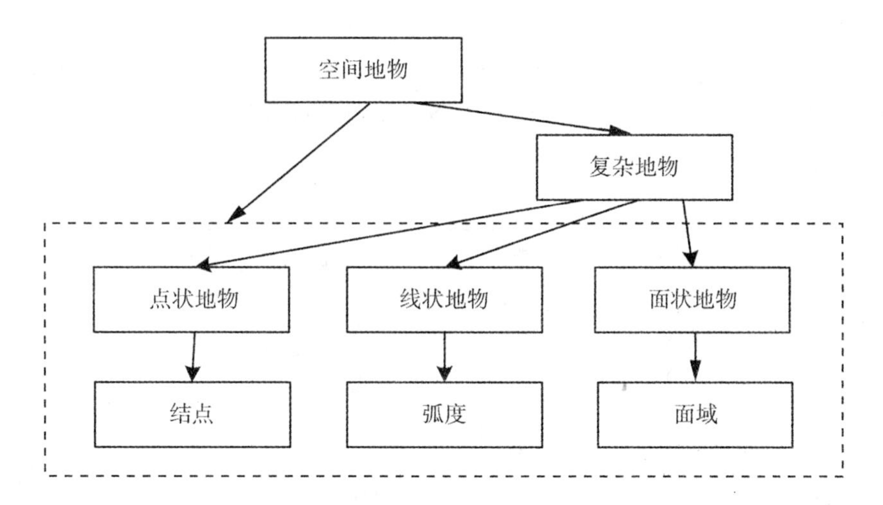

图 4-18 面向对象的数据模型(据 Shashi Shekhar et al，2004)

1. 面向对象数据模型的基础概念

1)对象与封装性(encapsulation)

在面向对象的系统中，每个概念实体都建模为一个对象。如地图上的一个节点、一条弧线、一个建筑物、一条道路或一个小区都可以抽象为一个对象。面向对象的模型中，对象由描述该对象状态的一组数据和描述其行为的一组操作(方法)组成。对象是数据和行为的统一体。

一个对象 object 可以描述为一个三元组：object=(ID，S，M)。

ID 是对象的标识，M 是对象的方法集，S 表示对象的内部状态，可以是属性值，也可以是另一组对象的集合。

对象具有封装性，通过封装把对象的属性和方法变成一个独立的系统单位，尽可能隐藏对象内部细节；可以避免外部的干扰和不确定性。封装后的对象包括两个部分：接口部分和实现部分。接口部分对用户可见，而实现部分对用户不可见，对外界隐藏了操作的细节。

封装一方面可以保护对象，防止用户直接存取对象的内部细节；另一方面保护客户端，防止对象实现部分会导致客户端的变化。封装也防止了程序之间的相互依赖，使程序易于维护，很好地提高了程序的重用性。

2)类

类是同类对象的集合，具有相同属性和操作的对象的组合形成了类。同属于一个类的所有对象共享相同的属性和操作方法，对象是类的一个实例。如类：

class=(CID，CS，CM)

其中，CID 是类标识或类型名，CS 是类的状态描述，CM 为类的操作。

3) 对象和类的描述

对象和类一般用“对象图”和“类图”来描述，如图 4-19 所示，“道路”是类名，包含 3 个属性(名称、长度、平均车流量)，两个运算(获取长度和获取车流量)。这里“道路”是一个抽象的概念，不代表某条具体的道路，是指道路的集合。在对象图中则定义了两个对象(珞喻路和雄楚大道)，分别指具体的道路，这两个对象具有相同的属性和操作方法，是道路类的实例。

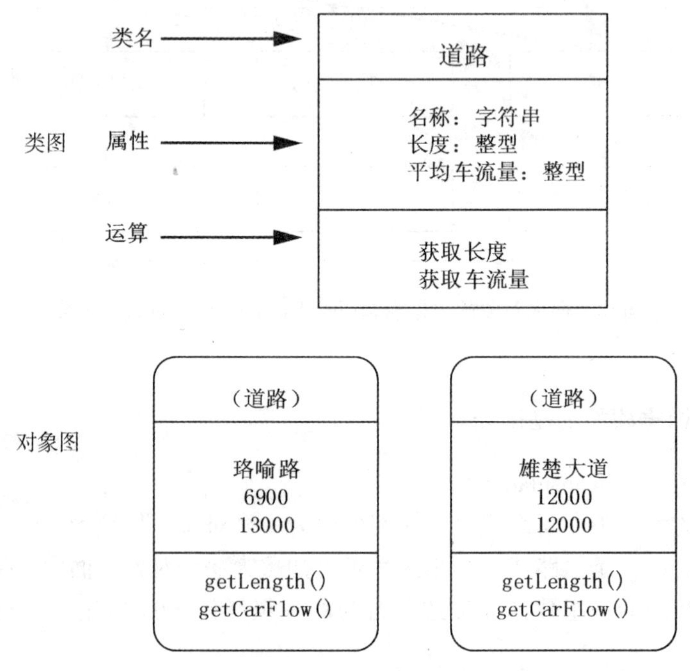

图 4-19　对象和类的描述

4) 继承

客观世界中的类有明确的层次关系，在编程世界中，这种层次性可以用继承来表示。继承(inheritance)是父类和子类之间共享数据结构和方法的机制，是类之间的一种关系。在定义和实现一个类时可以在一个已经存在的类的基础上进行，把这个已经存在的类的内容作为自己的内容，并加入若干新内容。继承性是面向对象程序设计语言最主要的特点，也是面向对象技术和非面向对象技术的一个重要区别。

继承性使某个类型的对象可以获得另一个类型对象的特征。一个类如果继承了另一个类的一般特征，则被称为后代类/子类/一般类。而被继承的类就称为祖先类/父类/特殊类。利用继承，子类可以继承父类的属性和方法。

继承具有传递性，即如果类 C 继承类 B，类 B 继承类 A，则类 C 继承类 A。因此，一个类实际上继承了它所在的类等级中在它上层的全部基类的所有描述。

继承有单重继承和多重继承，单重继承指一个子类只有一个父类，子类只继承一个父类的数据结构和方法；而多重继承中一个子类有多个父类，继承多个父类的数据结构和方法。

5) 多态性

多态性指相同的操作、函数或过程作用于多种类型的对象上可以获得不同的结果。对不同的对象在收到同一个消息后产生的结果完全不同，这种现象称为多态性。

例如，定义一个“图形”类，其中包含一个操作“绘图”，以“图形”类为父类，定义两个子类“椭圆”和“矩形”，这两个子类都继承了图形的绘图操作。同样的“绘图”操作，作用在“椭圆”和“矩形”上，画出的是不同的图形。这就是类的多态性。多态性增强了软件的灵活性和重用性，多态性和继承性相结合使软件具有更广泛的重用性和可扩充性。

6) 消息

消息(message)是对象之间的通信机制，传递对象的交互信息。一个对象向另一个对象发送信息请求某项服务时，接受对象响应该消息，激发相应的服务操作，并将操作结果返回给请求服务的对象。

7) 方法

方法是类的操作进行实现的过程，方法描述类与对象的行为。每一个对象都封装了数据和算法两个方面，数据由属性表示，而算法是当对象接收到消息后，决定对象如何动作的方法。

2. 关系数据模型与面向对象数据模型的比较

关系数据模型的基本数据结构是表，而面向对象数据模型的基本数据结构是类，两者对数据的描述存在概念上的对应关系，两种数据模型的比较如表 4-2 所示。

表 4-2　**关系数据模型与面向对象数据模型的比较**

内容	关系数据模型	面向对象数据模型
基本数据结构	二维表	类
数据标识符	码	OID
静态性质	属性	属性
动态行为	关系操作	方法
抽象数据类型	无	有
封装性	无	有
数据间关系	主外码联系，数据依赖	继承、组合
模式演化能力	弱	强

从表 4-2 可以看出，面向对象数据模型适用于空间数据的表达和管理，其使用的数据标识符 OID 比主关键字更具有一般性，在对象与类中增加了方法，具有更好的稳定性和可扩充性。面向对象数据模型有更丰富的数据类型，并支持用户对抽象数据类型的定义，也支持变长记录；具备继承性和组合性，数据模型上的操作更为丰富。我们可以根据空间

对象的需要，定义适合的数据结构和操作。对含有拓扑关系的数据结构，可以使用对象的嵌套、对象的连接等进行定义。

3. 面向对象的空间数据模型实例

将空间中具有相同特征的实体和实体的集合以类的方式进行组织，构成面向对象的空间数据模型。以前文的武汉大学为例，用面向对象的方式组织其数据，构建面向对象的武汉大学场景空间数据模型。对武汉大学场景中包含的实体进行抽象后定义 4 个基础类，分别是区域对象类 R，线对象类 Line，多边形对象类 Polygon 和点对象类 Point。

```
Class R
tuple(name:string,
      Geometry:Region,
      Polygons:set(polygon));
Class Line
tuple(name:string,
       geometry:line,
       points:set(point));
Class Polygon
tuple(name:string,
       boundary:list(line));
Class Point
tuple(x:real,y:real)。
```

这 4 个类分别对应于武汉大学场景中的区域对象、多边形对象、线对象和点对象，从而构建面向对象的武汉大学空间数据模型，用于描述武汉大学场景中的对象数据。

4.3.5　地理关系空间数据库模型

传统的空间数据通常存储在特定的 GIS 结构中，使用地理关系数据模型(Georelation Data Model)，也叫作混合数据模型(Hybird Data Model)。地理关系数据模型的核心思想是根据空间数据和属性数据的特性，将空间数据和属性数据分别进行组织存储的模型。1981 年，ESRI 推出的第一个商用 GIS 软件系统，ARC/INFO 即采用了这种数据模型。对空间数据和属性数据分别采用不同的组织方式，空间数据用文件系统进行管理，称为 ARC；而属性数据用关系数据库进行管理，称为 Info。MapInfo 公司的 MapInfo、Intergraph 公司的 IGDS 也是采用了这种数据模型，它们基本上都支持工业标准的空间数据库。

地理关系数据模型用文件形式存储地理数据中的空间数据及其拓扑关系数据，利用关系数据库 RDBMS 的表存储属性数据，通过一个唯一的标识符建立它们之间的关联。模型把空间数据抽象成一系列独立定义的层，每一个层代表一个相关空间要素的集合，如道路抽象为道路层，土壤类型、土地覆盖、地块、排水、植被等分别构成一个独立的层。采用地理关系数据模型对数据进行组织，对每一个层的空间实体其空间数据和属性数据的组织如图 4-20 所示。

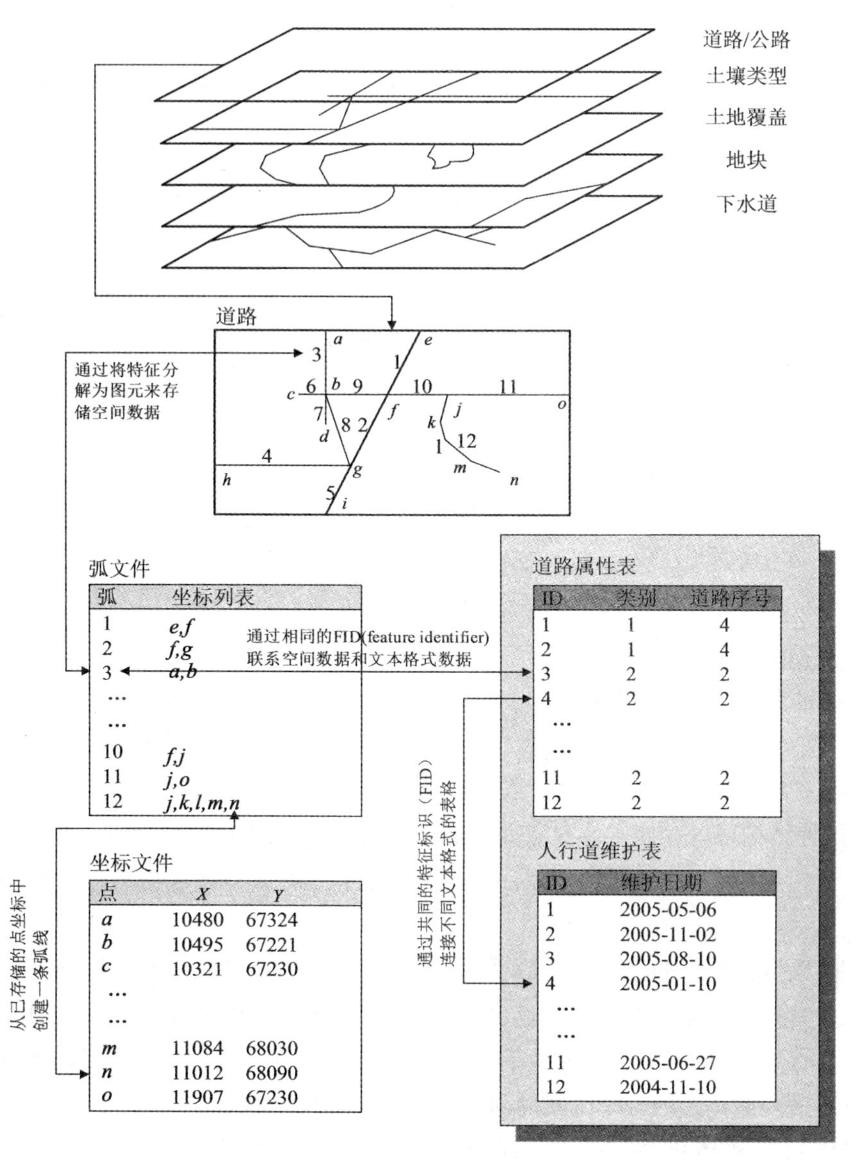

图 4-20　地理关系数据模型(据 Yeung et al，2007)

首先对同一个地理空间中的对象按照某种关联进行分层，如按照专题将地理空间抽象为道路层、土壤类型层、土地覆盖、地块和灌溉网络层。对其中每一层对象的数据进行组织和存储，下面以道路层为例，介绍这种数据模型。

图 4-20 中的空间实体首先被抽象为不同的层，每个层表示一类对象，如道路、地块等。以道路层为例，对道路层中的道路标注为不同的特征，形成由点(节点)对象和线(弧)对象构成的空间数据。图中的节点和弧对应着不同的道路，空间部分的数据以文件形式存储，构成弧文件和坐标文件。而属性部分的数据以关系表存储，如图中的道路属性表记录道路的类别和其他属性；人行道维护表记录道路的维护信息，不同的表格之间通过

共同的特征标识连接起来。空间数据和属性数据之间通过相同的特征标识联系空间数据和文本格式数据。

Arc/Info7. X 以前版本的 Coverage 模型使用了这种数据模型，使用 Coverage 存储制定区域内地理要素的位置、拓扑关系及其专题属性。每个 Coverage 一般只描述一种类型的地理要素(一个专题)。位置信息用坐标点(x，y)表示，特征之间的关系用拓扑结构表示，属性信息用二维关系表存储，如图 4-21 所示。地理关系数据模型强调空间要素的拓扑关系。

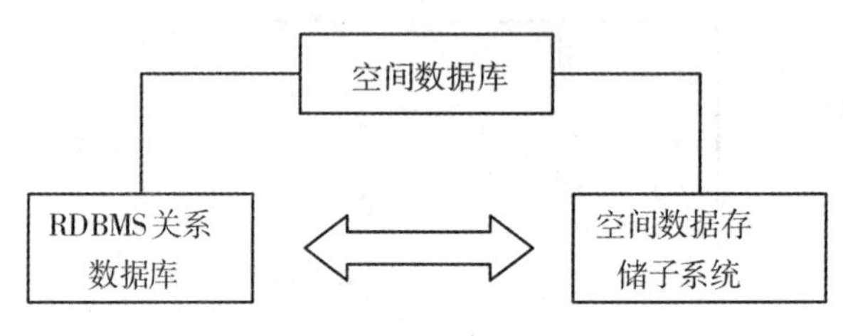

图 4-21　地理关系数据模型

这种数据结构主要有两个特点：

(1)空间数据和属性数据相结合。空间几何数据和属性数据采用二元存储，几何空间数据存放在建立了索引的二进制文件中，属性数据存放在 DBMS 表里面，二者通过标识符进行连接。

(2)这种结构可以存储实体对象要素的拓扑关系，如图 4-20 中存储了弧线和节点的拓扑关系，从拓扑关系中可以得知道路由哪些弧段(线)组成，弧段由哪些点组成，两条弧段是否相连等。

地理关系数据模型的优点在于数据的一部分存储建立在标准的 RDBMS 上，存储和检索数据比较有效、可靠。但是其缺点也很明显，首先两个子系统有各自的规则，查询操作难以优化，存储在 RDBMS 外的数据有时会丢失数据项的语义；另外模型的数据完整性约束条件可能遭到破坏，因为一个实体对象的数据存在两个系统中，可能会出现在几何空间数据系统中目标实体仍存在，在 RDBMS 中却已删除的情况，导致数据的完整性遭到破坏。

4.3.6　对象关系空间数据库模型

地理关系数据模型使用两个子系统管理空间数据，几何图形数据和属性数据几乎是独立地组织、管理和检索。但是使用文件系统管理空间数据时，对数据的安全性、一致性、完整性、并发控制等方面比使用商用关系数据库管理系统要逊色很多，因此人们一直在探索能否采用商用数据库来统一管理几何图形数据和属性数据。如果直接使用通用关系数据库系统来管理非结构化的空间数据，因为非结构空间数据结构复杂等特点，管理的效率不高。所以，许多数据库管理系统的软件商采用的办法是对关系数据库管理系统进行扩展，使扩展后的关系数据库系统可以直接存储和管理非结构化的空间数据，如 Oracle、Informix 等都推出了空间数据管理的专用模块，定义了操纵点、线、面、圆、长方形等空间对象的 API 函数。通过这些函数预先定义空间对象的数据结构供用户使用。同时增加了对新数据类型和其他功能的支持，在此基础上产生了对象关系数据库管理系统(ORDBMS)。

对象关系数据数据库管理系统是关系数据库技术与面向对象程序设计方法相结合的产物。对对象关系数据库管理系统的研究包括：①研究以关系数据库和 SQL 为基础的扩展关系模型；②以面向对象的程序设计语言为基础，研究持久的程序设计语言，支持面向对象的数据模型；③建立新的面向对象数据库系统，支持面向对象数据模型。

关系数据模型和面向对象数据模型的结合可能是最理想的 GIS 空间数据库系统。在 20 世纪 90 年代末期，出现了对象关系型数据库模型，它不借助任何插件来处理空间数据类型，能快速有效地处理所有数据。这种模型在一个数据库内同时储存、查找以及管理空间数据和属性数据，在大量用户访问海量数据库的环境下，也能保持系统速度和维护数据的完整性。

对象关系数据模型基础上的对象关系数据库既可以利用关系型数据库管理系统完善的数据管理功能，又可以使用面向对象技术的功能，方便地模拟和管理空间数据的复杂关系。数据库软件供应商通过将面向对象系统的许多概念引入到关系模型中扩展了传统关系型数据库系统的功能。这些概念包括：对象存储、用户定义的数据类型、继承、数据结构的封装方法等。采用面向对象扩展关系数据库模型建立的数据库认为是对象关系数据库，可以应用在多媒体数据管理、工程设计、医疗成像、科学模拟和可视化等方面。

对象关系数据模型添加了空间数据的类型及相关算符，并对原有算符、函数进行重载而构成全新的空间数据库。丰富了数据库的管理内容，除数值、字符数据、空间数据外，还利用面向对象的特征，支持多媒体数据、应用格式数据等。

1. 对象关系数据模型对关系模型数据类型的扩展

对象关系数据模型利用对象技术对关系模型支持的数据库的数据类型进行了扩展。扩展类型包括：LOB、BOOLEAN、集合类型 ARRAY、用户定义的 DISTINCT 类型和面向对象的数据类型，包括行类型(ROW TYPE)和抽象数据类型(Abstract Data Type)。

1)大对象 LOB(Large OBject)类型

LOB 可存储多达十亿字节的串。LOB 分为二进制大对象 BLOB(Binary Large OBject)和字符串大对象 CLOB(Character Large OBject)，BLOB 可用于存储音频、图像数据，而 CLOB 用于存储长字符串数据。

2)BOOLEAN 类型

布尔类型，支持 3 个真值：true、false 和 unknown，对应的操作符包括：NOT、AND、OR、EVERY、ANY。

例如：WHERE EVERY(面积>200)

或 WHERE ANY(面积>200)

面积列为空值时返回 unknown；面积列为非空时，当该列的每一个值都(面积>200)为 true 时，EVERY 返回 true，否则为 false；当该列的每一个值都使(面积>200)为 false 时，ANY 返回 false，否则为 true。

3)集合类型(Collection Type)ARRAY

ARRAY 是相同类型元素的有序集合，SQL3 中新增了集合数据类型，允许在数据库的一列中存储数组，SQL3 的数组只能是一维的，数组中的元素不能再是数组。

传统关系模型中，不允许表中有表。而对象关系数据模型在原有关系模型的基础上增加了元组、数组、集合等数据类型。模型的属性可以是基本数据类型或复合类型。

2. 对象关系数据模型对对象类型及其定义的扩展

在对象关系数据库管理系统中，类型(TYPE)具有类(CLASS)的特征，可以看成类。

1)行对象与行类型

定义行类型(ROW TYPE)：

```
CREATE ROW TYPE <row_type_name>
(<component declarations>);
```

创建行类型：

[例]

```
CREATE ROW TYPE landOwner_type (10no  NUMBER,
                                name  VARCHAR2(100),
                                address    VARCHAR2(100) );
```

创建基于行类型的表：

```
CREATE TABLE <table_name> OF <row_type_name>;
```

[例]

```
CREATE TABLE landowner_extent OF landOwner_type
(10no PRIMARY KEY );
```

2)列对象与对象类型

可以创建一个对象类型，表的属性可以是该对象类型。创建列对象语句如下：

```
CREATE TYPE <type_name> AS OBJECT
              (<component declarations>);
```

[例]

```
CREATE TYPE address_objectyp AS OBJECT
      (street VARCHAR2(50),
      city    VARCHAR2(50) );
CREATE TYPE name_objectyp AS OBJECT
      (first_name    VARCHAR2(30),
      last_name    VARCHAR2(30) ) ;
```

创建表，定义其中的属性是对象类型：

[例]

```
CREATE TABLE landOwner_reltab (Id NUMBER(10),
                    name_obj  name_objtyp,
                    address_obj  address_objtyp);
```

3) 抽象数据类型(Abastract Data Type, ADT)

SQL3 允许用户创建指定的带有自身行为说明和内部结构的用户定义类型，称为抽象数据类型。定义 ADT 的一般形式为:

```
CREATE TYPE <type_name> (
                    所有属性名及其类型说明,
                    [定义该类型的等于=和小于<函数,]
                    定义该类型其他函数(方法));
```

抽象数据类型的特点有以下 6 点。

(1)ADT 的属性定义和行类型的属性定义类同。

(2)在创建 ADT 的语句中，通过用户定义的函数比较对象的值。

(3)ADT 的行为通过方法(methods)、函数(functions)实现。

(4)SQL3 要求抽象数据类型是封装的，而行类型则不要求封装。

(5)ADT 有 3 个通用的系统内置函数。

(6)ADT 可以参与类型继承。

3. 对象关系数据模型的特点

为了适应对象关系模型，不同的数据库厂商用不同的原理和机制扩展了他们的关系数据库软件产品。但是，几乎所有的扩展都包括以下几个特点。

(1)用户定义数据类型，通过用户定义的数据类型使对象关系数据库系统可以管理封装了复杂内部数据结构和属性的复杂数据类型。

(2)用户定义函数，即方法的定义。通过定义方法应用程序可以创建、操作和访问使用用户定义数据类型存储的数据。

(3)用户定义访问方法。使用用户定义访问方法，可以访问和检索用户定义的数据类型。

(4)可扩展的优化，使用适当的用户定义函数和访问方法，制定最佳的方式访问以用户定义数据类型存储的数据。

对象关系数据库一方面具备关系数据库系统强大的事务管理能力，另一方面，还具有面向对象系统灵活的数据存储和访问能力。本质上空间数据是混合数据，所以对象关系管理模式的出现对空间数据管理产生了非常重大的影响。

4. ArcGIS 的 Geodatabase 数据模型

ESRI 的 ArcGIS 使用的 Geodatabase 数据模型是一种对象关系数据模型，Geodatabase 允许用户用抽象数据类型定义空间数据，因而可以在一个数据库系统中同时存储空间数据和属性数据。对象关系数据模型具有面向对象的特点，采用要素类存储空间对象，一个实体成为一个要素，对应于数据库中的一条记录。对拓扑关系的存储采用完整性规则来完成。图 4-22、图 4-23、图 4-24 是对象关系数据模型的结构、表结构和对应的拓扑关系表达方法。

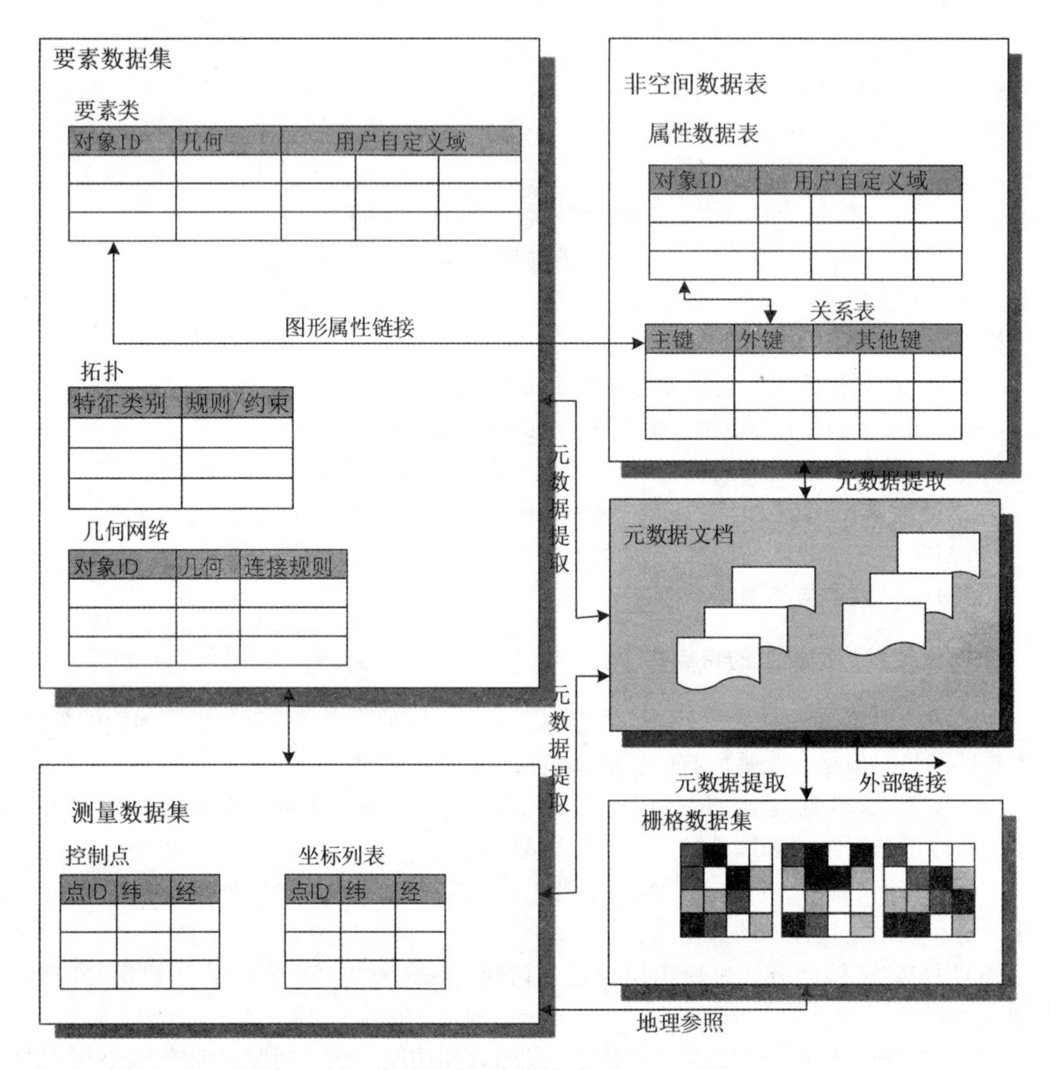

图 4-22　对象关系数据库结构(据 Yeung et al，2007)

对 Geodatabase 定义的表中包含两个部分：一个是系统预定义域，由系统定义，用户不能进行修改，另一个是自定义域，由用户根据实际需要进行定义，如图 4-23 所示。

Geodatabase 用一种不同于地理关系数据模型的方式明确地存储拓扑关系，而不是存储单个图元之间的空间关系。这要求不同于地理关系数据模型，Geodatabase 而是通过一种复杂的表结构使用完整性规则来存储对象之间的拓扑关系(图 4-24)。

面向对象和对象关系数据库的出现消除了空间和属性数据分开存储的需要。新一代数据库系统允许用户定义空间数据为特定的抽象数据类型，使在一个数据库中存储空间数据和属

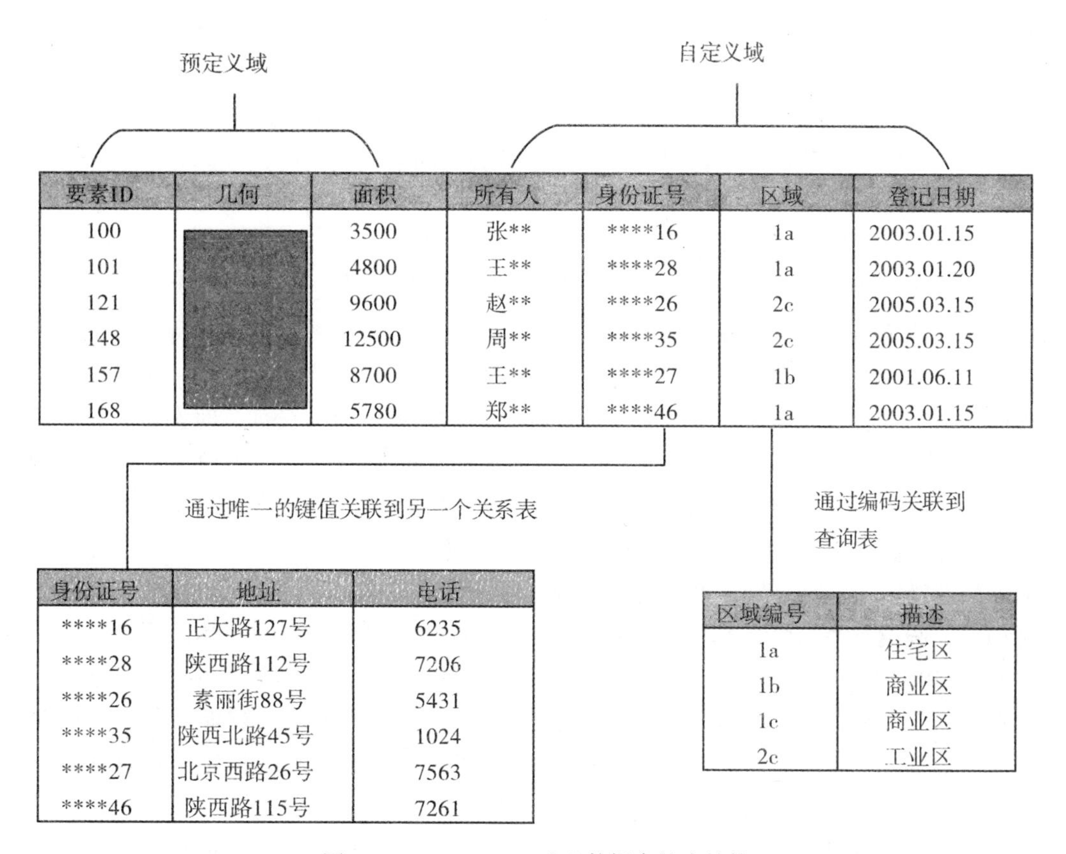

要素ID	几何	面积	所有人	身份证号	区域	登记日期
100		3500	张**	****16	1a	2003.01.15
101		4800	王**	****28	1a	2003.01.20
121		9600	赵**	****26	2c	2005.03.15
148		12500	周**	****35	2c	2005.03.15
157		8700	王**	****27	1b	2001.06.11
168		5780	郑**	****46	1a	2003.01.15

身份证号	地址	电话
****16	正大路127号	6235
****28	陕西路112号	7206
****26	素丽街88号	5431
****35	陕西北路45号	1024
****27	北京西路26号	7563
****46	陕西路115号	7261

区域编号	描述
1a	住宅区
1b	商业区
1c	商业区
2c	工业区

图 4-23　Geodatabase 地理数据库的表结构

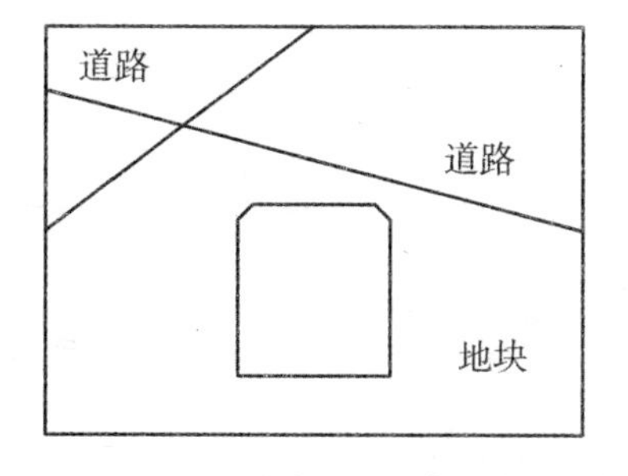

要素类	规则	要素类
道路	不能有悬点	
地界	不能重叠	
建筑	不能重叠	
宗地	必须闭合	
建筑	必须被覆盖	宗地
道路	不能穿越	建筑

图 4-24　完整性规则用来存储拓扑关系(据 Yeung et al, 2007)

性数据成为可能。通过在对象关系数据库中存储空间数据，可以充分利用现有的索引、事务管理和数据库约束机制，保持空间数据的完整性，使之比传统的地理关系方法更有效。

4.4　时态数据库模型

在一些时态有关的应用中不仅对与“是什么(what)”有关的语义数据进行表示是非常重要的问题，而且，对与“什么时间(when)”有关的语义数据的表示也是非常重要的。即，时态数据模型不仅要对真实世界的实体建模，还需要对实体的时间语义进行建模。一般而言，时间语义主要包括事件(event)、状态(state)、自定义时间(user-defined time)、有效时间(valid time)和事务时间(transaction time)。时态数据库中需要有相应的数据模型对时间语义进行建模。本节接下来将讨论数据库中有关时间语义数据的建模问题。

4.4.1　时间概念模型

如前所述，通过符号和形式化对“真实世界”选定方面所构建的高层次、与实现无关的描述过程称为概念建模。概念建模所得结果，即现实世界的图形化描述称为概念模式或概念模型。概念建模是数据库设计的重要组成部分，也是数据库建设的第一个阶段。时态概念模型是对真实世界中时间域的概念化建模，是时间域的概念设计。时态概念模型的发展可以看作两个代(Shoshani，2009)：第一代时态概念模型提供了对用户自定义时间的支持；第二代时态概念模型则不同于第一代，它对时间方面提供不同程度的支持，例如，对事件、状态、有效时间和事务时间等时间语义的支持。

下面通过Shoshani(2009)提供的一个例子对两代时态概念模型进行对比介绍。例子的信息如下：假设有产品(PRODUCT)和顾客(CUSTOMER)两个类型的实体，要求对产品的历史价格(PRICE)进行保存，同时需要对顾客的存在历史(existence_history)进行建模。这里存在历史需要考虑顾客在真实世界中的存在历史，也要考虑用户被加入数据库的时间(transaction_histrory)。此外，还需要记录客户审查(review)产品和审查产品的有效日期(effective_date)。

图4-25所示的E-R图是Shoshani(2009)基于第一代时态概念模型对例子代表的客观事实进行的概念建模。由于第一代概念模型不提供包括有效时间、事务时间、事件和状态

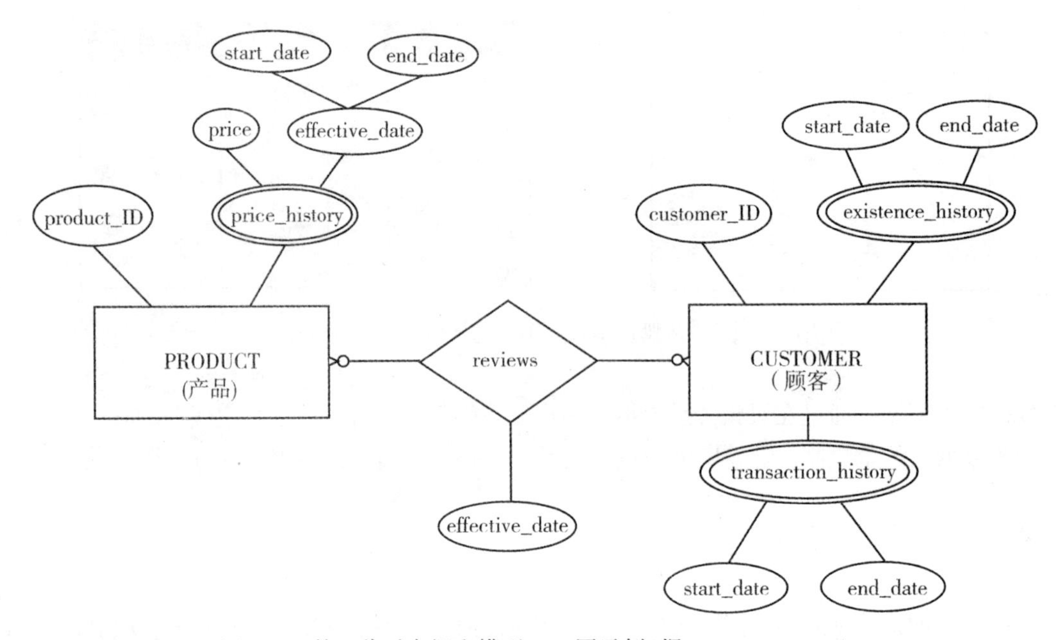

图4-25　第一代时态概念模型E-R图示例(据Shoshani，2009)

等表示时间概念的机制，因此关于时间的表示都只能使用用户定义的时间。所以，图4-25所示的时态概念模型中无法区分存在历史(existence_history)和事务历史(transaction_history)，而只能使用多值属性(如图中双线椭圆)对其进行简单的表示。另外，数据库分析师需要做出与用户定义属性，如事务历史、实施期间的开始日期(start_date)等的粒度相关的点对点(ad-hoc)决策。但是由于缺乏将“迷你”世界(miniworld)直接映射到其所代表事物的机制，因此，数据库设计者只能以一种点对点(ad-hoc)的方式来发现、设计和实现时间的概念。

如图4-26所示的ST-USM(geoSpatio-Temporal Unifying Semantic Model)是Shoshani(2009)基于第一代时态概念模型对例子代表的客观事实进行的概念建模。图中使用了文本字符串来表示时态语义。例如，与“价格(price)”相关联的有效时间(valid time)用以秒(minute)为颗粒度的状态(state，“S”)表示。而“价格(price)”与事务时间(transaction time)无关，因此事务时间被表示为“--”。因此，与“价格(price)”关联的时态语义则表示为一个文本字符串“S(min)/--”。

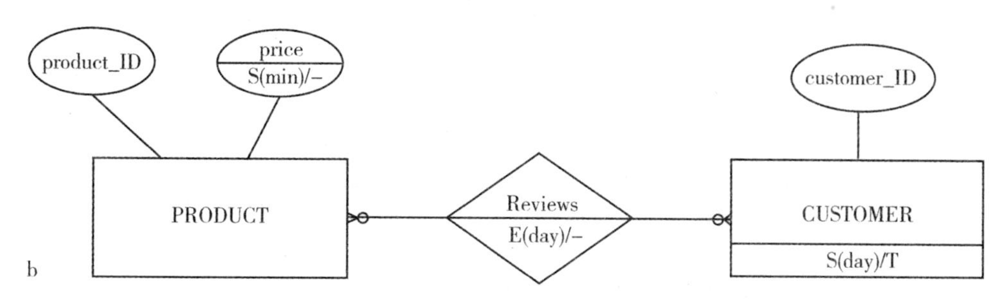

图4-26 第二代时态概念模型ST-USM图示例(据Shoshani，2009)

由于实体类型客户(CUSTOMER)的存在(或有效)时间和事务时间也需要被记录，因此将客户(CUSTOMER)的注释字符串指定为“S(day)/T”。需要注意的是事务时间的粒度没有被指定，这是因为它是由系统定义的。而客户(CUSTOMER)是在一定的时间点(事件，E)来“审查(reviews)”产品(PRODUCT)的，因此，记录的时间粒度为天(E(day)/--)。

4.4.2 时态数据库逻辑模型

Tsichritzis和Lochovsky(1982)认为数据模型由对象集和用于对象集查询的语言两部分构成。在时间数据模型中，对象随时间而变化，并且操作在某种意义上“知道”时间。

现实世界中，几乎所有的实际数据库都包含时间参考数据，很少有对完全停滞的数据库感兴趣的，当所建模的现实发生变化时，就必须更新数据库。通常至少当前有效数据的开始时间需要被捕获，尽管大多数数据库也保留以前的数据。然而，几十年关于时态数据库的研究清楚地表明，一个具有时间参考的表与没有时间参考的表是完全不同的。在具有时间参考的表中，往往通过包含一定类型时间值的列表示其他列数据记录的一个或多个时间方面。因此，对于具有时间参考的表的有效设计、查询和修改则需要一组不同于传统的不具有时间参考的表的方法和技术。因为利用传统的标准数据模型处理这些数据虽然是可能的，但通常需要以高昂的数据冗余、不方便的建模和不友好的查询语言为代价。因此，时态数据库模型的主要任务就是要解决时态数据库中实体时间语义的建模问题。

1. 历史关系数据模型

Clifford 等于 1987 年提出的历史关系数据库模型 HRDM(History Relational Database Model)是时态数据库的先驱模型之一。顾名思义，历史关系数据模型是通过对关系模型的扩展以支持时间问题。为了解决时间问题，Clifford 等(1987)引入了“生命周期(lifespan)”的概念表示时间维。例如，在一个关于个人信息的数据库中，可以使用生命周期明确地表示员工的时间维信息。在该生命周期外涉及该员工的查询或其他数据操作将得到特殊处理，因为数据库在这些时间段内并对该员工进行建模。

关系数据模型中数据库实例可以看作一个自上而下由数据库、关系和元组 3 层构成的层次结构，如图 4-27 所示，数据库由一组关系构成，而每个关系又由一组元组构成。

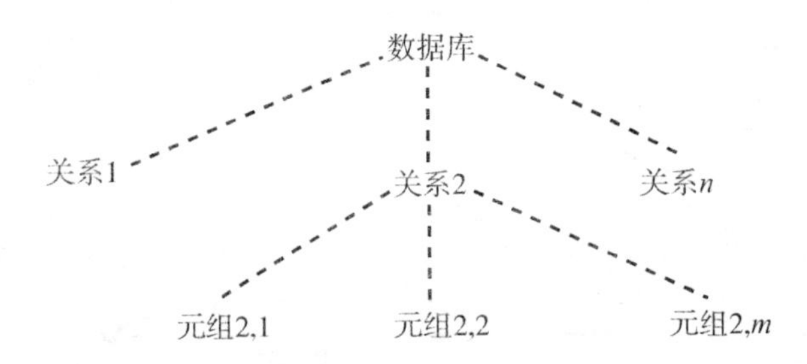

图 4-27　关系数据库实例(据 Clifford et al，1987)

那么，Clifford 等(1987)将生命周期分别与关系数据库的 3 个层级关联，分别在数据库、关系和元组 3 个层级上定义了历史关系数据模型，如图 4-28 所示。对于图 4-28(a)所示的整个数据库关联一个生命周期的情况，关系集的时间维是同质的或均匀的。这就意味着，每个关系和关系中的每个元组都具有相同的生命周期，虽然实际情况并不一定如此。

如图 4-28(b)所示，如果将生命周期与每一个关系关联，则每个关系可以定义不同的时间段，但对于一个给定关系中每个元组在时间维度上是一致的。而如果将生命周期与元组层级关联，那么一个给定的关系，则由一组如图 4-28(c)所示的元组构成。每个元组可以定义不同的时间，但一个元组的同一属性时间维度上是一致的。

至于如何选择适当的层级关联生命周期，这需要考虑维持生存期激增的代价和精细的存在期提供的灵活性之间的平衡性问题。就复杂性而言，数据库或关系方法的开销非常小，并且与模式的大小成比例。而元组级生命周期方法的代价与数据库实例的大小成正比。Cliiford (1985)认为，将时间维度与每个属性关联起来，可以为用户提供对单个属性的不同时间属性更多的控制。

2. 数据模型对象

关于时态数据库中时间建模的问题，本节讨论的另一个模型是 Shoshani(2009)提出的在数据模型对象(Data Model Objects)中扩展时间来实现时间方面的管理。下面以关系数据

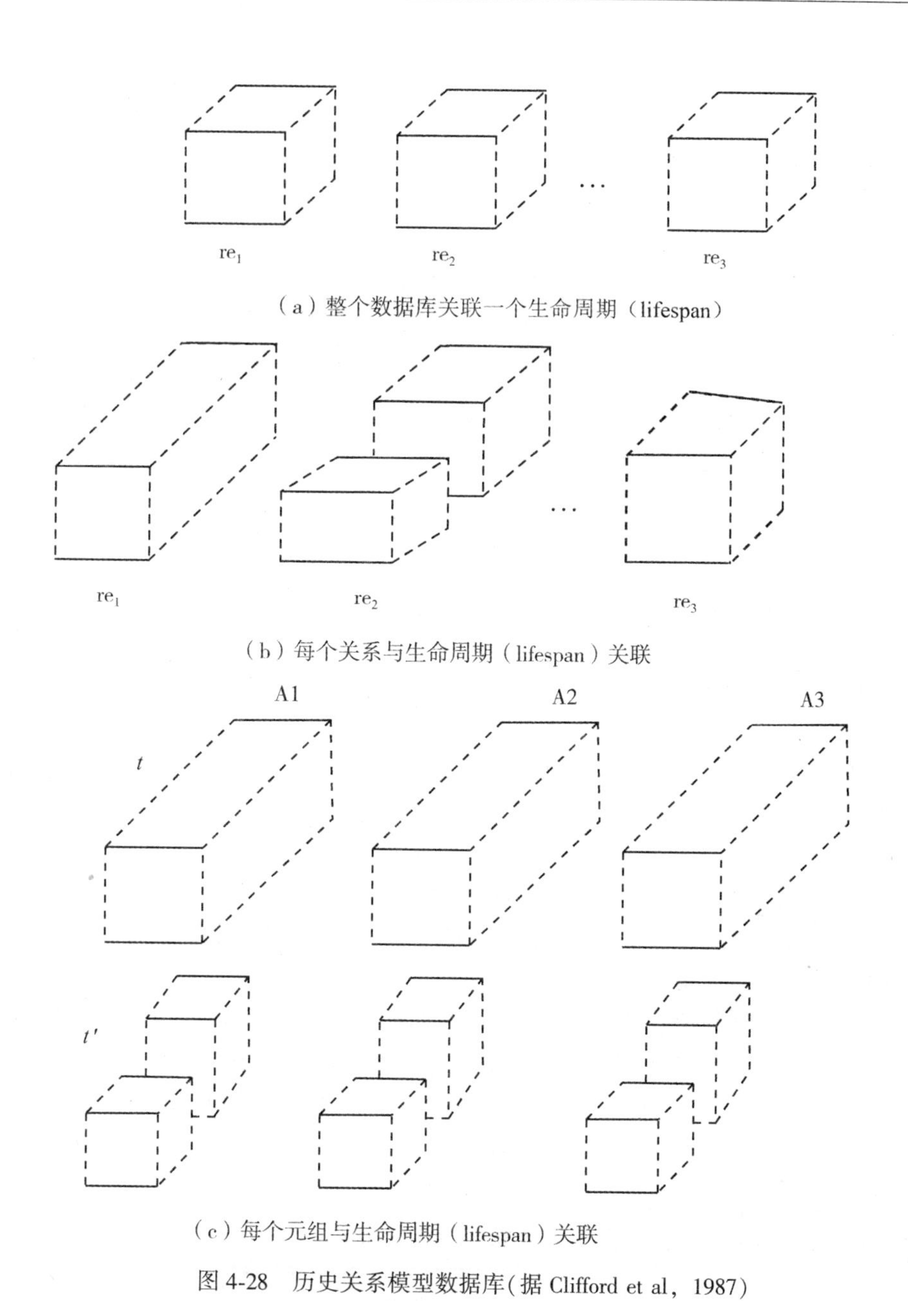

图 4-28 历史关系模型数据库(据 Clifford et al, 1987)

模型扩展管理有效时间(valid time)为例，介绍 Shoshani(2009)提出的 4 种模型，为了便于阐述，假设有一个关于员工岗位的关系模式：EMP(EmpID，Position)，其中，EmpID 为主键。

1)时间点数据模型

这种方法是用时刻或时间点标记元组的时间戳，即用一个元组表示一个在每个时间点有效的事实。例如，图 4-29(a)所示为一个 EMP 关系实例的时间点数据模型。

这种方法的一个显著特点是(句法上)不同的关系具有不同的信息内容。另外，时间

EmpID	Position	T
1	Sales	3
1	Sales	4
1	Engineering	5
1	Engineering	6
2	Sales	4
2	Sales	5
2	Sales	6
2	Sales	7

（a）时间点数据模型

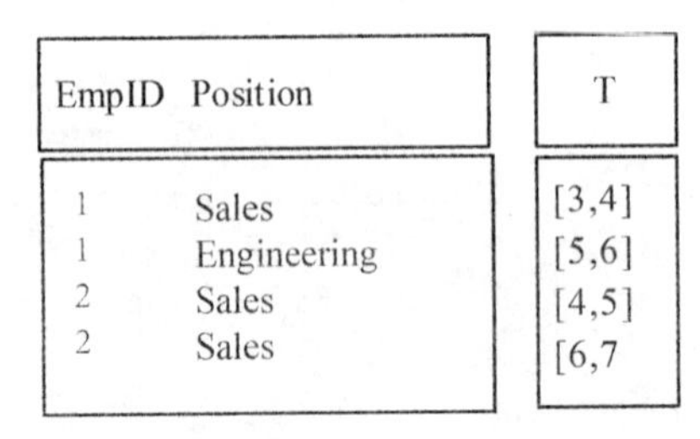

EmpID	Position	T
1	Sales	[3,4]
1	Engineering	[5,6]
2	Sales	[4,5]
2	Sales	[6,7

（b）时间段（间隔）数据模型

图 4-29　时态数据模型(据 Shoshani，2009)

戳是易于比较的原子值。当然，时间点数据模型的概念简单性也是有代价的，即时间点模型难以对时间段进行支持。

2)时间段(或间隔)数据模型

时间段或时间间隔数据模型使用时间段作为时间戳。时间段数据模型将每个事实与事实的有效时间段相关联。如果事实在不相交的期间内有效，则需要用多个元组表示，如图 4-29(b)所示。

时间间隔数据模型的常见缺点是，在所有设置操作(如减法操作)下，时间段(间隔)都不会闭合。这也是导致将时间元(temporal elements)用作时间戳建议提出的原因。

3)时间元(temporal elements)数据模型

时间元是有限的时间段(间隔)的联合。例如，图 4-30(a)和(b)分别为基于时间段(period-based)语义和基于时间点(point-based)语义的时间元。在例子中，由于 [4，5]∪[6，7]=[4，7]，所以在后期可以用[4，7]代替[4，5]∪[6，7]。

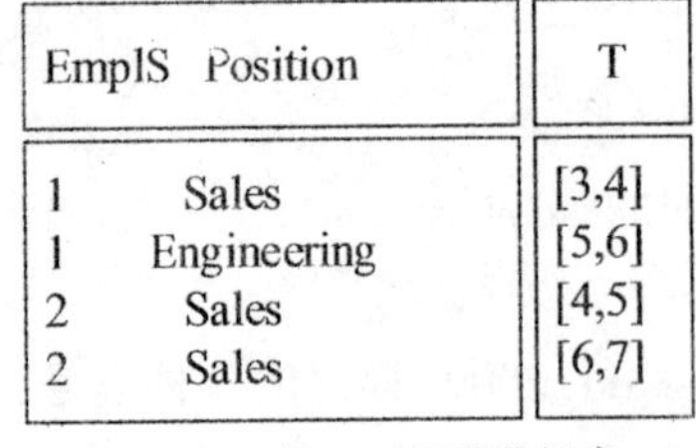

EmpIS	Position	T
1	Sales	[3,4]
1	Engineering	[5,6]
2	Sales	[4,5]
2	Sales	[6,7]

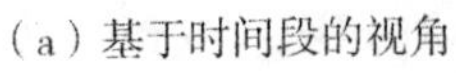

（a）基于时间段的视角

EmpID	Position	T
1	Sales	[3,4]
1	Engineering	[5,6]
2	Sales	[4,5]∪[6,7]

（b）基于时间点的视角

图 4-30　时间元数据模型(据 Shoshani，2009)

在时间元素中，一个事实的全部历史都应包含在一个元组中，但是与现实世界某个对象相关的关系中的信息仍可能被分布在几个元组中。为了在单个元组中表示关于真实对象的所有信息，引入了属性值时间戳数据模型。

4)属性值时间戳数据模型

图 4-31 所示为典型的属性值时间戳数据模型的员工数据库实例。该实例记录有关雇员的信息。每个员工信息保存在一个元组，即一个元组包含有关一个员工的所有信息。这样一来，一个显而易见的结果是关于岗位的信息不能包含在一个元组中。那么，另一个观察就是一个元组可以记录多个事实。如图 4-31(a)所示的例子中，第一个元组记录了两个事实：雇员 1 的职位类型有销售和工程这两个岗位。需要注意的是，在属性时间戳数据模型中，将一个属性组放在一个元组中是可能的，如图 4-31(b)所示，将图 4-31(a)中岗位属性相同的组放在一个元组中。

EmpID	Position
[3,6] 1	[3,4]Sales [5,6]Engineering
[4,7] 2	[4,5]∪[6,7]

（a）一个元组多个事实

EmpID	Position
[3,6] 1 [4,7] 2	[3,7]Sales
[5,6] 1	[5,6]Engineering

（b）属性分组元组（按岗位属性分组）

图 4-31　属性值时间戳数据模型(据 Shoshani，2009)

4.5　时空数据库模型

空间数据模型主要是存储和处理空间数据的空间特性数据和属性特性数据，没有涉及空间数据的时间特性数据。如果在数据建模中考虑和存储空间数据具备的时间特性数据，这种数据模型则称为时空数据模型。具有时间特性的数据分为两类，一类是结构化数据的时间特性数据，如历史数据的积累，道路在不同时间点的流量，这类数据可以通过在属性数据记录中简单地增加一个时间戳(time stamp)管理时间数据；另一类是非结构数据的时间特性数据，如土地利用类型的变换，如何描述这种非结构化数据的时间特性，是时空数据模型的重点问题。

一个有效的时空数据模型必须具有如下特点(舒红，陈军等，1998)。

(1)降低冗余存储。如减少空间公共边、时间不变数据的重复存储。

(2)支持各种复杂时空对象的构造。时空对象通常具有层次性(聚集层次和概括层次)、变长字节存储性、时空有序性等结构特点。模型必须提供有效的手段支持如此结构特点的对象数据建模。

(3)表达丰富的时空语义。尤其表达空间结构和空间拓扑关系等空间语义，表达事件序列(变化过程)和时间相关性等时间语义。

(4)兼顾检索效率和用户的应用要求。需要折中考虑数据的空间内聚性和时间内聚性，合理选择时间标记对象的粒度。如全局状态的快速提取、局部变化的快速发现、频繁使用和较少使用的数据的合理放置。一般地，当前数据被放置于本地高速硬盘上，历史数据被放置于远程磁带或光盘上，并分别提供索引。

自 20 世纪 80 年代初(1980)开始，研究者开始研究符合时态 GIS 需求的时空数据库模型，虽然到目前为止尚未有被广泛接受的时空数据一般模型，但是仍然出现了很多经典的时空数据模型。Langran(1989，1992)最早对前人关于时空模型的成果进行了文献性总结和讨论，总结了 4 种模型，即时空立方体模型(Space-Time Cube Model)、快照模型(Snapshot Data Model)、基态修正模型(Base State with Amendments Model)和时空组合模型(Space-Time Composites)等，在其随后的专著《Time in Geographic Information Systems》中，对时空数据模型进行了更详细的回顾和阐述。尹章才和李全(2002)总结和阐述了国内外比较实用的 10 种时空数据模型，这些时空数据模型包括时空立方体模型、连续快照模型、基态修正模型、时空复合模型、第一范式(1NF)关系时空数据模型、非第一范式(N1NF)关系时空数据模型、基于事件的时空数据模型、面向对象的时空数据模型、基于 Voronoi 图的时空数据模型和基于图论的时空数据模型等。陈新保等(2009)将时空数据模型分为 3 类，并分析了模型的不同和适用情况，表 4-3 给出了这种分类方法。

表 4-3　　**时空数据模型分类方法和归类情况表(据陈新保等，2009)**

	分类方法	类别	模型归类	适合范围
时空数据模型	根据所描述的时空目标本身情况	侧重于对时空实体状态本身的描述	如序列快照模型，基态修正模型，时空立方体模型，时空复合模型以及非第一范式关系时空数据模型等	矢量数据，但更适合栅格数据，可以跟 CA 模型进行扩展
		侧重于时空实体变化过程	如基于时间驱动的时空数据模型，定性因果模型，基于图论的时空数据模型和基于过程(Voronoi)的时空数据模型等	栅格或矢量数据，可以做时空推理分析
		侧重于时空实体本身和时空关系描述	如时空立方体模型，面向对象时空数据模型，面向特征和地理本体时空数据模型等	矢量数据，可以做时空规划分析

4.5.1　时空立方体模型

时空立方体模型(Space-Time Cube Model)最早由 Hagerstrand 于 1970 年提出，用几何立方体表示二维或三维的时空对象，空间对象的每次变化都会重新生成一个新的时空对象，用 3D/4D 对象链表达区域的历史变化。模型侧重对时空现象或目标状态本身的描述，将时间作为空间对象的一个属性，变化通过积累的方式以状态的形式呈现。模型的主要缺点在于随着数据量的增大，立方体和对应的操作会变得非常复杂。

4.5.2　快照模型

快照模型(Snapshot Data Model)最初由 Armstrong 于 1988 年提出。快照模型的基本思想是为地理对象变化过程的每个时间间隔生成一个快照，每一个快照层都由时间同质单位构成，当有新的事件发生时，一个新的快照将被生成，并为该快照建立时间戳以标识事件的发生时间，如图 4-32 所示。在快照模型中，所有对象的状态数据，无论其是否发生变化或没有变化，都会被存储。因此，快照模型通常会导致不一致和明显的数据冗余。其缺点在于无法确定两个时间间隔内的变化。时空快照模型将一系列时间状态的快照保存起来，反映整个空间特征的状态，对大量没有发生变化的数据会重复进行存储，产生大量的数据冗余。若事件频繁发生变化，会产生大量的数据存储，降低系统效率。

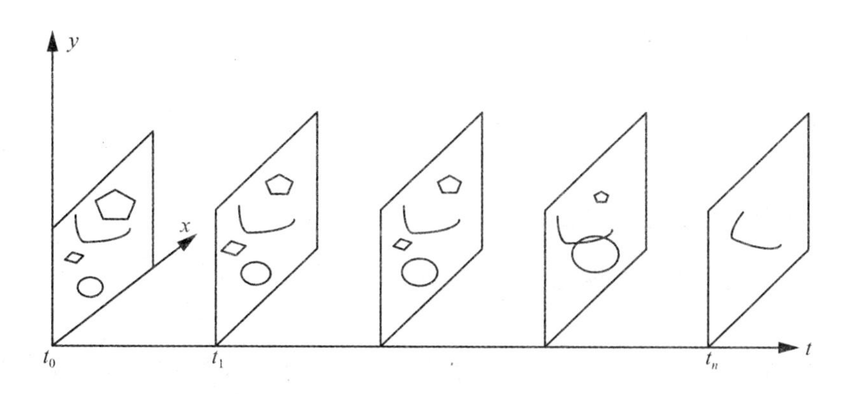

图 4-32　快照模型

4.5.3　基态修正模型

快照模型是对整个数据集的快照，不同于数据集的硬拷贝，冗余量大，为了避免连续快照模型将未发生变化部分的特征重复记录，基态修正模型(Base State with Amendments Model)只存储初始的数据状态(基态)和相对于初始状态的变化量，如图 4-33 所示。只在事件或对象发生变化时才将变化的数据存入系统中，时态分辨率刻度值与事件或对象发生变化的时刻对应，每个对象的初始状态被存储以后，当发生变化的时候，将对象的基态和累积变化的数据进行存储。基态修正模型也称为更新模型，有矢量更新模型和栅格更新模型。其缺点是较难处理给定时刻时空对象间的空间关系，且对很远的过去状态进行检索时，几乎对整个历史状况进行阅读操作，效率很低。

4.5.4　时空复合模型

时空复合模型(Space Time Composite，STC)将每一次独立的叠加操作转换为一次性的合成叠加，变化的累积形成最小变化单元，由这些最小变化单元构成的图形文件和记录变化历史的属性文件联系在一起表达数据的时空特征。最小变化单元即是一定时空范围内的

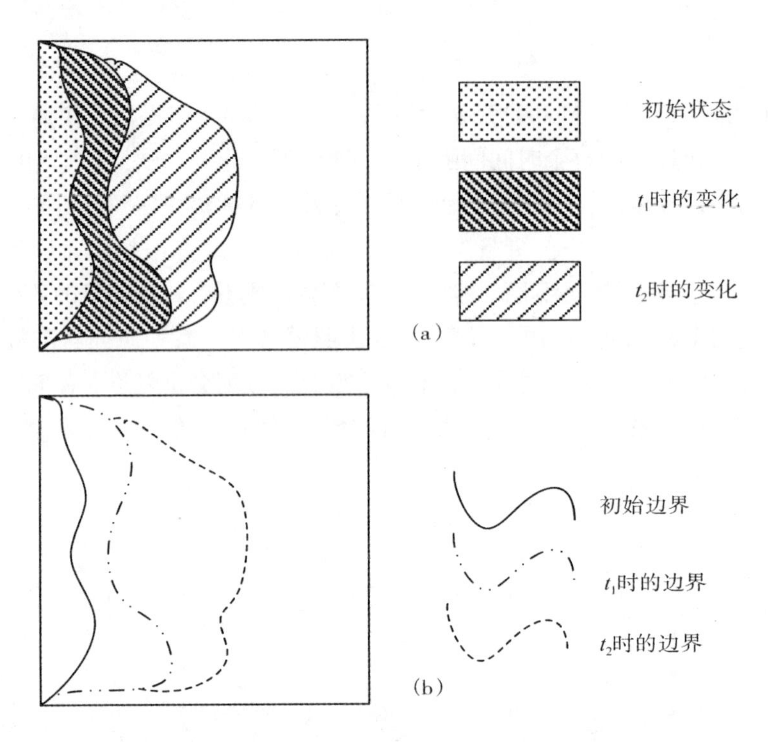

图 4-33　基态修正模型(据 Peuguet，Niu，1995)

最大同质单元，如图 4-34 所示。其缺点在于多边形碎化和对关系数据库的过分依赖，随着变化的频繁会形成很多的碎片。

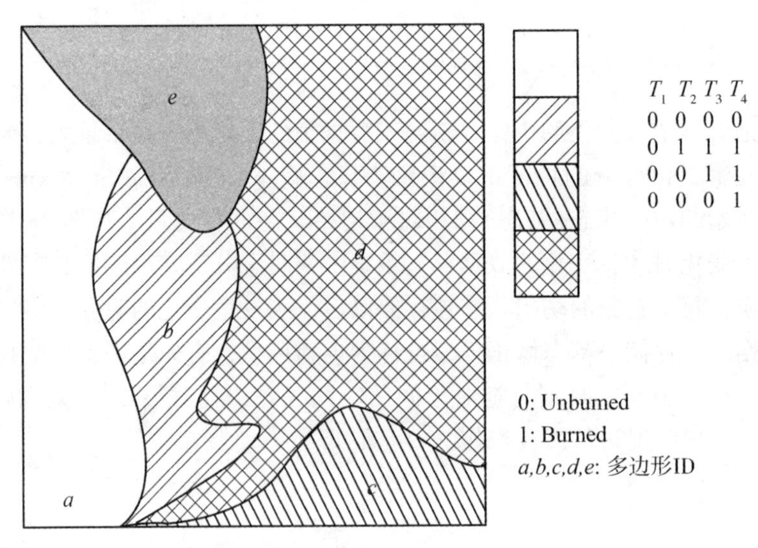

图 4-34　时空复合模型(据 Yuan，1996)

舒红等(1998)对以上 4 种时空数据模型进行了对比描述，时空立方体模型将有效时刻标记在空间坐标点上，快照模型将有效时刻标记在全局空间状态上，基态修正模型将有效时间标记在两状态的变化差值上，而时空复合模型将有效时间标记在人为投影在某一时刻形成的复合图形单元上。一般情况下，时空立方体模型中存在时间标记本身的冗余存储，而快照模型中存在不变空间状态数据的大量冗余存储。基态修正模型和时空复合模型较为节省存储空间，但差值状态数据的获取与复合图形单元的形成困难，且在全局状态恢复时需进行大量零碎状态重组，破坏了地理实体的时空结构完整性。

4.5.5 基于事件的时空数据模型及其扩展

基于事件的时空数据模型(Event-based Spatio-Temporal Data Model，ESTDM)是一种能够显示表达地理实体时间变化特征的方法，事件的概念最早由 Peuquet 等(1995)引入时空数据模型，其基本思想是将某一区域内的每一次状态变化视为一个事件，并将其表示在时间轴上。如图 4-35 所示，模型将某一空间区域(位置)的每次状态变化(形状、属性等)视为一个事件，用一维时间轴上的事件序列表示时空过程，但事件表示的是空间对象状态的变化，而不是变化的原因。但是基于事件的时空数据模型，其时空数据查询效率低，针对这个问题出现了基于事件的改进基态修正模型(程昌秀等，2003)；蒋捷和陈军(2000)扩展了"事件"的范畴，认为"事件"不但是时空目标状态终结或开始的标志，而且是引发状态变化的原因，增强了此类模型对"事件"原因的分析。基于事件和特征的时空数据概念模型是对基于事件的时空数据模型的扩展，认为特征是指具有公共特性的地理现象和特征实例，多个特征构成一个事件，特征的变化是引入事件的原因，引入特征有利于维护数据的完整性，也适合 GIS 软件对时空数据的组织。但是如何更好地组合分析连续变化的地理特征，需要进一步的研究。

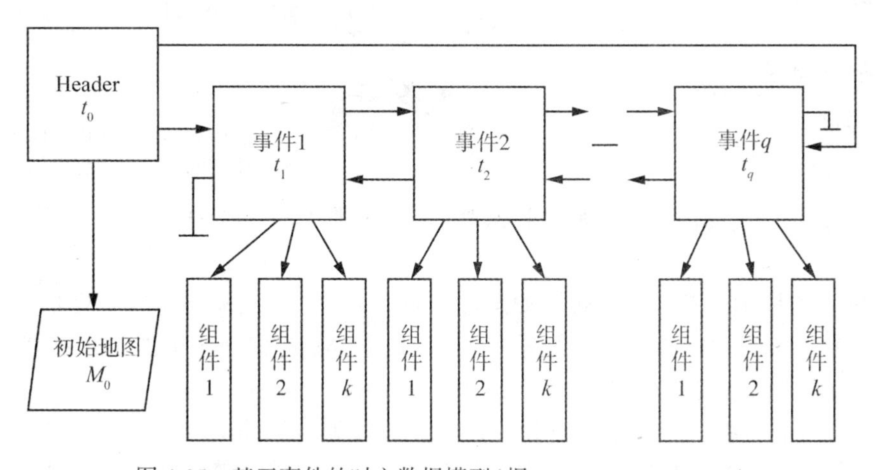

图 4-35 基于事件的时空数据模型(据 Peuquet，Niu，1995)

4.5.6 三域时空数据模型

20 世纪 90 年代中期，Yuan(1996)提出了一种代表脱离静态地图象征的动态三域概念框架。该框架是由语义对象(semantic objects)、时间对象(temporal objects)、空间对象

(spatial objects)和域链接(domain links)组成的 3 个域表示的概念结构。其中，时间和空间对象表示地理语义(包括主题、实体、事件和过程)的时间和空间属性。而域链接可以是以下 3 种情况之一。

(1)将不同域的对象关联起来表示时空事实的指针。

(2)代表时空行为的数学函数。

(3)预测时空趋势或过程的物理模型。

在三域时空数据模型中，时间域被认为是与空间域和属性域分离的。如图 4-36 所示，为一样本森林时空转换的例子(Yuan，1999)。

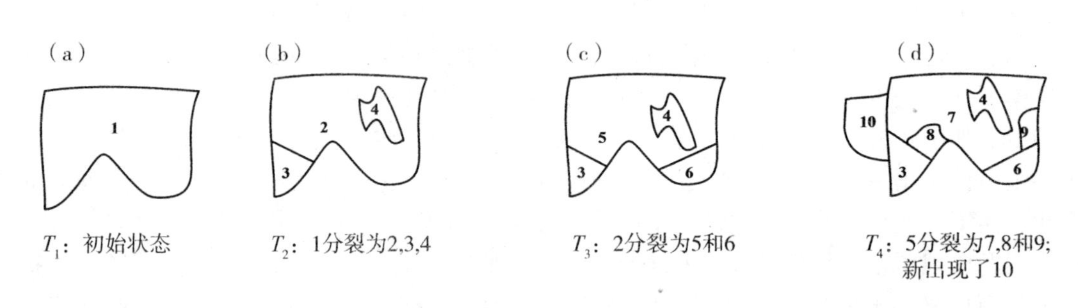

(e)存储在空间域中的元素

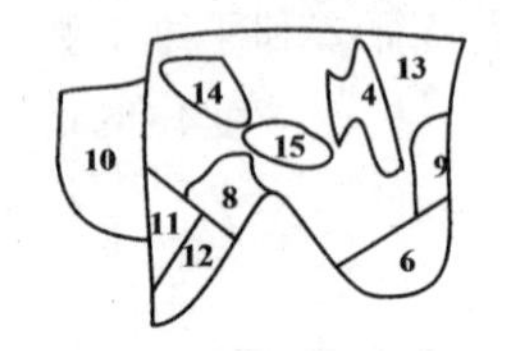

T_5：3分裂为11和12；7分裂为13,14和15, 这是最新的空间构成

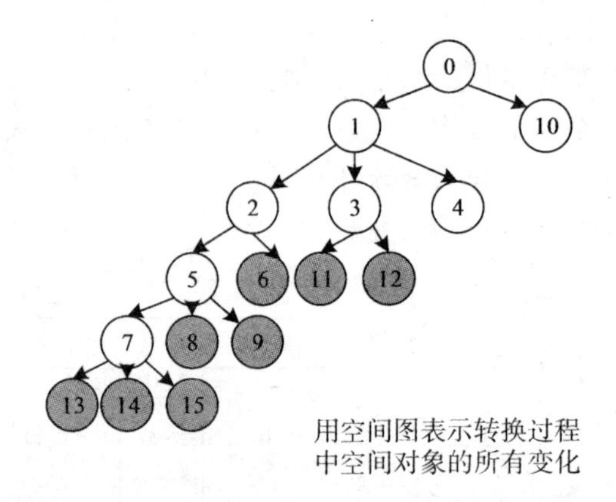

图 4-36　森林空间域转换过程示例(据 Yuan，1999)

对于图 4-36 所示的森林空间转换动态过程的三域时空数据模型如图 4-37 所示。这里，来自语义对象、时间对象和空间对象这 3 个域的数据分别存储在 3 个独立的表中。这些表以及对象的不同版本通过包含 3 个唯一主键的“域链接”表链接。

以上述的森林转换三域时空数据模型的例子为基础，Yuan(1999)对语义域(semantic domain)、时间域(temporal domain)、空间域(space domain)和域链接(domain links)的进一步解释如下。

1. 语义域

语义对象域列出了整个森林转换过程中的语义对象。语义对象表示实体类(如 old-growth，clear-cut，fire burn)，在整个转换过程中使用唯一的标识符。语义对象的标识依

(a)语义表

Sem ID	Landcover	Management	Address
1	Old Growth	USFS	12 Forest Rd.
2	Clear-cut	A. Log Co.	3 Clear Dr.
3	Burn	USFS	12 Forest Rd.
4	Clear-cut	B. Log Co.	45 Pine Ave.

(b)时间表

Time ID	Time	Operator ID
1	1600	2439
2	1700	2439
3	1800	7473
4	1950	1029
5	1960	1029

(c)空间表

Space ID	Area	Perimeters
4	A_1	P_1
6	A_2	P_2
8	A_3	P_3
9	A_4	P_4
10	A_5	P_5
11	A_6	P_6
12	A_7	P_7
13	A_8	P_8
14	A_9	P_9
15	A_{10}	P_{10}

(d)域链接表(时态、语义和空间对象之间的链接)

Sem.ID	Time ID	Space ID List
1	1	1
1	2	2
2	2	3
3	2	4
1	3	5
2	3	3,6
1	4	7,10
4	4	8,9
1	5	10,11,33
2	5	6,12
3	5	4,14,15

图 4-37　森林转换的三域时空数据模型(据 Yuan，1999)

赖于主题，不同关系的对象需要单独的表来保持语义完整性。但在森林转换的例子中，只包含一个语义表，因为这些语义对象共享一组公共属性。

2. 时间域

时间对象包含了从 T_1 到 T_5 共 5 个时间点的转换，如图 4-37 中的表(b)。通常，时间作为数据对象的属性记录在数据库中。而三域表示将时间处理为具有属性(如度量单位)和关系(如转换规则)的可识别对象。这种表示假设从 T_x 到 T_y 不会发生突然的变化，除非语义或空间对象与 T_x 和 T_y 之间的另一个时间对象有链接。而对于那些渐进的或连续的变化，语义对象可以与适当的插值函数关联，以便估计 T_x 和 T_y 之间的变化。使用插值函数，模型可以通过在感兴趣的时间将这些实体投影到空间来推断地理实体的任何状态。

3. 空间域

空间域由代表研究区域随时间变化的复合空间结构的空间对象组成。然而，为了保持空间对象的持久标识符，空间域包括一个空间图(图 4-38)来记录空间对象的转换，这样我们就可以跟踪空间对象 5 作为空间对象 8、9、13、14 和 15 的聚集。空间图中的填充节点表示该区域中最新的空间构型，是空间表中包含的简单空间对象。只有最新空间构型的空间对象存储在具有坐标、几何图形和拓扑的域中。聚合的空间对象被排除在空间表之外，但是它们可以通过跟踪空间图来派生。

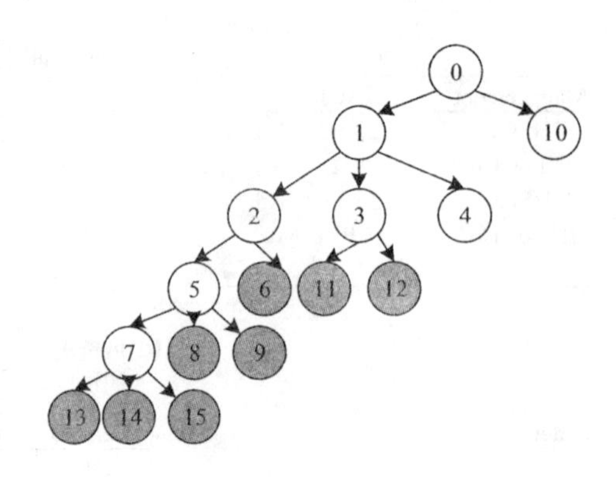

图 4-38　记录空间表中空间对象之间的父子转换的空间图形(据 Yuan，1999)

4. 域链接

域链接表[图 4-37 中表(d)]说明了语义对象、时间对象和空间对象之间的链接，并建立了空间对象之间的语义关联。语义关联将空间对象与可比较的地理意义联系起来。例如，所有 old-growth 地块空间对象都链接到同一语义对象。事实上，这种表格结构在处理语义和空间对象之间的一对多关系时效率很低。因此，用于组织三种对象之间链接的另一种可选选项是面向对象框架。而在这个例子中使用图 4-37 中表(d)所示的方法进行组织，因为其结构简单。

4.5.7　基于版本的时空数据模型

版本时空数据模型是利用元组级版本(tuple-level versioning)来描述专题和空间域变化的模型。最早是由 Lum 等在 1984 年提出的基于事件的时空数据模型。Claramunt 等在 1995 年对 Lum 等的基础版本进行了扩展，提出了扩展版本模型。由于版本时空数据模型是基于事件的模型，因此，它主要聚焦于时空事件及其重要意义，这与快照模型聚焦于时间戳(时间标记)是不同的。版本时空数据模型的总体思想可以使用图 4-39 所示的总体结构来描述。该模型通过将专题、时间和空间 3 组特征分布在 3 个不同的表中，对专题域、时间域和空间域进行区分。这些表描述了每个空间或空间对象版本的适当属性。每次当一个对象有专题或空间变化时，都会在时间表中添加一个新版本。当有专题发生变化时，也需要在专题表中创建一个新的元组。而空间处理则修改空间表中的引用。新版本需要继续指向旧的描述，只要所关注的域没有变化。专题、时间和空间特征的 3 组表之间通过域链接相互连接。其中，时间链接是双向的，允许通过时间向前或向后移动。

在这里，版本表提供了变更的时间顺序的显式表示，并且在某种程度上充当了访问对象的空间和属性描述的时间索引。版本分布在过去、现在和将来的时间表中，以标识关于当前的事件，并优化关于当前状态的查询。过去和现在版本的属性和空间表被连接起来，以允许描述共享，这一特性也可有效地确定上次更改的日期。

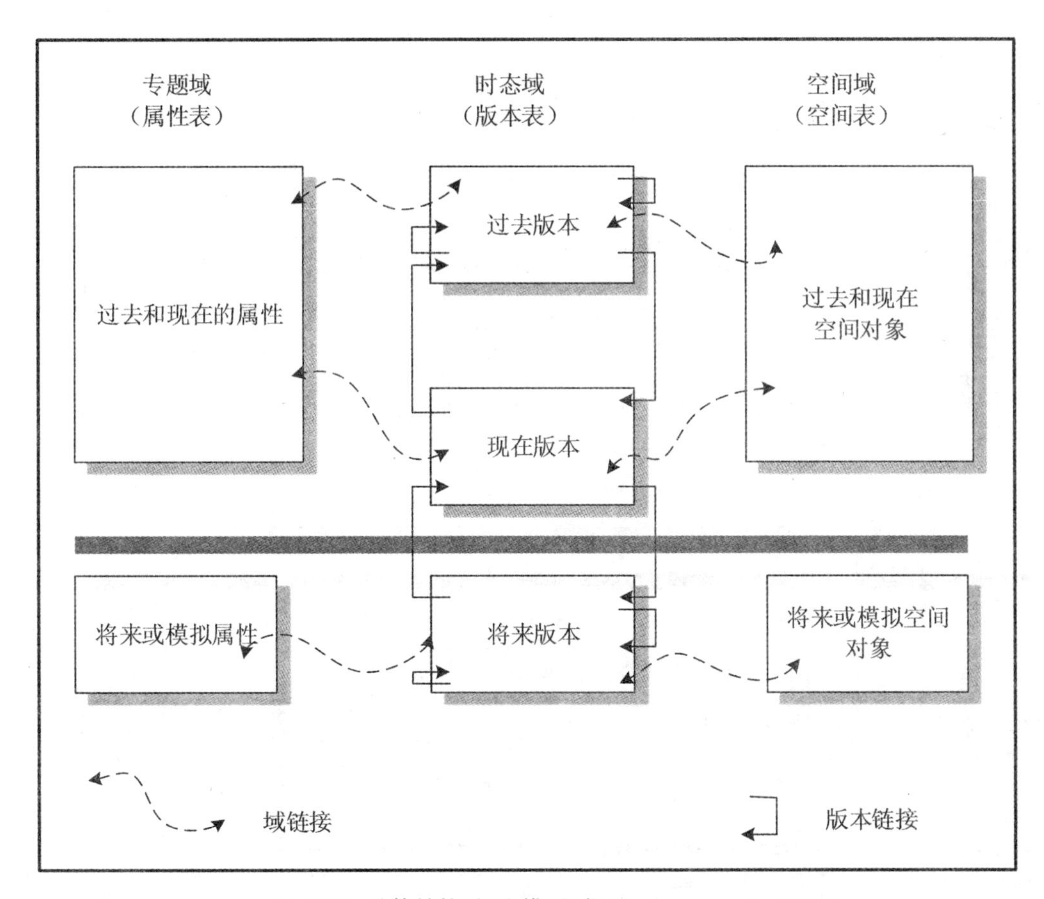

图 4-39 总体结构/概念模型(据 Claramunt et al，1995)

将来表用于接收预测的数据(模拟和预测)，一方面，将它们分开存储以便于取消模拟数据，但是另一方面它们保持相同的结构以简化操作。

图 4-40 为基于 Lum 等(1984)提出的元组级版本，由 Claramunt 等(1995)提出的基于版本的时空数据逻辑模型。该模型中，版本表通过双向时间链接(Prev 和 Next)利用有效时间(WD_time)和事务时间(VL_time)对变化进行排序。过去版本表中有一个特殊字段(last)，通过它可以建立与当前版本表的链接。属性和空间表的每个元组都引用它的最后一个版本。这样，我们可以基于专题或空间查询追溯变化的历史。

Claramunt 等(1995)指出，图 4-40 所示的结构可以表示每个实体的时间突变(或演变)。但它的序列特性不允许描述复杂的时空过程，如涉及多个实体的连续和扩散。为此，Claramunt 等(1995)对基础版本的时空数据逻辑模型进行了扩展，形成了扩展版本的时空数据逻辑模型，如图 4-41 所示。

如图 4-41 所示，扩展后的结构支持描述涉及多个实体的事件。在这个结构中，版本表是通过允许表示多个链接的中间逻辑表(过去的事件、现在的事件和将来的事件)被访问的。由于这些中间表可以同时引用几个不同的实体，从而允许描述复杂的继承、生产、

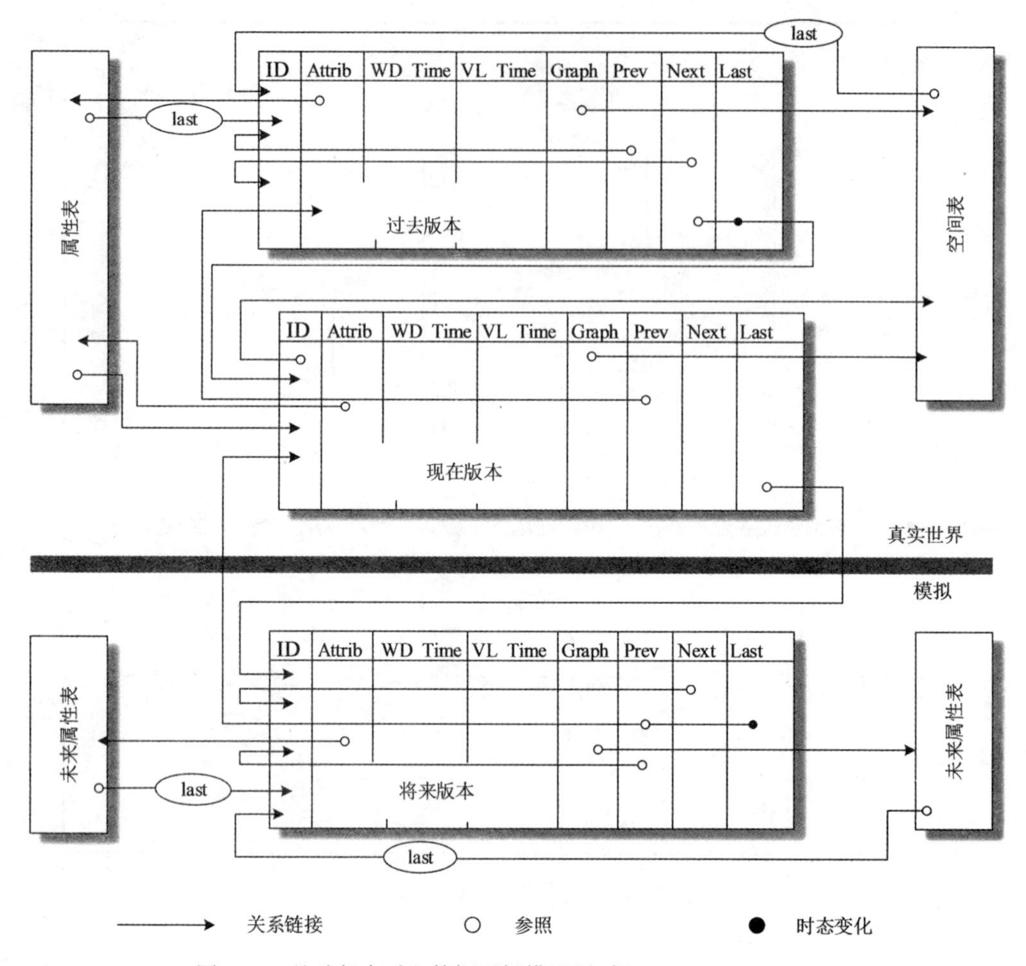

图 4-40　基础版本时空数据逻辑模型图(据 Claramunt et al，1995)

复制和传输过程。事件表中的同一个元组可以引用实体的之前或之后版本，同时描述过程和变化中涉及的其他实体。

4.5.8　面向对象的时空数据模型

面向对象的思想用更自然的方式对复杂的时空实体和现象建模，是支持时空复杂对象建模的有效手段。国内外学者对面向对象的时空数据模型进行了相关研究(Worboys，1994；Renolen，1997；Limpouch，1996；龚健雅，1997；舒红等，1997；曹志月、刘岳，2002；林广发等，2002；张山山，2001)，极大地推动了面向对象时空数据模型的发展和应用。

面向对象的时空数据模型以描述时空对象为主体和时空关系为目的，以对象来描述和组织地理时空现象，将时间、空间及属性在每个时空对象中置于同等重要的地位。其中，对象是独立封装的具有唯一标识的概念实体；每个地理时空对象中封装了对象的时态性、

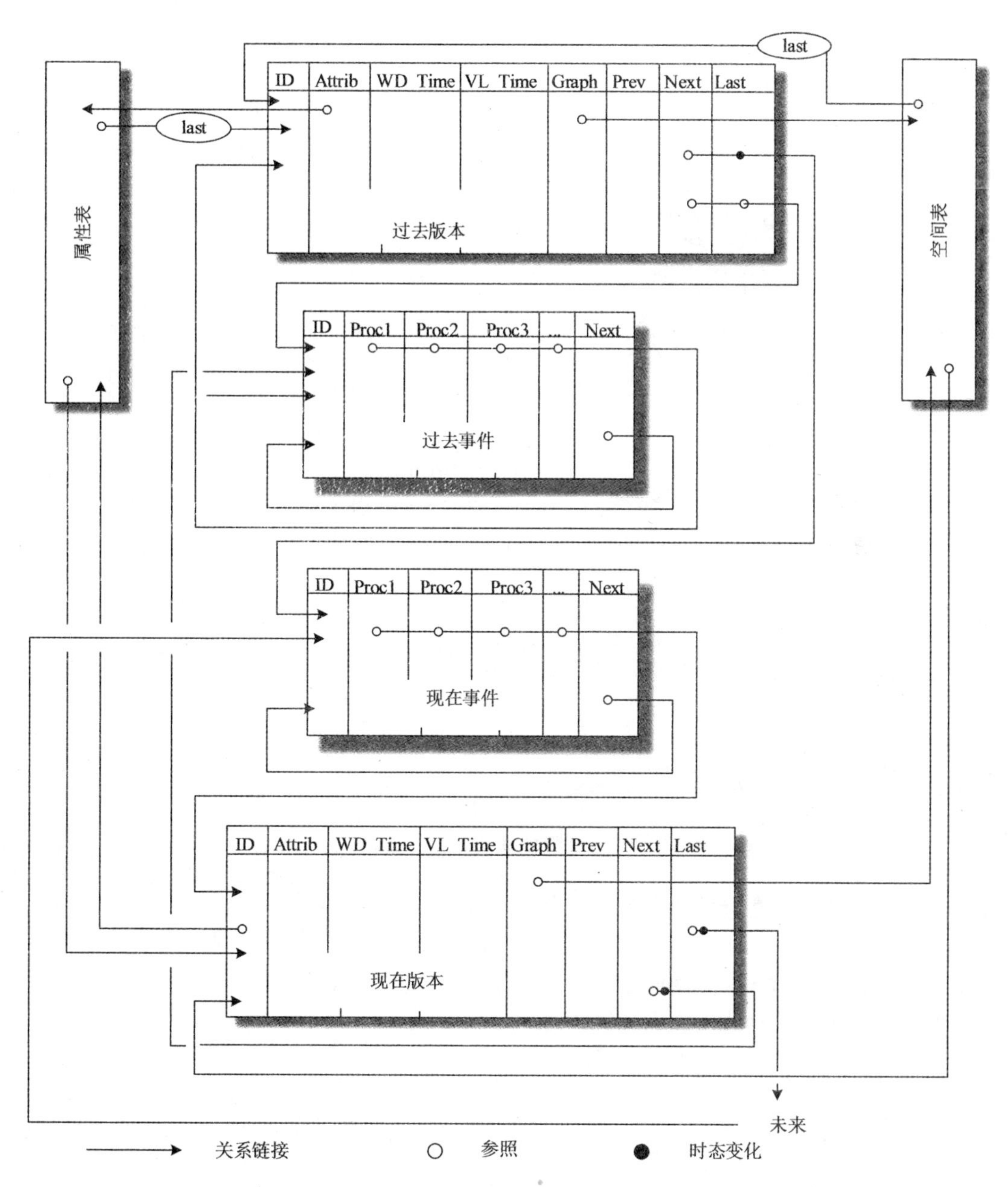

图 4-41 扩展版本时空数据逻辑模型(据 Claramunt et al, 1995)

空间特性、属性特性和相关的行为操作及与其他对象的关系。模型通过将目标抽象为对象(空间对象和地理对象)，把时间维引入到对象，与对象的属性和操作一起进行封装，这样有利于打破传统关系模型范式的限制，直接支持对象的嵌套和变长记录。但是目前对面向对象的时空数据建模来讲，在理论上，还缺乏一种支持变化(涉及时空实体的属性、位置、形状以及拓扑关系的变化)的统一的数据表达模型。

例如，Worboys(1992)提出了一个基于对象的时空数据模型(Object-Based Spatio-Temporal Data Model)，如图 4-42 所示。在这个模型中，每个对象版本的时间长度、属性和空间对象存储在一个表中。

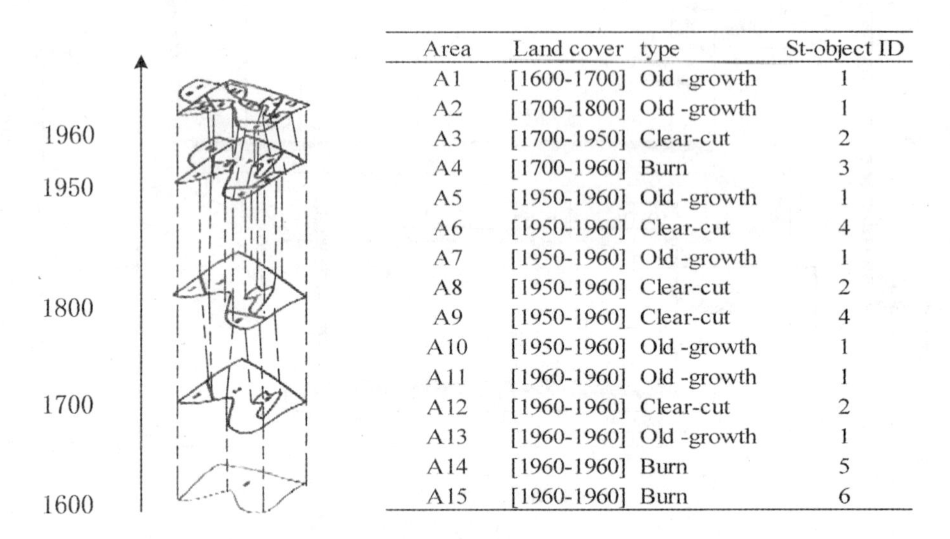

Area	Land cover	type	St-object ID
A1	[1600-1700]	Old -growth	1
A2	[1700-1800]	Old -growth	1
A3	[1700-1950]	Clear-cut	2
A4	[1700-1960]	Burn	3
A5	[1950-1960]	Old -growth	1
A6	[1950-1960]	Clear-cut	4
A7	[1950-1960]	Old -growth	1
A8	[1950-1960]	Clear-cut	2
A9	[1950-1960]	Clear-cut	4
A10	[1950-1960]	Old -growth	1
A11	[1960-1960]	Old -growth	1
A12	[1960-1960]	Clear-cut	2
A13	[1960-1960]	Old -growth	1
A14	[1960-1960]	Burn	5
A15	[1960-1960]	Burn	6

图 4-42　基于对象的时空数据模型(据 Worboys，1992；Nadi et al，2005 转引)

4.6　数据建模的原则与技术

数据建模是数据库设计的重要方法，针对不同的数据库项目中，数据建模将以不同的方式进行。例如，关系数据库数据建模与面向对象数据库的数据建模不一样，其流程的逻辑建模阶段依赖于数据库管理系统(DBMS)。相似地，空间数据库和非空间数据库因其数据结构不相同，数据建模也不同。尽管各个工程项目中数据建模的具体方法不同，但是从更高的层面来讲，数据建模也有相同之处。

4.6.1　数据建模的四项原则

Booch 等(1999)提出了数据建模的四项原则，有助于我们更好地理解数据建模的过程。其内容包括：

(1)模型的选择数据库系统的建设产生深远影响。数据库模型用于表达真实世界，不同的模型采用不同的概念、语言以及图表来描述现实世界的地物。因此，对数据库设计者来说，选择使用哪种数据模型非常重要，需要考虑很多因素，包括待解决的现实世界的复杂性、数据应用的性质、所处的技术环境、用户对信息管理和使用的政策以及对数据库应用的预期等。

(2)每个模型可以用不同级别的精度表示。尽管数据模型需要尽可能详细地表示真实世界，但是并没有必要最大限度地表现其描述能力。最合适的模型应该允许数据库设计者根据模型使用者的需求选择适合的详尽程度来描述真实世界。

(3)最佳模型要与现实世界相关联。尽管模型旨在简化真实世界以便理解，但是简化过程不能掩盖模型应该表现的任何重要细节或特性。当一个数据库模型不能精确地表现现实世界时，需要去找到模型与真实世界连接较弱的地方，并提供解决方案，或者使用另外一个数据库模型。

(4)单个模型可能是不够的，系统最好由一系列近乎独立的模型构成。有时，单个模型不能表示一个完整的数据库。对分布式或联合式数据库，它可能包含多种数据库的复杂组合。如果数据库中使用了多个模型，则需要确保这些模型逻辑相关并可以被独立构造和使用。

4.6.2 系统和数据库的开发生命周期

将数据库系统的开发分为6个阶段，即规划、分析、设计、构建、实施、维护，使用系统开发生命周期(SDLC)方法对是6个阶段进行一个总描述，实际上，这6个阶段是交互式和连续的。也就是说，在图4-43中，分析阶段在规划阶段之后，但是在数据库开发过程中，其结果可能对规划阶段的原始结果产生影响，导致预先设计的数据库实施方案的修改。相应地，在设计阶段，数据库设计者可能发现从分析阶段获取的信息不足以详细表示数据库的某一方面，因此，需要对数据库进行完善。

采用系统开发生命周期的方法是因为数据库系统的开发是一个复杂的工程，无论在技术上还是非技术上都是一个非常复杂的过程。一个阶段不可能在另一个阶段开始之前完成。相反，在系统开发生命周期中，以一定程度的灵活性构建系统，以适应一个阶段的结果由于另一个阶段的结果而需要做出的改变。图4-43表示数据的系统开发生命周期的内容。

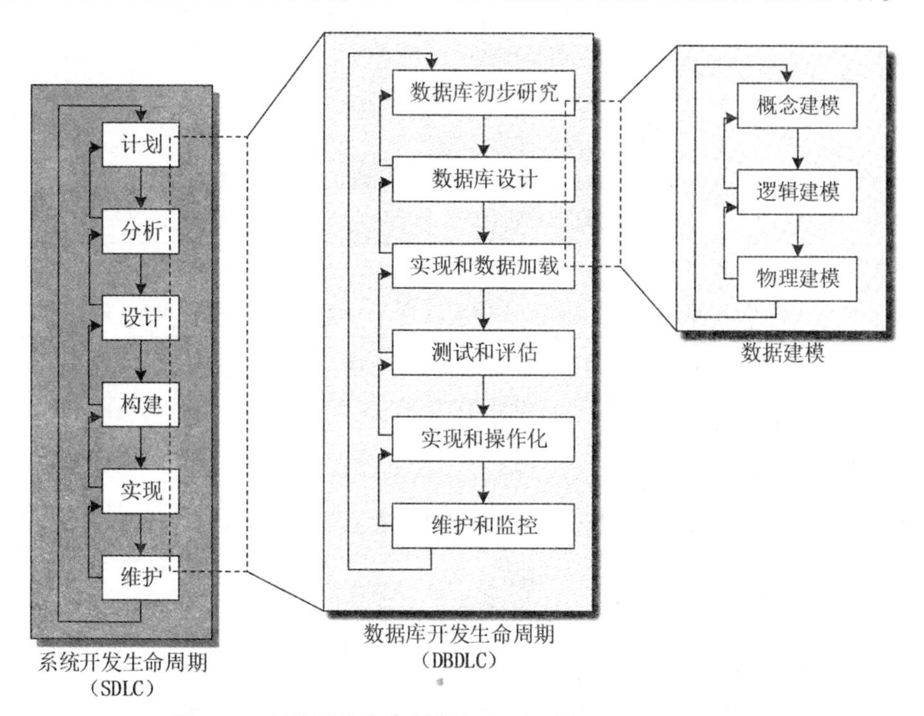

图4-43 系统开发生命周期(SDLC)(据 Yeung et al，2007)

数据库的设计、构建、实施也会受系统开发生命周期的影响。数据库开发生命周期是数据库开发过程的 6 个阶段的总描述，即数据库的初步研究，数据库设计，系统实施和数据载入，测试和评估，操作以及维护和监测(表 4-4)。与系统开发生命周期的各阶段一样，数据库开发生命周期的各个阶段也是连续和交互的(表 4-5)。如果在数据库开发过程的后续阶段出现问题，往往会改变前一阶段的结果。

表 4-4　**系统开发生命周期活动(SDLC)(据 Yeung et al，2007)**

SDLC 阶段	活　动
计划	• 业务功能初步理解 • 用户需求初步评估 • 数据库实现的可行性研究
分析	• 用户需求 • 现有业务活动和操作的评价 • 现有数据资源的评价
设计	• 软硬件架构的开发 • 系统预期标准的开发 • 数据结构的开发
构建	• 应用程序编程(用开发专用计算机) • 数据库编程(用开发专用计算机)
实现	• 在产品计算机、服务器上安装软硬件 • 向产品计算机、服务器中载入数据 • 系统测试和微调 • 用户培训
• 维护	• 表现监测和评价 • 包括数据库备份在内的定期维护 • 保持用户培训

表 4-5　**数据库开发生命周期(DBDLC)(据 Yeung et al，2007)**

SDLC 阶段	活　动
数据库初步研究	• 分析业务功能和信息需求 • 确认问题及限制 • 定义数据库项目的目标 • 定义规格和数据库表现标准
数据库设计	• 概念数据库建模 • 软硬件(DBMS)选择 • 逻辑数据库建模 • 物理数据库建模

续表

SDLC 阶段	活　　动
实现和数据载入	• 软硬件(DBMS)安装 • 构建数据结构 • 数据载入，包括所有数据转换
测试和评价	• 数据库测试和微调 • 应用程序测试和微调
操作化	• 将数据库设置为生产模式 • 在生产模式中配置数据库 • 用户培训
维护和监控	• 定期的软硬件维护，包括在软硬件升级方面的更新管理 • 数据库备份和复制 • 保持用户培训

数据建模的工作贯穿数据库开发生命周期的 3 个阶段，如图 4-43 所示，详见图 4-44。

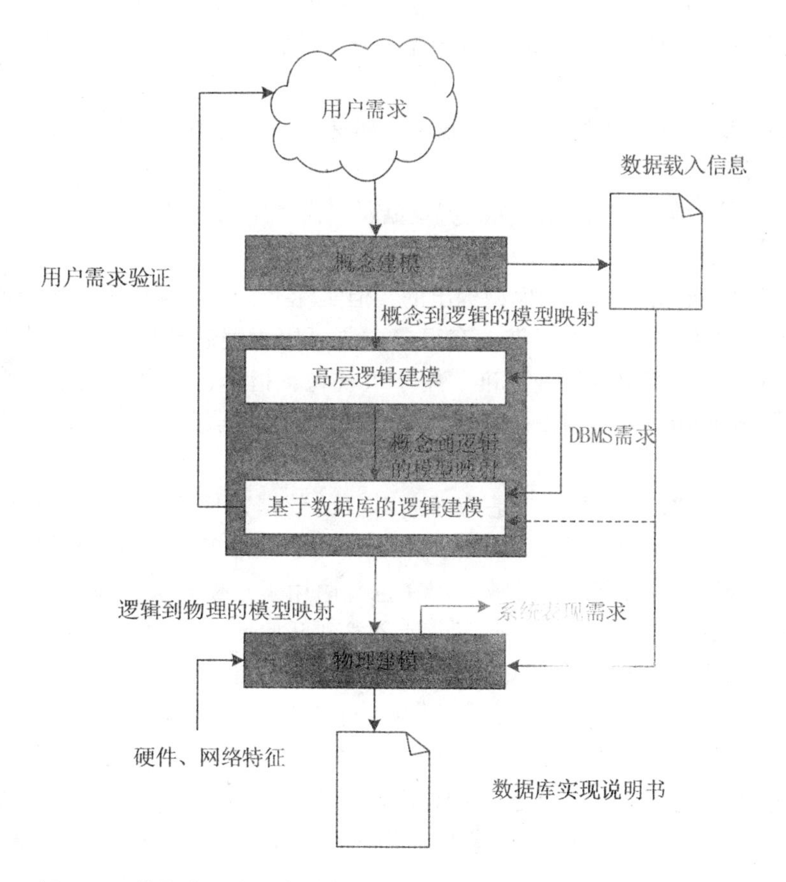

图 4-44　数据库开发生命周期中(DBDLC)的概念、逻辑和物理模型
(据 Yeung et al，2007)

数据概念建模在数据库的初步研究确定了系统将要解决哪些问题之后开始。概念建模通过描述其概念模式中的内容，使原始研究的结果正式化。数据建模的主体工作在设计阶段。

数据库设计的第一步是将概念模式映射到高层次的逻辑模式。这个模式之后通过添加另外的细节来提炼，如密钥标识、实体划分、确定属性允许值等。逻辑建模的结果是一个依赖于数据库管理系统的模式，包含数据库物理建模的详细内容。物理数据建模，通常称为数据库物理设计，目的是确定数据库数据的存储和访问特性，包括数据文件的物理地址和分区情况，支持数据存储和访问的硬件设备，及数据库的性能标准等。

4.6.3 数据建模文档

在数据建模过程中，数据模型通常是数据库赞助商、设计者和开发人员沟通的工具，所以必须清楚地记录数据建模过程中获取的真实世界的表现。这意味着，获取用户需求只是数据建模目标的一部分。没有适当的文档，数据建模任务会被认为是不完整的。

对于一个表示现实世界的概念模型来说，它必须具备4个特性(Batini et al，1992)。

(1)表现力，意味着概念模型能够包含各种各样的概念，包括语言语法、图形符号以及约束，来综合表达现实世界。

(2)简单，使用特定的概念模型建立的模式必须让数据库赞助商、设计者、开发人员及其他有关人员容易理解。简单和表现力是相互矛盾，一个好的概念模型必须能够平衡这两种质量需求。

(3)简略，概念模型中提出的每个概念，都具有一个清晰明了的含义，与其他概念可以清楚地区分开来，即可以达到简略的要求。

(4)正式，指数据及其结构的规范。规范要求模型中所有的概念都有一个独特、精确和明确的解释。

这个质量要求最初是为概念模型提出的，但实际上，更多是作为一种指南，用作逻辑和物理数据库模型的文档开发标准。有很多方法可用于编制数据模型文档。然而，现在UML已经成了一个事实上的行业标准，用于可视化、指定、建设和记录计算机系统包括数据库系统的成果(Booch et al，1999)。下面简单介绍数据建模中的UML，尤其是它的文档功能。

UML在1994年被正式提出，是为面向对象的数据建模提供的一种标准符号。尽管UML源于Booch等的对象建模技术(OMT)和面向对象软件工程(OOSE)的概念融合，但它是一个非专有标准，对所有用户开放。现在也普遍用于建模相关系统。由于UML中运用了大量的语言和图形符号，一些数据库设计者发现开始使用UML对系统建模，然后把成果模型制作成可操作的数据库模型用于实施是非常有用的(Ambler，2000；Fussell，1997)。

UML的文档制作功能可以由它的元模型来概括。本质上，它是一组定义，用相当精确的语法描述可视化建模中使用的各个要素及其相互关系的基本含义。UML元模型具有4层结构[图4-45(a)]，包括用户对象层、模型层、元模型(2M)层和元模型的元模型(3M)层。

用户对象层是UML元模型架构的底层。这一层包含了由数据库问题空间的事实填充的对象图(即由数据库模型表示的现实世界部分)[图 4-45(b)]。以地块数据库为例，“地块”是一个对象图，包含了值为“PEG1234567890KK”的“地块 ID”字段，值为“1185 索恩利街，伦敦”的“地址”字段，值为“10000. 00”的“面积”字段以及“RES-3”的“分区”编码。对象图使用它上面一层即模型层定义的规则来建立。

UML层	描　述	示　例
元元模型	定义构建元模型的语言	元类、元属性、元操作等
元模型	定义构建模型的语言	元类、属性、操作
模型	定义描述某个主题领域的语言	宗地、拥有者、注册器
用户对象	定义描述主题领域信息的规范	宗地（标识号，位置，面积，分区） 拥有者（姓名，地址，社会保障编号） 注册器（社会保障编号，宗地标识号，日期）

（a）UML的四层元模型架构

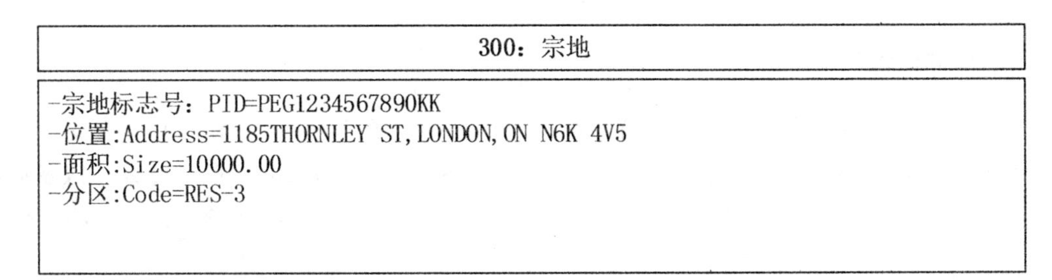

（b）宗地的对象图

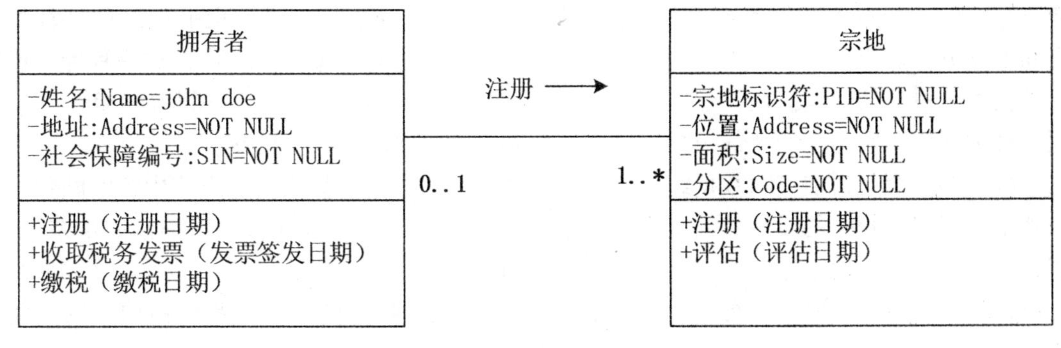

（c）类图

图 4-45　UML 层和功能(据 Yeung et al，2007)

模型层解释了描述主题领域对象的类。在上面的例子中，“所有者”“地块”和“登记表”是主题领域类。模型层描述了每个主题领域模型的样子，包含的属性，可以执行的操作等[图 4-45(c)]。这些类的描述符合上面一层——元模型(2M)指定的标准。这一层将类定义为一个具备属性、操作和关联或关系的概念。

元模型层是 UML 元模型体系结构的顶层。定义了元类、元属性和元操作的概念。这些抽象的定义共同形成了 UML 并作为模板用于构建大量的概念。

文档制作数据建模是一个繁琐且耗时的过程。然而，好的文档对于任何数据建模任务的质量都具有重要的价值。经验表明，数据库设计者如果不愿意在数据库建模阶段花费时间创建合适的文档，往往会在随后的数据库实施和使用阶段中，面对更多不可预见的问题。

4.7 空间数据组织

空间数据是对空间现象的数字化描述，自然界中的空间现象形状多种多样，关系复杂多变。具备多时空性、多尺度性、多源等特征的空间数据，尤其是海量的空间数据在组织和管理时与普通的事务型数据不同。在对海量的空间数据进行有效的组织时，通常采用的组织方法是对数据进行纵行分层和横向分幅分块管理。

4.7.1 空间数据分层组织

1. 空间数据的“层”

“层”在空间数据管理中是一个很重要的概念，这里的层是一个逻辑上的含义。以地图为例，通常普通地图上的地理要素包括水体、地貌、土质和植被等自然要素，以及居民地、交通网、政治行政界线、工农业设施等社会经济要素。在绘制地图时，假设将多张透明薄膜叠在一起，第一层薄膜上绘制出地貌，第二张薄膜上绘制水体，第三张绘制土质和植被，每类地物都完成之后，把所有薄膜叠在一起，就构成完整的地图。将每一层薄膜看作一个“层”，这样对数据的组织就是数据的分层。在空间数据库中，根据地图的特征把空间数据分为若干层，不同类别或不同级别的元素分层进行存放，每一层存放一种专题或一类信息。可以按照用户的需求进行分层或者将具有相同属性的同类空间实体组织在一起，称为图层，它是空间特征及描述这些特征的属性在逻辑意义上的集合。

分层的组织是目前空间数据组织的基本方法之一。在这种分层组织方式中，空间数据由若干个图层及相关的属性数据组成，各个图层有共同的空间坐标参照系统，如水系层、道路层、房屋层、地下管线层等。对不同的空间地物在逻辑上用“层”的概念进行组织，可以很方便地对不同要素进行查询、分析和显示。如图4-46所示，按照地物抽象的几何要素被人为地分为道路层、植被层、水系层等。

2. 空间数据分层方法

通常对空间数据分层有3种分层方法：①按照专题进行分层；②按照时间进行分层；③按照海拔高度进行分层。

1)按照专题分层

一幅地图可以划分为多个专题图层，这些图层有相同的地理范围。同一个图层中的空间实体通常是一种要素类型，如点图层、线图、面图层等。专题分层是按照一定的目标对专题要素进行分类，每类作为一个图层。对不同用途的地图来讲，其图层划分有很大的不同。表4-6为地形图和地籍管理图对图层的划分方式。

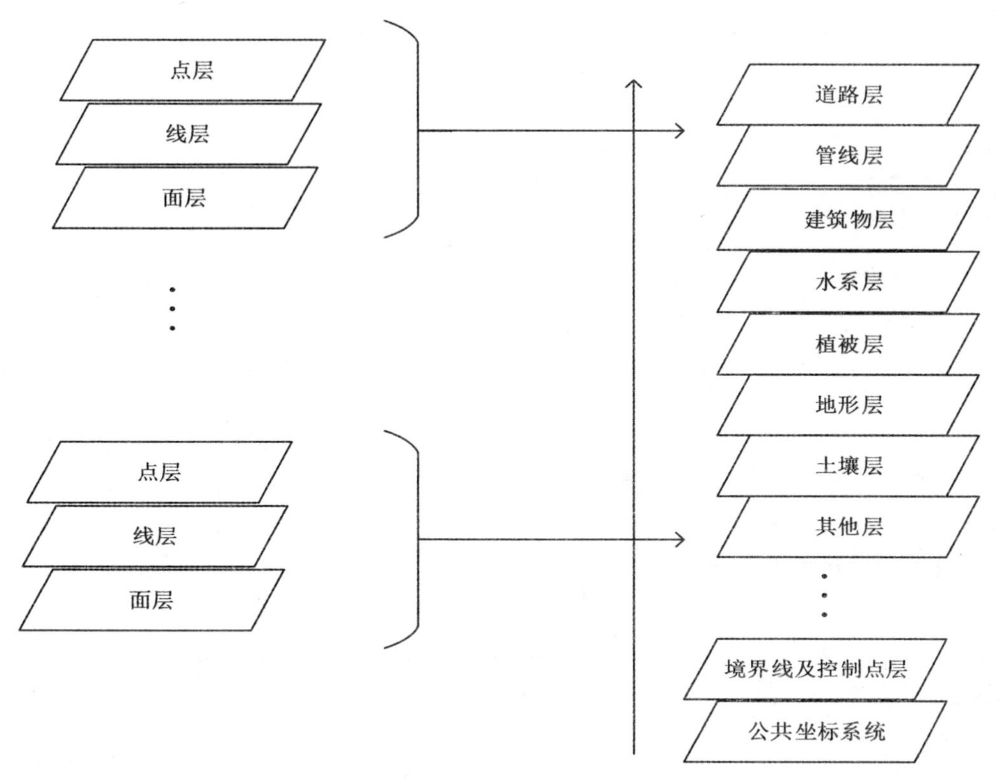

图 4-46 空间数据的分层组织(据吴信才，2009)

表 4-6 **地形图和地籍管理图的图层划分方案**

项目	图层		注记
地形图	点要素层	地形层	等高线注记、地貌特征点、高程注记
		居民点层	居民地符号及注记
		境界层	警戒线注记
		地物层	独立地物符号
		控制点层	规矩线、三角点
	线要素层	等高线	首曲线、计曲线
		境界线	国界、省界、县界、行政区划界
		交通线	铁路、公路、其他道路
		水系层	单线河、双线河
		控制线层	图廓线、经纬网、方里网
	区要素层	湖泊层	湖泊面域
		双线河层	双线河面域

续表

项目	图层		注记
地籍管理图	点要素层	界址点层	界址点号、界标种类
		注记层	各种文字注记
	线要素层	界址线层	界址线类别、线位置、界址间距离等
		房屋层	房屋边界
	区要素层	宗地层	权属、面积、用途、四至、地类
		街坊层	若干宗地组成相应街坊

表 4-6 中，每一图层存放一种专题或一类信息，关系密切的相关要素可以组合在一起构成一个图层。也可以按照属性把图分解为若干个代表个别属性的图层。图层的划分与用户需求、计算机的存储量、处理速度和软件限制等有关系，并不是图层划分得越细越好。

2) 按照时间序列进行分层

在分层的时候，可以按照不同的时间或不同的时期对数据进行划分，例如，某空间特征 1990 年的数据分为一层，2000 年的数据分为一层，2010 年的数据分为一层，形成对空间数据的时间分层方式，如图 4-47 所示。时间分层便于对数据的动态管理，尤其是历史数据的管理。

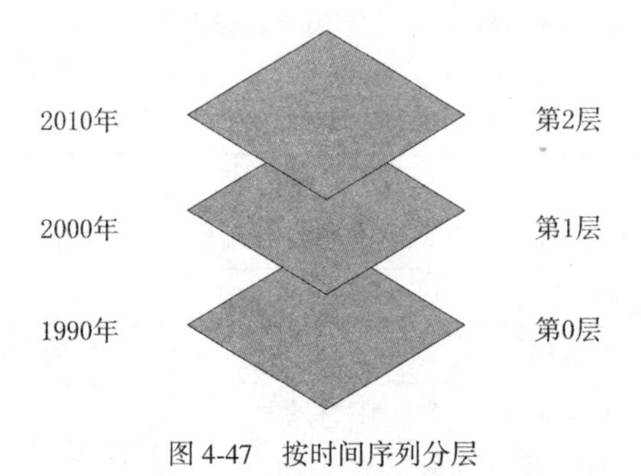

图 4-47　按时间序列分层

3) 以地面垂直高度分层

按照空间的地面垂直高度进行分层，这种方法以高程来分层，将分层从二维转化为三维，便于分析数据在垂直方向上的变化，如图 4-48 所示。

4.7.2　空间数据分块组织

在数据分层的基础上，空间数据采用分块的方式进行组织和管理。在空间数据描述的空间范围比较大的时候，通过对数据的分块可以实现对数据的有效管理，数据分块也有利于数据的存储和查询分析。分块组织通常是将某一区域的空间信息按照某种分块方式，分

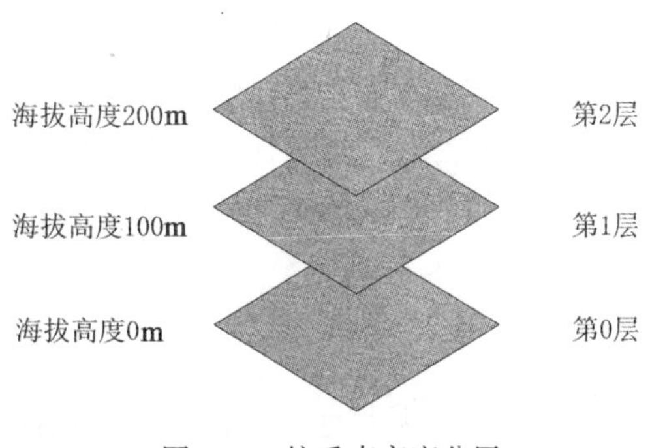

图 4-48 按垂直高度分层

割成多个数据块；如将一幅地图分成多个图幅，以文件或表的形式存放在不同的目录和数据库中。

1. 空间数据分块

在空间数据建库时，用图块表示地理区域相互不重叠的要素。各个图幅的地理范围都不相同，不同图幅对应着不同的区域，从空间上可以拼成一幅完整的地图。地图分块的方式主要有标准经纬度分块、矩形分块和任意多边形分块。

标准经纬度分块时，根据经纬线将空间数据划分为多个数据块，如我国基本比例尺地形图的分幅方法就是一种经纬度分块方法。矩形分块是按照一定的矩形大小将空间数据分为若干个数据块。任意多边形分块是依据地物特征按任意多边形将空间分为多个数据块。

2. 分块尺寸

分块的时候，图块可以是任意尺寸，根据实际的需求来确定图幅分块的大小，一般一个图幅不宜过大，否则会对数据传输和数据处理带来麻烦。图块划分尺寸根据实际需求而定，一般图块划分的原则如下(吴信才，2009)。

(1)按存取效率较高的空间分布单元划分图块，以提高数据库的存取效率。

(2)图块的划分应使基本存储单元具有较为合理的数据量。数据量过大，会影响数据查询分析的效率；数据量过小，则不利于数据的管理。

(3)在定义图块分区时，应充分考虑未来地图更新的需求和空间数据的空间分布，有利于数据更新和维护。

通常情况下，小比例尺地图按照经纬线分幅，而大比例尺地图按矩形分幅。

4.8 本章小结

本章概括数据库模型和数据建模的内容，目的是提供空间数据库模型描述和空间数据建模方法。理解本章内容对本书其余部分空间数据库的研究十分重要。本章定义了数据建模的关键术语，解释了数据库设计中广泛采用的数据模型的特点，包括 E-R 模型、关系模型、面向对象模型和对象关系模型。介绍了生命周期开发方法的内容及其在数据库设计中的作用，最后给出空间数据的组织方法。

数据建模在数据库项目中的重要性需要得到足够的重视。在所有的数据库项目中，数据建模都需要花费大量的时间，并且是一个重大任务。跳过严密的数据建模过程，直接进行数据库的设计和实现可能会在事后产生无法预见和估量的问题。

思考题

1. 什么是数据库的建模？为什么说数据建模对数据库实施是非常重要的？
2. 以你熟悉的空间场景为例，尝试画出其 E-R 图概念模型，并用象形图来扩展 E-R 图的空间内容。
3. 对上题的空间场景，尝试以 UML 类图的形式，建立空间数据的概念模型。
4. 什么是对象关系数据模型？请说明它涉及的面向对象的概念及技术。
5. 什么是时间概念模型？什么是时态数据的逻辑建模？
6. 常用的时空数据模型有哪些？请分析其各自的特征。
7. 阐述空间数据的分层组织和分层方法。

参考文献

Yeung A K W, Hall G B. Spatial database systems: design, implementation and project management[M]. Dordrecht: Springer, 2007

Ambler S W. Mapping objects to relational databases[EB/OL]. IBM Developer Works: Components Overview Library paper, 2000. http://www-4. ibm. com/software/developer/library/mapping-tordb/index. html.

Armstrong M P. Temporality in spatial databases[C]// Proceedings, GIS/LIS'88, San Antonino, Texas, USA, 1988, Vol. 2: 880-889.

Batini C, Ceri S, Navathe S B. Conceptual database design: an entity-relationship approach[M]. Redwood City, CA: The Benjamin/Cummings Publishing Company, Inc, 1992.

Booch G, Rumbaugh J, Jacobson I. The unified modeling language user guide[M]. New Jersey : Addison Wesley, 1999.

Claramunt C, Thériault Marius. Managing time in GIS: an event-oriented approach[C]// James Clifford. Recent Advances in Temporal Databases, Proceedings of the International Workshop on Temporal Databases, Zürich, Switzerland. 1995.

Clifford J, Croker A. The historical relational data model (Hrdm) and algebra based on lifespans [C]// IEEE Computer Society. The Third International Conference on Data Engineering. 1987.

Clifford J. Towards an algebra of historical relational databases[C]// 1985 ACM-SIGMOD International Conference on Management of Data. 1985.

Fussell M L. Foundations of object-relation mapping [M]. Sunnydale, CA: ChiMu Corp., 1997.

Langran G. A review of temporal database research and its use in GIS applications [J]. International Journal of Geographical Information Science, 1989, 3(3): 215-232.

Langran G. Time in geographic information system [M]. Washington, DC: Taylor & Francis, 1992.

Limpouch A. Object-oriented GIS for the future[C]//International Archives of XⅧISPARS Congress B3. 1996.

Lum V, Dadam P, Erbe R, et al. Designing DBMS support for the temporal dimension [C]// The 1984 ACM SIGMOD International Conference on Management of Data. 1984.

Nadi S, Delavar M R. Toward a general spatio-temporal database structure for Gis applications[C]// Tehran University. 2005.

Peuquet D J, Niu D. An event-based spatiotemporal data model (ESTDM) for temporal analysis of geographical data [J]. International Journal of Geographical Information Science, 1995, 9(1): 7-24.

Peuquet D J. Representations of geographic space: toward a conceptual synthesis [J]. Annals of the Association of American Geographers, 1994, 78: 375-94.

Renolen A. Conceptualmodeling and spatiotemporal information system: how to model the real world[C]// 6th Scandinavian Research Conference on GIS (SCANGIS'97) . 1997.

Shoshani A. Temporallogical models [M]//Liu L, Özsu M T. Encyclopedia of Database Systems. Boston, MA: Springer, 2009.

Tsichritzis D C, Lochovsky F H. Data models (software series) [M]. Prentice-Hall, 1982.

Worboys M F. A model for spatio-temporal information[C]// 5th International Symposium on Spatial Data Handling, Charleston, South Carolina, USA. 1992: 602-611.

Worboys M F. Object-oriented approaches to geo-referenced information[J]. IJGIS, 1994, 8 (4): 385-399.

Yuan M. Modeling semantic, temporal, and spatial information in geographic information systems [M]//Craglia M, Couclelis H. Geographic Information Research: Bringing the Atlantic. London: Taylor and Francis, 1996: 334-347.

Yuan M. Use of a three-domain representation to enhance GIS support for complex spatiotemporal queries, Transaction in GIS, 1999, 3(2): 137-159.

Yuan M. Temporal GIS and spatio-temporal modeling[EB/OL]. [2019-04-03]. http: // www. ncgia. ucsb/conf/SANTA_FE_CD-ROM/sf_papers/yuan_may/may. html. 1996.

曹志月，刘岳. 一种面向对象的时空数据模型[J]. 测绘学报，2002，31(1)：87-93.

陈新保，Li Songnian，朱建军，等. 时空数据模型综述[J]. 地理科学进展，2009，28(1)：9-17.

程昌秀，周成虎，陆锋. 对象关系型 GIS 中改进基态修正时空数据模型的实现[J]. 中国图象图形学报，2003，8(6A)：687-702.

龚健雅. GIS 中面向对象时空数据模型[J]. 测绘学报，1997，26(4)：289-298.

蒋捷，陈军. 基于事件的土地划拨时空数据库若干思考[J]. 测绘学报，2000，29(1)：64-70.

林广发，冯学智，王雷，等. 以事件为核心的面向对象时空数据模型[J]. 测绘学报，2002，31(1)：71-75.

舒红，陈军，杜道生，等. 面向对象的时空数据模型[J]. 武汉测绘科技大学学报，1997，22(3)：229-233.

舒红，陈军，史文中. 时空数据模型研究综述[J]. 计算机科学，1998，25(6)：70-74.

吴信才. 空间数据库[M]. 北京：科学出版社，2009.

Shashi Shekhar，Sanjay Chawla. 空间数据库[M]. 谢昆青，马修军，杨冬青，等，译. 北京：机械工业出版社，2004.

尹章才，李全. 土地划拨中的时空数据模型研究[J]. 国土资源遥感，2002，54(4)：70-76.

张山山. 地理信息系统时空数据建模研究及应用[D]. 成都：西南交通大学，2001.

第5章　时空数据库索引

为了避免毫无方向、漫无边际地对海量时空数据库进行访问，有效地处理时空数据的查询和加速时空数据库中数据的检索，需要有一种能加快时空对象定位速度的有效访问方法。由于这些方法依赖于被称为索引的特定数据结构，因此被称为数据库索引。本章主要针对如何加速时空数据库查询处理的问题，对时空数据库的索引原理和索引方法进行介绍。

5.1　索引的基本原理

5.1.1　索引简介

假想让我们在一个没有进行任何管理的图书馆中索取一份自己想要的资料，让我们在一个没有字母索引的字典里查找生字，用焦头烂额来形容是再合适不过了。为了避免这种毫无方向、漫无边际的检索，我们必须提出一种能加快定位速度的有效方法，于是索引技术应运而生。

给一个庞大的数据集找到一个有效的索引体系是十分重要的，特别对于空间数据、时空数据这种海量数据而言更是如此。所以，有这样的说法“海量数据如无索引管理将寸步难行，必将成为‘数据坟墓’，弃之可惜，用之无法使用”。

因此，一个数据库系统不论是一般的关系型数据库还是空间数据库，或是时空数据库，其一项根本的任务就是信息的检索查询。能否快速地检索信息是数据库性能高低的一个主要的标志。

1. 索引概念

索引对我们来说也许并不陌生，这源于生活中我们经常遇到或运用了索引技术，例如，日常生活遇到的词典中索引，文献中的词条索引以及书籍目录等这些生活中的索引就包括了信息系统中索引结构的基本原理。

那么，索引究竟是什么？关于这个问题在不同的文献给出了不尽相同的描述，例如，索引是为了加速对表中数据行的检索而创建的一种分散的存储结构，是针对表而建立的，是由数据页面以外的索引页面组成的，每个索引页面中的行都会含有逻辑指针，以便加速检索物理数据(周屹、李艳娟，2013)。

索引是数据库的一个基本概念和技术。索引是一个数据结构元素，用于加速对数据特定部分库的访问(Yeung et al，2007)。

索引文件是用来提高数据文件查询效率的辅助文件。索引文件中的记录只有 2 个域，即码值和数据文件中的页面地址(Shashi Shekhar et al，2004)。

虽然，上述方法对索引概念的描述不尽相同，它们却给出了索引的共同特性。即在数据库中，一方面索引是加速数据库中特定部分访问的数据结构元素，另一方面，索引本身也是一种数据结构。

索引通常置于磁盘或内存，内存中一般只存放最高级索引。一旦对一个大型数据文件建立了索引而形成了索引文件，则不论是随机查找，还是顺序查找都是方便的。

2. 索引项与索引表(文件)

索引项是数据库索引的基本构件，是索引功能的基础。一个索引项是由关键词值和指针构成的一个二元组：

索引项=[关键词值，指针]

其中，关键词值是记录各种字符段的一个集合，它可以是一个或者多个字符段的任意序列组合，并不是唯一的一个标识记录。而指针则指向关键词值所标识的记录在数据库中的位置，通过指针就可找到含有此关键词值的记录。索引项构成的表或存储索引项的表称为索引表，若索引项以文件的方式进行存储，则称为索引文件。

3. 索引的作用

在数据库系统中建立索引主要有以下作用：

(1)快速访问数据，索引通过缩小查询范围，最大限度地减少数据库扫描或遍历区域，从而加速了数据库的访问速度，这也是创建数据库索引的最主要原因。

(2)保证数据记录的唯一性，通过创建唯一性索引(不允许其中任何两行具有相同索引值的索引)，可以保证数据库表中每一行数据的唯一性。

(3)实现表与表之间的参照完整性，索引可通过索引表和数据表之间存在的关系与关系之间的引用实现参照完整性。

(4)在使用 order by、group by 子句进行数据检索时，利用索引可以减少排序和分组的时间。

4. 索引的优缺点

通过建立索引可以极大地提高在数据库中获取所需信息的速度，同时还能提高服务器处理相关搜索请求的效率，从这个方面来看它具有以下优点(欧萍，2011)。

(1)在设计数据库时，通过创建一个唯一的索引，能够在索引和信息之间形成一对一的映射式的对应关系，增加数据的唯一性特点。

(2)能提高数据的搜索及检索速度，符合数据库建立的初衷。

(3)能够加快表与表之间的连接速度，这对于提高数据的参考完整性方面具有重要作用。

(4)在信息检索过程中，若使用分组及排序子句时，通过建立索引能有效地减少检索过程中所需的分组及排序时间，提高检索效率。

(5)建立索引之后，在信息查询过程中可以使用优化隐藏器，这对于提高整个信息检索系统的性能具有重要意义。

虽然索引的建立在提高检索效率方面具有诸多积极的作用，但还是存在下列缺点(欧萍，2011)。

(1)在数据库建立过程中，需花费较多的时间去建立并维护索引，特别是随着数据总量的增加，所花费的时间将不断递增。

(2)在数据库中创建的索引需要占用一定的物理存储空间，这其中就包括数据表所占的数据空间以及所创建的每一个索引所占用的物理空间，如果有必要建立起聚簇索引，所占用的空间还将进一步的增加。

(3)在对表中的数据进行修改时，如对其进行增加、删除或者修改操作时，索引还需要进行动态的维护，这给数据库的维护速度带来了一定的麻烦。

5.1.2　索引层次结构

索引本身也是一个文件，当索引很大时，也可将其分块，建立高一层的索引。如此继续下去，直到最高级索引不超过一个块时为止，这样就得到了一个多级索引结构，如图5-1所示。

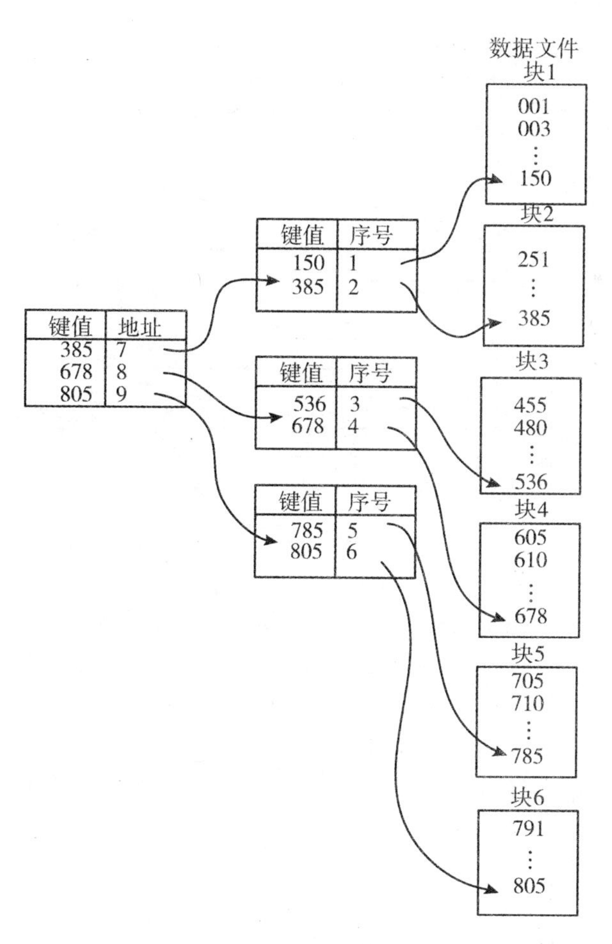

图5-1　多级索引结构示意图

在多级索引结构中，每一级索引就构成了索引的一个层次，层次的数量被定义为索引的深度，层次越多，深度越深。由于建立了索引的数据库查询过程是从一级索引开始逐步缩小查询范围直至找到要查找的记录或对象的，因此，索引的深度也不易太深，太深也会降低查询的效率。

多级索引结构的索引中，如何组织索引文件是索引技术的主要问题。在数据库中对各级索引可采用定长记录固定组块的方式，并可对索引进行再索引，层层上去，直到最高级索引不超过系统规定的一个块的大小为止。这样，整个索引文件就构成了一棵以索引块和记录块为索引的树，如图 5-2 所示。

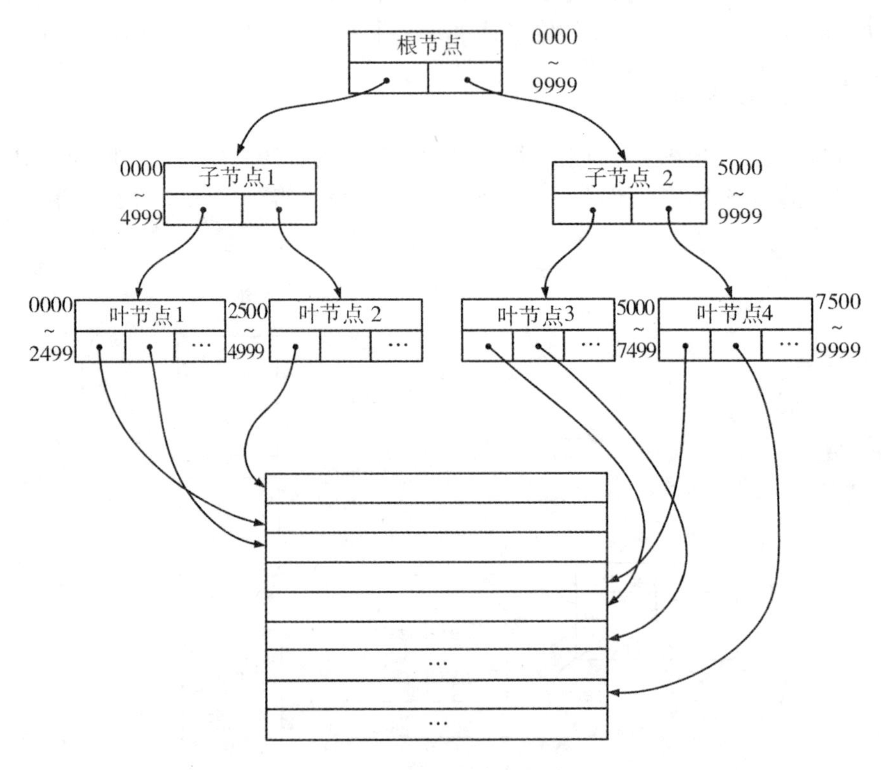

图 5-2　树状结构索引示意

树状数据结构有很多，如二叉树、2-3 叉树[每个内部节点有两个子节点(包含一个关键码)或者 3 个子节点(包含两个关键码)]、多叉树等，它们都可用来构成索引文件。在树状结构的多级索引中，如果各个分支的深度相同(层次相同)，那么这样的索引树称为平衡树；反之，称为不平衡树。不平衡树中可能会出现长短不一的分支，即有的可能很长，有的可能很短，可能会导致数据库检索时平均查找次数变多，从而使得查找效率大为降低。

5.1.3　树形索引

索引是数据库的一个基本概念和技术，是一个用于加速对数据特定部分库的访问的数据结构元素。索引作为关系数据库中非常重要的部分，已经有许多用于关系表的索引方法被提出并发表。然而在众多的索引中，B 树索引(图 5-3)作为一种最常用的索引形式，被许多商业数据库系统(包括 Oracle 和 IBM 的 DB2)作为默认的索引模式。因此，本节将以 B 树索引为例来阐述树形索引的原理。

1. B 树索引

B 树索引结构是一种平衡树的多级索引结构，其中的 B 就代表“平衡”(balance)。如图 5-3 所示，B 树索引具有以下性质：

(1)B 树索引是由一层或多层的分支节点和一层叶节点组成。

(2)B 树索引中，根节点作为树的第一层节点，只有 1 个节点，即节点数量为 1。

(3)B 树索引中除根节点(第一层节点)以外的非叶节点的子节点数为$\{(m/2, m) \mid m>2\}$。这表明，B 树索引中，根节点的子节点(第二层节点)至少有 2 个节点。同时，也表明了 B 树是一种多路搜索树，并不是一个二叉树。

(4)B 树索引中非叶节点的关键字个数等于指向下一级子节点的指针个数减 1。

(5)B 树索引的分支节点包含了该分支下一层分支的范围信息。

(6)B 树索引中根节点和叶节点之间的层数称为索引的深度。

(7)B 树索引中，叶节点包含实际的索引值和相关行的行标识。

在 B 树索引中，一方面因为 B 树是高度平衡树，所有的叶节点在索引中的深度相同，因而对表中行的检索所需的 I/O 操作数相同。另一方面，因为 B 树索引结构并不含有很多分支节点层，它需要较少的 I/O 操作就可以迅速查到叶节点。因此，B 树索引在查询方法中的整体性能相对优越。

需要特别说明的是，在对建立了索引的数据库表进行查询处理过程中，如果一个应用程序或用户需要相关表中的特定数据(如数据的关键字值为 1501)，数据库系统不是直接扫描数据表(文件)本身进行检索的，而是会首先扫描索引表(文件)来查询满足要求的特定数据。即，首先通过扫描索引表(文件)找到要查找的关键字值对应记录的指针(如图 5-3中的行标识为 0010)，然后，再根据该指针(行标识 0010)指向的行从数据表(文件)中检索满足条件的记录。

2. B+树索引

1)B+树的概念与性质

B+树是一种 B 树的变体。因此，它是一个平衡树，也是一个多路搜索树。同时，B+树也具有与 B 树相似的性质。其性质具体包括以下 3 个方面。

(1)根节点，B+树的根节点至少有两个子树。

(2)子节点，除根外，每个子节点最少有[$m/2$]个子节点，最多有 m 个子节点，有 n 个子节点的非叶节点(子节点)有 $n-1$ 个关键值域。子节点被看作索引的一部分，由节点中关键值与指向子树的指针构成了其对树的索引项。

(3)叶节点，B+树的叶节点处于同一层上，叶节点包含关键值以及指向相应数据对象存放地址的指针。

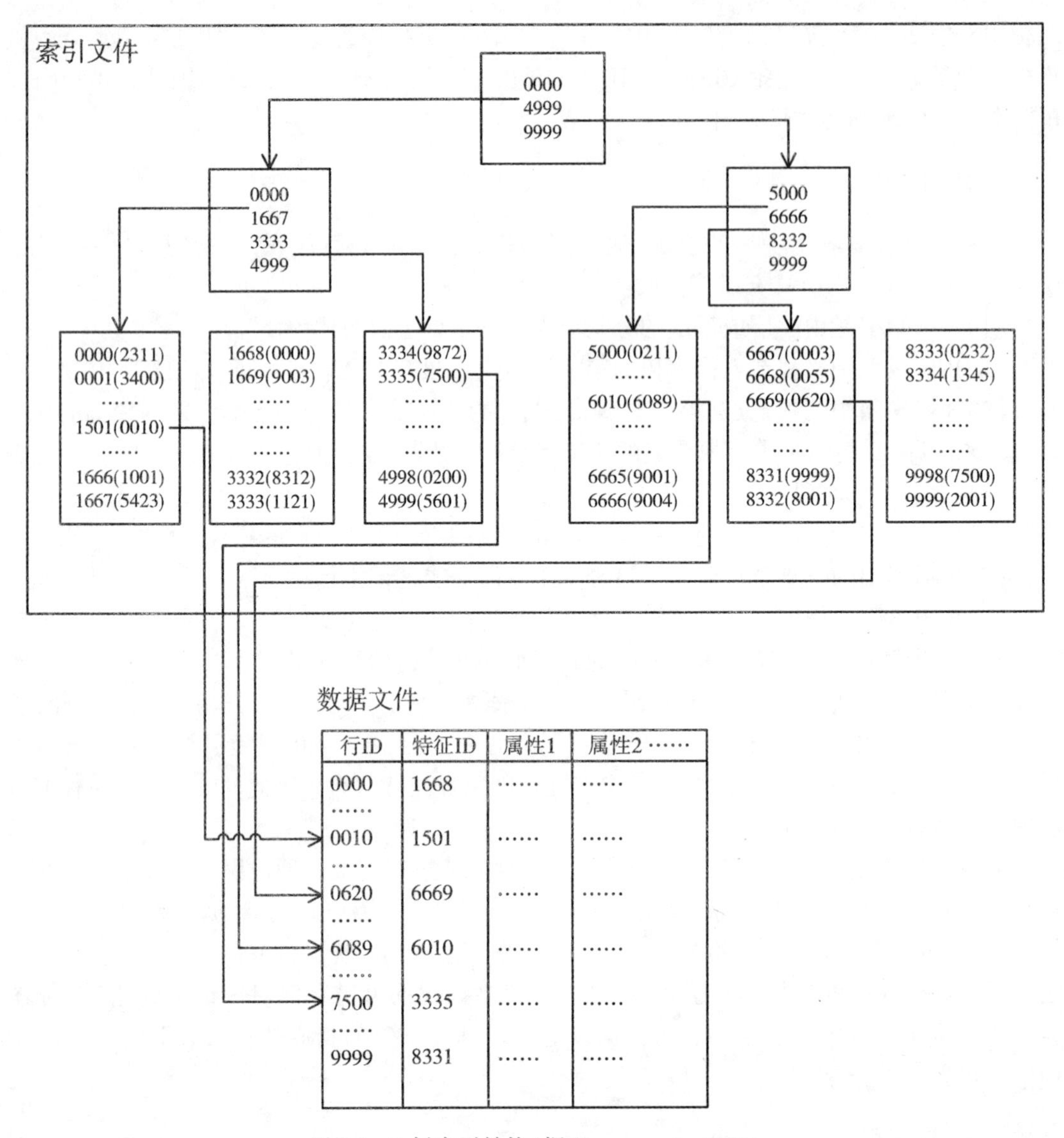

图 5-3　B 树索引结构(据 Yeung et al，2007)

2) B+树原理

由于 B+树在实践中被广为使用，因此为了阐明 B+树索引的基本原理，引入一个建立在关键值集合{5，6，7，9，12，15，19}上的 B+树索引示例，如图 5-4(a)所示。与 B 树一样，B+树也是平衡树，根据其性质，子节点中存储由二元组[*key*，*ptr*]构成的索引项(假定用 *e* 表示一个索引项)。这里，如果该节点为叶节点，则指针指向关键值属性为 *key* 的对象或实体。反之，如果该节点为子节点，那么指针 *ptr* 则指向它的下一级子节点。

这里，假设规定每个节点最多只能拥有 4 个子节点，即节点包含子节点的个数上限 $m=4$，且节点中的索引项 *e* 是按关键值的顺序排列的。对于一个索引项目录 *e*，其左子树

中的对象 o 的关键值满足 $o.key \leq e.key$，而右子树中的对象则均为 $o.key > e.key$ 的对象。那么，对于一个关键值为 val 的对象，其在 B+树索引中的准确搜索过程是从树的根节点开始自上而下遍历。在每层节点中，首先选择关键值大于 val(即 $val \leq e.key$)的最小索引项 e 的左子树。如果关键值 val 大于该层节点中最大索引项的关键值，那么选择最右边的子树。在这样的树中，所有的叶节点位于同一层级，树的每个分支都有相同的深度，因此是一个平衡树。

3) B+树索引节点插入

当有对象索引项需要插入时，首先确定要插入的叶节点，并判断该索引项插入叶节点后是否会破坏 B+树的性质。如果不会破坏 B+树的性质，则在相应的叶节点中插入该对象的索引项；反之，则需要对该叶节点进行分裂处理。例如，对于图 5-4(a)所示的 B+树索引来说，如果插入索引项 $e=[3, ptr]$，那么根据 B+树的原理和性质，该索引项应该插入左侧的叶节点，如图 5-4(b)所示。由于索引项 $e=[3, ptr]$的插入并没有改变树的性质，即没有超出叶节点的空间(前面假设为 4)，所以节点无须分裂。而如果插入索引项 $e=[13, ptr]$在图 5-4(a)所示的树中，则会因为导致其右侧叶节点的溢出而需要对右侧叶节点进行分裂，同时，一个新的索引项 $e=[13, ptr]$需要插入其父节点中，如图 5-4(c)所示。

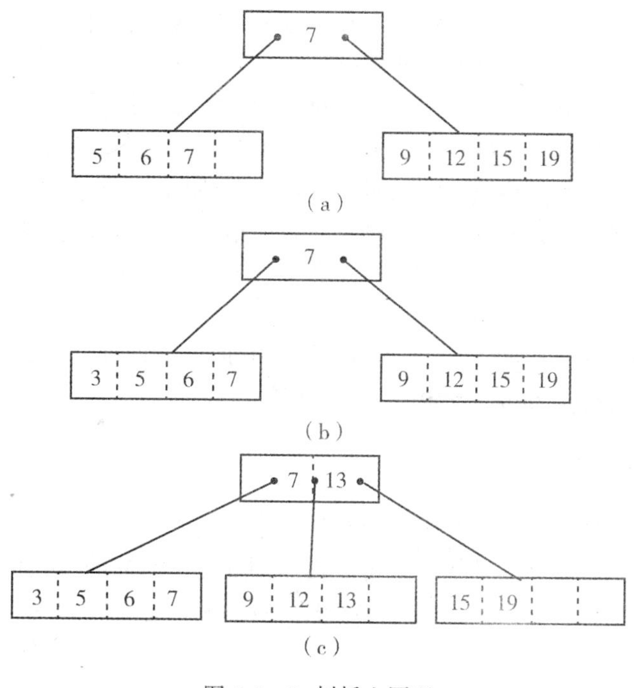

图 5-4 B+树插入原理

5.2 空间数据库索引

空间数据库索引是指依据空间对象的位置、形状或空间对象之间的某种空间关系按一定的顺序排列的一种数据结构，其中包含空间对象的概要信息，如对象的标识、外接矩形及指向空间对象实体的指针。

作为一种辅助性的空间数据结构，空间索引介于空间操作算法和空间对象之间，它通过筛选作用，将大量与特定空间操作无关的空间对象排除，从而提高空间操作的速度和效率。与其他数据库相似，空间数据库的索引设计需要解决两个基本问题：高效的存储，方便的信息检索。

构造一个高性能的空间索引系统要解决以下几个主要问题。

(1)高速查询，在大资料量的条件下能进行实时查询。

(2)高度扩展性，可以无限扩展索引区域。

(3)地理元素变化时，能够很快更新空间索引。

(4)不受坐标系或投影变换的直接影响。

空间索引性能的优劣会直接影响空间数据库和地理信息系统的整体性能，它是空间数据库系统的一项关键技术。

尽管有许多特定的数据结构和算法用来完成空间索引，但是基本原理相似，即采用分割原理，把查询空间划分为若干区域(通常为矩形或多边形)，这些区域或单元包含空间对象并可唯一标识。目前，有两种分割方法：一种是规则分割方法；另一种是基于对象的分割方法。其中，规则分割方法是将地理空间按照规则或半规则方式分割，分割单元间接地与地理对象相关联，地理要素的几何部分可能被分割到几个相邻的单元中，这时地理对象的描述保持完整，而空间索引单元只存储对象的位置参考信息。而基于对象的分割方法中，索引空间的分割直接由地理对象确定，索引单元包括地理对象的最小外接矩形。

目前，国际上存在许多高效的空间索引方法，常见的空间索引方法一般是自顶向下、逐级地划分地理空间，从而形成各种树状空间索引结构。比较有代表性的规则分割方法包括规则格网索引方法(Jones，1997)、BSP 树(Fuchs，1983)和 KDB 树(Robinson，1987)等。

基于对象的分割方法包括 R 树(Guttman，1984)、R+树(Sellis，1987)和 Cell 树(Guttman，1991；刘东，1996；陈述彭，1999)等。

5.2.1　格网空间索引

格网空间索引结构是将地理空间按照规则或半规则方式进行分割，分割单元间接地与地理对象相关联，地理要素的几何部分可能被分割到几个相邻的单元中，这时地理对象的描述保持完整，而空间索引单元只存储对象的位置参考信息。典型的如规则格网空间索引和四叉树空间索引。

1. 规则格网空间索引

规则格网空间索引结构是将地理空间用横竖线条划分为大小相等或不等的格网，记录每一个格网所包含的空间实体(对象)。当用户进行空间查询时，首先计算出用户查询对象所在格网，然后在该格网中快速查询所选空间实体，这样就大大地加速了空间索引的查询速度。规则格网索引是空间索引中简单、直观、适用的一种索引方式，但其缺点是数据量大。

1)规则格网空间索引创建

通常而言，地理空间的规则格网索引的一般创建过程包括如图 5-5 所示的主要步骤：

(1) 将地理空间按行列划分，得到行列($M \times N$)；

(2) 计算单元格大小及每个格网的矩形范围；

(3) 开辟目标空间(记录目标穿过的单元格)和格网空间(记录格网内的目标)；

(4) 注册点、线、面、注记等目标，并记录之。即，每一个单元格在栅格索引中有一个索引条目(记录)，在这个记录中登记所有位于或穿过该单元格的物体的关键字。

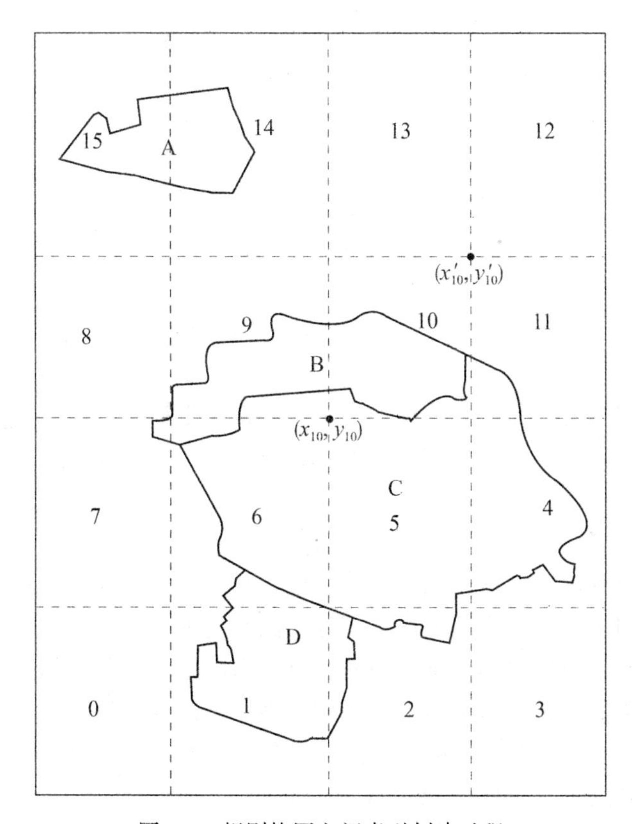

图 5-5 规则格网空间索引创建过程

2)规则格网空间索引访问

空间索引的基本思想是使用近似的思想，缩小空间查询的范围，加速空间数据库中空间对象的访问。在建立了规则格网索引的空间数据库中进行地理对象检索的操作时，其一般过程如图 5-6 所示。

(1) 根据所接收 SQL 语句，获取空间过滤器的封装边界所跨越的单元格，然后到空间索引表中检索出封装边界所在单元格内的要素。

(2) 几何过滤器的封装边界与第一阶段检索出的要素的封装边界(外包矩形)相比较，找出具有重叠关系的要素。

目标空间

目标	穿越的单元格
A	14,15
B	5,6,7,8,9,10
...	...

格网空间

格网	穿越的目标
...	...
10	B,C
...	...

索引

格网	目标	范围	...
...	...	...	...
10	B,C	(x_{10}, y_{10}) (x'_{10}, y'_{10})	...
...	...	...	...

图 5-6　规则格网索引的访问

(3) 几何过滤器的坐标与第二阶段检索出的要素的封装边界比较，找出封装边界在几何过滤器内的要素。

(4) 几何过滤器的坐标与第三阶段检索出的要素的坐标比较，找出最终在几何过滤器内的要素类，并通过索引定位要素在数据库中的位置。

2. 四叉树索引

四叉树是一种树状数据结构，因该树状结构中每个节点有 4 个下一级节点而得名。将四叉树数据结构应用于空间数据的索引，则称为四叉树索引，是一种重要的空间数据索引技术。它的基本思想是根据数据二维分布的特点，递归地将地理空间进行四分，直到子象限的数据满足终止条件为止。通常若象限单调，则不再四分。但空间索引的根本思想是通过近似的应用逐步缩小检索范围，因此，终止条件可以根据索引的地理空间对象来设定。例如，每个节点关联的对象个数不超过 N 个，也可作为终止条件。四叉树有两种：一种是线性四叉树，另一种是层次四叉树。这两种四叉树都可以用来进行空间索引，即线性四叉树空间索引和层次四叉树空间索引。

1) 层次四叉树

如图 5-7 所示，为一典型的层次四叉树空间索引。可以发现，层次四叉树存在以下特点而在实际中较少采用。

(1) 层次四叉树需要在子节点与父节点之间设立指针，由于指针占用空间较大，难以达到数据压缩的目的。

(2) 层次四叉树由于涉及层次间指针操作，维护起来比较麻烦。

(3) 由于空间对象分布不均匀，随四叉树层次的不断加深，各个分支的层次(树的深度)不同，形成一种严重不平衡的四叉树，从而导致查询效率急剧下降。

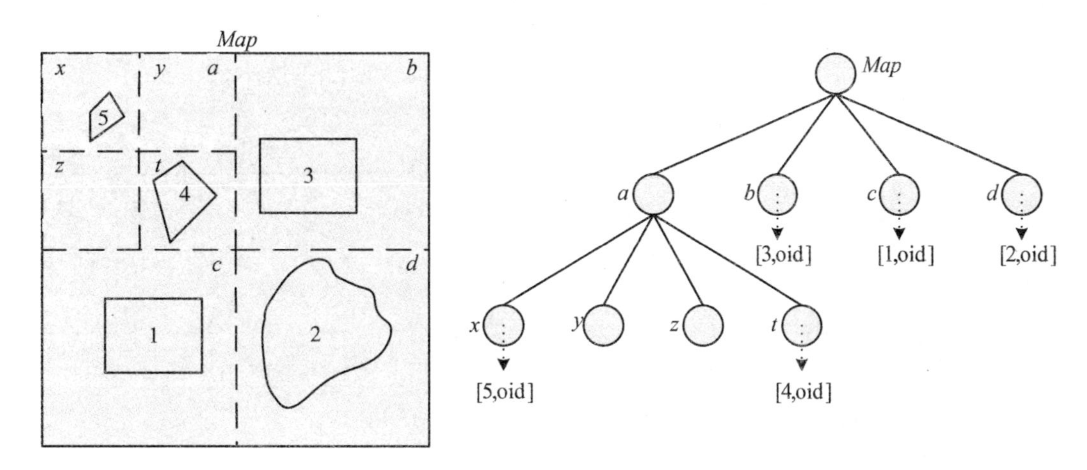

图 5-7　层次四叉树

2)线性四叉树

与层次四叉树相同，线性四叉树同样是按照递归四分的方式对地理空间进行划分，以构建索引。但是与层次四叉树不同的是，它不需要一一记录中间节点和使用指针，仅记录叶节点，并用地址码表示叶节点的位置。这样，一方面节约了记录空间，相较层次四叉树，线性四叉树空间索引的数据压缩效果明显；另一方面，也避免因索引的严重不平衡而导致查询效率下降的问题。因此，线性四叉树广泛应用于数据压缩和空间索引中。

为了表示叶节点的位置，线性四叉树空间索引通常会对树中各节点按照一定的编码方式进行编码。常用的编码方式包括 Z-order[图 5-8(a)]和 Hilbert 曲线[图 5-8(b)]。

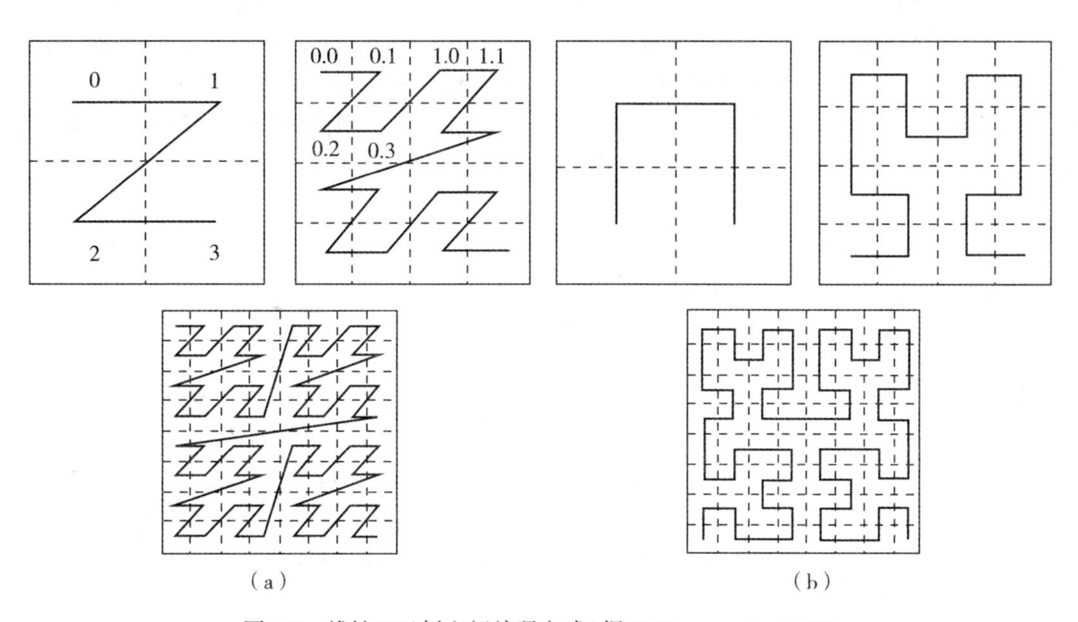

图 5-8　线性四叉树空间编码方式(据 Philippe et al，2002)

在 Z-order 编码中，对四叉树的 4 个节点以 Z 字形顺序分别用阿拉伯数字 0，1，2，3 进行编码。这样，递归的为每一层的每个节点形成地址码。例如，对图 5-7 所示的四叉树，若利用 Z-order 编码方法进行编码，则每个节点的地址如图 5-9 所示。

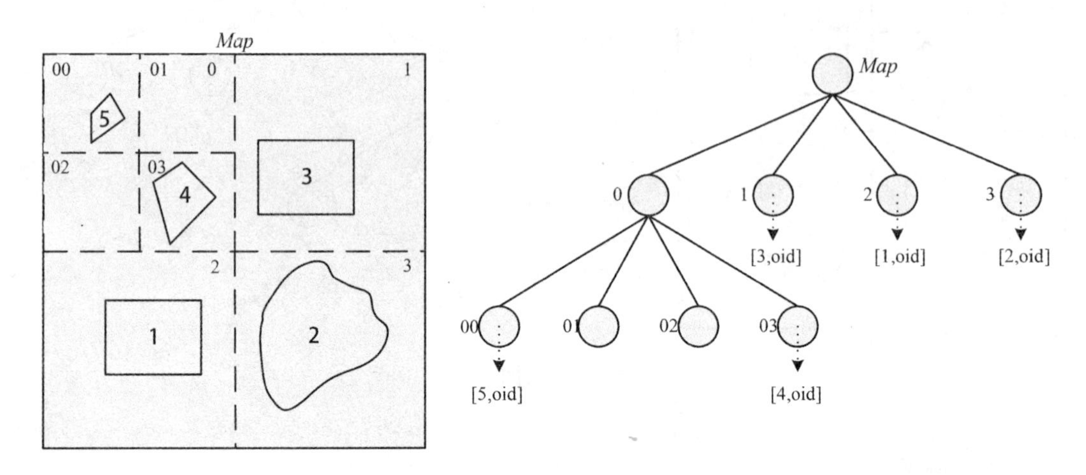

图 5-9　用 Z-order 编码的四叉树

利用一定的编码规则对四叉树进行编码后，每个节点则被赋予一个编码地址。这样，线性四叉树空间索引，只记录叶节点的编码地址及该节点中的对象。

3) 四叉树空间索引的插入

由于四叉树空间索引是对地理空间通过递归四分，直至满足终止条件的方式来创建索引。因此，在四叉树空间索引中，当节点中有空间对象插入时，则有可能改变索引创建时的终止条件，那么，这时该节点就要再次四分。例如，在图 5-7 所示的索引中分别在节点 z 和 d 中插入空间对象 6 和 7。由于在节点 z 中插入对象 6 时，并没有改变节点 z 的终止条件(每个节点页面所存储对象不能超过 1 个)，因此节点 z 无须分裂。反之，由于对象 7 的插入，节点 d 中的对象由原来的一个对象增加为两个对象，则导致了节点 d 需要再次四分。对象 6 与 7 插入所导致的四叉树节点分裂过程如图 5-10 所示。

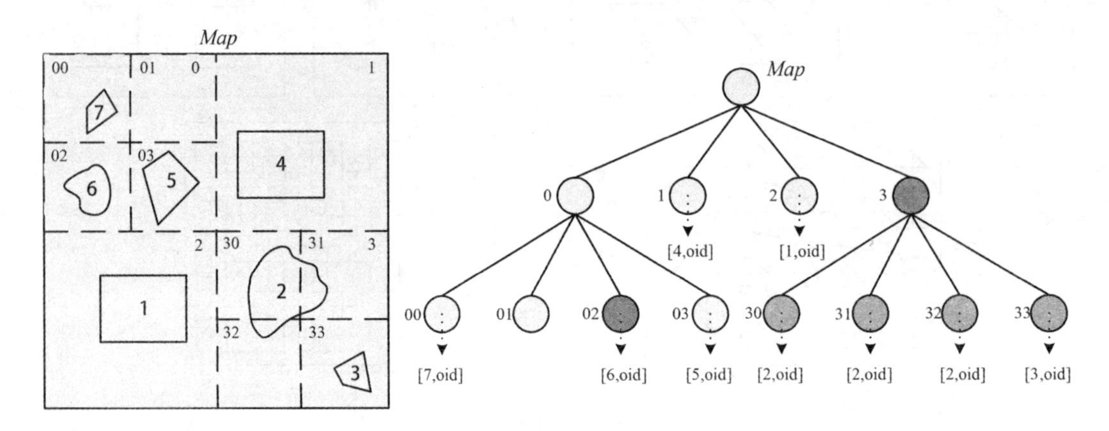

图 5-10　四叉树空间索引的插入

5.2.2　基于对象的空间索引

1. R树空间索引

1)R树空间索引原理

R树空间索引是一个被广泛采用的空间索引方法。R树是B树在多维空间上的扩展所形成的一种多级平衡树。在R树的空间索引中，单个数据对象用它们在叶节点层对应的最小外接矩形(MBR)来表示。在R树节点中并不存放原始数据对象，而是存储每个节点的外接矩形。在R树空间索引中，通常设计一些虚拟的目录矩形，将一些空间位置详尽的目标包含在这个矩形内。以这些虚拟的矩形作为空间索引来索引它所包含对象的指针。虚拟目录矩形的数据结构为RECT(Rectangle-ID，Min*X*，Max*X*，Min*Y*，Max*Y*)。具体而言，R树空间索引结构具有以下特点。

(1) R树空间索引中，所有索引记录均存储在叶节点中，中间节点仅用于确定查询等操作的路径，并不存储索引记录。

(2) 叶节点包含索引对象的最小外接矩形和索引标识符。其形式为(MBR，LeafID)。LeafID为对应数据库中索引对象的唯一标识符，MBR是包含该索引对象的最小n维外接矩形。

(3) 非叶节点的入口形式为(MBR，ChildID)。ChildID为指向下一层子节点的指针，矩形条目MBR为所包含的下一层所有子节点的最小外接矩形。

(4) R树是一个高度平衡树。

如图5-11所示，为R树空间索引基本逻辑结构示意。

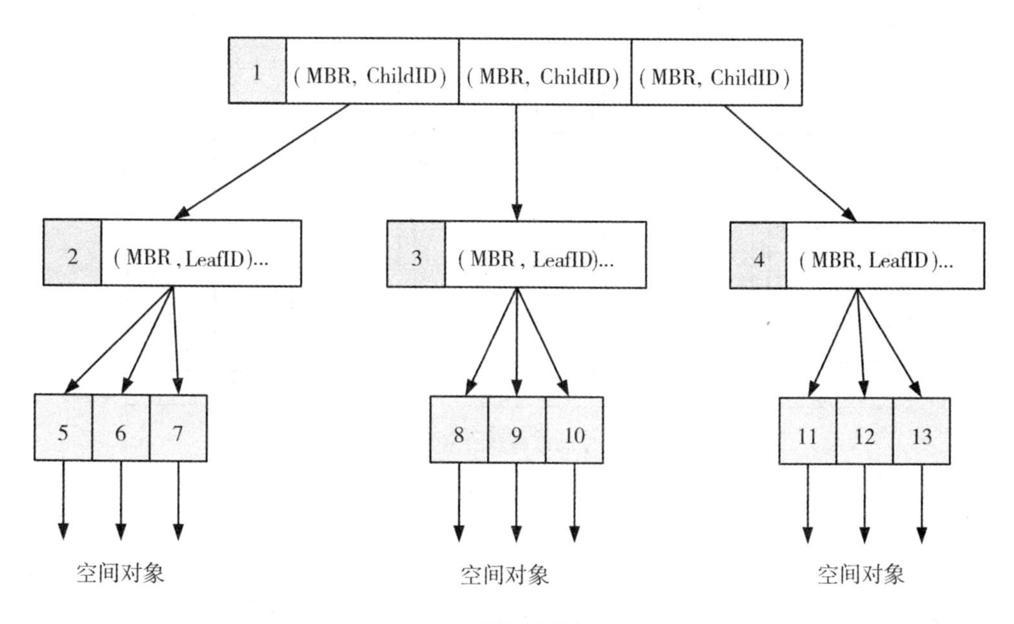

图5-11　R树逻辑结构示意图

2)R 树空间索引的访问

如图 5-12 所示，这是一个多层次 R 树，存储每个节点的外接矩形集。在 R 树的一个空间索引中，单个数据对象用它们在叶节点页面层的对应的最小外接矩形(MBR)来表示。例如，对象 A、B 和 C 由最小外接矩形 R9、R10 和 R11 分别表示。R 树索引存储了最小外接矩形的参考编码和索引文件中 4 个角点的坐标。

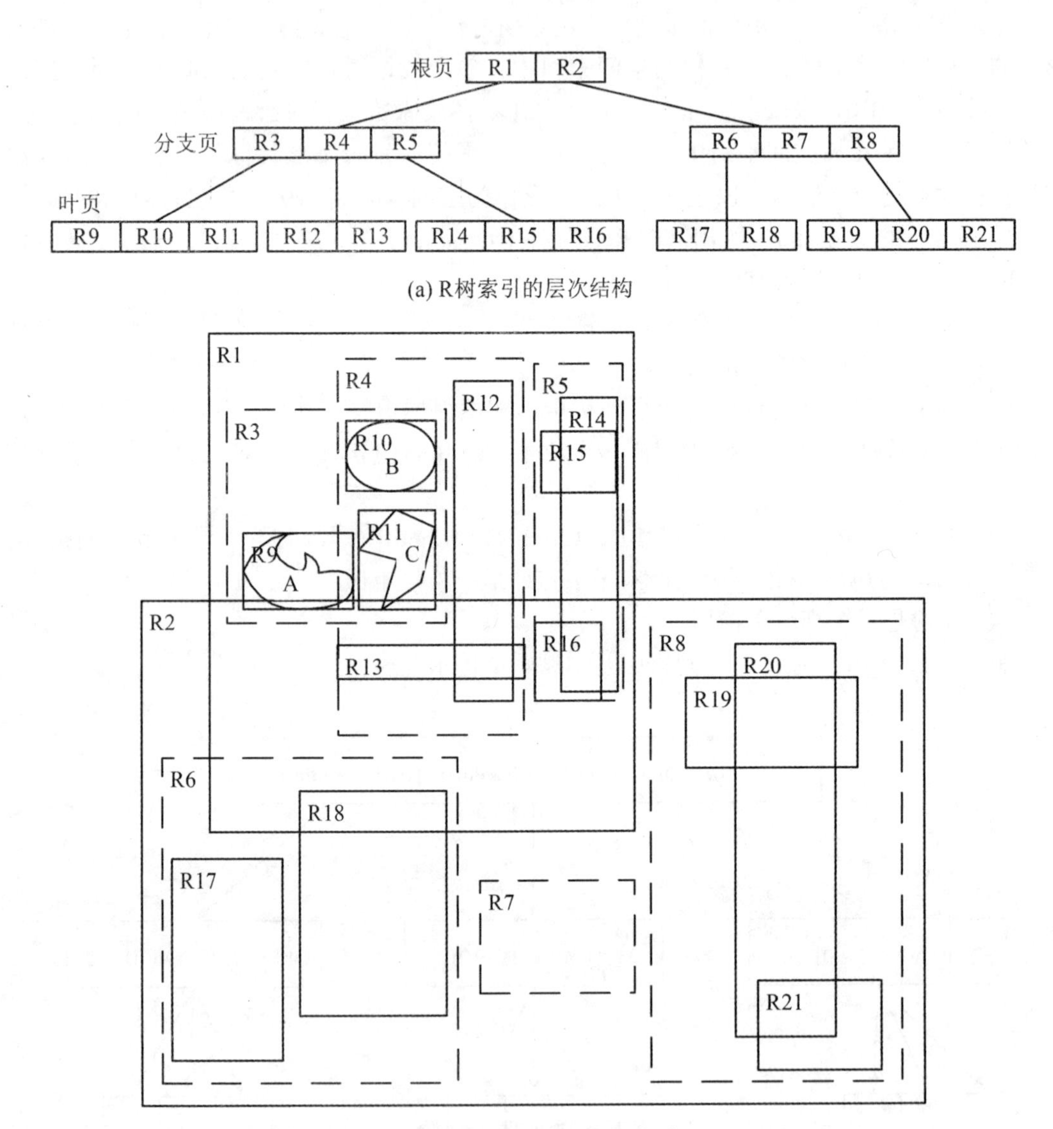

图 5-12　R 树索引访问(据 Yeung et al，2007)

R 树空间索引访问的一般过程是，当查找与给定的查询窗口相交的所有空间对象时，空间搜索算法是从根节点开始，向下搜索相应的子树。算法递归遍历所有节点的约束最小外接矩形与查询窗口相交的子树，当到达叶节点时，边界矩形中的元素被取出并测试其是否与查询矩形相交，所有与查询窗口相交的叶节点即为要查找的空间对象。

例如，寻找经过计算机屏幕上用户定义的所有窗口的地块，当数据库系统接到空间查询的请求时，系统会浏览根目录中 MBR 的存储坐标，来决定哪一个分层下的 MBR 在查询窗口中。

一旦分支层下的 MBR 被锁定，系统会浏览这些矩形来确定叶节点层中的 MBR 对象，选择那些落入查询窗口的边界。当这些 MBR 被确定后，系统会利用 MBR 和对象标识号码的参照信息，进入属性表中从属于这个地块的信息，如所有者的姓名、评估值、土地用途分区等。

3) R 树空间索引更新

当数据库的数据文件中有空间对象插入或删除时，则需要向 R 树索引中插入或删除空间新插入或删除空间要素的索引项，这有可能会导致索引节点的溢出或空出，这就要求索引也需相应地进行更新，即 R 树索引需要进行插入或删除操作。

R 树的插入与 B 树的插入操作一样，可以归纳为一个递归过程。首先，从根节点开始，自顶向下对树进行遍历。在每一个层，检索目录矩形包含对象最小外接矩形(MBR)的节点，并继续向下搜寻该节点的子树。然后，选择一个节点使其目录矩形的扩大最小。重复这个过程直到叶节点层。如果选择的节点的叶节点尚未溢出(叶子节点的个数未超过规定的上限个数)，则将新空间要素的索引项加入该节点。相反，当新的空间要素的索引项插入叶节点，导致所选择的节点溢出(即插入后叶节点的个数超过了其父节点的个数要求)，则需要进行对节点进行分裂操作。分裂操作是将溢出的节点按照一定的规则分为若干部分。在其父节点删除原来对应的单元，并加入由分裂产生的相应的单元。如果这样引起父节点的溢出，则继续对父节点进行分裂操作。它保证了空间要素插入后 R 树仍能保持平衡(Guttman, 1984; Philippe et al, 2002)。

从 R 树中删除一个空间要素的索引项与插入类似，首先从 R 树中查找到记录该空间要素的索引项所在的叶节点，这就是 R 树的查找。查找到该空间要素索引项所在的叶节点后，删除其对应的单元。如果叶节点删除后导致其父节点的叶子单元个数少于规定的个数下限，则需要进行 R 树的压缩操作。R 树的压缩操作过程是首先将单元数过少的节点删除。然后，将因进行节点调整而被删除的空间要素索引项重新插入到 R 树中。通过 R 树的压缩操作，目的是使 R 树的每个节点的单元数不低于规定的下限，从而保证了 R 树节点的平衡和利用率(Guttman, 1984; Philippe et al, 2002)。

2. R+树空间索引

从 R 树的基本原理可以发现，R 树空间索引中，节点目录矩形对应的空间区域是可以重叠的(如图 5-13 中的兄弟节点 R3 和 R4)。根据 R 树的访问原理，兄弟节点的目录矩形对应的空间区域重叠有可能使空间索引要搜索多条路径后才能得到最后的结果。R 树的查询效率会因重叠区域的增大而大大减弱，在最坏情况下，其时间复杂度甚至会由对数搜索退化成线性搜索，也正因此，才促使了 R+树空间索引的产生。

在 R+树空间索引中，位于同一层的兄弟节点的目录矩形所对应的空间区域是不重叠的。这样，R+树空间索引操作的复杂度则仅依赖于树的深度。R+树的空间索引的具体定义如下(Philippe Rigaux, 2002)。

(1) 根节点至少拥有2个子节点。

(2) 位于同一层兄弟节点的目录矩形所对应的空间区域互不重叠。

(3) 如果一个节点不是叶节点，那么它的目录矩形包含该节点子树的所有外接矩形。

(4) 要索引集合的外接矩形被分配给所有与其目录矩形重叠的叶节点。即，被分配给一个叶节点的空间对象的外接矩形通常要么与该叶节点的目录矩形所对应的空间范围重叠，要么完全被该叶节点的目录矩形对应的空间范围所包含。

(5) 当一个空间对象的外接矩形与两个叶节点的目录矩形重叠时，则该对象的外接矩形需要分别在两个叶节点中存储。

图5-13所示为R+树的描述。需要注意的是，其中的矩形r8和r12被叶节点存储2次。因为，矩形r8分别与叶节点R11与R13的目录矩形对应的空间范围重叠。同样，矩形r11分别与叶节点R11和R12的目录矩形对应的空间范围重叠。另外，还需要注意的是在叶级和中间层的兄弟节点的目录矩形对应的空间范围并不重叠。

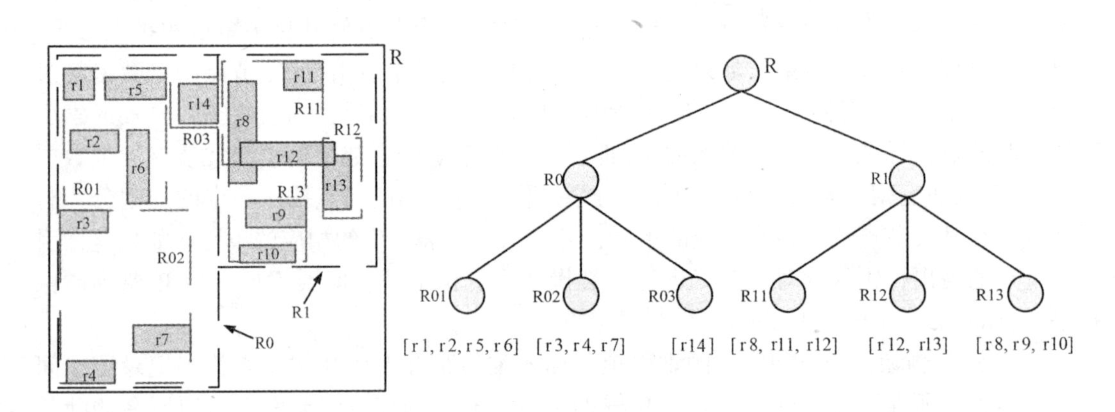

图5-13　R+树示例(据Philippe et al, 2002)

5.3　时空数据库索引

空间数据库的索引方法主要关注空间域的处理问题，而时空数据库的查询，则不仅需要关注空间域的问题，还要考虑时间域的问题。因为，时空数据库所管理的空间数据的空间几何(位置或范围)在整个时间周期中是变化/改变的。例如，气候、土地覆盖的全局性变化，汽车与飞机等交通运输对象的位置移动等。时空数据库管理其空间几何在时间轴上发生演化的空间对象，因此时空查询可包括对象“历史”查询和“未来”查询。其中，“历史”查询是指从时空数据库中查找空间对象的历史演化状态；而“未来”查询则是查找或预测运动对象的未来位置或状态，其方法主要是根据时空数据库中已经存在的对象的历史状态数据(实数据)在一定的规则和推理模型下进行预测。不难发现，无论是“历史”查询或是“未来”查询，都需要从时空数据库中快速查找所要求对象的历史状态。这就要求由时空索引来加速时空数据库中空间对象在不同时间的状态访问。

与数据表及空间索引相同，时空索引的基本方法也是近似的使用，即借以时空数据库访问过程逐渐地缩小它的查询范围直至要求的数据库对象被找到。换句话说，时空数据索引创建的基本过程是需要将对象的时间和空间范围划分为一些可管理的子空间，子空间进一步被划分为更小的子空间的递归过程。下面介绍通过对查询时空范围进行划分构建时空索引的常用方法。

5.3.1 三维格网时空索引

与空间索引相似，将查询地理空间划分为规则或半规则的单元格是最简单的时空索引构建方式。但是相对于空间数据而言，时空数据因增加了时间维度，二维结构单元格难以满足时空单元的分解要求。因此，在时空索引中采用离散长方体[图 5-14(a)]对时空范围递归划分以构建三维格网时空索引。

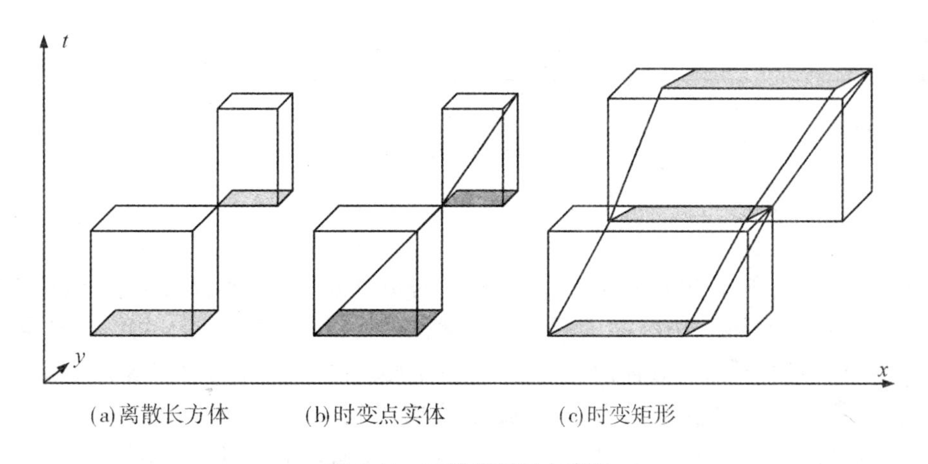

图 5-14 三维格网时空索引

与格网空间索引的构建过程相似，三维格网时空索引的一般创建过程包括如下步骤：

(1)将时空范围在 x，y 和 t 三个方向上用行列线条划分，得到 $M \times N \times L$ 离散长方体构成的单元格；

(2) 计算长方体单元格大小及每个单元格的长方体范围；

(3)开辟目标空间(记录目标穿过的三维格网)和三维格网空间(记录三维格网内的目标)；

(4)注册点、线、面、注记等目标，并记录之，即每一个三维格网在栅格索引中有一个索引条目(记录)，在这个记录中登记所有位于或穿过该三维格网的物体的关键字。

基于上述的三维格网时空索引构建过程，一个随时间连续变化的点实体和矩形实体所形成的时空过程，则可被离散三维格网划分。它们在不同时段的状态由不同的三维格网节点来索引，如图 5-14(b)和(c)所示。

5.3.2　3D R 树时空索引

1. 3D R 树时空索引原理

3D R 树时空索引可以说是 R 树索引的一个变体。它是将时间看作另外一维，对 R 树进行扩展而形成的基于对象的时空索引。与 R 树空间索引相对应，3D R 树时空索引使用 3D MBR 表示单个对象的时空范围，如图 5-15 所示。

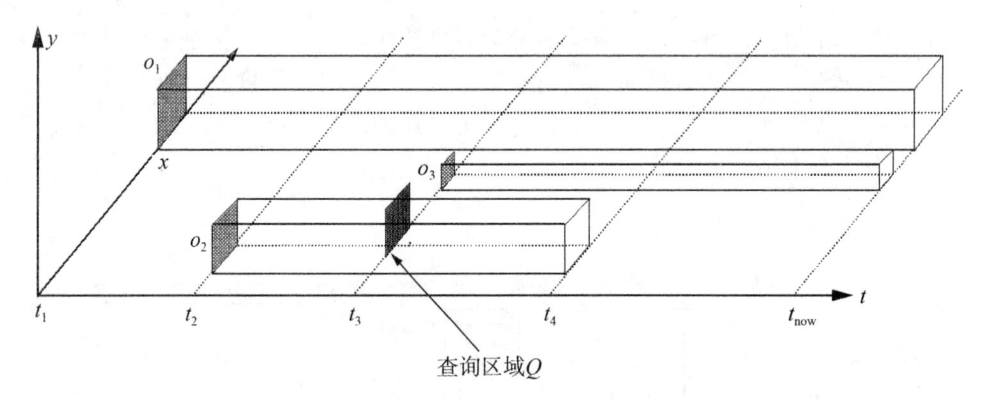

图 5-15　3D R 树时空索引示意

同样，在 3D R 树节点中并不存放原始时空对象数据，而是存储每个节点的 3D MBR。这样，在 3D R 树时空索引中，通常设计一些虚拟的目录长条立方体，将一些时空位置详尽的目标包含在这个长条立方体内。以这些虚拟的长条立方体作为时空索引，以索引它所包含对象的指针。虚拟目录长方体的数据结构可定义为 RECT(Rectangle-ID，Min$X$，Max$X$，Min$Y$，Max$Y$，Min$T$，Max$T$)。图 5-16 为 3D R 树时空索引的逻辑结构示意图。

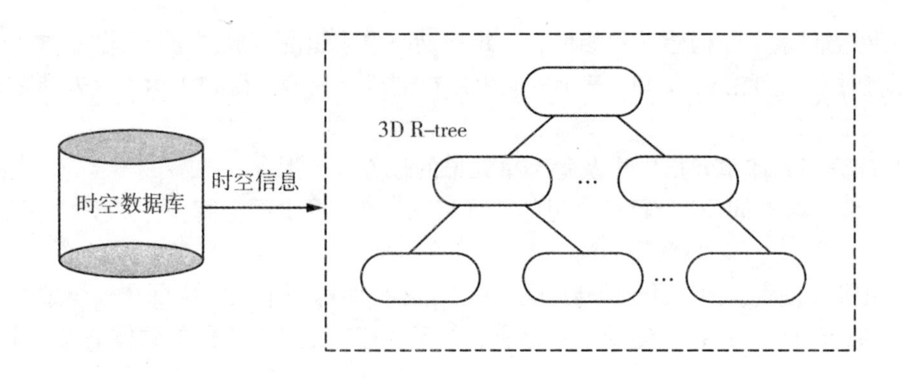

图 5-16　3D R 树时空索引逻辑结构(据 Theodoridis et al，1996)

2. 3D R 树时空索引应用

我们希望通过一个示例帮助阐明 3D R 树时空索引的应用。为此，本节将基于 Theodoridis 等(1996)提出的一个多媒体应用设计，设计如图 5-17 所示的时空应用场景。其中，图 5-17(a)为时空场景中对象空间布局，A，B，C 和 D 表示空间实体的外接长方体的一个截面。而图 5-17(b)显示了场景中空间对象在时间轴上的分布，即时间布局。

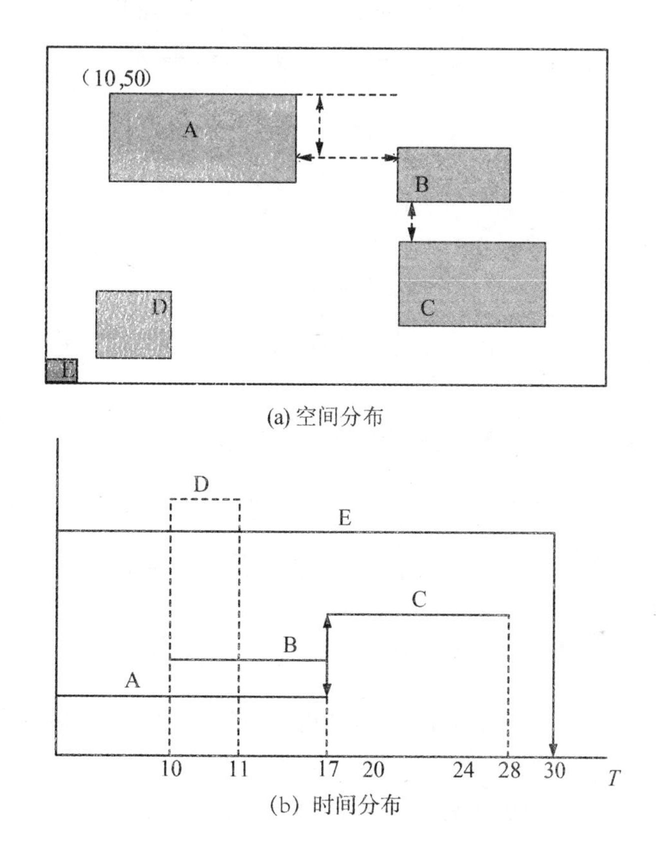

图 5-17 时空应用场景(据 Theodoridis et al，1996)

这里，假设分支的约束因子为 4(即在构建 3D R 树索引时，树中每个中间节点最多包含 4 个下一级节点的目录，而每个叶节点最多包含 4 个时空对象目录)，这样基于 3D R 树索引的构建原理对图 5-17 所示的时空场景中时空对象构建虚拟外接长方体，如图5-18(a)所示，则可得到场景的 3D R 树时空索引，如图 5-18(b)所示。下面我们通过 3 种时空查询情形介绍 3D R 树时空索引的执行过程。

1)查询与参考对象交叠的所有对象

第一种情况，给定一查询参考对象 q，要求返回与参考对象 q 交叠的所有时空对象。那么，在执行这一查询时，根据 q 对象的位置，图 5-18(b)所示 3D R 树时空索引中的节点 R2 被选为搜索的分支，而节点 R1 对应的节点不再搜索。对 R2 对应的分支进一步搜

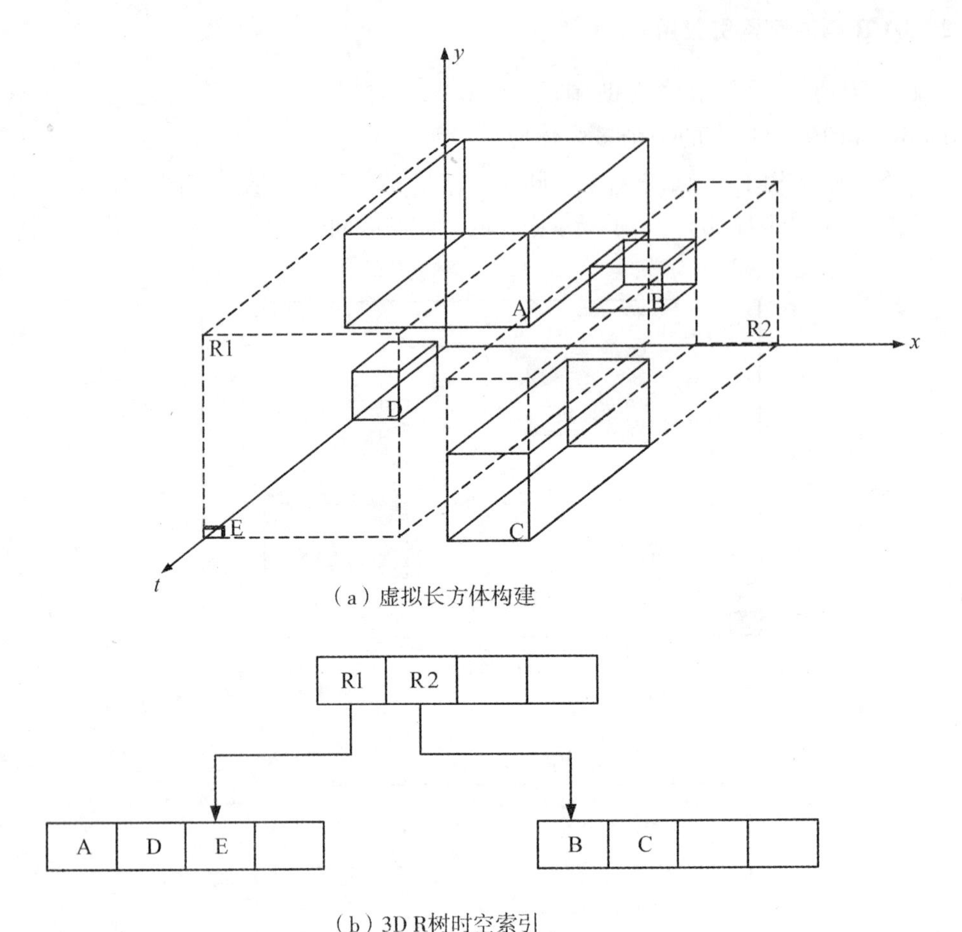

（a）虚拟长方体构建

（b）3D R树时空索引

图 5-18　场景的 3D R 树时空索引(据 Theodoridis et al，1996)

索，则索引到的对象 C 为合适的对象，如图 5-19 所示。

这种情形事实上仅执行了空间查询。而在时空数据库中比较普遍的查询情形是既要查询空间布局，也要对时间布局进行查询。换句话说，就是需要时空索引支持"空间对象及其在 T_0 时刻的位置(空间分布)"或者"在(T_1，T_2)时间段中出现的对象及其持续时间(时间分布)"的查询。

2)时刻 T_0 的空间分布查询

假设给定一个矩形查询窗口 q1 与时间轴在 T_0 时刻相交，如图 5-20(a)所示，现要求查询查询 T_0 时刻与 q1 交叠对象的空间分布。在这一查询的执行过程中，3D R 树时空索引检索的核心是查找外接长方体在 T_0 的时刻截面落入或与矩形查询窗口 q1 相交的对象外接长方体。即，首先根据给定的时刻 T_0 获得这一时刻所参与操作的时空范围内对象外接长方体的截面矩形分布，然后通过检索落入或与 q1 相交的矩形，即可得到要查询的时空对象。图 5-20(b)为与查询窗口 q1 交叠对象的空间分布。

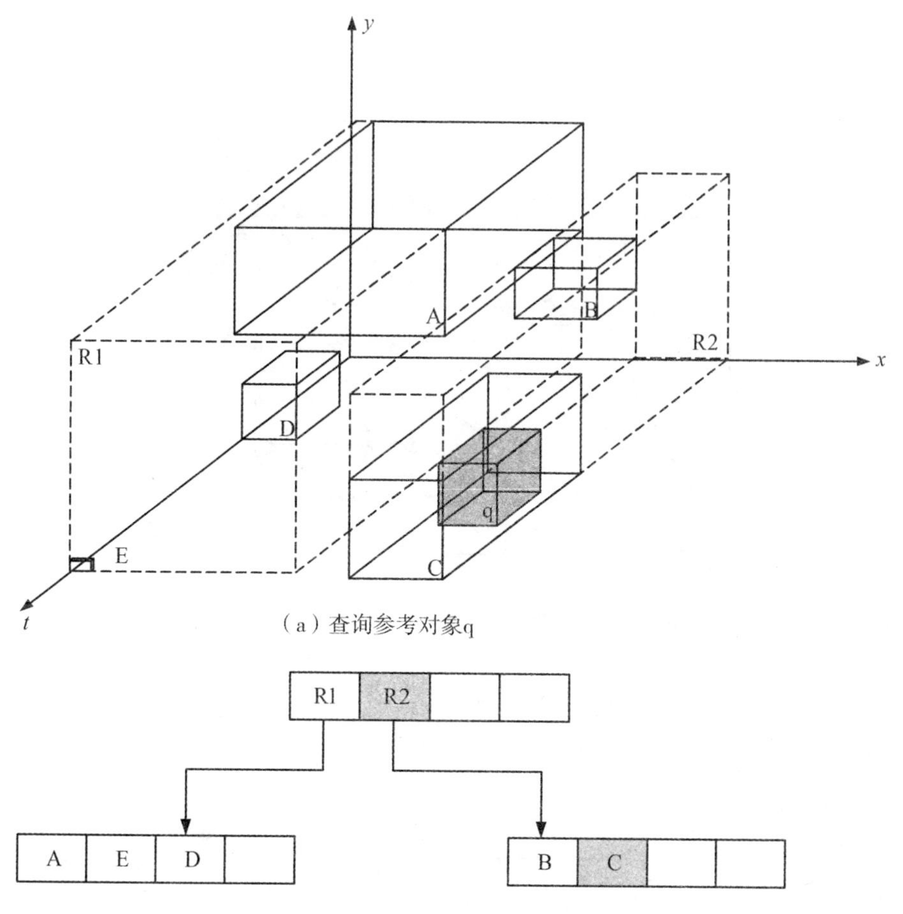

(a) 查询参考对象q

(b) 与q交叠对象所在的中间节点和叶节点

图 5-19　查询与参考对象 q 交叠的所有对象的索引过程(据 Theodoridis et al，1996)

3)(T_1，T_2)时间段对象的时间分布查询

接下来，我们讨论如果给定从时刻 T_1 到 T_2 的一个查询立方体 q2，如图 5-20(a)所示，要求查找时间段(T_2—T_1)空间对象时间分布的查询过程。这里假设 $T_1=10$，$T_2=20$，那么，这个查询过程就是要查找，在 10 到 20 这个时间段中持续的空间对象，即与立方体 q2 交叠的所有对象。根据 5-17(b)所示的应用场景中空间对象持续的时间分布图，我们知道，与 $T_1=10$，$T_2=20$ 时段的立方体交叠的空间对象包括 A、B、C、D 和 E，而它们的时间分布如图 5-20(c)所示。

3. 3D R 树时空索引特点

3D R 树时空索引的主要思想是力求避免时空数据库中时间和空间查询的不平衡问题。它支持时间和空间查询，尽管因此造成查询性能方面的缺点。一个主要的缺陷是时间片

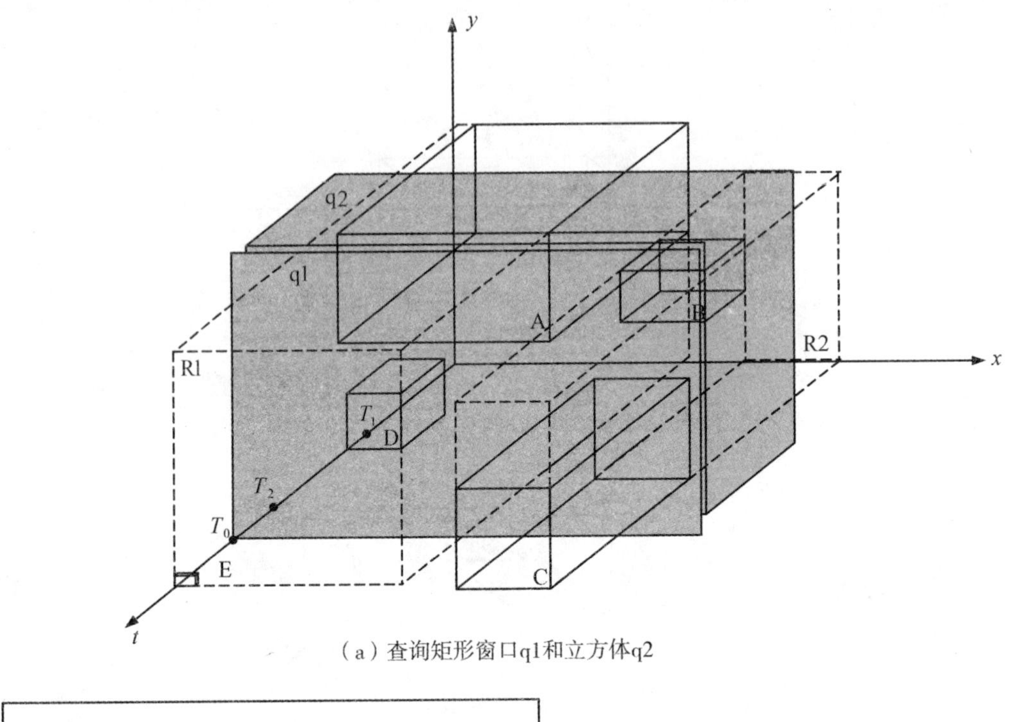

（a）查询矩形窗口q1和立方体q2

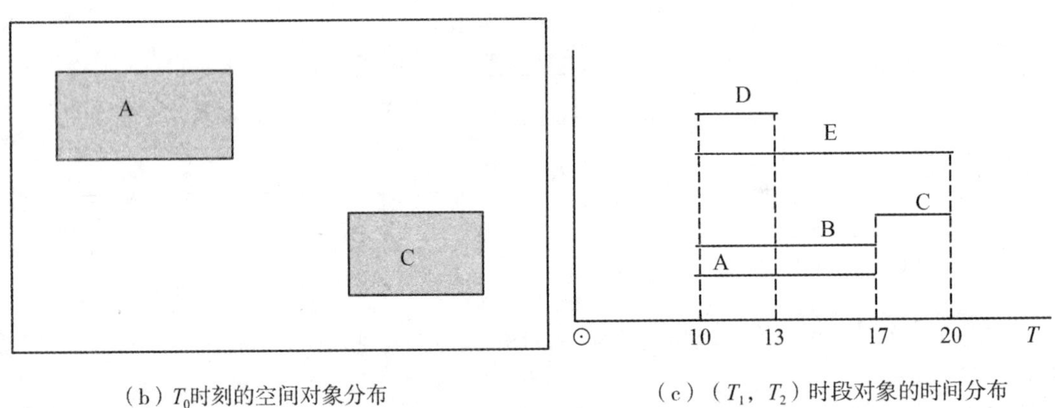

（b）T_0时刻的空间对象分布　　（c）（T_1，T_2）时段对象的时间分布

图 5-20　对象的空间和时间分布查询的索引过程(据 Theodoridis et al，1996)

(timeslice)的查询不再依赖于实时查询的条目，而是查询历史的总条目数。除此之外，3D R 树时空索引中还存在以下尚待解决的问题。

(1)如何存储“NOW”?

(2)常见的结尾问题。

(3)对象生命周期较长导致的 3D MBR 太长，而在 3D R 树中的虚拟目录长方体构建时对象难以簇群的问题。

(4)虚拟目录长方体间大量存在的重叠和空白空间导致查询性能下降的问题。

(5)3D R 树时空索引仅适用于离散变化现象的检索。

当然，3D R 树时空索引的优点在于它可以处理时间段查询。

5.3.3 HR 树时空索引

由前面的介绍我们知道，R 树空间索引是空间数据索引的一个事实上的参考结构。它利用空间对象的最小外接矩形(MBRs)表示对象，在空间索引中被广泛应用。然而，正如我们现在所知道的，R 树空间索引并不支持空间对象的演化。每当对象有新的演化时，旧版本都会被新的版本所替换，且并不对旧的版本进行保存。因此，R 树空间索引总是只允许用户对数据集的当前状态进行检索，而不允许用户查询空间数据库中关于过去的状态。为了支持时空数据库中空间数据过去状态的查询，基于 R 树空间索引的变体被广泛地提出，前面介绍过的 3D R 树就是其中的一个 R 树变体。下面我们将介绍对支持时空数据查询的 R 树索引的另一个变体——HR 树(historical r-trees)的基本原理。

1. HR 树时空索引结构

HR 树时空索引结构可看作由时间轴上的一组 R 树逻辑版本视图构成的序列(Nascimento Silva，1998)，如图 5-21 所示。可以看出，HR 树时空索引是由空间维+时间维构成三维索引结构。其中，空间维是由逻辑 R 树空间索引来表示，而时间维则是由时间戳 t 的序列构成。这里，一个时间戳就表示一个时间节点。此外，为了节约存储空间，在 HR 树中，连续时间戳的 R 树空间索引可以共享分支。这也是 HR 树时空索引结构中，空间维索引被称为 R 树逻辑版本视图的原因。

HR 树时空索引的任何操作总是执行到最新版本的 R 树，例如，如果有指向 t 时刻的节点，则生成一个新版本的 R 树，其时间戳 t 为“NOW(当前时刻)”。

2. HR 树的插入

当有新的时空对象加入到查询空间时，为了保持时空数据库的一致性，需要对已经建立的时空索引进行更新。这里，插入操作是指向 HR 树最新的 R 树逻辑版本中插入新加入空间对象的 MBR，或者产生其节点时间戳为“NOW”的 R 树新版本的过程。

HR 树的插入基本思想包括节点分裂和调整树两个基本过程。其中，节点插入思想与 R 树节点插入思想相似，当一个对象新插入到一个“满”节点时，则该节点需要分裂产生 2 个新节点，且原节点中所有对象条目被分解在新产生的 2 个节点中。唯一不同的是，HR 树的节点插入，需要对新产生的节点设置时间戳。调整树，从叶节点上升到根节点，调整节点覆盖矩形并根据需要传播分裂。需要注意的是，HR 树中的逻辑视图事实是其时间戳为某个时间点的标准 R 树，因此，节点的分裂处理与标准 R 树中节点分裂处理是相同的。下面通过一个例子来阐述 HR 树时空索引的插入过程。

为了便于阐述，我们假设在 HR 树时空索引中一个节点中所包含的条目最多不超过 3 个，即若节点中的条目数等于 3 时，则该节点为“满”节点。如图 5-22(a)所示，时间戳为 T_0 的 R 树逻辑视图为 R1(包含 A、B 两个下一级节点)。

例 1 若在 T_1 时刻需要插入对象 6 的 MBR 于 B 节点。由于 B 节点为“满”节点，因此，需要 B 节点分裂产生 B1 和 B2 两个新节点，并设置其时间戳为 T_1。B 节点中原有对

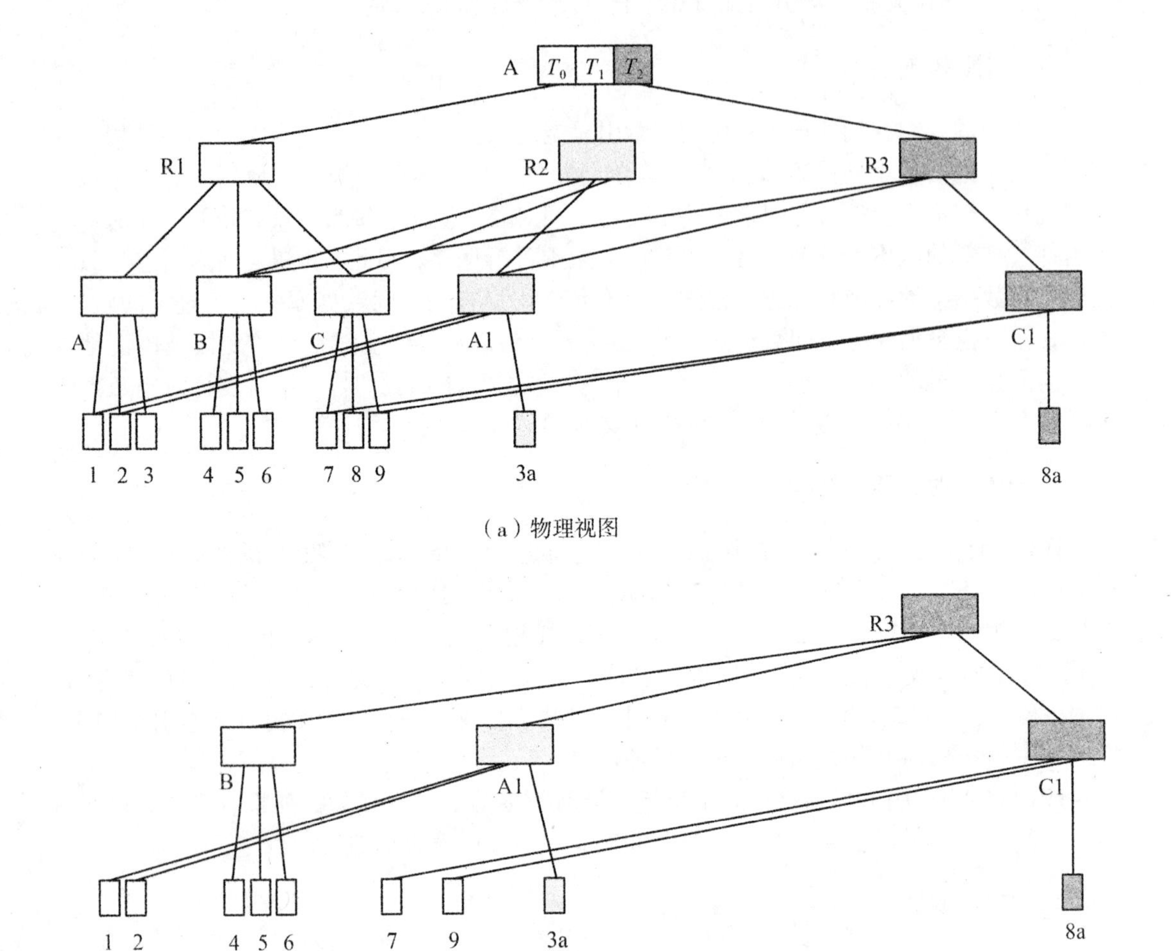

图 5-21　HR 树时空索引的物理和逻辑视图(据 Nascimento et al，1998)

象 3、4、5 的 MBR 和新插入对象 6 的 MBR 将被分解在新生成的 B1 和 B2 节点中。由于 B 节点的分裂并没有导致 R1 的溢出，因此，R1 在 T_1 时刻无须分裂。这样，对象 6 的 MBR 插入后引起节点分裂，就产生了时间戳为 T_1 的最新版本的 R 树视图 R2，如图 5-22(b) 所示。

例 2　若在 T_2 时刻需要插入对象 7 的 MBR 于 A 节点。由于 A 节点中仅包含对象 1 和 2 的外接矩形，条目数为 2，插入对象 7 的 MBR 后，条目数方可达到 3，未达到分裂的条件。因此，节点 A 在插入对象 7 后仍无须分裂，但是需要设置时间戳为 T_2，如图 5-22(c) 所示。

3. HR 树的特点

作为 R 树空间索引的一个变体，HR 树时空索引本质是为历史的每一个时间戳保持了

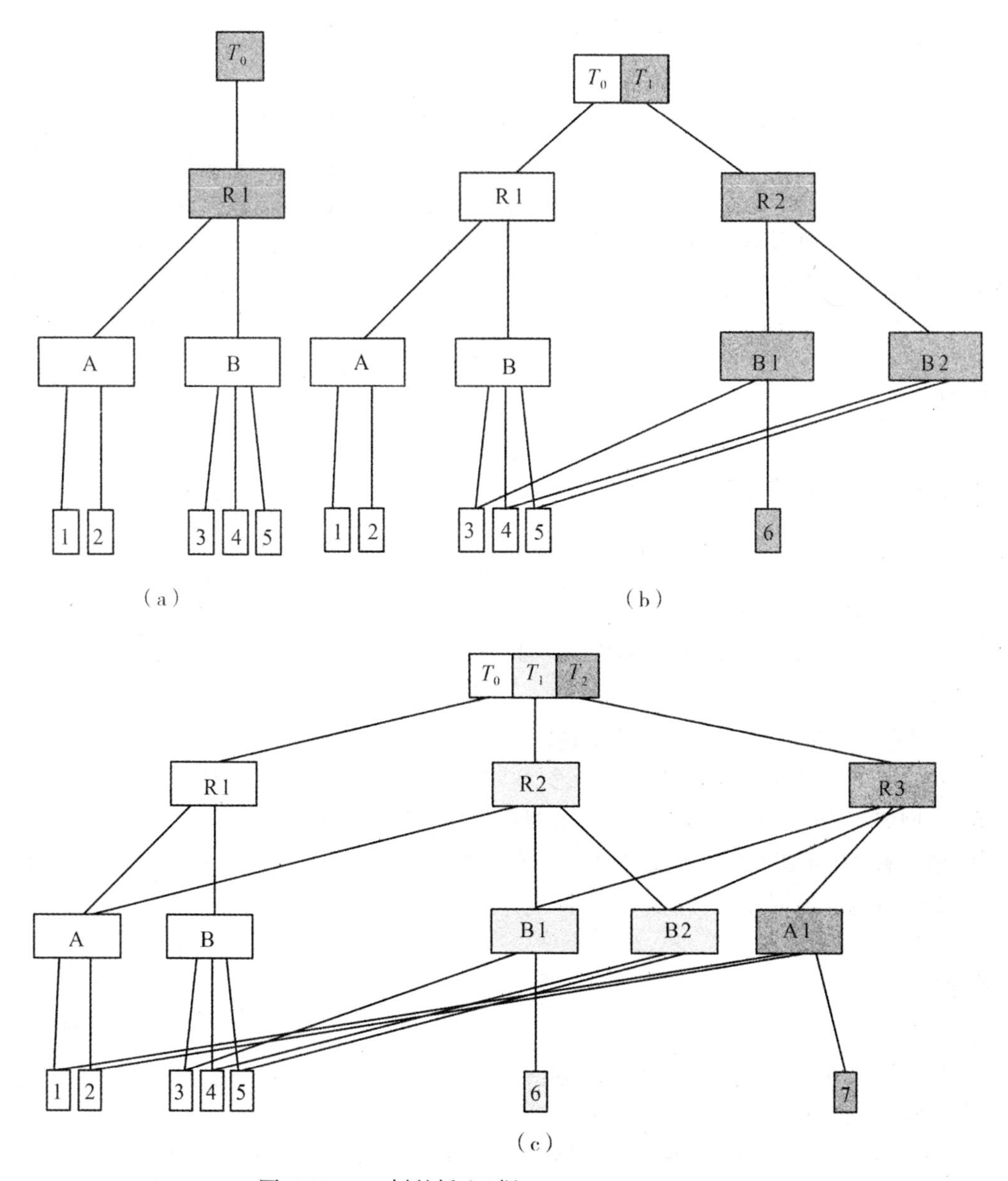

图 5-22 HR 树的插入(据 Nascimento et al，1998)

一个版本的 R 树。因此，HR 树具有以下特点。

(1)HR 树的优点在于对时间戳查询的回答非常有效，这主要是因为根据 HR 树的本质，时间戳查询可退化为查询时间窗口对应的 R 树处理的空间窗口查询。

(2)HR 树的不足表现为：①HR 树时空索引存在存储空间消耗太大的问题。因为，即使只有一个对象移动，也需要复制一个节点。②HR 树时空索引在支持区间查询处理的能力上表现出不足。虽然 HR 树通过冗余(节点复制)保持了时间戳查询的良好性能，但它并不能有效支持区间查询处理。

5.4　本章小结

本章主要阐述了时空数据库索引。一方面，从概念、目的、结构和类型几个方面对索引的基本原理进行了介绍。另一方面，分别从空间数据库和时空数据库的查询阐述了空间索引和时空索引的基本类型和执行过程。根据本章空间数据库和时空数据库的索引，从空间数据类型和时空数据类型的角度来看，空间数据库索引的基本类型包括格网索引和基于对象的索引。而时空数据库索引主要是对空间数据库的索引在时间维上进行扩展而形成的变体。

思考题

1. 请回答数据库索引及其作用。
2. 请回答数据库索引的结构及特点。
3. 什么是树形索引？数据库中为什么通常用平衡树索引而很少采用非平衡树索引？
4. 空间数据库中索引的类型有哪些？各自有什么特点？
5. 空间数据库规则格网索引的基本原理是什么？举例说明基于格网索引的空间数据检索过程。
6. R 树空间数据库索引的基本思想是什么？如何进行更新？
7. 相对于 R 树空间数据库索引，R+树空间数据库索引的优势在哪里？
8. 请回答三维格网时空数据库索引的时空检索过程。
9. 请回答 3D R 树时空数据库索引的原理和特点。
10. HR 树时空数据库索引的基本思想是什么？有什么特点？

参考文献

Philippe Rigaux, Michel Scholl, Agnes Voisard. Spatial database with application to GIS[M]. San Francisco: Morgan Kaufmann, 2002.

Shashi Shekhar, Sanjay Chawla. 空间数据库[M]. 谢昆青，马修军，杨冬青，等，译. 北京：机械工业出版社，2004.

中国天气网. 城市气候及其变化[EB/OL]. [2017-09-27]. http://www.weather.com.cn/beijing/sdqh/qhkpbh/09/69595.shtml.

吴信才. 空间数据库[M]. 北京：科学出版社，2009.

Christophe Claramunt, Bin Jiang. A representation of relationships in temporal spaces[M]//Atkinson Peter. GIS and GeoComputation: Innovations in GIS 7. 2000: 41-53.

Theodoridis Y, Vazirgiannis M, Sellis T. Spatio-temporal indexing for large multimedia applications[C]//The IEEE Conference on Multimedia Computing and Systems, ICMCS, 1996.

Yeung A K W, Hall G B. Spatial database systems: design, implementation and project management[M]. Dordrecht: Springer, 2007.

Nascimento M A, Silva J R O. Towards historical R-trees[C]//The ACM Symp. on Applied Computing, SAC, 1998: 235-240.

Guttman A. R-trees: a dynamic index for spatial searching[C]// SIGMOD'84, Proceedings of Annual Meeting, 1984: 47-57.

Spatial Temporal Database[EB/OL]. [2019-03-17]. https://wenku.baidu.com/view/5794c0d804a1b0717fd5dd9a.html.

周屹，李艳娟. 数据库原理及开发应用[M]. 2版. 北京：清华大学出版社，2013.

欧萍. 数据库索引技术应用[J]. 电子科技，2011，24(9)：146-148.

第 6 章　时空数据库查询与管理

作为数据库的交互手段，查询语言是数据库管理系统的核心要素。虽然，SQL 作为用于关系数据库管理系统的一种常用的商业查询语言。但是，时空数据库的内容以空间数据、时间数据和时空数据为主，SQL 语言是否能够继续支持复杂的时空对象的处理呢？另外，关系数据库的管理机制，对于时空数据库的管理是否有效？本章将从空间数据和时空数据的角度介绍时空数据库的操作及管理方法。

本章将首先讨论时空数据库的查询语言和操作。接下来，讨论时空数据库的完整性管理和长事务管理的机制。

6.1　数据库查询

在数据库操作中，一个查询是用户向数据库提出的一个问题或任务。例如，鼠标单击地图中的一个对象(如道路)，也许意味着想要了解鼠标所指道路的名字；再如，在某搜索引擎中输入一个单词，则意味着要查询包含给定单词的 web 文档。这些都属于用户向数据库提出的查询操作请求，这些查询请求由称为查询管理器的数据库工具处理。查询管理器把用户用 SQL 语言编写的高层数据库访问或操作命令转变成一系列对数据库存储数据的特定操作。

6.1.1　数据库查询处理

数据库查询操作是由数据库系统支持的一个或多个运算符组成。这些运算符的格式和功能与数据库系统的数据库模型有关。关系数据库的查询是通过关系的运算来实现的，而关系代数是用来表达关系运算的一种抽象的形式化查询语言，是作为关系数据库的主要查询语言，实现数据库表的查询。任何一种运算都是将一定的运算符作用于一定的运算对象，得到预期的运算结果。关系代数的查询运算过程同样是由运算对象、运算符和运算结果构成。其中，关系数据库模型的关系代数运算对象和运算结果都是关系。而根据关系数据库创始人 Edgar Frank Codd(1970，1979，1982)的相关文献知道，关系型数据库模型主要使用由集合运算符和专门的关系运算符构成的 8 个运算符来查询一个数据库表的内容。其中，专门的关系运算符包括选择(SELECT)、投影(PROJECT)、连接(JOIN)和笛卡儿积(PRODUCT)。而传统集合运算符包括并(UNION)、交(INTERSECT)、差(DIFFERENCE)和除(DIVIDE)。表 6-1 展示了对这 8 个关系运算符的解释和示例。

表 6-1　　　　关系运算符的解释

关系运算符	功能	示　例
SELECT	这个运算符用来查询表中的行。它可以列出所有的行或只有那些符合选择条件的行	R: K x y / 1 A 32 / 2 B 74 / 3 C 56 SELECT ALL → S: K x y / 1 A 32 / 2 B 74 / 3 C 56 SELECT x WHERE K=2 → T: x / B SELECT x,y WHERE K=3 → U: x y / C 56
PROJECT	这个运算符用来查询表中的列。它可以生成一个表的子集，并删除其中重复的值	R: K x y / 1 A 32 / 2 B 74 / 3 C 56 对y投影 → S: y / 32 / 74
JOIN	这个运算符可以利用两表中特定列之间的关系将一个表中的一行与另一个表中的行实现横向连接(即串联)	R: K x y / 1 A 32 / 2 B 74 / 3 C 56 R连接S → S: K z / 1 27 / 3 74 / 9 88 → T: K x y K z / 1 A 32 1 27 / 3 C 56 3 74　等值连接 → S: K x y z / 1 A 32 27 / 3 C 56 74　自然连接 说明：一个连接称为等值连接，如果连接是基于相等列的值。当在等值连接中把重复的列删除后，则称为自然连接
PRODUCT	两表的积，也称为笛卡儿积，是由一个表中的每一行与另一个表中的每一行串联而得到	R: K x / 1 A / 2 B / 3 C 乘以 → S: K z / 1 27 / 3 74 → T: RK Rx SK Sz / 1 A 1 27 / 1 A 3 74 / 2 B 1 27 / 2 B 3 74 / 3 C 1 27 / 3 C 3 74
UNION	这个运算符可以把两个表合成一个新表，而这个表中具有两个表中所有的数据	R: K x y / 1 A 32 / 2 B 74 / 3 C 56 UNION → R: K x y / 8 X 31 / 1 A 32 / 7 C 62 → U: K x y / 1 A 32 / 2 B 74 / 3 C 56 / 8 X 31 / 7 C 62 说明：要对表使用并运算，则这些表的列数和数据类型之间必须互相兼容。在并运算中，重复的行将会被删除

续表

<table>
<tr><th>关系
运算符</th><th>功能</th><th>示　例</th></tr>
<tr><td>INTERSECT</td><td>这个运算符将生成一个包含了两个表中共有行的新表</td><td>R<table><tr><th>K</th><th>x</th><th>y</th></tr><tr><td>1</td><td>A</td><td>32</td></tr><tr><td>2</td><td>B</td><td>74</td></tr><tr><td>3</td><td>C</td><td>56</td></tr></table>INTERSECT →
S<table><tr><th>K</th><th>x</th><th>y</th></tr><tr><td>8</td><td>X</td><td>31</td></tr><tr><td>1</td><td>A</td><td>32</td></tr><tr><td>7</td><td>C</td><td>62</td></tr></table>→
I<table><tr><th>K</th><th>x</th><th>y</th></tr><tr><td>1</td><td>A</td><td>32</td></tr></table>说明：要对表使用交运算，则这些表列数和数据类型之间必须可以互相兼容</td></tr>
<tr><td>DIFFER-
ENCE</td><td>这个运算符生成一个表，该表由第一个表中出现而第二个表未出现的所有有行构成</td><td>R<table><tr><th>K</th><th>x</th><th>y</th></tr><tr><td>1</td><td>A</td><td>32</td></tr><tr><td>2</td><td>B</td><td>74</td></tr><tr><td>3</td><td>C</td><td>56</td></tr></table>DIFFERENCE →
S<table><tr><th>K</th><th>x</th><th>y</th></tr><tr><td>8</td><td>X</td><td>31</td></tr><tr><td>1</td><td>A</td><td>32</td></tr><tr><td>7</td><td>C</td><td>62</td></tr></table>→
D<table><tr><th>K</th><th>x</th><th>y</th></tr><tr><td>2</td><td>B</td><td>74</td></tr><tr><td>3</td><td>C</td><td>56</td></tr></table>S<table><tr><th>K</th><th>x</th><th>y</th></tr><tr><td>8</td><td>X</td><td>31</td></tr><tr><td>1</td><td>A</td><td>32</td></tr><tr><td>7</td><td>C</td><td>62</td></tr></table>DIFFERENCE →
R<table><tr><th>K</th><th>x</th><th>y</th></tr><tr><td>1</td><td>A</td><td>32</td></tr><tr><td>2</td><td>B</td><td>74</td></tr><tr><td>3</td><td>C</td><td>56</td></tr></table>→
E<table><tr><th>K</th><th>x</th><th>y</th></tr><tr><td>8</td><td>C</td><td>31</td></tr><tr><td>7</td><td>C</td><td>62</td></tr></table>说明：要对表使用差运算，则这些表在列数和数据类型上必须互相兼容。正如四则运算一样，差的顺序非常重要。因此，如上图所示，表 R—表 S 与表 S—表 R 的结果是不一样的</td></tr>
<tr><td>DIVIDE</td><td>这运算符需要一个二元(即两列)表和一个一元(即一列)表产生一个新表，该表由二元表中与一元表中匹配的列值组成</td><td>S<table><tr><th>K</th><th>v</th></tr><tr><td>5</td><td>X</td></tr><tr><td>5</td><td>Y</td></tr><tr><td>5</td><td>Z</td></tr><tr><td>6</td><td>Q</td></tr><tr><td>6</td><td>W</td></tr><tr><td>7</td><td>M</td></tr><tr><td>7</td><td>N</td></tr><tr><td>8</td><td>G</td></tr><tr><td>8</td><td>X</td></tr><tr><td>8</td><td>Y</td></tr><tr><td>8</td><td>V</td></tr></table>DIVIDE →
R<table><tr><th>v</th></tr><tr><td>X</td></tr><tr><td>Y</td></tr></table>→
Q<table><tr><th>K</th></tr><tr><td>5</td></tr><tr><td>8</td></tr></table></td></tr>
</table>

从理论上讲，使用任何一个运算符进行查询的结果是生成一个新的关系表，如表 6-1 所示。然而，在实际应用中，为了使查询生成的表更具“可读”性，大多数的数据库系统生成的数据列表具有特定格式和标题，甚至还有其他信息说明。另外，还需要指出的是，并非所有的关系数据库系统都支持上述的关系运算。但是，几乎所有的系统都支持最常用和重要的关系运算，包括选择运算、投影运算、积运算、并运算和交运算。

6.1.2　标准 SQL 基础

查询语言是对有关数据的兴趣问题进行表达的语言，用于限制可能的查询集。在关系数据库中，结构化查询语言(SQL)最初由 IBM 开发出来的一种用于从关系数据库中检索数据的商业查询语言，用户使用 SQL 与计算机进行交互。现在已经成为关系数据库和对象关系数据库的查询和管理的标准语言。自从 1986 年美国国家标准研究所(ANSI)将 SQL 语言作为一个标准数据库语言后，SQL 也正式被国际标准化组织(ISO)和国际电工委员会(IEC)作为一个国际标准。

SQL 是一种声明性非过程计算机语言，因为它既没有 IF 语句进行条件测试，也没有 WHILE、FOR、GOTO 和 CASE 等语句进行结构和流程控制。利用 SQL 进行数据库查询，用户只需要描述要做什么，而不必描述怎么做。

1. SQL 的组成及功能

SQL 语言作为数据库处理中与计算机进行交互的用户接口，通常认为由三部分组成：数据定义语言(Data Definition Language，DDL)，数据操作语言(Data Manipulation Language，DML)和数据控制语言(Data Control Language，DCL)。其中，DDL 在关系数据库中的作用包括两方面。

(1)数据定义，数据库和数据库中表的定义，包括创建、删除和更新，具体包括 CREATE DATABASE、ALTER DATABASE、CREATE TABLE、ALTER TABLE、DROP TABLE 等动词。

(2)索引定义，索引的创建和删除，包括 CREATE INDEX 和 DROP INDEX 等动词。

数据操作语言(DML)用于查询、插入、删除、修改由 DDL 定义好的表中的数据。具体功能包括两方面。

(1)数据库查询，它允许用户检索存储在数据库中的数据，主要包括 SECLECT、WHERE、ORDER BY、GROUP BY 和 HAVING 等动词。

(2)数据操作，允许用户通过插入新的数据、删除历史数据和修改现有的数据值来调整一个数据库的内容，主要包括 INSERT，UPDATE 和 DELETE 等动词。

数据控制语言(DCL)用于对数据库的对象进行授权、用户维护(包括创建、修改和删除)、完整性规则定义和事务定义等。具体功能包括以下三项。

(1)数据库连接和访问控制，通过启用/禁用用户的访问或修改数据库或部分数据库的权限来保证数据库安全的措施，主要包括 GRANT(授权)和 REVOKE(取消授权)等动词。

(2)事务处理，确保被 DML 语句影响的表的所有行及时得以更新。例如，BEGIN TRANSACTION、ROLLBACK(回滚)、COMMIT 等动词。

(3)数据完整性，定义完整性约束以防止由于不一致数据的输入、数据库更新或系统故障而导致数据库崩溃。动词 CONSTRAINT 常被用于数据库的完整性约束定义。

2. SQL 的使用

通常，由声明性语言 SQL 所定义的数据库请求可以通过以下 3 种基本方式来使用。

(1)交互处理，通过命令行用户接口(例如，Oracle 的“sqlplus”，DB2 的“db2i”，以及 PostgreSQL 中的开源代码“psql”和 MySQL 的“mysql”)进行交互处理。

(2)嵌入在一个高层次的计算机语言中，如 C++，C#和 Java 等，为高级语言编写的应用程序对数据库的查询提供所必需的工具。

(3)使用调用层级的接口(call level interface，CLI)，由操作系统层级的实施程序构成(相对于前述的嵌入SQL的应用程序层级而言)。CLI可以用编程语言如C++和Visual Basic(VB)调用来执行SQL声明语句，在执行时连接数据库，提取数据表中的数据，获取数据处理的状态信息，并给出一个数据库查询结果。

6.2 时空数据库查询

时空数据库存储和处理的数据不仅包括常规的结构化数据，还包括二维、三维或多维的非结构化空间数据，以及空间对象随时间的变化状态数据。因此，时空数据库的查询比常规数据库查询更加复杂。

6.2.1 扩展标准SQL

扩展标准SQL以支持时空操作的兴趣可以追溯到20世纪80年代初，尽管早期的努力大多数致力于一般的图形数据库，而不是特殊的时空数据库。究其原因在于，虽然标准SQL是功能强大的数据库查询处理语言，但是对于时空数据库而言，标准SQL的不足之处是只提供简单数据类型(整型、日期型、字符串型、浮点型等)的操作。时空数据库应用必须能处理点、线、多边形、时间和时空关系等复杂数据类型，因此需要对标准SQL进行扩展，以支持时空数据库中复杂数据类型的查询处理操作。为此，数据库厂商采取了两种策略：一种是采用大二进制(blob)存储时空信息等复杂类型数据；另一种是建立一种混合系统，即通过GIS系统把空间对象的几何属性存储于文件中。事实上，这两种策略都有一定的局限性。前者，由于标准SQL并不能处理以blob形式存储的数据，因此，blob形式的数据处理必须依赖于宿主(blob形式数据的创建者)语言的应用程序。而后者，由于几何属性存储在一个单独的文件中，因此也无法利用数据库服务，如查询语言、完整性控制、并发控制及数据库索引支持等。

面向对象技术的出现对时空数据库的发展产生了重大的影响。通过引入对象技术，对关系数据库管理系统的功能进行扩展以支持时空复杂对象，也因此产生了对象-关系数据库管理系统(OR-DBMS)的通用框架。与传统的关系数据库管理系统相比，对象-关系数据库管理系统的关键特性在于它支持SQL3/SQL99这一最新的SQL版本。SQL3/SQL99版本的扩展SQL语言支持用户自定义类型数据的操作，这为用它来操纵和存取支持自定义类型数据的面向对象的时空数据库提供了支持。

1. Egenhofer的SQL扩展

在SQL扩展尤其是空间数据库操作的扩展方面，Egenhofer (1994)作出了重大的贡献。Egenhofer(1994)认为SQL的空间扩展的基本要求应该是采用贴近人们对空间的理解，为空间数据提供更高层次的抽象。Egenhofer通过调查空间操作的特性和要求提出SQL空间扩展应该包含两部分，即定义哪些数据被检索的查询语言和指定如何显示查询结果的表达语言。

查询语言部分，Egenhofer(1994)认为SQL的空间扩展查询语言最好应该发展成为标准SQL查询语言的最小扩展，满足以下3个基本特点。

(1)SQL概念的保持，即保持SELECT-FROM-WHERE结构作为数据库查询的框架。

```
SELECT parcel.name
FROM parcel,subdivision
WHERE within(parcel.loc,subdivision.loc)
AND subdivision.name="cranebrook"
```

(2)空间对象的高级处理，即能够定义复杂的抽象空间数据类型和它的不同维数的子类型。

```
CREATE TABLE parcel
    (parcel.ID  char(20)
    geometry    ST_polygon)
```

(3)空间操作和关系的合并，利用标准SQL和空间SQL分别查询非空间和空间数据，并指示表示组件控制和显示结果。

```
SELECT city
FROM hubei.city
WHERE geometry=PICK;
SELECT city
FROM hubei.city
WHERE city.name="Wuhan"
```

此外，查询结果的表达部分，Egenhofer(1994)认为扩展的空间SQL表达语言需要具有以下几个重要特征。

(1)通过在显示中增加或移除不同查询结果层的图形合并，或覆盖，或多重查询。

(2)通过解释查询结果显示上下文，然后选择和显示与此查询相关的背景资料。

```
SET CONTEXT
FOR parcel.geometry
SELECTparcel.geometry,building.geometry,road.geometry,easement
geometry
FROM parcel,building,road,easement
WHERE parcel.ID="Wuhan021121468"
```

(3)查询结果利用不同颜色、图案和符号的图形表示，用于区分对象类。

(4)在结果显示中，图例为图形表示提供了解释。

```
SET LEGEND
    COLOUR     green
    LINE.TYPE   dashed
FOR SELECT boundary.geometry
FROMparcel
```

(5)自动化位置标注，通过从数据库中选择属性并作为图形显示的标注。

(6)通过确定关于应用和地图综合的图形显示尺度进行比例尺选择。

(7)子区查询是通过限制对特定区域查询的关注来实现。

```
SELECT parcel
FROM parcel.layer
WHERE geometry=ZOOM.WINDOW;
SELECT parcel
FROM parcel.layer
WHERE geometry=PICK
```

2. OGIS 标准的 SQL 扩展

为了支持空间几何数据的操作，SQL 的空间扩展已经被广泛研究，学者提出了许多扩展建议。其中，最值得注意的是由 OGC(1999)提出的建议。OGC 定义的面向对象的几何数据模型(图 6-1)允许嵌入各种编程语言，如 C++、Java SQL 等。同时，OGC 基于所定义的几何数据模型制定了开放式地理空间数据互操作规范(Open Geodata Interoperability Specification，OGIS)，把二维地理空间的抽象数据类型(Abstract Data Type，ADT)整合到标准 SQL 之中，实现了对标准 SQL 的空间操作扩展。在 OGIS 规范中，所定义的几何操作可分成三类：适用于所有几何类型的基本操作，如 Spatial Reference 返回所定义对象几何体采用的基础坐标系统；用于空间对象间拓扑关系测试的操作，例如，Overlap 判断两个对象内部是否有一个非空的交集；用于空间对象之间分析计算的空间分析操作，例如，

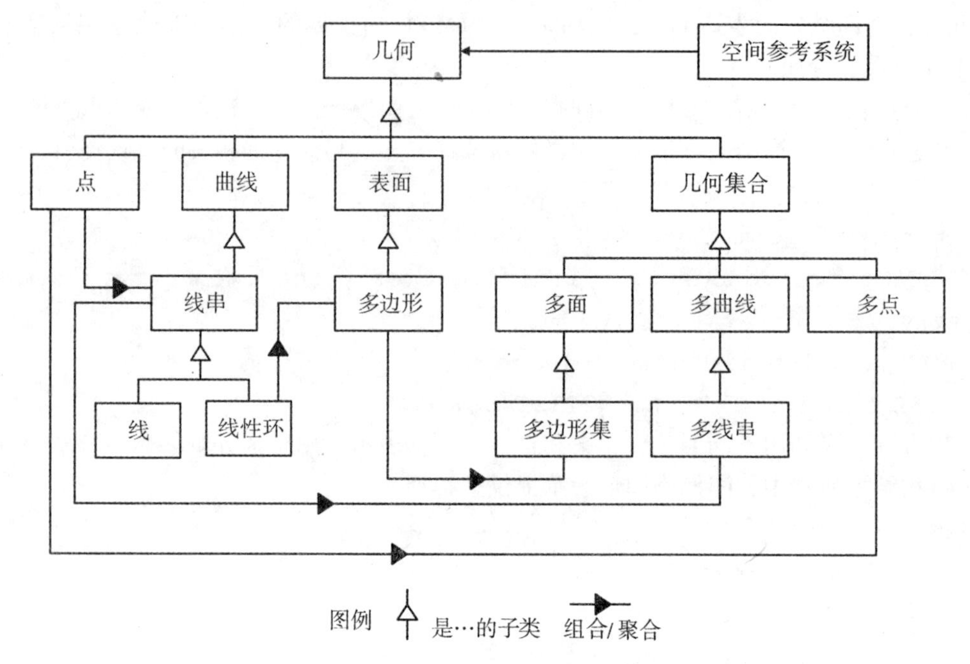

图 6-1　OGC 几何对象模型(据 OGC，1999)

Distance 返回两个空间对象之间的最短距离。为了通过所定义的三类操作实现对 SQL 标准的空间扩展，OGIS 定义一系列的空间操作运算符(详见 6.2.2 空间运算符和 6.2.4 时空拓扑谓词)。

当今，对标准 SQL 进行一些空间扩展而形成的空间扩展 SQL 是有用的，如 Oracle Spatial 和 IBM DB2 空间扩展部分。在不久的将来，空间算子还有望会正式成为标准 SQL 的一个组成部分。但是 SQL 的 OGIS 扩展标准也存在一定的局限性，例如，OGIS 的规范仅局限于空间的对象模型，目前对场模型数据未有解决方案。另外，OGIS 的规范仅定义了基于几何对象模型的空间操作，对于空间对象的时态属性操作并没有相应的扩展。

3. 关于 SQL 的时态扩展

OGIS 基于 OGC 所定义的面向对象的几何数据模型对标准 SQL 的扩展，表明对 SQL 的扩展必须基于相应的数据库模型。换句话说，扩展标准 SQL 的目的是让扩展后的标准 SQL 能对一定数据模型操作进行支持。基于同样的理由，SQL 的时态扩展，必须基于相应的时间数据模型进行扩展，以便扩展后的时态 SQL 可以支持该模型的操作，不同的时间数据模型，要求的操作也不完全相同。1982 年，加州大学 J. Ben-Zvi(1982)的博士论文 *The Time Relation Model* 是时态数据库技术开创的标志。J. Ben-Zvi 博士提出了时态数据库模型，引入了双时态(bi-temporal)，即有效时间(valid time)和事务时间(transaction time)的概念，并以时间区间作字段值，从而有效突破了关系数据库模型中字段值只能是一个数或串的局限。此后，时态数据模型和时态数据库的研究也相继展开。相应地，为了支持时态数据模型的操作，对标准 SQL 扩展形成时态查询语言成为必然。在标准 SQL 的时间扩展方面，TSQL2 是对 SQL92 语言标准进行时间扩展所形成的时态查询语言(Snodgrass，1995)，可以说是第一个尝试规范标准的时态查询语言。下面将从 3 个方面介绍 TSQL2 的时态查询语言(Snodgrass，1995)。

1)TSQL2 的时间线(time-lines)

TSQL2 支持用户定义时间、有效时间和事务时间 3 种时间。其中，事务时间是指数据库的时间，是由初始化、创建数据库的时间到数据库更改的时间(即数据库事务产生)来限定或定义。事务时间对应于现有事务或现有数据库的状态变迁的历史。它是应用独立的，用户不可以修改事务时间。而且，事务时间不能晚于现在时间，因为它反映数据库实际操作时间，即不能指向未来时间。

事实的有效时间是一个事实在被建模现实中为真(true)的时间，时域的任何子集可以与事实相关联。因此，有效时间可以是瞬间的时间点和时间间隔的集合，其中单个瞬间和时间间隔是重要的特殊情况(Jensen，2009)。换句话说，有效时间是指一个对象在现实世界中发生并保持的那段时间，或者在现实世界中值为真的那段时间。有效时间的含义依赖于具体应用，其值通常由用户提供。取值是否有效视具体应用场合而定，对应于实际应用的需要或现实世界的变化。有效时间可以反映过去、现在和将来的时间，可以被更新。

用户定义时间是指数据模型和查询语言与之没有特殊语义关联的数据库项的时值属性。这些属性的域可以是所有引用时间的域，如日期和时间。域可以是瞬时值、周期值和区间值(Jensen，2009)。用户定义时间是用户根据自己的需要或理解定义的时间，可以在数据表建立或结构修改时，如同其他标准数据类型一样为用户所用。用户自定义时间属于常规属性，是完全应用依赖的，由用户和系统按常规方式存取。

在时态数据库中，有效时间和用户定义时间可以暂时不被确定。当暂时不确定时，表明存储于时态数据库中的事件在事实上已经发生，但事件发生的确切时间不被知道。

2）TSQL2 有效时间表

SQL92 当前支持的快照表在 TSQL2 中仍然可用。TSQL2 还允许指定状态表。在这样的表中，每个元组都用一个时间元素赋予时间戳/进行时间标记，时间元素是句点的并集。例如，具有姓名、薪资、管理人员等属性的员工表可以包含元组（Tony，10000，LeeAnn）。时间元素的时间戳将记录最小（非连续）时段，该时段期间托尼挣得 10000 美元，LeeAnn 为他的管理人员。有关托尼薪水或其他管理人员的值的信息，将被存储在其他元组中。时间戳与每个元组隐式关联，它并非表中的另一列。时间元素内的时间戳的范围、精度和不确定性可以被指定。

时间元素在并集、差集和交集下是封闭的。具有时间元素的时间戳元组在概念上十分吸引人，可以支持多个表征数据模型。依赖性理论可拓展应用于该时间数据模型。TSQL2 还允许指定事件表。

在这样的表中，每个元组都带有一个即时集的时间戳。例如，一个具有属性（名称和职位）的已雇佣表可以包含元组（LeeAnn，Manager）。即时设置的时间戳将记录 LeeAnn 被聘为经理的时刻。关于她的职位的其他值的信息将存储在其他元组中。在这种情况下，时间戳隐式地与每个元组关联。

3）事务时间和双时态表

通过与有效时间正交，事务时间可以与表相关联。当元组被逻辑地存储在数据库时，元组的事务时间是一个时间元素。如果元组（Tony，10000，LeeAnn）于 1992 年 3 月 15 日存储在数据库中（如使用 APPEND 语句），并在 1992 年 6 月 1 日从数据库中删除（如使用 DELETE 语句），那么该元组的事务时间将是从 1992 年 3 月 15 日到 1992 年 6 月 1 日的期间。

事务时间戳依赖于实现的范围和精度，并且是确定的。

总之，有 6 种表：快照（用户定义的时间之外没有时间支持）、有效时间状态表（由带有有效时间元素的时间戳的元组集合组成）、有效时间事件表（带有有效时间瞬时集合的时间戳）、事务时间表（带有事务时间元素的时间戳）、双时间状态表（带有双时间元素的时间戳）以及双时态事件表（用双时态瞬时集进行时间戳）。

4）TSQL2 的时态扩展

（1）定义语言。在 TSQL2 中，CREATE TABLE 和 ALTER 语句允许对时态表的有效时间和事务时间的操作。有效时间戳的刻度（scale）和精度（precision）也可以被指定或以后进行更改。

（2）重构（restructuring）。TSQL2 中的 FROM 语句允许对表进行重构，以便合并与列的子集上具有相同值的元组相关联的时间元素。例如，要确定 Tony 何时获得 10000 美元的薪水，而不考虑他的管理员是谁，可以在名称和工资列上重新构建雇员表。这个重组后的元组的时间戳将指定 Tony 赚 10000 美元的时间段，这些信息可能是从说明不同的管理员的几个底层元组中收集的。

同样，为了确定 Tony 何时将 LeeAnn 作为他的管理员，而不考虑他的薪水，这个表将在名称和管理员这两列上进行重组。为了确定托尼什么时候是一名员工，而不考虑他挣多少钱或他的管理员是谁的影响，那么表格可以只在姓名列上进行重组。

重构还可能涉及将时间元素或即时集分别划分为其成分最大周期或时刻。许多查询引用一个连续属性，其中最大周期是相关的。

(3)时间选择(temporal selection)。表的有效时间时间戳可以通过应用于表(或相关变量)名称的 VALID( )函数来参与 WHERE 语句中的谓词。可以通过 TRANSACTION( )访问表的事务时间。运算符已扩展为将时间元素和即时集作为参数。

(4)时间投影(temporal projection)。传统的快照表以及有效时间表可以从底层的 snapsh 有效时间表派生。可选的 VALID 或 VALID INTERSECT 子句用于指定时间戳派生元组。附加或修改的元组的事务时间由 DBMS 提供。

(5)更新(update)。update 语句已经以类似于 SELECT 语句的方式进行了扩展，以指定更新的时间范围。

(6)游标(cursors)。游标已被扩展为可选的返回检索元组的有效时间。

(7)模式版本控制(schema versioning)。模式演化已经在 SQL92 中得到支持，其中模式可能会改变。但是，旧的模式被丢弃，数据总是与当前模式一致。事务时间支持决定了以前的模式是可访问的，称为模式版本控制。TSQL2 支持最低级别的模式版本控制。

(8)“真空”处理(vacuuming)。对事务时间表的更新(包括(逻辑)删除)导致在物理级别进行插入。尽管数据存储成本持续下降，但是由于各种原因，并非总是可以接受所有数据被永久保留。TSQL2 支持一种简单的“真空”形式，即在管理此类表的数据时进行物理删除。

(9)系统表(system tables)。TABLES 基表已扩展为包含有关表的有效和事务时间组件(如果存在)的信息。另外两个基表已添加到定义模式中。

6.2.2 空间运算符

在空间数据库内容中，空间查询是利用一个或多个运算符构成的，包括表达空间关系的谓词。为形成可接受的空间查询，需要对不同类型空间操作算子特征的知识进行了解。对于空间运算符类型来说，现在有许多不同的分类方法。一种方法是将这些运算符分为一元算子和二元算子(Egenhofer，1994)。这两种空间运算分别应用于获取单个几何的属性信息(如位置属性、面积属性、长度和体积属性)和两个几何间的关系(如距离、方向、邻接性、连接性、包含性)。另一种方法是把空间运算符分为拓扑、投影和度量 3 种类型的算子(Clementini，Di Felice，1997)。在这个分类中，拓扑算子是使用拓扑关系(如接触，在……内，相交，重叠和无连接)来获得一个特定几何的属性；投影算子是那些表示凹/凸几何和其他关系(例如，凸包定义为由最小数量的点形成的边界所包含的一组点集)的谓词；度量算子是那些表示关于测量或几何之间的距离和方向等关系几何之间的谓词。

OGC 已经开发出了一套空间运算。OGC(1999)把所开发的空间运算符分为 3 类，即基础运算符、拓扑运算符和空间分析运算符，如表 6-2 所示。基础运算符允许用户访问几何的一般属性，如位置、形状和边界。拓扑运算符与 Clementini 和 Di Felice(1997)的分类相似，形成表达几何之间空间关系的谓词。空间分析运算符允许用户利用单个几何(如缓冲区)或者众多几何(如凸包、联合和相交)构建分析性空间查询。

表 6-2　**OGC 定义的空间运算符**

类别	操作符	操作符功能
基本操作符	Spatial Reference	返回几何体的参照系统
	Envelope	返回几何体的最小外包矩形
	Export	将几何体转换成其他表示格式
	IsEmpty	测试几何体是否为空
	IsSimple	如果几何体是简单几何体，则返回 TRUE
	Boundary	返回几何体的边界
拓扑操作符	Equal	判断几何体是否在空间上相等
	Disjoint	判断几何体是否相离
	Intersect	判断几何体是否相交
	Touch	判断几何体之间是否接触
	Cross	判断几何体是否相互交叉
	Within	判断几何体是否包含于另一个几何体之中
	Contain	判断几何体是否包含了另一个几何体
	Overlap	判断几何体是否覆盖了另一个几何体
	Relate	如果存在 9 交(9-Intersection)矩阵描述的空间联系，则返回 TRUE
空间分析操作符	Distance	返回分别取自两个几何体上的两点的最短距离
	Buffer	返回一个缓冲几何体，它的所有点与原几何体的距离小于或等于某阈值
	ConvexHull	返回几何体的凸包
	Intersection	返回两个几何体的相交区
	Union	返回两个几何体的联合区
	Difference	返回两个几何体的不同区
	SymDifference	返回两个几何体的对称差分(如逻辑运算“异或”)

6.2.3　时空运算符

时空数据库需要支持空间、时间以及它们的联合查询。因此，为了支持时空数据库的时空查询，需要开发时间运算符、空间运算符和时空运算符。其中，关于空间运算符，在空间查询一节(见 6.2.1 节)已对 OGC 于 1999 年开发的运算符进行了详细介绍，这里将不再讨论。而针对时空数据库中支持时间运算和时空运算的时间运算符和时空运算符，目前尚未发现有机构或研究者的成果发表。但是类比于 OGC 空间运算符的开发过程，本书利用空间几何对象的时态操作和时态关系提出了时空数据库中时态查询运算符，如表 6-3 所示。

表 6-3　　**时空数据库几何对象的时态运算符**

类别	操作符	运算符功能
基本操作符	Instant	返回指定时刻/时间点的空间对象
	Interval	返回指定时间段内的空间对象
	Nearest Neighbor，NN	在运动对象查询中返回对于给定对象 q 和对象集 $P=\{p_1, p_2, \cdots, p_m\}(m\geqslant 1)$，求满足 $\mid q, p_i \mid$ (p_i 属于 P)最小的 p_i，q 和 p_i 都是静止的
时态拓扑操作符	Equals	判断几何体的状态是否在时间上相等
	Before/After	判断几何体时间的先/后关系
	Meets/Met	判断几何体的状态在时间上是否相交
	Overlaps/Overlapped	判断几何体的状态之间在时间上是否有重叠
	During/Contain	判断一个几何体的状态时间是否有包含
	Starts/Started	判断几何体状态的起点/开始时间是否相同
	Finishes/Finished	判断几何体状态的终点/结束时间是否相同

早在 2000 年，Christophe 等通过对最小时空关系组合的总结获得了时空域中时空关系(TSR)8 个最小正交关系，并因此由 8 种空间关系(SR)和 7 种时态关系(TR)的正交定义了 56 种时空关系(图 6-2)。

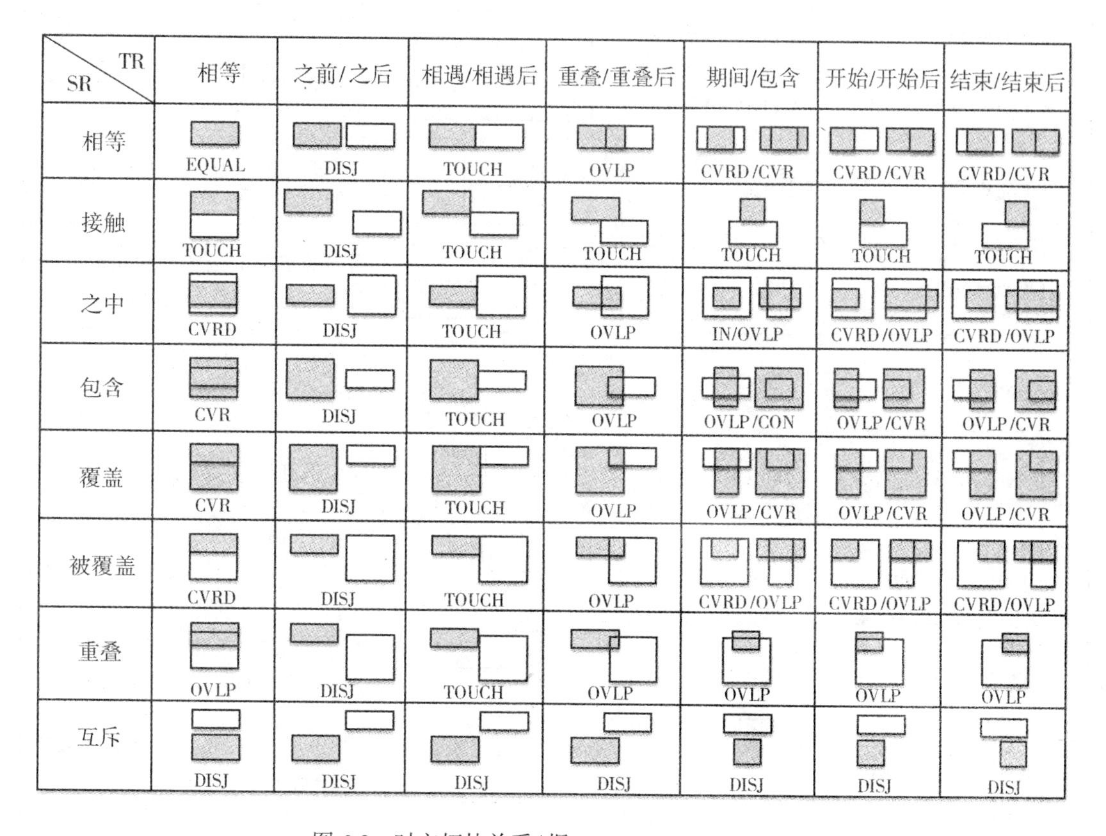

图 6-2　时空拓扑关系(据 Christophe et al，2000)

基于同样的理由，可以利用时空拓扑关系开发用于时空联合查询的时空运算符，如表6-4所示，我们以空间关系为“相等”和“接触”为例，说明根据 2 种空间关系分别在总时态关系下扩展形成的时空运算符。

表 6-4　　时空运算符举例

类别		时空运算符	关系示意	运算符功能
空间关系	时态关系			
相等	Equals	EQUAL		对象的时间和空间上都相等
	Before/After	DISJ	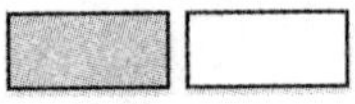	对象在空间上相等，且在时间上存在先/后关系
	Meets/Met	TOUCH		对象在空间上相等，且时间上先/后接触
	Overlaps/Overlapped	OVLP	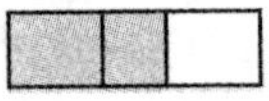	对象的空间上相等，且时间上重叠
	During/Contain	CVRD/CVR	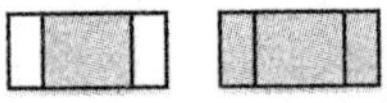	对象的空间上相等，且时间上包含或被包含
	Starts/Started	CVRD/CVR	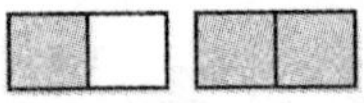	对象在空间上相等，且开始时间相同
	Finishes/Finished	CVRD/CVR		对象的空间上相等，且结束时间相同
接触	Equals	TOUCH		对象的空间上接触，且时间是否相等
	Before/After	DISJ	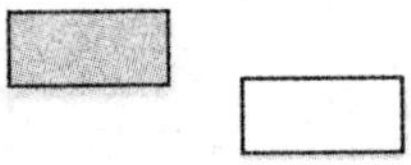	对象的空间上接触，时间上一个对象在另一对象的前/后
	Meets/Met	TOUCH	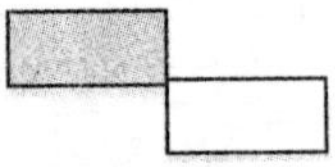	对象的几何体接触，但时间上相遇
	Overlaps/Overlapped	TOUCH	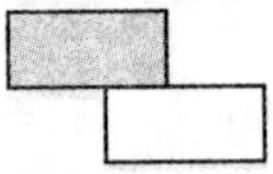	对象的几何接触，时间上叠置
	During/Contain	TOUCH	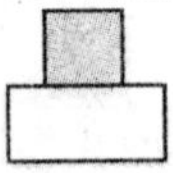	对象的几何接触，时间上一个对象包含另一个对象，或者一个对象在另一个对象期间
	Starts/Started	TOUCH	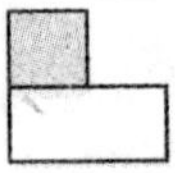	对象的几何接触，且两个对象的开始时间相同
	Finishes/Finished	TOUCH	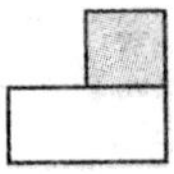	对象的几何接触，且两个对象的结束时间相同
…	…	…	…	…

6.2.4 时空拓扑谓词

在前面提到的多种时空运算符中，拓扑关系在时空查询中扮演着十分重要的角色。空间拓扑运算符用于分析几何体在空间中的相对位置，时态拓扑运算符用于分析几何体在时态空间中的相对位置，时空拓扑运算则用于分析时空对象在时空空间中的位置关系。在它们发展的最初时期，就成了地理信息系统中空间分析功能的不可缺少的组成部分，且继续在技术应用中有突出的表现。

在时空数据库系统中，拓扑关系通常与谓词(在计算机语言的环境下，谓词是指条件表达式的求值返回真或假的过程)一起使用，这个谓词通常定义为布尔函数，用以确定一对时空对象之间是否存在特定的时间、空间或时空关系。如果对比符合功能的标准，谓词返回值1(真)；反之，如果对比失败，则返回0(假)。谓词可以测试不同类型时空对象的时间关系(如先/后、同时等)、空间关系(如点在多边形内，或者线穿越多边形)或时空关系(如两个在空间上相等的几何体，在时间上是否存在先/后关系)。

1. 空间拓扑谓词

在空间查询中，使用拓扑谓词的一个基本问题是定义所有可能的关系。Egenhofer 和 Herring (1990)指出，在比较两个对象的边界和内部时，存在4个交集。由于2个对象中的每一个可能是空或非空的，有 $2^4=16$ 种组合。他们还指出，由于这些组合中8种是无效的，2种是对称的，仅有6种关系仍然是有意义的。这些拓扑关系是非连接(Disjoin)、在里面(in)、接触(Touch)、相等(Equal)、覆盖(Cover)和叠置(Overlap)。

这种定义拓扑关系的方法已经被不同的研究者以不同的方式进行了扩展。其中一种扩展是三维扩展九交模型(DE-9IM)，由 Clementini 等(1993)提出。这个扩展模型考虑了维数(0-维点，1-维线和2-维面)及在原理上导出了 $4^4=256$ 种组合。由于这些关系中的许多种组合都是无效的，总共有52种点要素、线要素和面要素间的拓扑关系被保留。然而，52种拓扑关系在空间数据库系统中实在太多，以至于无法实现。实际上，大多数空间系统只包括可能出现的拓扑关系的一个相对较小的子集，如图6-3所示。

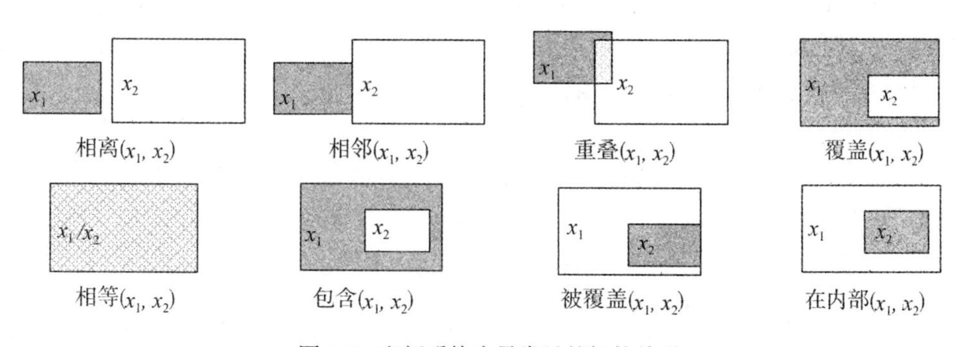

图6-3 空间系统中最常见的拓扑关系

2. 时空拓扑谓词

在时空数据库查询的一个基本问题是，拓扑谓词不仅要能定义所有可能的空间关系，还需要定义空间对象间所有可能的时间关系。如果仅考虑空间几何对象的时态拓扑关系，则可根据几何对象的时间顺序关系，定义出7种有意义的时态关系，包括几何对象的时间相同(Equals)、前/后(Before/After)、相遇(Meets/Met)、相叠(Overlaps/Overlapped)、期间/包含(During/Contain)、起点/开始(Starts/Started)、终点/结束(Finishes/Finished)。然而，对于时空拓扑关系，早在2000年，Christophe等通过对最小时空关系组合的总结获得了时空域中时空关系(TSR)8个最小正交关系，并由8种空间关系(SR)和7种时态关系(TR)的正交定义了56种可能的时空关系，参见图6-2所示。根据这56种时空拓扑关系则可形成56个时空拓扑查询的布尔函数，即时空拓扑谓词。

然而，与空间数据库一样，56种时空拓扑关系在时空数据库系统也可能太多，以至于无法实现。因此，在实际中，时空数据系统对于时空查询，可以采用空间关系和时间关系分步操作以降低时空查询的复杂性。

6.2.5　空间连接运算

与关系数据库中连接运算类似，空间连接是非常重要的空间运算之一。空间连接运算是依据位置的谓词比较两个或更多几何的空间查询。即，当两个关系R和S基于一个空间谓词进行连接时，则该运算称为空间连接运算。空间连接运算中，所利用的连接谓词主要是由拓扑关系构成的谓词，如覆盖、相交、包含、相连、差分和对称差分等。通常空间连接运算由两个步骤构成(李立言，2018)。

(1)筛选，首先使用简单的数据结构来近似表示空间对象。例如，通常利用最小外接矩形(MBR)对空间对象进行简化筛选，所得对象的子集称为候选集。

(2)细化，以第一步筛选出的候选集作为输入，逐一对真实的空间对象进行空间比较运算，查找真正符合原来的空间谓词的对象。

在空间数据库中，空间连接很可能是所有空间查询中最重要的，因为它提供了比较空间分析功能中两个或多个数据库层的机制，如利用空间数据和它们的相关属性进行叠置分析。例如，现在有2个空间关系，一个是表示森林中林分空间分布的关系F，另一个是表示穿越森林的河流的关系R(这里假定河流用折线表示)。现在，假设要查找某条河流穿越的所有林分。则在执行查找时需要对F和R两个关系进行连接运算。查找的过程可以是首先使用给定查询河流的外接矩形(假设用$R._{MBR}$表示)与F关系中的表示不同林分多边形的外接矩形(假设用$F._{MBR}$表示)进行叠置运算，筛选出所有与$R._{MBR}$叠置的$F._{MBR}$候选集，如下：

```
SELECT *
FROM Forest-Stand F, River R
WHEREoverlap(F.Geometry, R.Geometry)
```

然后，对由此产生的数据集进行第二次过滤器，以确定不同林分多边形边界与河流有2个交点的多边形，以最终确定河流穿越了哪些林分地。

空间连接本质上是运算密集的。然而，它们可以被用于创建十分强大的空间分析和建模工具。没有空间连接提供的灵活性，数据库的应用将十分受限。因此，它们通常是空间信息系统的强制性功能。所有的空间数据库系统有望支持伴随空间索引的空间连接功能和表6-2中列出的空间操作的连接算法。

6.3 查询优化

在许多数据库系统里，查询管理器都具有查询优化的能力，特别是在空间数据库系统中。由于空间查询处理会涉及复杂的数据类型，例如，一片湖泊的边界可能需要数千个线段构成，如果没有一个高效的查询方案，则很难高效地处理这些大对象。查询优化就是选择一个可以以最高效的方法响应查询请求的查询方案。

6.3.1 空间过滤

最常用的查询优化方法是利用为数据库创建的索引对数据进行过滤，减少计算密集型空间查询操作所涉及的几何对象数量，以便让系统快速且直接地定位到满足条件的数据而无需遍历整个数据库。这样一来，空间数据库查询操作则可由过滤和精炼2个阶段构成，如图6-4所示。

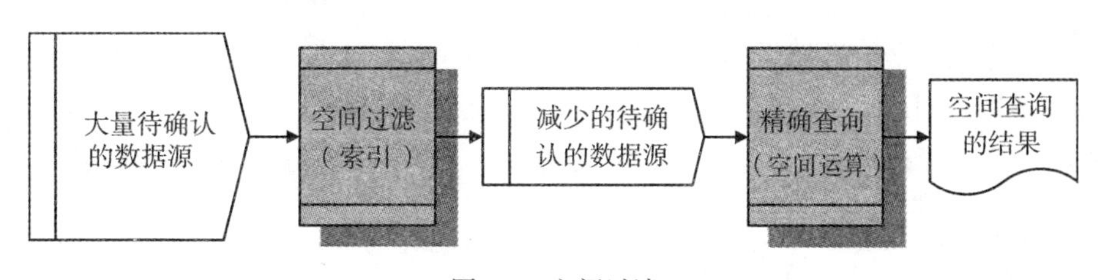

图6-4 空间过滤

1. 空间过滤

空间过滤是利用空间索引尽可能减少复杂的几何运算，就能得到正确的查询结果，从而提高查询效率。在空间过滤操作中，经过空间索引的初次过滤后产生的候选集合越小，在精确查询阶段参与比较计算的空间对象就越少，越能够提高空间查询效率。

2. 精确查询

精确查询是在空间过滤阶段所得的候选集上进行的。这一个阶段需要对候选集中的每个空间对象的几何信息和空间关系进行精确的检查。由于精确查询需要通过几何运算和关系运算来完成，相对于空间过滤阶段而言，精确查询阶段属于计算密集型阶段。所以，精确查询通常可以在空间数据库以外的应用程序中进行。这个应用程序在空间过滤阶段产生的候选集上进行。

从这一查询优化方法的过程来看，空间过滤所产生的候选集的精确性，对整个查询操作的效率的影响是比较明显的。如果候选集的精确性差，则会增加精确查询阶段的几何和关系运算量，从而影响查询效率；反之，则可提高查询效率。因此，为了得到更高的查询效率，空间过滤产生候选集的精确性是一个优化的重点，即可以通过进一步优化空间过滤操作以得到更加精确的候选集，从而进一步提高查询效率。

6.3.2 查询路径动态规划

在数据库系统中，度量查询策略性能的标准就是执行查询所需要的时间。通常查询请求是通过高级声明性语言来表达，即用户仅指出查询需求的结果，而结果的获取方法和过程由数据库系统负责完成。传统数据库中，查询时间在很大程度上依赖于数据库的I/O代价，因为传统数据库支持的数据类型及对这些类型数据进行操作的函数都是相对容易计算的。但在空间数据库中，因为包含了复杂的数据类型和对复杂类型数据操作的计算密集型函数，一方面使查询过程变得复杂，另一方面查询性能的估算也更为复杂。因此，动态规划查询路径，选择优化的查询策略对空间数据库查询来说显得尤为重要。

6.4 时空数据库完整性管理

数据库完整性是指存储于数据库中的所有数据值均正确的状态。在数据库中，通过业务规则以保护数据库中所有数据无形值的精确性、正确性和有效性的过程，称为数据库的完整性约束或完整性管理。维护数据库的完整性十分重要，如果数据库丧失了数据的完整性，即数据库中存储有不正确的数据值，那么表明数据库中的数据不能正确地反映真实世界。

6.4.1 完整性管理原理

数据库中的完整性是指保护数据库中的数据的正确性、有效性和一致性，防止错误的数据进入数据库造成无效操作。例如，性别只能用男和女来表示，数量属于数值型数据，只能含有数据，不能含有字母或特殊符号；月份只能用1~12之间的正整数来表示。

完整性是防止合法用户在使用数据库时向数据库输入不符合语义的数据，完整性防范对象是不符合语义的数据。

为了保证数据库的完整性，数据库管理系统制定了加在数据库数据之上的语义约束条件，即数据库完整性约束条件或完整性管理规则，这些约束条件作为表定义的一部分储存在数据库中。而DBMS中检查数据是否满足完整性条件的机制被称为完整性检查。

1. 完整性约束条件

1）概念

为了实现完整性控制，数据库管理员通过向数据库管理系统提出一组完整性管理规则，检查数据库中存放的数据是否满足管理规则，以保证数据库中数据的有效性、正确性和精度。这些用于保障数据库数据完整性的管理规则称为完整性约束条件，作为数据库管理系统控制数据库中数据完整性的依据。而这些规则定义了数据库中数据的检查时间、检查内容和违约响应等事项。

- 检查时间，指完整性检查的触发条件，即规定数据库管理系统何时使用完整性约束条件机制对数据进行检查。
- 检查内容，指检查的约束条件，即检查用户的操作请求违背了什么样的完整性约束条件。
- 违约响应，指查出错误的处理方式，如果用户的操作请求违反了完整性约束条件，应采取一定的措施来保证数据的完整性。

2）完整性规则的表示

通常，一条完整性规则，可以用一个五元组(D，O，A，C，P)来表示。其中，D(Data)为约束作用的数据对象；O(Operation)为触发完整性检查的操作；A(Assertion)为数据对象需要满足的语义约束；C(Condition)表示A作用的数据对象的谓词；P(Procedure)代表违反完整性规则时触发执行的操作过程。

例如，在“职工年龄”不能小于18岁的约束中，D代表约束作用的数据对象为“职工年龄”属性；O代表用户插入或修改数据时要进行完整性规则检查；A代表“职工年龄”岁数不能小于18岁的约束；C代表A可作用于职位属性值为职工的记录上；P代表拒绝执行用户操作。

如第2章中介绍，关系模型的完整性约束包括实体完整性、参照完整性和用户定义完整性。对于违反了实体完整性与用户定义完整性规则的操作一般都是以拒绝执行来处理，但是违反了参照完整性的操作，则采用接受这个操作的同时，执行一些附加的操作，从而保证数据库运行状态依然正确。

2. 完整性约束条件的类型

完整性管理的核心是完整性约束条件，因为整个完整性管理过程都是围绕数据库用户的操作请求是否满足完整性约束条件而进行的。关系数据库模型由关系(模式)、列(属性)和元组(行)构成。基于这一结构，关系数据库模型的完整性管理可在列级、元组级和关系级3种粒度上进行，即完整性约束条件的作用对象为列、行和关系。

(1)列(属性)级约束，包括对取值类型、范围、精度、排序等的约束。

(2)元组(行)级约束，是对各个记录中各个字段间的联系的约束。

(3)关系(模式)级约束，是对若干元组之间、关系集合上以及关系之间的联系的约束。

此外，关系模型数据库中完整性管理作用的这三类对象，其状态也有静态、动态之分。相应地，完整性约束也有静态约束和动态约束之分。

(1)静态约束，是指数据库每一确定状态时的数据对象所应满足的约束条件，它是反映数据库状态合理性的约束，这是最重要的一类完整性约束。

(2)动态约束，是指数据库从一种状态转变为另一种状态时，新值、旧值所满足的约束条件，它是反映数据库状态变迁的约束。

综合完整性管理的作用对象(粒度)及其状态，对关系模型数据库的完整性约束条件的类型进行归纳(表6-5)。

表 6-5　　关系模型数据库完整性约束条件类型

粒度	状态	描　　述
列级	静态约束	对数据类型的约束，包括数据的类型、长度、单位、精度等，例如，规定学生的性别类型为字符型，长度为 2
		对数据格式的约束。部分列需要以特定的格式表达信息，例如，时间的格式 15：26，电话的格式 123-6987 等
		对取值范围或取值集合的约束。例如，职工年龄的取值范围在 18~65 岁之间
		对空值的约束。空值表示未定义或未知的值，有的列允许设置空值，有的则不允许
		其他约束。关于列的排序说明、组合列等
	动态约束	修改列定义时的约束：原来允许值为空值的列改为不可存放空值的列，如果表中已记录空值，则不允许修改
		修改列值的约束：修改列值有时需要参照其旧值，并且新旧值之间需要满足某种约束条件
元组级	静态约束	静态元组约束规定元组的各个列之间的约束关系。例如，商场关系中的售出量不会大于其进货量。职工关系中包含工资等列，规定工资不得低于 1000 元
	动态约束	动态元组约束是指修改某个元组的值需要参照其旧值，并且新、旧值之间要满足某种约束条件。例如，职工工资调整时新工资不得低于(原工资+工龄×1. 2)等
关系级	静态约束	实体完整性约束：关键字不能为空值并且唯一
		参照完整性约束：从表中的外码必须在主表中存在。例如，学生表和成绩表之间是主/从关系，成绩表中的学号必须在学生表中存在，表明是哪个学生的成绩
		函数依赖约束：大部分函数依赖约束都是隐含在关系模式结构中的，特别是规范化程度较高的关系模式，都由模式来保持函数依赖
		统计约束：字段值与关系中多个元组的统计值之间的约束关系。例如，普通职工的工资不得低于高级职工的一半
	动态约束	动态关系约束是加载关系变化前后状态的限制条件，例如，事务一致性、原子性等约束条件

3. 完整性控制

完整性控制是指数据库管理系统检查用户发出的操作请求是否违背了定义的完整性约束条件，并对违背了完整性约束条件的操作采取一定的动作以保障数据库数据完整性的过程。在数据库中，完整性约束条件都是由数据库管理系统提供的语句进行描述，经过编译后存放在数据字典中，数据进出数据库的操作请求发生时，数据库管理系统开始检查相应的操作请求是否违背这些规则，并作出响应，从而起到保护数据库完整性的作用。这样做能够使完整性规则的执行由系统来处理，而不是由用户来进行，并且规则存放在数据字典中，易于从整体上理解和修改，效率较为高效。

数据库的完整性管理中，数据库管理系统对用户操作请求检查完整性约束条件的执行时间有以下两种情况。

(1)立即执行的约束(immediate constraints)，是指在执行用户事务的过程中，在某一条语句执行完成时，系统立即对此数据进行完整性约束条件的检查，以确保数据的完整性。

(2)延迟执行约束(deferred constraints)，是指在执行完用户的全部事务时，再对约束条件进行检查，通过检查的数据才能够提交到数据库中。

例如，银行数据库中的“借贷总金额应平衡”就属于延迟执行约束。当账号 A 转账给账号 B 一笔钱，从账号 A 转账出去后，账就不平了，此时就应等金额转入账号 B 后，账得到平衡，才能进行完整性检查。

当发现用户操作请求违背了立即执行的约束时，可以直接拒绝此操作，以保证数据库中的数据的完整性；当发现用户操作请求违背了延迟执行约束时，由于在时间上的操作延迟，可能不知道是哪个操作破坏了完整性，为了保证完整性，只能拒绝掉整个事务，将数据库恢复到事务执行前的状态。

需要特别指出的是，完整性约束在概念性数据建模过程中获得，并且必须在系统开发的整个生命周期中被执行。它们也必须进行适当记载和存储，作为元数据库的一个不可缺少的部分。

6.4.2 空间数据完整性管理

完整性约束最好用商业规则来描述，就是应用于数据库系统，通过确保数据的精确性、正确性和有效性来保护它们的无形价值。关系模型的数据建模和数据库操作中的 3 类完整性约束都在第 2 章进行了介绍，即域约束、键与关系约束和语义完整性约束。然而，由于空间数据的特殊要求，前面介绍的关系模型的 3 类完整性约束条件并不能完全保证空间数据库的完整性，因此，需要对其针对空间数据库的特殊性进行扩展，以保证空间数据库的正确性、精确性和一致性。

1. 空间数据的扩展约束条件

在空间数据库的完整性规则方面，Cockcroft (1997) 围绕空间数据的特殊，要从拓扑完整性约束、语义完整性约束和用户自定义约束 3 个方面对完整性规则进行扩展。

(1)拓扑完整性约束，是关于空间要素之间的空间关系(如邻接，包含和连接)的几何属性。

(2)语义完整性约束，是控制数据库中对象空间行为的数据库规则(如地块不能位于水体中)。

(3)用户定义约束，类似于那些在非空间数据建模中确定的业务规则(如沿湖岸 200m 的缓冲区内禁止树木采伐)。

Cockcroft (1998)进一步提出，上面 3 类约束性条件中的每一个都可以既应用于一致性状态的数据，也可以应用于事务处理中的数据。这样就导致了以下 6 类空间数据完整性约束。

(1)静态的拓扑完整性约束。例如，所有的多边形必须是封闭的。

(2)变换拓扑完整性约束。例如，如果多边形边界被修改，那么多边形本身和所有与之结合的多边形都必须同时被更新。

(3)静态语义完整性约束。例如，一块土地面积不得为负。

(4)变换语义完整性约束。例如，在一个地块被划分后，再分单元的面积总和必须与原来地块的面积相等。

(5)静态用户定义完整性约束。例如，宽于 2m 的河流和溪流必须作为多边形特征存储。

(6)变换用户定义完整性约束。例如，在一个地块的重新分区应用被批准后，有关地块的土地利用情况必须在两个工作日内更新。

2. 空间数据约束条件的应用

空间数据库的实际应用中，需要空间数据各要素之间保持特定的关系，例如，多边形必须闭合，行政区域不能重叠，线状道路之间不能有重叠线段等。商用的空间数据库则可以利用这些要素之间的空间关系来建立相应完整性约束条件，以在数据管理中对空间数据的完整性进行控制。比较典型的应用是 ESRI ArcGIS 的 Geodatabase 基于空间数据的拓扑关系，定义了一套点、线和多边形的拓扑规则对所管理的空间数据库的完整性进行控制，以保证数据库的准确、有效和一致。表 6-6 ~ 表 6-9 为根据 ArcGIS 数据库的拓扑规则(ArcGIS ® Geodatabase Topology Rules)和地理数据库拓扑规则、拓扑错误修复整理的 ESRI ArcGIS 数据库的完整性约束拓扑规则。

表 6-6　**点要素拓扑规则**

序号	拓扑规则	规则描述	示例
1	Must be coincident with 必须与其他要素重合	一个要素类(或子类型)中的点必须与另一个要素类(或子类型)中的点重合。此规则适用于点必须被其他点覆盖的情况，如变压器必须与配电网络中的电线杆重合，观察点必须与工作站重合	Points in one feature class or subtype must be coincident with points in another feature class or subtype. Point errors are created where points from the first feature class or subtype are not covered by points from the second feature class or subtype.
2	Must be disjoint 必须不相交	要求点与相同要素类(或子类型)中的其他点在空间上相互分离。重叠的任何点都是错误。此规则可确保相同要素类的点不重合或不重复，如城市图层中、宗地块 ID 点、井或路灯杆	Points cannot overlap within the same feature class or subtype. Point errors are created where points overlap themselves.

续表

序号	拓扑规则	规则描述	示例
3	Must be covered by boundary of 必须被其他要素的边界覆盖	要求点位于面要素的边界上。这在点要素帮助支持边界系统(如必须设在某些区域边界上的边界标记)时非常有用	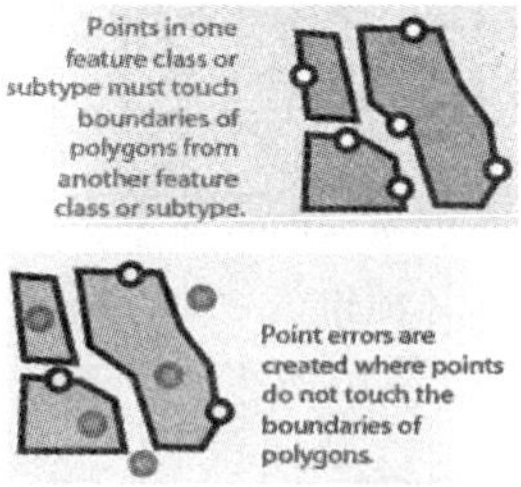
4	Must be properly inside polygons 必须完全位于内部	要求点必须位于面要素内部。这在点要素与面有关时非常有用，如井和井垫或地址点和宗地	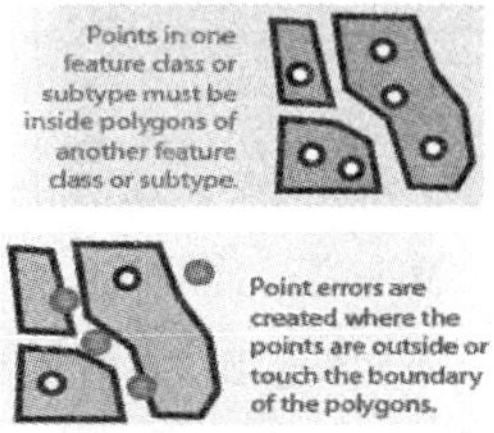
5	Must be covered by endpoint of 必须被其他要素的端点覆盖	要求一个要素类中的点必须被另一要素类中线的端点覆盖。除了当违反此规则时，标记为错误的是点要素而不是线之外，此规则与线规则“端点必须被其他要素覆盖”极为相似。边界拐角标记可以被约束，以使其被边界线的端点覆盖	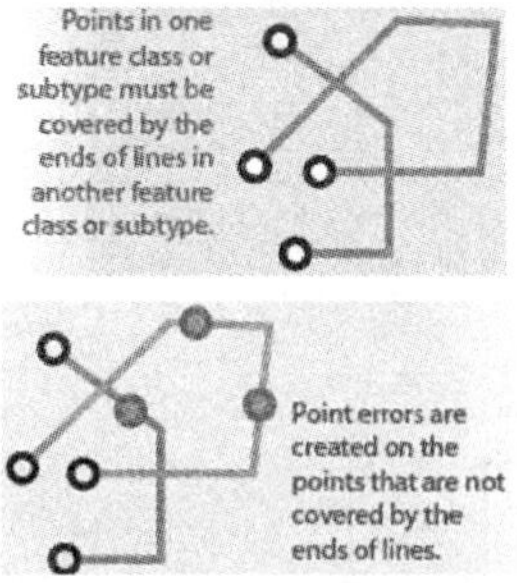
6	Point must be covered by line 点必须被线覆盖	要求一个要素类中的点被另一要素类中的线覆盖。它不能将线的覆盖部分约束为端点。此规则适用于沿一组线出现的点，如公路沿线的公路标志	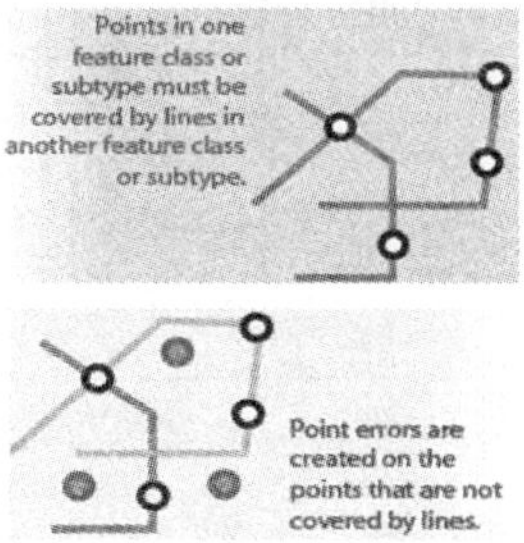

表 6-7　**线要素拓扑规则**

序号	拓扑规则	规则描述	示例
1	Must not overlap 不能重叠	要求线不能与同一要素类(或子类型)中的线重叠。例如，当河流要素类中线段不能重复时，使用此规则。线可以交叉或相交，但不能共享线段	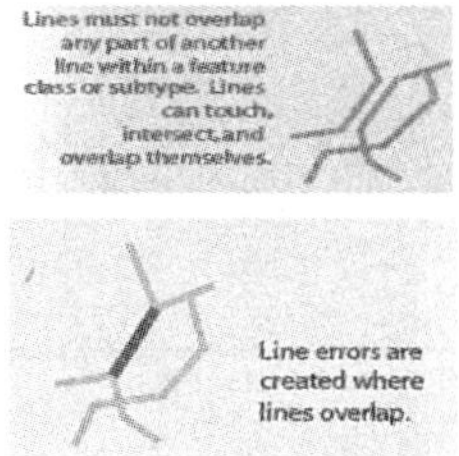

续表

序号	拓扑规则	规则描述	示例
2	Must not intersect 不能相交	要求相同要素类(或子类型)中的线要素不能彼此相交或重叠。线可以共享端点。此规则适用于绝不彼此交叉的等值线，或只能在端点相交的线(如街段和交叉路口)	Lines must not cross or overlap any part of another line within the same feature class or subtype. Line errors are created where lines overlap, and point errors are created where lines cross.
3	Must not intersect with 不能与其他要素相交	要求一个要素类(或子类型)中的线要素不能与另一个要素类(或子类型)中的线要素相交或重叠。线可以共享端点。当两个图层中的线绝不应当交叉或只能在端点处发生相交时(如街道和铁路)，使用此规则	Lines in one feature class or subtype must not cross or overlap any part of a line in another feature class or subtype. Line errors are created where lines overlap, and point errors are created where lines cross.
4	Must not have dangles 不能有悬挂点	要求线要素的两个端点必须都接触到相同要素类(或子类型)中的线。未连接到另一条线的端点称为悬挂点。当线要素必须形成闭合环时(如由这些线要素定义面要素的边界)，使用此规则。它还可在线通常会连接到其他线(如街道)时使用。在这种情况下，可以偶尔违反规则使用异常，如死胡同（cul-de-sac）或没有出口的街段的情况	The end of a line must touch any part of one other line or any part of itself within a feature class or subtype. Point errors are created at the end of a line that does not touch at least one other line or itself.
5	Must not have pseudonodes 不能有伪节点	要求线在每个端点处至少连接两条其他线。连接到一条其他线(或到其自身)的线被认为是包含了伪节点。在线要素必须形成闭合环时使用此规则，例如，由这些线要素定义面的边界，或逻辑上要求线要素必须在每个端点连接两条其他线要素的情况。河流网络中的线段就是如此，但需要将一级河流的源头标记为异常	The end of a line cannot touch the end of only one other line within a feature class or subtype. The end of a line can touch any part of itself. Point errors are created where the end of a line touches the end of only one other line.

续表

序号	拓扑规则	规则描述	示例
6	Must not intersect or touch interior 不能相交或内部接触	要求一个要素类(或子类型)中的线必须仅在端点处接触相同要素类(或子类型)的其他线。任何其中有要素重叠的线段或任何不是在端点处发生的相交都是错误。此规则适用于线只能在端点处连接的情况，例如，地块线必须连接(仅连接到端点)至其他地块线，并且不能相互重叠	Lines can only touch at their ends and must not overlap each other within a feature class or subtype. Line errors are created where lines overlap, and point errors are created where lines cross or touch.
7	Must not intersect or touch interior with 不能与其他要素相交或内部接触	要求一个要素类(或子类型)中的线必须仅在端点处接触另一要素类(或子类型)的其他线。任何其中有要素重叠的线段或任何不是在端点处发生的相交都是错误。当两个图层中的线必须仅在端点处连接时，此规则非常有用	Lines in one feature class or subtype can only touch at their ends and must not overlap lines in another feature class or subtype. Line errors are created where lines overlap, and point errors are created where lines cross or touch.
8	Must not overlap with 不能与其他要素重叠	要求一个要素类(或子类型)中的线不能与另一个要素类(或子类型)中的线要素重叠。线要素无法共享同一空间时使用此规则。例如，道路不能与铁路重叠，或洼地子类型的等值线不能与其他等值线重叠	Lines in one feature class or subtype must not overlap any part of another line in another feature class or subtype. Line errors are created where lines from two feature classes or subtypes overlap.
9	Must be covered by feature class of 必须被其他要素的要素类覆盖	要求一个要素类(或子类型)中的线必须被另一个要素类(或子类型)中的线所覆盖。此选项适于建模逻辑不同但空间重合的线(如路径和街道)。公交路线要素类不能离开在街道要素类中定义的街道	Lines in one feature class or subtype must be covered by lines in another feature class or subtype. Line errors are created on the lines in the first feature class that are not covered by lines in the second feature class.

续表

序号	拓扑规则	规则描述	示例
10	Must be covered by boundary of 必须被其他要素的边界覆盖	要求线被面要素的边界覆盖。这适用于建模必须与面要素(如地块)的边重合的线(如地块线)	Lines in one feature class or subtype must be covered by the boundaries of polygons in another feature class or subtype. Line errors are created on lines that are not covered by the boundaries of polygons.
11	Must be inside 必须位于内部	要求线包含在面要素的边界内。当线可能与面边界部分重合或全部重合但不能延伸到面之外(如必须位于州边界内部的高速公路和必须位于分水岭内部的河流)时，此选项十分有用	Lines in one feature class or subtype must be contained by polygons of another feature class or subtype. Line errors are created where lines are not within polygons.
12	Endpoint must be covered by 端点必须被其他要素覆盖	要求线要素的端点必须被另一要素类中的点要素覆盖。在某些建模情况下，例如，设备必须连接两条管线，或者交叉路口必须出现在两条街道的交汇处时，此工具十分有用	The ends of lines in one feature class or subtype must be covered by points in another feature class or subtype. Point errors are created at the ends of lines that are not covered by a point.
13	Must not self overlap 不能自重叠	要求线要素不得与自身重叠。这些线要素可以交叉或接触自身但不得有重合的线段。此规则适用于街道等线段可能接触闭合线的要素，但同一街道不应出现两次相同的路线	Lines must not overlap themselves within a feature class or subtype. Lines can touch, intersect, and overlap lines in another feature class or subtype. Line errors are created where lines overlap themselves.
14	Must not self intersect 不能自相交	要求线要素不得自交叉或与自身重叠。此规则适用于不能与自身交叉的线(如等值线)	Lines must not cross or overlap themselves within a feature class or subtype. Lines can touch themselves and touch, intersect, and overlap other lines. Line errors are created where lines overlap themselves, and point errors are created where lines cross themselves.

续表

序号	拓扑规则	规则描述	示例
15	Must be single part 必须为单一部分	要求线只有一个部分。当线要素（如高速公路）不能有多个部分时，此规则非常有用	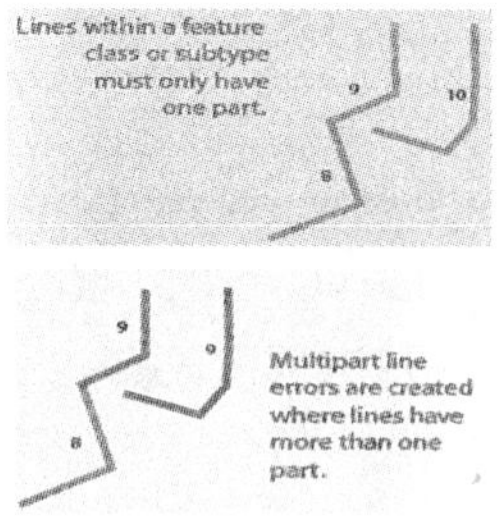

表 6-8　**面要素拓扑规则**

序号	拓扑规则	规则描述	示例
1	Must not overlap 不能重叠	要求面的内部不重叠。面可以共享边或折点。当某区域不能属于两个或多个面时，使用此规则。此规则适用于行政边界（如“邮政编码”区或选举区）以及相互排斥的地域分类（如土地覆盖或地貌类型）	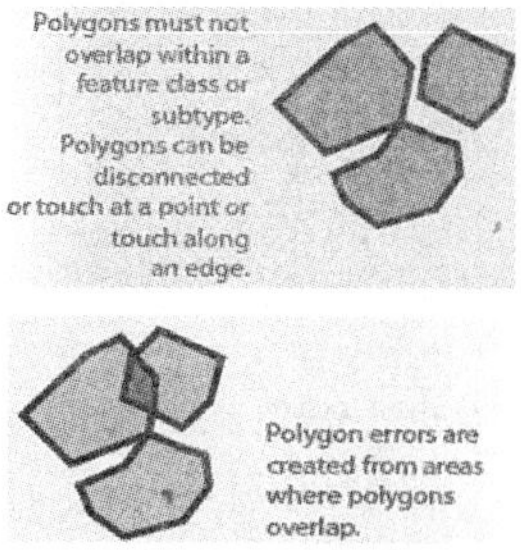
2	Must not have gaps 不能有空隙	此规则要求单一面之中或两个相邻面之间没有空白。所有面必须组成一个连续表面。表面的周长始终存在错误。您可以忽略这个错误或将其标记为异常。此规则用于必须完全覆盖某个区域的数据。例如，土壤面不能包含空隙或具有空白，这些面必须覆盖整个区域	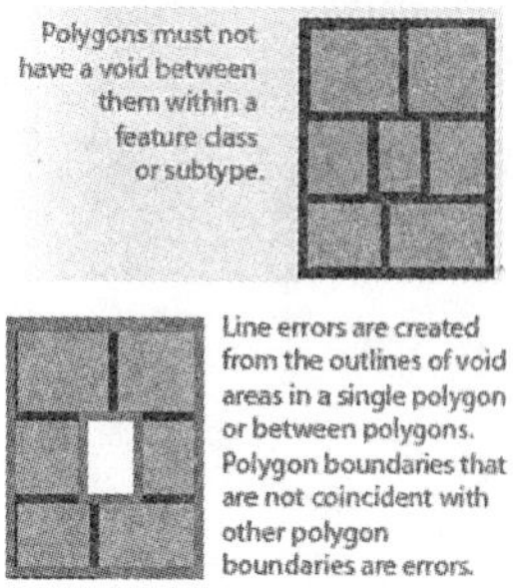
3	Must not overlap with 不能与其他要素重叠	要求一个要素类（或子类型）面的内部不得与另一个要素类（或子类型）面的内部相重叠。两个要素类的面可以共享边或折点，或完全不相交。当某区域不能属于两个单独的要素类时，使用此规则。此规则适用于结合两个相互排斥的区域分类系统（如区域划分和水体类型，其中，在区域划分类中定义的区域无法在水体类中也进行定义，反之亦然）	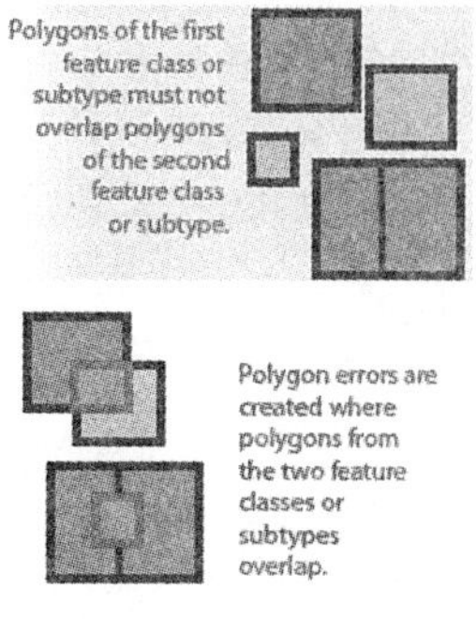

续表

序号	拓扑规则	规则描述	示例
4	Must be covered by feature class of 必须被其他要素的要素类覆盖	要求一个要素类(或子类型)中的面必须向另一个要素类(或子类型)中的面共享自身所有的区域。第一个要素类中若存在未被其他要素类的面覆盖的区域，则视作错误。当一种类型的区域(如一个州)应被另一种类型的区域(如所有的下辖县)完全覆盖时，使用此规则	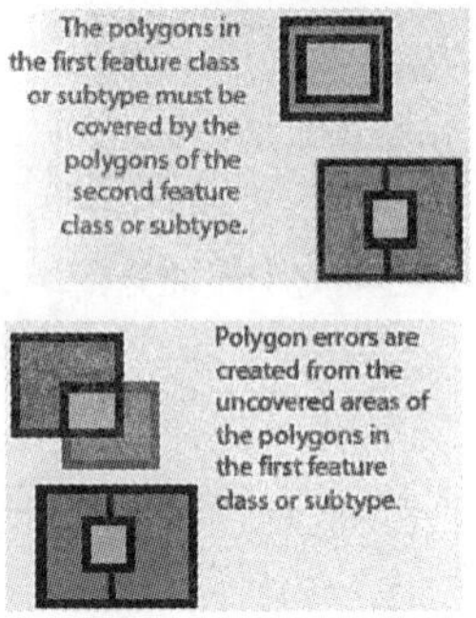 The polygons in the first feature class or subtype must be covered by the polygons of the second feature class or subtype. Polygon errors are created from the uncovered areas of the polygons in the first feature class or subtype.
5	Must cover each other 必须互相覆盖	要求一个要素类(或子类型)的面必须与另一个要素类(或子类型)的面共享双方的所有区域。面可以共享边或折点。任何一个要素类中存在未与另一个要素类共享的区域都视作错误。当两个分类系统用于相同的地理区域时使用此规则，在一个系统中定义的任意指定点也必须在另一个系统中定义。通常嵌套的等级数据集需要应用此规则，如人口普查区块和区块组或小分水岭和大的流域盆地。此规则还可应用于非等级相关的面要素类(如土壤类型和坡度分类)	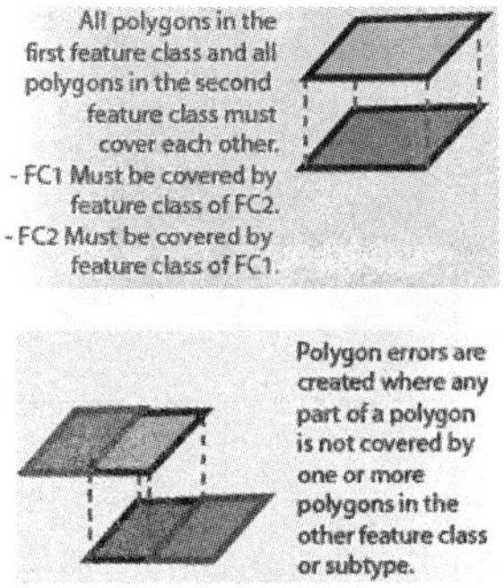 All polygons in the first feature class and all polygons in the second feature class must cover each other. - FC1 Must be covered by feature class of FC2. - FC2 Must be covered by feature class of FC1. Polygon errors are created where any part of a polygon is not covered by one or more polygons in the other feature class or subtype.
6	Must be covered by 必须被其他要素覆盖	要求一个要素类(或子类型)的面必须包含于另一个要素类(或子类型)的面中。面可以共享边或折点。在被包含要素类中定义的所有区域必须被覆盖要素类中的区域所覆盖。当指定类型的区域要素必须位于另一类型的要素中时，使用此规则。当建模作为较大范围区域的子集区域(如森林中的管理单位或区块组中的区块)时，此规则非常有用	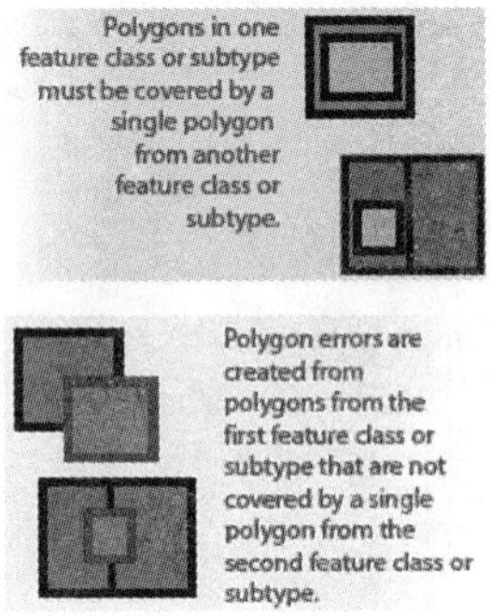 Polygons in one feature class or subtype must be covered by a single polygon from another feature class or subtype. Polygon errors are created from polygons from the first feature class or subtype that are not covered by a single polygon from the second feature class or subtype.

续表

序号	拓扑规则	规则描述	示例
7	Boundary must be covered by 边界必须被其他要素覆盖	要求面要素的边界必须被另一要素类中的线覆盖。此规则在区域要素需要具有标记区域边界的线要素时使用。通常在区域具有一组属性且这些区域的边界具有其他属性时使用。例如，宗地可能与其边界一同存储在地理数据库中。每个宗地可能由一个或多个存储着与其长度或测量日期相关的信息的线要素定义，而且每个宗地都应与其边界完全匹配	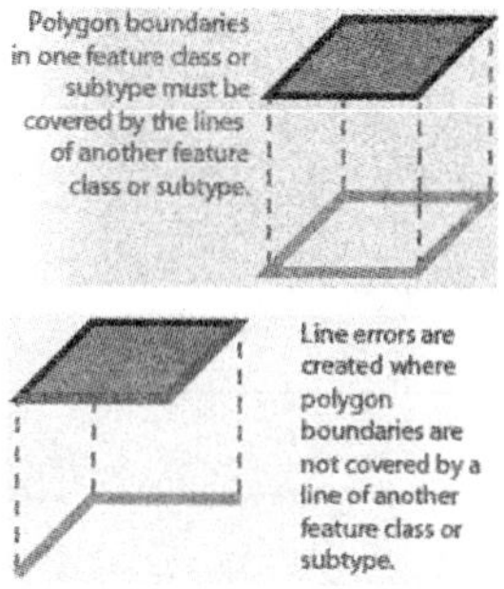 Polygon boundaries in one feature class or subtype must be covered by the lines of another feature class or subtype. Line errors are created where polygon boundaries are not covered by a line of another feature class or subtype.
8	Area boundary must be covered by boundary of 面边界必须被其他要素的边界覆盖	要求一个要素类(或子类型)中的面要素的边界被另一个要素类(或子类型)中面要素的边界覆盖。当一个要素类中的面要素(如住宅小区)由另一个类(如宗地)中的多个面组成，且共享边界必须对齐时，此规则非常有用	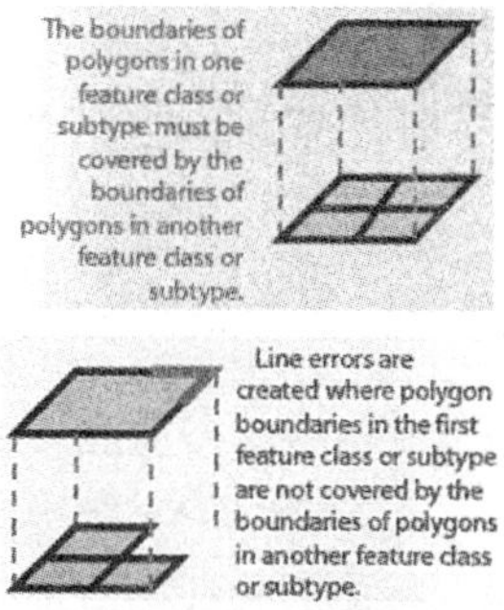 The boundaries of polygons in one feature class or subtype must be covered by the boundaries of polygons in another feature class or subtype. Line errors are created where polygon boundaries in the first feature class or subtype are not covered by the boundaries of polygons in another feature class or subtype.
9	Contains point 包含点	要求一个要素类中的面至少包含另一个要素类中的一个点。点必须位于面要素中，而不是边界上。当每个面至少应包含一个关联点时(如宗地必须具有地址点)，此规则非常有用	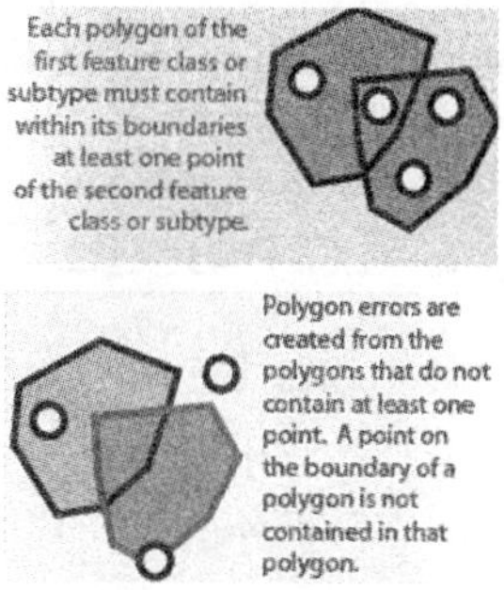 Each polygon of the first feature class or subtype must contain within its boundaries at least one point of the second feature class or subtype. Polygon errors are created from the polygons that do not contain at least one point. A point on the boundary of a polygon is not contained in that polygon.
10	Contains one point 包含一个点	要求每个面包含一个点要素且每个点要素落在单独的面要素中。如果在面要素类的要素和点要素类的要素之间必须存在一对一的对应关系(如行政边界与其首都)，此规则非常有用。每个点必须完全位于一个面要素内部，而每个面要素必须完全包含一个点。点必须位于面要素中，而不是边界上	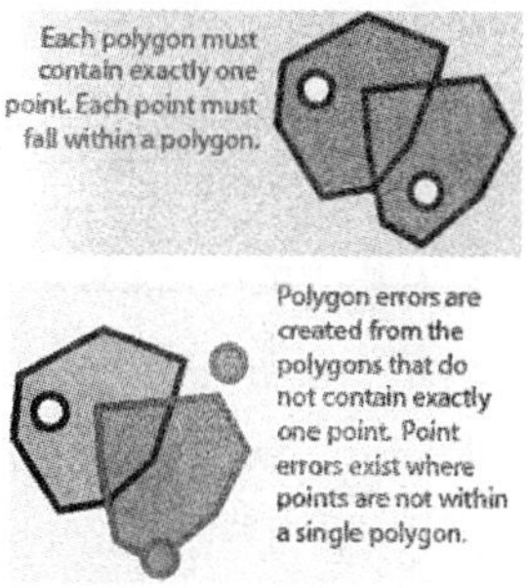 Each polygon must contain exactly one point. Each point must fall within a polygon. Polygon errors are created from the polygons that do not contain exactly one point. Point errors exist where points are not within a single polygon.

表 6-9　　**线/面共有拓扑规则**

拓扑规则	规则描述	示例
Must be larger than cluster tolerance 必须大于集群容差	要求要素在验证过程中不折叠。此规则是拓扑的强制规则，应用于所有的线和面要素类。在违反此规则的情况下，原始几何将保持不变	

6.4.3　时态数据完整性管理

时态数据的完整性约束是保证时态数据库中存储的数据正确、有效和一致的主要机制。关于时态完整性约束的研究，刘海等(2010)将主要工作可归纳为 3 个方面：

(1)时态完整性包含数据和数据对应的时间；

(2)时态完整性包括时态参照完整性以及时态实体完整性；

(3)时态完整性包括静态的完整性和动态的完整性，也称为静态完整性和动态完整性。

但同时指出，这些工作尚未解决的问题是：一方面没有给出时态完整性的确切定义；另一方面，也是更重要的，是没有具体讨论时态完整性约束的处理实现机制。

为了保证时态数据库中存储数据的正确性，即符合现实世界的语义，研究者对关系数据模型数据库的基础约束规则进行了扩展，提出了时态实体完整性约束规则和时态参照完整性规则。例如，Tansel(2004)和刘海等(2010)分别对关系数据模型的实体完整性和参照完整性约束规则进行了扩展，形成了时态实体完整性和时态参照完整性约束规则。

1. 时态实体完整性

传统数据库包含现实的即时快照，其完整性约束就是在在数据库的即时状态下执行的。这种完整性约束成为单状态完整性约束或静态完整性约束(Chomicki，1995)，它可以直接适用于时态数据库的任何快照。而多状态完整性约束，也称为动态完整性约束，应用于时间数据库的多个快照(状态)。而多状态完整性约束又分为两种：同步多状态完整性约束，依次应用于多个数据库快照，即“一个独立地应用于多个数据库状态的单个状态完整性约束”；异步多状态完整性约束，同时应用于数据的多个快照，即限制不同时刻的有效数据值。

时间完整性约束有两个分量：数据分量和时间分量。在大多数情况下，时间完整性约束的数据分量是同步的多状态完整性约束，类似于传统的(单一状态)完整性约束。数据分量也可以是一个异步多状态完整性约束，它没有传统的(非时态的)对等项。多状态完整性约束的时间分量仅对时间数据库是特殊的。这是一个直接的结果，因为对象的属性可以在该对象生命周期的任何子集中假定值。换句话说，对象的属性可能在该对象的生命周期之外没有任何值。

Tansel(2004)指出，时态实体完整性要求表示实体标识的属性在实体生命周期的任何部分或整个生命周期中都不能有空值。关于这一要求，传统的实体完整性约束作为一个同步的多状态时间完整性约束，直接适用于时间关系，实体完整性约束的时间分量要求对象的属性只能在该对象的寿命期内进行取值操作。

刘海等(2010)以时态关系数据模型中主键的定义为基础，提出时态实体完整性规则。数据库中的关系表表示一个对象集，对象之间通过其唯一的标识相互区分。在关系数据模型中，基本关系的唯一标识就是该关系的主键。而在时态关系数据模型中，时态关系 S 的主键定义为：(PK_1，…，PK_n，PT)，其中 PK_i 为时态关系 S 的一个主键属性，PT 为主键属性(PK_1，…，PK_n)的有效时间。当 $i=1$ 时，表示 S 中只有一个主键属性。

若属性 A 是时态关系 S 的一个主键，则属性 A 的取值满足两个要求：①不能取空值；②A 的取值在其有效时间范围内唯一。

其中，属性 A 和其有效时间称为时态关系 S 的一个联合主键，记为 CPK(A)，即 CPK(A)=[PK(A)，PT(A)]，且 CPK(A)在时态关系 S 中具有唯一取值。

简单地说，在时态数据库或时态关系模型中，实体标识的唯一性是指该标识在某个时间区间内是唯一的。

在实际应用中，需要对时态实体完整性和时态参照完整性进行控制。对于违反时态实体完整性规则的操作，一般都采用拒绝执行的方式进行处理。

2. 时态参照完整性

现实世界中的实体之间会存在一定的联系。在关系模型中，实体之间的联系通过关系之间的相互“参照(或引用)”实现。而在时态关系模型中，则需要研究实体之间的“时态参照”。

为了说明时态参照完整性的含义，首先明确时态关系数据模型中的外键定义：在时态关系数据模型 中，设 A 是时态关系 R 的一个或者一组属性，但不是时态关系 R 的主键。如果 A 与时态关系 S 的主键 PK 相对应，则称 A 为外键属性，记为 FK(foreign key attribute)。A 对应的时间区间称为外键时间区间，记为 FT(foreign key time interval)。并称时态关系 R 为时态参照关系(temporal referencing relation)，时态关系 S 为时态被参照关系(temporal referenced relation)。

与时态实体完整性对应，参照关系 R 中的外键定义为(FK_1，…，FK_n，FT)，其中 FK_i ($1 \leqslant i \leqslant n$)是参照关系 R 中的一个外键属性，FT 为外键属性(FK_1，…，FK_n)的时间区间。当 $i=1$ 时，表示 R 中只有一个外键属性。

从而得到时态参照完整性规则：(FK_1，…，FK_n，FT)是时态关系 R 的外键，FK_i 与时态关系 S 的主键 PK 相对应，则对于 R 中每个元组对应的 FK_i($1 \leqslant i \leqslant n$)必须满足下列条件：

(1) FK_1 的取值或者取空值，或者等于 S 中某元组的主键值；

(2) 如果 FK_i 不取空值，则 FT 必须属于 PK 的有效时间，即 Belonging(FT，PT)。

同时，称外键属性 FK_i 存在对时态关系 S 的主键 PK 的时态引用。

总而言之，在时态关系数据模型中，为了正确地反映现实世界建模的语义，必须考虑时态参照表与时态被参照表之间的时态参照关系。

另外，Tansel(2004)从关系逻辑角度，指出参照完整性的要求为参照关系中的值应该存在于参照关系中。违反参照完整性的数据维护操作不允许执行参照完整性，也不级联

(cascaded)执行参照完整性。因为在时态实体完整性的前提下，时态参照完整性有两个分量：数据和时间分量。数据分量是指可以在任何时候直观地应用的传统参照完整性(即一个同步的多状态完整性约束)，这可以通过同步参照表和被参照表中的属性的时间来实现。接下来比较这些值，以验证参照完整性是否成立。另外，很显然时态参照完整性，以及时态实体完整性在存在嵌入式关联的关系中是成立的。

在实际的时态完整性处理中，对于违反时态参照完整性的操作，并不能简单地拒绝执行，有时会再执行必要的附加操作，以保证数据的正确性，最后接受该操作。

6.5　长事务管理

正如第2章所讲，数据库是一个可供多用户共享资源。用户在存取数据库中的数据时，虽然有可能串行执行，但多用户并行存取是其基本特征。当串行执行时，通常同一时刻只有一个用户程序在执行对数据库的操作，用户程序按顺序排队等待对数据库的操作，并不会造成用户对数据库存取的冲突。这样数据库的访问效率是极低的，不利于数据库资源的利用。大多数情况下，用户都是对数据库并行操作的。数据库的并行操作虽然有利于极大地提高数据库的访问效率，但数据库的并行操作存在多个用户同时对数据库中同一数据进行操作的情况。如果对并发数据不加以控制可能会导致数据的完整性遭到破坏，即发生所谓的丢失更新、污读、不可重读等现象。因此，为了提高数据库的利用效率以及完整性，数据库采用并发控制机能，以保证数据库中的数据在多用户并发操作时的一致性、正确性。

6.5.1　长事务基础

数据库中并发控制的基本单位是事务，因此并发控制过程和机制也往往是数据库的事务管理过程和机制。在第2章中已对事务的概念、特征和管理进行了详细的定义。但所定义的数据“加锁”的并行控制机制仅适用于数据库短事务的处理，且仅对常规数据库的事务管理有效。而时空数据库中，由于空间数据处理在很多方面不同于常规数据处理，使得时空数据库的事务管理与常规数据库的事务管理存在很大差异，这也是时空数据库和常规数据库的重要不同之处。不同于常规数据处理事务，空间数据处理事务是长事务，例如，由于每年一度的路面维修项目使得道路构造更新通常花上几天甚至几个星期来完成，尽管很多用户可能需要同时访问这些数据。

对于时空数据库中的空间数据处理长事务问题，如果使用第2章定义的常规数据库处理相同的并行控制概念和技术，那么会极大地降低时空数据库的可用性。因此，长事务处理机制是时空数据库中空间数据处理事务管理中使用的数据库技术。另外，随着空间数据库规模的扩大和用户激增，GIS数据处理工作流和数据共享机制需要长事务支持，以完成多用户同时对空间数据的编辑修改和历史数据的回溯管理。

1. 长事务特征

与普通数据库中常规数据处理的短事务相比，时空数据库中空间数据处理的长事务具有以下特点(罗拥军，2008)。

(1)持续时间长。长事务可以持续几天、几个月甚至更长的时间，期间无需任何特殊处理，可以随时继续。

(2)未提交数据的曝光。用户与其他事务在长事务结束前被迫使用未提交数据，因为事务可能中断，因此用户和由此而导致的其他事务，可能被迫去读取未提交的数据。特别是多个用户合作一项设计，他们可能需要在事务提交之前交换数据。

(3)子任务。一个长事务可能由用户启动一组子任务构成，如进行编辑图层的操作，可以由添加一个点，添加一条路，变更湖泊面积等一组子任务构成。用户可能希望仅撤销长事务的某个子任务，而不是终止整个事务，以尽量避免重复工作。

(4)安全性。长事务中所做的修改具有相当的安全性，即使遇到突然断电、死机或者其他意外情况，所编辑的数据也不会丢失或破坏。

(5)可恢复性。任何时候，如果对于所做的修改不满意，可以回滚所做的修改，恢复到锁定时的状态。

(6)编辑结束。只要提交了所做的修改，其他用户立即就能看到修改后的内容。

(7)只有提交或回滚修改之后，其他用户才可以对原锁定的区域进行修改。

2. 长事务冲突

所有的并发控制方法都是为了解决事务之间可能出现的冲突，以保证数据库的完整性、一致性不受破坏。时空数据库中空间数据处理长事务的冲突主要包括以下 4 点(罗拥军，2008)。

(1)更新冲突。对于两个并发的事务，如果它们都更新了同一图层的同一图形元素，则称这两个事物是更新冲突的。对图形元素的更新操作可以是对图形元素当前状态的更新修改，或者是删除了这个图形元素。

(2)同一冲突。对于两个并发的事务，如果它们在同一图层中创建了不同的图形元素而描绘的是同一现实对象，则称这两个事务是同一冲突的。一般而言，当两个图形元素的几何特征近似到一定程度，则称这两个图形元素描述的是同一个现实对象。其中近似程度是由图层的描述规定的。例如，两个特别近的点、两个位置基本重合或完全重合的线都可以被认定代表的同一个现实对象。

(3)关系冲突。应用模型可能对一个或多个图层中图形元素之间的关系有一定的约束，这些约束可能包括图形元素的位置不能重合，线形元素不能交叉，线形图形元素必须连成网络，面图形元素不能有重叠区域等。这些关系都是应用相关的，是定义在图层上的约束关系，并非所有的系统都具有对各种应用约束进行检测的能力。

对于两个并发的事务，如果它们对图层中图形元素的创建、更新修改和删除等操作是同时提交到图层时，会违背应用模型中的某种约束关系，则称这两个事务是关系冲突的。一个事务本事也可能是关系冲突的，人工编辑图层无法做到完全避免关系冲突。

有些关系冲突可以自动校正，如网络图约束，对于看似连接但实际上没有连接上的线图元，可以自动进行连接。但更多的冲突是无法自动解决的(如两个不能相交的线相交了)。因此，GIS 系统一般的服务只检测关系冲突，对特殊的冲突可以做自动处理。

(4)其他冲突。除了上述 3 种冲突外，并发长事务还可能存在其他类型的冲突，其中读写冲突就是一种比较常见的冲突。例如，在版本管理的并发控制方式中，用户 A 在沿某条道路设计沿街路灯，而用户 B 正在改变这条街道的设计，把街道的位置移动了。当这两个事务进行合并时，出现的冲突就是读写冲突。这种冲突一般无法用自动的办法进行检测，只能由人工检测和处理读写冲突。

6.5.2　长事务管理机制

长事务管理是时空数据库中需要恰当处理的一个复杂问题。如果长事务处理不当，可能引起数据库的崩溃，为用户带来不必要的损失。关于长事务管理的机制，不同的数据软件厂商使用不同的方法解决空间数据处理中的长事务问题。下面介绍几种由研究者提出的长事务管理机制。

1. 工作空间管理技术

工作空间管理技术是 Oracle 用来处理长事务的机制(Lopez，Gopalan，2001)。工作空间管理是指数据库处理一个或多个数据库工作空间中同一行或相同记录不同版本的能力。数据库用户可以独立地更改这些版本。在 Oracle 中，版本的单位(unit)是一个数据库表。表在 Oracle 数据库中可以是激活的版本(version-enabled)，这意味着表中的所有行可以支持数据的多个版本。这个版本机制通过数据库系统的被称为工作空间管理器的组件来处理，并对数据库终端用户是不可见的。在 Oracle 表版本被激活后，用户会自动看到记录他们感兴趣工作的正确版本。这样，工作空间创建了单个或多个用户可共享资源的虚拟环境来改变数据库中的数据(Yeung et al，2007)。

2. Saga 模型

Saga 模型(Garcia-Molina et al，1987)是提出时间较早、影响较大的一种长事务处理模型。该模型的基本思想是把一个长事务分解成一系列子事务，每个子事务都是一个普通事务，然后分别执行。长事务的恢复通过执行补偿事务来实现，再应用语义层消除长事务的更新效果。其缺点在于，当长事务回滚时，不仅应对其各子事务本身进行补偿，还应对所有直接和间接依赖于其子事务的其他各个事务也进行补偿。由于很难实现预测所有依赖于子事务的其他事务的集合，因而在补偿时不得不依赖于人工干预才能完成(李文昊、李海芳，2016)。

3. 长事务锁定表方案

张鹏飞等(2012)提出一种基于长事务锁定表的空间数据长事务管理方案，实现对长事务持久性和强事务的支持。该方案的思想是在数据库中建立一张系统表来记录所有长事务锁，通过 EnableLongTransaction 和 DisableLongTransaction 函数对某个表开启和关闭长事务支持，通过 LockFeature 和 UnLockFeature 函数来锁定和解锁数据项，并通过一套授权校验规则来决定接受或拒绝事务对数据项的锁定、更新请求，长事务执行完毕后，通过 UnLockFeature 函数解除对相关数据项的锁定。长事务锁定表是一张持久存储在数据库中的数据表，必须字段如表 6-10 所示。

表 6-10　**长事务锁定表结构(据张鹏飞等，2012)**

字段名称	数据类型	字段说明
Table_Name	Varchar NOT NULL	被锁定记录所在的数据表名
Feature_ID	Varchar NOT NULL	被锁定记录所在的数据表中的唯一标识
Expire_Time	Data NOT NULL	锁定的有效期限
Authority_ID	Varchar NOT NULL	锁持有者的身份标识

6.5.3　版本机制与长事务管理

尽管研究者提出了上述多种长事务管理机制，但是在空间数据库中引入版本管理来支持长事务处理，是目前长事务管理中最有效的技术。下面将根据 ESRI 地理数据库中“使用版本化数据”的有关内容整理空间数据库的版本机制。

1. 空间数据库版本机制基础

1)空间数据库版本

根据 ESRI 地理数据库使用版本化数据的相关介绍，我们可以知道空间数据库版本是整个地理数据库在某个时刻的快照，其中包含空间数据库中的所有数据集。如图 6-5(a)和(c)所示，为图 6-5(b)所示的空间数据库的两个版本。当然，也不能据此就认为版本仅是空间数据库的备份。相反，版本是一种用于划分编辑的空间数据库视图，具有以下几个特征。

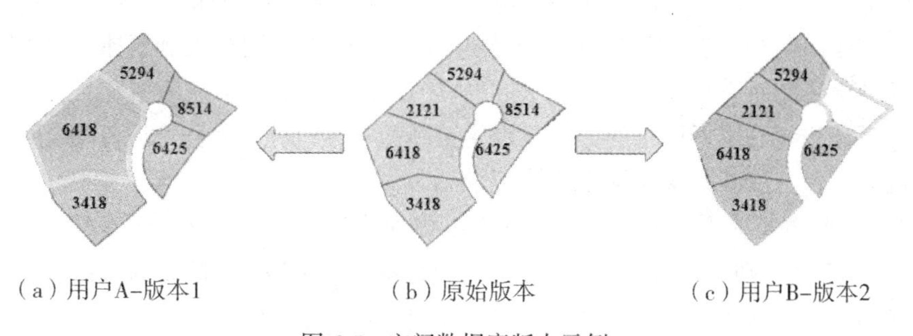

图 6-5　空间数据库版本示例

(来源：https：//wenku. baidu. com/view/300fc21ea76e58fafab003f2. html)

(1)空间数据库版本及其内部进行的事务可通过系统表进行追踪。

(2)地理数据库版本可以隔离用户在多个编辑会话中的工作，使得用户进行编辑时不必锁定生产版本中的要素或直接影响到其他用户，且无需备份数据。因此，版本可用于管理 GIS 工作流的地理数据库机制，以保持它们在地理数据库中的多个状态。

(3)当不同的用户连接到同一版本时，他们将看到在该版本中所做的编辑。在用户对这些更改进行协调并发布到公共祖先版本之前，连接到其他版本的客户端不会看到这些更改。

(4)空间数据库版本，通过各种状态来明确记录地理要素的版本，作为它们被改变、添加和退役的过程。

(5)空间数据库的版本化管理通过冲突协调机制来解决不同版本编辑引发的冲突，以完成数据库更改，确保地理数据库的完整性。

总体上，空间数据库版本是指向某一特定数据库状态的数据库记录，创建空间数据库的一个版本实际是生成并选择了空间数据库的某一状态，从而产生了整个空间数据库的逻辑快照。空间数据库管理系统通过维护各个版本的状态信息，使用户在各版本中进行独立的事务处理而不受影响。当不同用户编辑不同版本空间数据库时，所有中间结果都缓存在各自的数据库状态中，当对数据库编辑完毕并提交数据成果时，空间数据库管理系统通过对比各版本所指向的数据库状态，检查各状态下空间数据库的修改内容，并以交互方式或事先设定好的取舍方案保留不同版本中的变更要素。这种协调机制解决了不同状态中因对同一记录的修改而引起的版本冲突，保证空间数据库的完整一致性，实现多用户对空间数据的并发操作、长事务处理(杨平，2006)。

2)版本相关概念

为了便于阐述版本编辑的一般原理，首先介绍 ESRI 地理数据版本化数据中的几个主要概念。

(1)Default 版本。此为根版本，是其他所有版本的祖先版本。与其他版本不同，Default 版本始终存在，且不能被删除。由于 Default 能够代表要建模的系统的当前状态，因此，在大多数工作流策略中，Default 版本是用户发布或用作权威记录系统的版本，可随时将其他版本中的变更发布到 Default 版本，从而维护和更新 Default 版本。当然，用户也可以像编辑其他版本一样，对 Default 版本直接进行编辑。

(2)增量表。数据集的添加(add)表和删除(delete)表统称为增量表，它们用于存储对数据集所做的更改(增量)。其中，添加表也称为 A 表，用于存储插入到版本化数据集或在版本化数据集中更新的所有记录；而删除表也称为 D 表，用于记录在版本化数据集中所做的所有删除。它还包含已更新记录的记录，因为更新记录的过程就是先删除原有记录，然后再添加修改过的记录，更新记录等同于删除记录。

(3)基表。基表是要素类的核心表。基表也称为业务表，它包含所有非空间属性，如果使用 SQL 几何类型，则它还包含空间属性。术语“基表”用于将该核心表与其他端表(例如，增量表、存档类或 sdebinary 几何存储类型使用的 f 和 s 表)区分开来。通过数据库管理系统的用户界面查看要素类时，我们可看到基表。例如，如果地理数据库包含名为 prj_sites 的版本化要素类，我们即可在数据库中找到名为 prj_sites 的表。这个名为 prj_sites 的表就是基表。

(4)子版本。子版本是通过其他版本创建的地理数据库版本。这个其他版本则为父版本。子版本最初创建时，其包含与父版本相同的数据，状态也与父版本相同。子版本中进行的编辑内容，通常需要回发到父版本。

(5)传统版本化。传统版本化允许多个编辑者对企业级或工作组级地理数据库中的相同数据进行编辑，而无需应用锁或复制数据。传统版本化通过将编辑内容存储在称为增量表的端表中来实现此功能。

2. 长事务管理的版本机制

如前述，版本机制是空间数据库长事务管理的一种有效技术。而空间数据长事务处理的版本机制的工作流程一般由版本创建、版本编辑、协调版本、冲突解决和提交更改几个阶段构成(图 6-6)。

空间数据库版本的拥有者(创建该版本的人员)或空间数据库管理员可以授予该版本的访问权限。空间数据库版本的访问权限一般有以下几种形式：①私有，只有版本所有者或空间数据库管理员才可查看和编辑该版本中的数据集；②受保护的，任何用户均可查看版本中的数据，但只有版本所有者或空间数据库管理员可以进行编辑；③公共，任何用户均可查看和编辑数据，前提是他(她)已被授予对表和要素类的编辑权限。

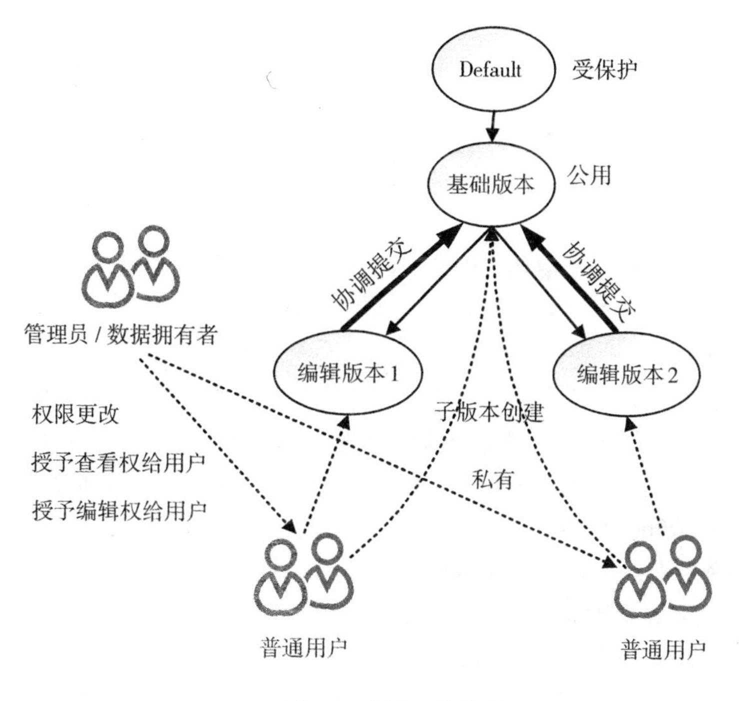

图 6-6 版本工作流程

版本访问权限由版本的拥有者或空间数据库管理员在创建版本时设置，版本拥有者和空间数据库管理员随时可以使用版本管理器对话框对权限进行更改。

1)版本创建

由于 Default 版本是生产版本，因此需要防止在现有数据集中对 Default 版本进行错误编辑。为此，空间数据库管理员需要将 Default 版本的权限设置为受保护的。当一个用户要进行事务处理时则需要基于 Default 版本新创建一个被称为基础版本(base version)的公用版本，供用户连接并进行基础数据编辑，如图 6-7(a)所示。当另一个用户也需要对该空间数据集进行编辑时，则同样可以连接到空间数据库的 Default 版本，并新创建另一个公用版本(如 Cases)，如图 6-7(b)所示。这样就存在 3 个版本：Default、Base 和 Cases，且所有用户均可连接到这 3 个版本。但是只有空间数据库管理员可以在与 Default 版本连接时对数据进行编辑并提交到 Default 版本。如果用户通过 Base 或 Cases 版本进行连接，只要他们被授予了所需的数据集权限，便可对相应的数据集进行编辑。

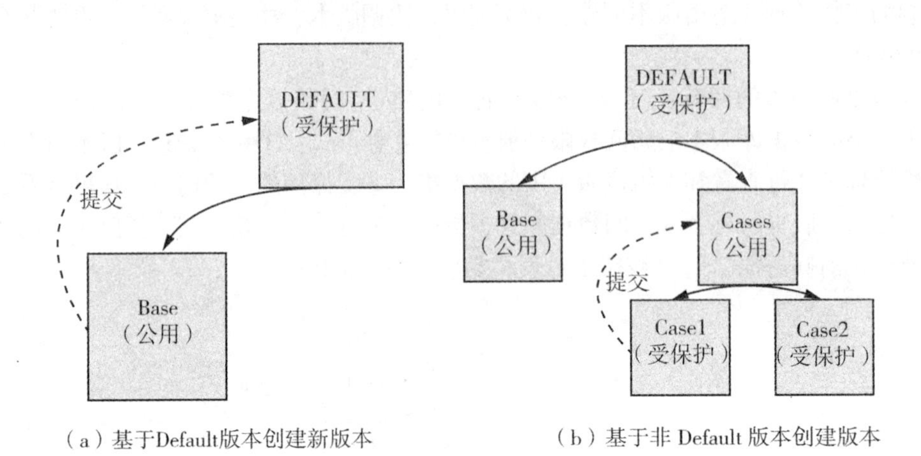

（a）基于Default版本创建新版本　　（b）基于非 Default 版本创建版本

图 6-7　版本创建

如果为某用户被分配了一个案例，则他/她可基于 Cases 版本创建一个新版本以添加与案例相关的新数据，即新版本可基于非 Default 版本来创建。

2）版本化编辑原理

对版本中的数据开始执行版本化编辑之前，必须注册数据集以参与版本化。其实质就是创建增量表，即在注册数据集（要素类、要素数据集或表）以便用于版本化工作流时，会创建两个增量表（图 6-8），分别是记录插入和更新的添加（Add）表（A 表）和存储删除（Delete）表（D 表）。每次更新或删除数据集中的记录时，都会向这两个或其中一个增量表添加行。例如，图 6-8 所示的例子中，当 Default 版本中的标识为 2 的要素（在基表中的 ID 被注册为 2）被更新时，A 表和 D 表分别增加了 2 行和 1 行。

A 表和 D 表中的各行使用被称为状态 ID 的整型标识符进行标记，以在向表中添加行时提供参考。每次编辑版本时均会创建新的状态，并向这两个增量表或其中一个增量表添加新行。状态可看作树结构的一部分，在树结构中，各分支记录了版本的发展情况。记录版本从基表到当前状态之间一连串变更的一系列状态称为谱系。显示或查询版本时，ESRI ArcGIS 会查询版本的谱系以获取状态 ID，然后从 A 表和 D 表中检索正确的记录。

随着对地理数据库不时进行编辑，增量表的大小和状态的数量会有所增加。表越大、状态越多，每次显示或查询版本时 ESRI ArcGIS 所必须处理的数据就越多。要维护数据库性能，地理数据库管理员必须定期运行压缩命令以移除未使用的数据。

3）版本冲突协调

当一个用户开始版本化编辑时，他将开始在自己的版本上工作，直到他将所更改的内容保存为止，连接到同一版本的其他用户不会看到他所做的任何更改。当然，当一个用户正在对一个所连接的版本进行编辑操作时，其他用户也可能正在编辑同一版本。而假设 A 用户

Default版本

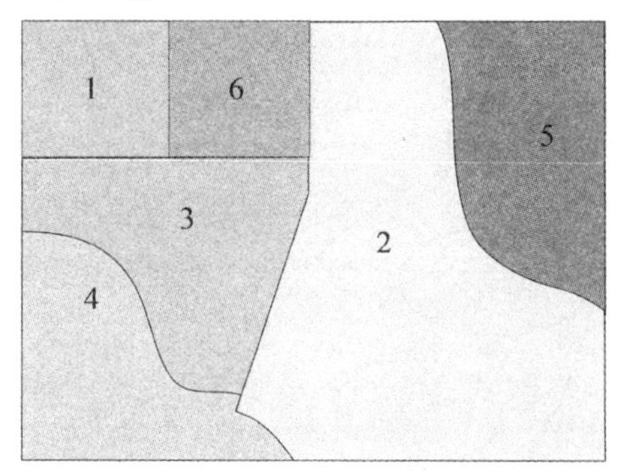

基础表(base table)

ID	Shape	Area	Coverage	R-ID
1		10	草地	10
2		30	工业	20
3		14	居民地	30
4		12	水域	40
5		25	林地	50
6		10	耕地	60

编辑版本1

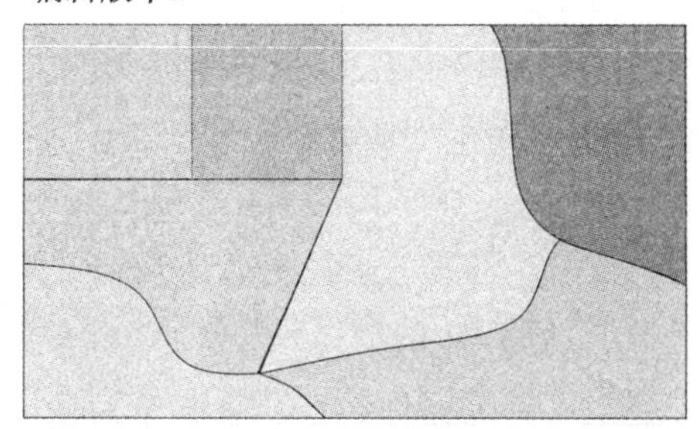

删除有(delete table)

ID	Shape	Area	Coverage	R-ID
2		30	工业	20

添加表(add table)

ID	Shape	Area	Coverage	R-ID
1		17	工业	60
2		13	草地	70

图 6-8　版本化编辑一般原理

在开始编辑某个版本时，B 用户已经将编辑内容保存到同一版本。那么，当用户 A 保存编辑内容时就必须协调两种表示的版本。ESRI ArcGIS 中版本冲突协调过程可以归纳如下(夏宇，2007)。

空间数据库版本实质上是数据库某时刻的一种状态引用，每个版本必然引用一种状态。如图 6-9 所示，假设基础编辑版本(Base)的引用状态是 0，用户编辑 1(UE1)编辑完成保存后引用状态是 5，用户编辑 2(UE2)编辑完成保存后引用状态是 6。当 UE1 编辑完成后选择版本基础版本进行冲突协调时，因为目标版本 Base 的状态和编辑前版本引用状态一致(都为 0)，因此没有冲突。当编辑版本 UE1 将当前版本的更新提交给目标版本 Base 时，目标版本 Base 的引用状态变为 5。当 UE2 编辑完成选择目标版本 Base 进行冲突协调时，因为目标版本引用状态 5 和编辑前版本引用状态 0 不同，可能存在冲突。如果状态谱系(1、3、5) 和状态谱系(2、4、6) 中对同一要素进行了修改，则存在冲突。若不存在冲突，则直接将目标版本 Base 合并到 UE2 编辑版本中；若存在冲突，则根据用户选择的冲突解决机制(详见本节下述“4)冲突及其解决机制”)对冲突予以解决。这里假设 UE1 和 UE2 编辑版本存在冲突，且设冲突协调解决完成后的当前引用状态为 9，再提交到目标版本 Base，则此时目标版本 Base 的引用状态更新为 9，这样就通过引用状态的更新实现了多用户编辑下版本的并发控制。

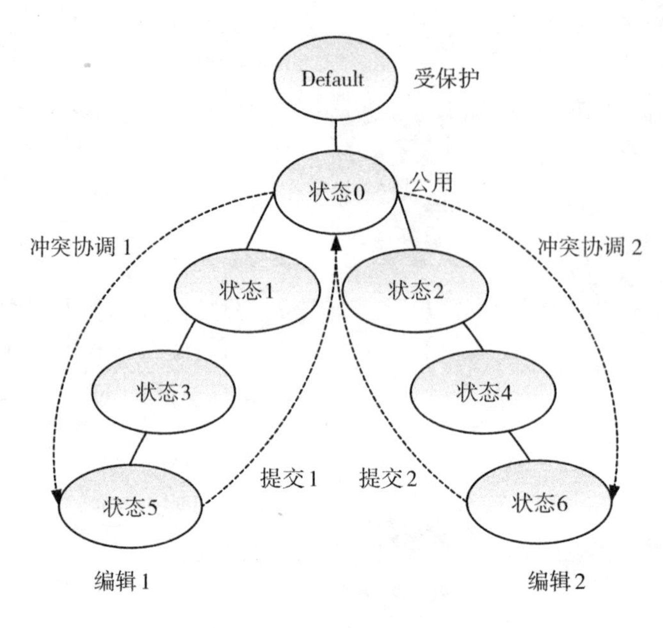

图 6-9　版本冲突协调过程

4) 冲突及其解决机制

如果正在编辑的版本和目标版本之间存在冲突，则在协调目标版本和正在编辑版本时会被检测到。下面我们根据 ESRI ArcGIS 中地理空间数据库的版本编辑中提出的交互式冲突解决机制来讨论空间数据的版本冲突解决问题。在基于版本机制进行空间数据库多用户并行处理中，以下 3 种情况会导致编辑版本和目标版本的要素、属性、几何网络、关联要素的注记、关系、拓扑和网络数据集中产生冲突：①当前正在编辑的版本和目标版本中对同一要素进行更新；②在一个版本中更新某个要素，同时在另一版本中删除该要素；③在当前正编辑的版本和目标版本中修改拓扑结构上相关的要素或关系类。

如果在协调中检测到冲突，则需要对其进行解决，即需要决定保留要素和属性的哪个版本的表示。也就是说，无论用户选择依据哪个版本(目标版本还是已编辑版本)进行协调，都需要指定要保留哪个版本的表示：预协调表示(协调之前在版本中的显示方式)、冲突表示(另一编辑器进行更改后的显示方式)或公共祖先表示(要素或属性在目标版本中的显示方式)。对于要素和属性中的冲突，ESRI ArcGIS 从字段、行、类和根 4 个层级提出了 5 种交互式解决机制。

(1)属性替换，它在字段级出现。如果属性中存在冲突，可以将当前版本中的属性值替换为预协调、冲突或公共祖先表示中的属性值。

(2)要素替换，它在行级出现。可以将整个要素替换为预协调、冲突或公共祖先版本中的要素的表示。这意味着将替换冲突中的所有字段。

(3)类级别替换，要解决冲突，可以选择将整个要素类的当前表示替换为预协调、冲突或公共祖先版本的表示。这将立即替换所有的冲突要求和属性，使用户能够快速更新和替换冲突要素。如果在“冲突”列表中存在多个要素，则会将所有的要素替换为用户所选择的版本。

(4)完全替换，这是一个根级别替换。使用此替换选项会将列表中的所有冲突要素和要素类替换为所指定的表示。如果在冲突中存在多个要素类和多个对象，则所有的这些要素类和对象都会被替换为用户所选择的版本。

(5)合并几何，这会发生在字段级别，并专门与 Shape 属性进行关联。当存在有关 Shape 字段的冲突时，用于合并几何的选项可用。如果两个编辑器对同一要素的几何进行编辑，但并非编辑该要素的同一区域，则这两个编辑器可利用选项(通过合并几何并接受两个编辑器的编辑)来解决冲突。

对于版本管理中冲突问题，除 ESRI ArcGIS Geodatabase 的版本管理中提出了版本冲突协调和交互解决机制之外，下面我们再介绍由罗拥军(2008)对空间数据管理中并发事务的冲突进行的总结和提出相应的冲突解决方案。

(1)更新冲突解决方案。版本管理的并发控制方法允许并发事务的更新冲突，并在版本合并时检测这种冲突。当发现存在冲突时，可以采用如下策略解决：①如果存在一个事务删除了该图形元素，在版本合并时删除该图形元素，并忽略其他事务对该图形元素的更新操作；②如果不存在删除操作，并且要求自动处理，则采纳引发其他类型冲突最少的更新操作；③如果不设置为人工处理，则报告该冲突，交由执行版本合并的用户做人工处理；④如果任何一种处理的结果又产生了其他类型的冲突，则按相应的冲突处理方法继续处理。

(2)同一冲突解决方案。版本管理的事务提交称为版本合并，往往多个事务同时提交，可能发生同一冲突，版本合并时对各个版本新图形元素进行同一性比较，发生同一冲突时采用如下策略解决冲突：①在设定为自动处理时，只在图层中创建一个新的图形元素，并任意选择一个事务中的图形元素，把其状态赋予在图层创建的图形元素；②在设定为人工处理时，报告该冲突，并列出多个事务中新图形元素状态的不同，交由执行版本合并的用户进行人工处理。

(3)关系冲突解决方案。各种并发控制方法都不能避免关系冲突，但是如果能够保证每个事务本身是没有关系冲突的，那么各个版本并发处理时也是没有关系重复的。因此，可以通过限定事务之间是无关系冲突的，在其事务提交过程中必须进行关系冲突检测，如果发现关系冲突，则要求推迟事务的提交并解决冲突，直至无冲突为止。

5)提交更新

当协调完成所有冲突后，则可提交对原始版本的更新。在 ESRI ArcGIS Geodatabase 的版本管理中，提交操作是无法撤销的，这主要是由于更新应用的版本并不是当前正在编辑的版本。提交后，可在编辑会话中继续执行进一步编辑。要将这些更改应用到目标版本，必须再次执行协调、解决冲突和提交过程。

3. 版本管理机制示例

为了进一步介绍版本的使用，这里通过引入 ArcGIS Geodatabase 的一个例子进行说明。在该示例中假设了一个市政自来水公司的场景。

(1)自来水公司拥有自来水设施要素存储的地理数据库。

(2)这些要素可表示所有供水管道、阀门、抽水机及供水系统中其他组件的当前状态。

(3)现在该公司需要向供水系统添加新的扩展管线，扩展管线设计有 16 英寸和 24 英寸两种管道选项。

针对上述的市政自来水公司的场景，下面介绍其版本编辑过程，如图 6-10 所示。

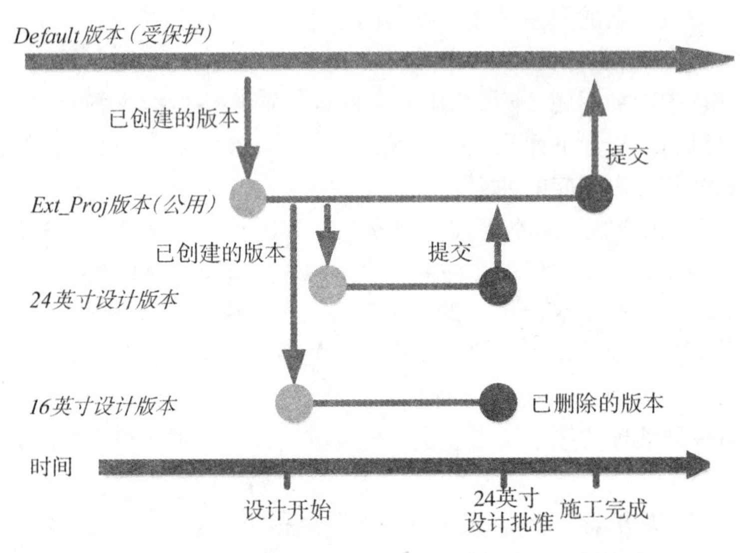

图 6-10　市政自来水公司场景的版本编辑过程

如图 6-10 所示，由于在该场景中管线的设计有 16 英寸和 24 英寸两种管道选项，而公司职工并不确定到底应该为新扩展的管线设计 16 英寸管道还是 24 英寸管道。员工们按以下步骤进行版本编辑。

(1)首先从 Default 版本创建一个新的公用版本，并为其命名为：Ext_Proj。这样，新创建的公用版本 Ext_Proj 中将包含对新扩展管线设计所进行的编辑。

(2)接下来，他们基于 Ext_Proj 版本创建了一个版本以研究 16 英寸设计，并创建了另一个版本以研究 24 英寸设计。

(3)由于 16 英寸管道和 24 英寸管道冲突，最终只能确定保留使用一种尺寸的管道。因为考虑到 24 英寸的管道可满足 12 年以上的计划供水需求，且较高的初期建设成本相对合理，最终决定使用 24 英寸的管道。因此，在对其进行精度检查和协调之后，将其发布到 Ext_Proj 版本。

(4)最后，在新供水扩展管线的建设将在几个月后完成。要更新地理数据库的已发布版本，需要对 Ext_Proj 版本进行精度审核、协调，并将该版本发布到 Default 版本。

(说明：本小节的例子及图来源于 http：//desktop. arcgis. com/zh-cn/arcmap/latest/manage-data/geodatabases/an-overview-of-versioning. htm)

6.6 本章小结

本章从时空数据库的操作和管理两个方面进行了阐述。首先，在数据库查询原理和技术的基础上，介绍了针对时空数据库特点的查询语言扩展问题，阐述了空间运算符和时空运算符，以及基于空间拓扑运算和时空拓扑运算所形成的时空数据库查询的时空拓扑谓词等空间数据库和时空数据库的查询原理和技术。接下来，针对时空数据库中管理和处理的数据对象的特点，阐述了时空数据库的完整性管理和长事务管理的原理和技术。在时空数据库完整性管理部分，详细介绍了完整性管理的原理，空间数据库和时空数据库的完整性管理问题和技术。而在事务管理部分，主要讨论了传统数据库事务处理机制在空间数据和时空数据事务处理中的局限性，据此详细讨论了空间长事务管理的机制和技术。为了有助于读者理解时空数据库完整性管理和事务管理技术，本章引入了几个应用案例，以对相关技术进行应用。

思考题

1. 时空数据库查询技术为什么要对 SQL 进行扩展？
2. 举例说明为什么空间数据库中需要引入空间运算符和空间拓扑谓词。
3. 数据库中查询优化的基本思路是什么？
4. 请回答空间连接操作及其作用。
5. 请回答空间数据库和时空数据库中完整性管理的重要性。
6. 请回答空间数据库完整性管理的原理。
7. 请回答时空数据库完整性管理的方法。
8. 空间数据库事务与传统数据库事务有什么不同？
9. 请简要回答常见的长事务管理机制。
10. 版本机制在长事务管理中的优势是什么？

参考文献

Codd E F. A relational model of data for large shared data banks [J]. Communications of the Association of Computing Machinery, 1970, 13(6): 377-387.

Codd E F. Extending the database relational model to capture more meaning [J]. ACM Transactions on Database Systems, 1979, 4(4): 397-434.

Codd E F. Relational database: a practical foundation for productivity [J]. Communications of the ACM, 1982, 25(2): 109-117.

Egenhofer M J. Spatial SQL: a query and presentation language [J]. IEEE Transactions on Knowledge and Data Engineering, 1994, 6(1): 86-95.

JacovBen-Zvi. The time relational model [M]. Los Angeles: University of California, 1982.

Snodgrass R T. The TSQL2 temporal query language [M]. Kluwer Academic Publishers, 1995.

Jensen C S, Snodgrass R T. Valid time[M]// Liu L, Özsu M T. Encyclopedia of Database Systems. Boston, MA: Springer, 2009.

王珊，陈红. 数据库系统原理教程[M]. 北京：清华大学出版社，1998.

Cockcroft S. A taxonomy of spatial constraints [J]. GeoInformatica, 1997, 1(4): 327-349.

Cockcroft S. User defined spatial business rules: storage, management and implementation—a pipe network case study[C]// 10th Colloquium of the Spatial Information Research Centre, University of Otago, New Zealand. 1998.

ArcGIS© Geodatabase Topology Rules[EB/OL]. [2019-01-06]. http://desktop.arcgis.com/zh-cn/arcmap/10.3/manage-data/editing-topology/pdf/topology_rules_poster.pdf.

Christophe Claramunt, Bin Jiang. A representation of relationships in temporal spaces[M]// Atkinson Peter. GIS and GeoComputation: Innovations in GIS 7, 2000: 41-53.

李立言，秦小麟. 空间数据库中连接运算的处理与优化[J]. 中国图象图形学报，2018，8(7): 732-737.

地理数据库拓扑规则和拓扑错误修复[EB/OL]. [2019-01-09]. http://desktop.arcgis.com/zh-cn/arcmap/10.3/manage-data/editing-topology/geodatabase-topology-rules-and-topology-error-fixes.htm.

Chomicki J. Efficient checking of temporal integrity constraints using bounded history encoding[J]. ACM Transactions on Database Systems, 1995, 20(2): 149-186.

刘海，汤庸，郭欢，等. 时态数据完整性约束研究与实现[J]. 计算机科学，2010，37(11): 175-179.

Tansel Abdullah Uz. Integrity constraints in temporal relational databases[C]// International Conference on Information Technology: Coding & Computing IEEE Computer Society, 2004.

罗拥军. GIS中的并发事务分析[J]. 广西轻工业，2008 (6): 66-68.

Lopez X R, Gopalan A. Managing long transactions using standard DBMS technology[C]// Annual Conference, Geospatial Information and Technology Association (GITA). 2001.

Yeung A K W, Hall G B. Spatial database systems: design, implementation and project management[M]. Dordrecht: Springer, 2007.

Garcia-Molina H, Salem K. Sagas [C]// The Association for Computing Machinery Special Interest Group on Management of Data 1987 Annual Conference. 1987.

李文昊，李海芳. 确定性分布式数据库中长事务处理方法研究[J]. 科学技术与工程，2016，16(13): 92-95，105.

张鹏飞，陈荣国，谢炯，等. 空间数据库的WFS长事务管理方案研究[J]. 测绘科学技术学报，2012，29(3): 209-213.

杨平. 空间数据库版本控制技术及应用[J]. 四川测绘，2006 (2): 79-82.

ESRI ArcGIS Desktop. 什么是版本? [EB/OL]. [2019-03-10]. http://desktop.arcgis.com/zh-cn/arcmap/latest/manage-data/geodatabases/what-is-a-version.htm.

ESRI ArcGIS Desktop. 版本化词汇[EB/OL]. [2019-03-10]. http://desktop. arcgis. com/zh-cn/arcmap/latest/manage-data/geodatabases/versioning-terms. htm.

ESRI ArcGIS Desktop. 传统版本化概述[EB/OL]. [2019-03-10]. http://desktop. arcgis. com/zh-cn/arcmap/latest/manage-data/geodatabases/what-is-a-version. htm.

ESRI ArcGIS Desktop. 版本创建示例[EB/OL]. [2019-03-10]. http://desktop. arcgis. com/zh-cn/arcmap/latest/manage-data/geodatabases/version-creation-and-permissions-example. htm.

夏宇，朱欣焰，呙维. 基于ArcSDE的空间数据版本管理问题研究[J]. 计算机工程与应用，2007，43(14)：14-16，24.

ESRI ArcGIS Desktop. 交互式冲突解决机制[EB/OL]. [2019-03-12]. http://desktop. arcgis. com/zh-cn/arcmap/latest/manage-data/geodatabases/a-quick-tour-of-reviewing-conflicts. htm.

罗拥军. GIS中的并发事务分析[J]. 广西轻工业，2008(6)：66-68.

ESRI ArcGIS Desktop. 版本：示例[EB/OL]. [2019-03-17]. http://desktop. arcgis. com/zh-cn/arcmap/latest/manage-data/geodatabases/an-overview-of-versioning. htm.

OGC (Open GIS Consortium). OpenGIS simple feature specification for SQL[P]. Wayland, MA: Open GIS Consortium, Inc., 1999.

Clementini E, Di Felice P. Approximate topological relations[J]. Internat. J. Approx. Reason., 1997, 16(2): 173-204.

Egenhofer M J, Herring J. A mathematical framework for the definition of topological relationships[C]//The 4th International Symposium on Spatial Data Handling, Zurich, Switzerland. 1990.

Clementini E, Di Felice P, Van Oosterom P. A small set of formal topological relationships suitable for end-user interaction[C]//The 3rd International Symposium on Large Spatial Databases, Singapore. 1993.

第 7 章　时空数据库系统结构

时空数据库系统本质上是一种特殊的数据库系统，其起源于计算机技术，是基于计算机平台实现的系统。所基于的计算机平台可以是个人桌面电脑、网络环境下的集群计算机、工作站和互联网环境下的 Web 计算机、云计算平台等。由于无法对所有计算环境的系统配置进行描述，本章仅讨论时空数据库系统的主从式结构、分布式结构、客户/服务器结构、Web 结构和云存储结构，这些数据库常用在学术研究、商业和政府部门。

7.1　早期数据库系统结构

在数据库系统发展的初期，由于计算机平台的结构，数据库系统的结构主要有单用户结构和主从式结构两种方式。

7.1.1　单用户结构

单用户数据库系统是一种早期的简单数据库系统结构。在这种系统结构中，整个数据库系统(包括应用程序、数据库管理系统、数据库)都运行于同一台计算机上，数据库资源只能由运行数据库的一个计算机用户独享或者独占，不同计算之间不能共享数据库的数据资源。

如图 7-1 所示，为运行于一台计算及单用户数据库系统结构配置。这种体系结构的特点有以下 3 点。

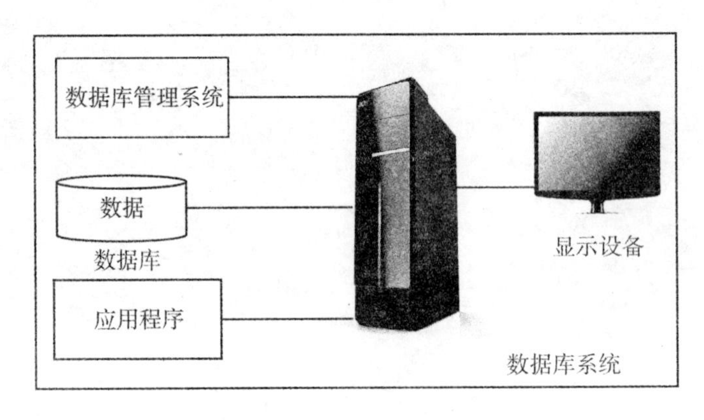

图 7-1　单用户数据库系统结构

(1)所有的数据都存储于一台计算机的二级存储器中。

(2)数据库管理系统和应用程序等运行于装载数据库的同一台计算机操作环境。

(3)不同的计算机间不能共享装载于这些计算机数据库中的数据。

7.1.2 主从式结构

主从式结构的数据库系统出现在大型机时代，是指一个主机服务于多个终端的多用户结构。在这种结构中，数据库系统(包括应用程序、数据库管理系统、数据库)都集中运行于一个计算机上，这台计算称为主机，数据库的访问、存取等处理任务也都由主机完成，用户通过连接在主机上的终端并发地存取数据库，共享数据资源。这里的终端在主从式结构中也称为从机，因为其在数据库系统中仅作为数据库查询请求提交和结果显示设备这样的从属地位，不包含任何应用程序和数据，数据库的访问、并发控制和应用等所有处理操作都在主机上进行。

如图 7-2 所示，为一台计算机中运行的主从式结构的数据库系统配置。在这种体系结构中，所有的数据都储存在一台计算机的二级存储器中。在主从式结构中，数据库软件系统通常运行在并发的多任务操作环境下，它允许多个处理在一个 CPU 同时运行。主从式结构的数据库系统的特点有以下 5 点。

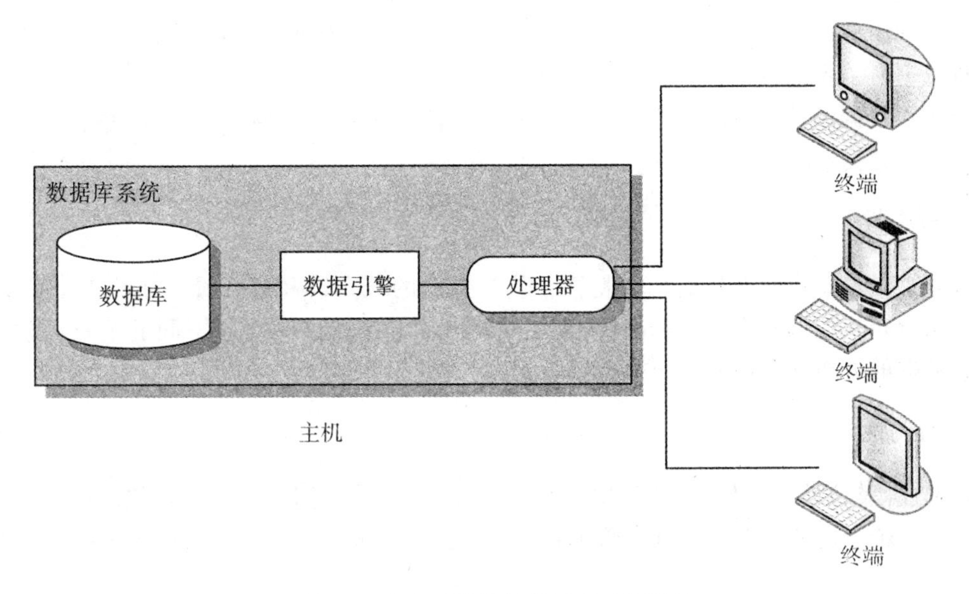

图 7-2 主从式结构的数据库系统配置

(1)简单，数据易于管理与维护。

(2)终端用户数量增加会导致系统性能下降，当终端用户数目增加到一定程度后，主机的任务会过分繁重，成为瓶颈，从而使系统性能大幅度下降。

(3)系统的可靠性不高，当主机出现故障时，整个数据库系统都将不能运行。

(4)可实现远程访问，在远程通信技术的支持下，主从结构的数据库系统中终端可通过网络远程访问主机的数据库资源。

(5)共享数据资源，不同用户通过连接在主机的终端实现数据资源共享。

7.2　分布式结构数据库系统

7.2.1　分布式数据库定义与特点

20世纪90年代，计算机和网络技术的迅速发展改变了数据库系统的配置结构。数据库操作与数据存储功能分离的分布式处理理念开始进入数据库的建设中。数据库系统的分布式结构是指数据库中的数据在物理上分布在不同的节点(场地)，在逻辑上仍然是一个整体，各节点通过计算机网络连接在一起，统一由一个分布式数据库管理系统管理。在这样的分布式结构中，网络中的每个数据库节点(场地)都是一个自治系统，即可以独立处理本地数据库中的数据，执行局部应用；同时，也可以同时存取和处理多个异地数据库中的数据，执行全局应用。

一个分布式数据库系统不仅允许将数据存取和管理在网络中的不同计算机上，实现数据和操作的物理分离，也允许将一个特定的处理或数据文件分割为更小的单元驻留在不同的位置。这样的分布存取结构可以很好地适应地理位置上分散的公司、团体和组织对于数据库应用的需求，但是也给数据的处理、管理与维护带来困难。此外，当用户需要经常访问远程数据时，系统效率会明显地受到网络交通的制约。

分布式数据库是分布性和协调性的统一，其特点包括分布性、协调性(整体性)、场地自治性、异构性和数据冗余性。

1. 分布性

分布性是分布式数据库的物理特性，包括数据的分布性和事务管理在物理上的分布性。它指分布式数据库中的数据在物理上分布存储于计算机网络中不同的节点(场地)。同时，数据的分布性存储使分布式数据库的事务管理同样具有分布性。

2. 协调性

协调性(整体性)，是分布式数据库的逻辑特性，指物理上分布于不同节点(场地)的数据库在一个全局的分布式数据库管理系统的协调下形成一个逻辑上的整体，具有整体完整性约束。

3. 透明性

透明性，分布式数据库系统中任务分工的方法旨在优化和共享。通过在数据库体系结构和操作中实施一些透明特点，可使这一目标的实现成为可能，这些透明特点包括如下几点。

(1)分布的透明化，即允许用户访问系统内任何数据库，而无需关心数据库的位置和数据的存储方式。

(2)执行的透明化，其目的是使分布式数据库系统就像一个集中式数据库系统那样工作。

(3)事务透明化，即允许用户在不同的节点上更新数据库。

(4)异质性的透明化，可使不同的数据库系统(如关系型、面向对象型和对象-关系型)集成在一个统一的模式下。

4. 场地自治性

场地自治性，在集中式数据库中非常强调对全局的集中控制，而在分布式数据库中不强调全局的集中控制，而强调各节点的地方自治。这给每一节点相当的独立性。局部用户独立于全局用户的特性称局部数据库的自治性，也称场地自治性。全局应用多个场地或节点的局部数据库在逻辑上集成一个整体，为所有用户使用局部应用，用户只使用本地的局部数据库。场地自治性包括以下3种。

(1)设计自治性：局部数据库管理系统(DBMS)能独立决定它自己局部库的设计。

(2)通信自治性：局部数据库管理系统(DBMS)能独立决定是否和如何与其他场地的DBMSs通信。

(3)执行自治性：局部数据库管理系统(DBMS)能独立决定以何种方式执行局部操作。

5. 异构性

异构性，是指系统的各组成单元是否相同，不同为异构，相同为同构。分布式数据库系统的异构性包括以下3种。

(1)数据异构性：指数据在格式上、语法和语义上存在不同。

(2)数据系统异构性：指各个场地上的局部数据库系统是否相同。例如，均采用ORACLE数据库系统的同构数据系统；或某些场地采用SYBASE数据库系统，某些场地采用INFORMIX系统的异构数据库系统。

(3)平台异构性：指计算机系统是否相同。例如，均为微机系统组成的平台同构系统或由VAX或ALPHA系统等异构平台组成的系统。

6. 数据冗余性

数据冗余性，在集中式数据库中减少冗余是它的主要目标之一，但在分布式数据库中出于性能和效率方面的考虑，有时需要在不同场地存放同一数据库的几个副本。对于访问用户而言，则无需关心这些副本的位置，即副本的透明性。

7.2.2 分布式数据库结构

图7-3显示了一个分布式数据库系统典型配置。它包括场地自治计算机、网络和分布式数据库管理系统3个组件。

(1)场地自治系统，计算机、操作系统，运行能形成独立节点数据库系统软件。

(2)网络，用于将分布于不同节点/场地的计算机连接起来，实现节点间的通信。

(3)分布式数据库管理系统(DDBMS)，是一种典型的实现分布式数据管理的软件系

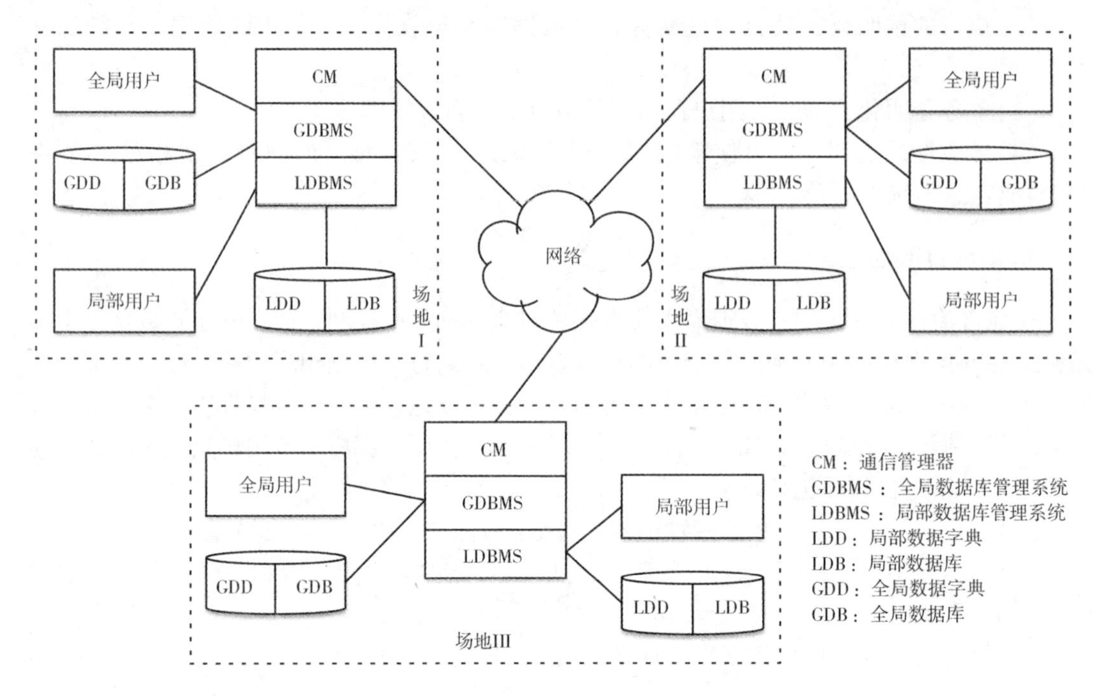

图7-3　典型分布式系统的配置

统，用于支持分布式数据库的创建、运行、管理和维护。它能对分布于各个场地的软件、硬件资源进行统一管理和控制，使其在逻辑上可视为一个整体的数据库系统，并为用户提供与分布式数据的接口。同时，由于数据的分布性，在管理机制上还必须具有计算机网络通信协议的分布管理特性。具体而言，分布式数据库管理系统的功能包括：①用户能够对网络上任意场地数据库的数据进行远程存取，执行全局应用；②支持透明存取，提供一定级别的分布透明性；③支持对分布式数据库的管理与控制；④支持对分布式事务的并发控制和恢复。

分布式数据库管理系统一般包括全局数据库管理系统(Global DBMS，GDBMS)、局部数据库管理系统(Local DBMS，LDBMS)、通信管理器(Communication Management，CM)和全局数据字典(Global Data Dictionary，GDD)4个部分。

(1)通信管理器(CM)，遵循网络协议，实现各场地之间数据的可靠传送，完成系统的通信功能，负责为GDBMS和LDBMS在多个场地之间传送命令和数据。

(2)局部数据库管理系统(LDBMS)，用来建立和管理各场地上的局部数据库(Local DB，LDB)，提供场地的自治能力，可执行局部应用和全局查询的子查询。

(3)全局数据字典(GDD)，负责提供系统的各种描述、管理和控制信息。如为系统提供各级模式描述、网络描述、存取权限、事务优先级、完整性约束与相容性约束、数据的分割及其定义、副本数据及其所在场地、存取路径、死锁检测、预防及故障恢复，与数据库运行质量有关的统计信息等。由于数据是分布的，因此数据字典也存在一个分布策略及管理问题，数据字典中的数据与冗余也需要进行优化。

(4)全局数据库管理系统(GDBMS)，是 DDBMS 的核心，负责提供分布透明性，协调全局事务的执行及协调各场地上的 LDBMS 共同完成全局应用，GDBMS 通常包括：①用户接口层，提供一个用于检验用户身份的接口，用户的应用程序经用户接口处理，作为一个全局事务由 DDBMS 执行；②语言处理层，负责查询语言的语法、词法分析，把查询语句转换成某种内部表示形式，如用语法树表示查询；③分布式数据管理层，主要完成查询分解、优化和确定查询计划；④分布式事务管理层，用于对分布式事务进行并发控制，并提供全局恢复功能；⑤全局数据与局部数据之间转换层，对异构系统，需将数据转换成系统可接受的形式，具体的转换有数据模型的转换，数字代码格式、字长、精度、单位等的转换，操作命令、完整性规则、安全性规则的转换等。

因此，一个分布式数据库体系结构不仅是指计算机的地理分布不同，而且也指在计算机上的数据存储和数据库操作的物理和逻辑上的分布。目前，大部分的分布式数据库系统的实现采用客户/服务器的计算模式，这将在下一节进行论述。

7.3 客户机/服务器模式

客户机/服务器模式的数据库库系统中把数据库管理系统(DBMS)和应用程序分开部署在网络中不同节点上。这是有别于主从式和分布式数据库系统的。主从式数据库系统中的主机和分布式数据库系统中的每个节点机都是一个通用计算机，既执行数据库管理系统(DBMS)功能，又执行应用程序。在客户机/服务器模式中，执行数据库管理系统(DBMS)的节点计算机称为数据库服务器，简称服务器；而 DBMS 的外围应用开发工具或应用程序则安装在其他的节点计算机上，称为客户机。服务器和客户机一起构成客户/服务器结构的数据库系统。

在客户/服务器计算环境中，当一个特定的应用程序运行时，客户机可以向多个服务器请求服务。同时，一个服务器也可以同时为众多客户提供服务。客户机的请求被传送到数据库服务器，服务器进行处理后，只将结果返回给用户，而不是将全部数据返回，这样可以减少网络上的数据传输量，提高系统性能、吞吐量和负载能力。

客户/服务器数据库系统可以分为集中的服务器结构和分布的服务器结构，两者的比较描述如表 7-1 所示。

表 7-1　**集中的和分布的客户/服务器数据库系统**

类型	网络中的客户机和服务器数量		特点
	服务器数量	客户机数量	
集中的服务器结构	仅 1 台	多台	一个数据库服务器要为众多的客户服务，往往容易成为瓶颈，制约系统的性能
分布的服务器结构	多台	多台	数据分布在不同的服务器上，从而给数据的处理、管理与维护带来困难

在客户/服务器数据库系统结构中，根据客户机与服务器之间的分工不同，客户/服务器计算机可按不同的负载模式进行配置，从而形成胖服务器-瘦客户端或者瘦服务器-胖客户端模式的配置模式。前者，服务器承担更多的负载，而后者则将大量的负载配置在客户机。由于集中式数据库系统中所有的数据库应用程序和数据管理进程都是在主机或小型机上，因此显然属于胖服务器-瘦客户端的配置模式。

这种应用程序运行于一台计算机上，但依赖于另一台计算机的数据处理和/或数据库管理服务的数据库系统结构，在客户/服务器模式中被看作两层体系结构。而对两层模式，进行扩展可以形成三层或多层体系结构。如图7-4所示，在三层体系结构中，每一层的功能可以独立实现，通常每一层的典型配置为：①客户端，用于与数据库交互；②应用服务器，是存储和执行应用程序的场所；③数据库服务器，用于存储和检索数据。

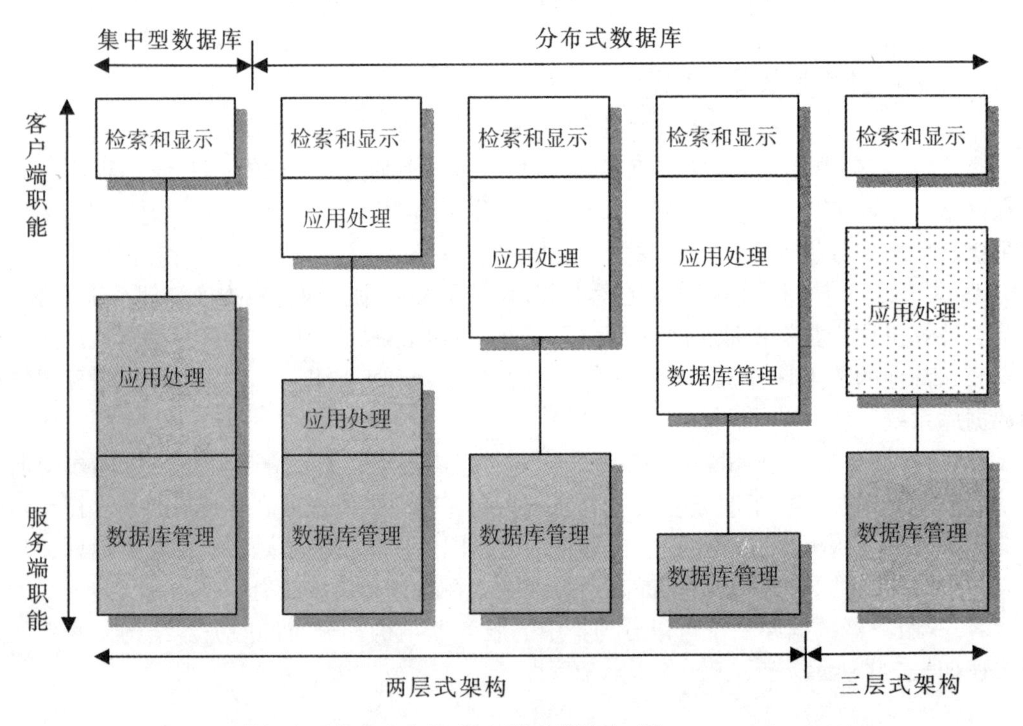

图7-4　数据库系统的客户机-服务器系统结构(据 Yeung et al，2007)

相比较两层结构，三层结构更多被看作一种瘦客户端配置模式。这源于三层结构中将数据处理负载从客户机转移到应用服务器。在互联网(Internet)和企业内网(Intranet)中，基于Web的数据库系统都是建立在三层体系结构上的。在这种体系结构中，浏览器为数据库和应用服务器的访问提供了一切所需。两层结构与三层结构的详细比较如表7-2所示。

表 7-2 两层与三层体系结构比较

体系结构	优点	缺点
两层体系结构	1. 在一个配置良好的网络、有可控客户机和精心调校的应用下，与三层体系结构的系统的操作和维护的成本效益相当； 2. 通信较三层结构易设计和支持	1. 负载平衡困难； 2. 胖客户端对客户机要求高
三层体系结构	1. 应用服务器要比客户端更强大，通过减少客户端与数据库服务器之间的网络通信量，系统的性能会进一步提高； 2. 由于没有必要买资源密集型的计算机当作客户端，数据库系统的设置成本较低； 3. 应用程序驻留在应用服务器上，大部分升级只需要对一个或少数的电脑进行； 4. 一个数据库服务器的维护通常比许多在客户端的维护更容易，成本更低	三层体系结构中的通信比两层情况下更难以设计和支持

7.4 联邦数据库

联邦数据库是由 Hammer 和 Mcleod 于 1985 年提出的一个信息集成方式，最初的概念是一组松耦合的部件(如对象、记录、类型)的联邦。之后由 Heimbbigner 和 Mcleod 引申为没有全局模式的松耦合库的联邦。联邦数据库系统(Federated Database System，FDBS)是由一个个彼此相互协作又相互独立的组分数据库系统(Component Database System，CDBS)集合而成。而对联邦数据库进行管理的软件“联邦数据库管理系统(Federal Database Management System，FDBMS)”，一个组分数据库系统可以加入若干个联邦系统，每个组分数据库系统可以是 Oracle 的，SQL Server 的或者 XML 的。另外，组分数据库系统可以是集中式的，也可以是分布式的，甚至是另一个 FDBMS。

7.4.1 联邦数据库系统的特征

联邦数据库具有以下特征(刘高军、鲍晓琦，2012)。

1. 分布性

在联邦数据库系统中，数据可以按照不同的方式存在于组分数据库中。并且数据不仅可以储存在单个计算机系统中，还可以储存在多个计算机系统中。这些数据可以在同一个地点，也可以通过通信系统相连来储存在不同地点。

2. 异构性

异构性是指各数据源结构之间的差异性。联邦数据库中各个组分数据库是根据各企业、各研究人员为了实现特定的目标而建立的，各数据源采用本地策略对数据实施操作，并且使用了不同的数据模型、数据存储、语义表达方式和查询语言等。而这些各自独立地数据库设计过程，也引起了数据库一定的异构性，因此解决数据库间的异构问题成为联邦数据库的重要目标。

3. 透明性

联邦数据库具有透明性，是指联邦数据库模式掩盖了不同组分数据库系统之间的差异、特质和实现。使用户看到一个统一的接口，而不用去考虑数据以哪种物理方式储存，或者无需知道数据源支持何种语言或编程接口等。

4. 独立性

在联邦数据库中，组分数据库保持独立性，不仅能够支持其他数据库对自己的共享访问，还能够独立地管理自己的数据库。当数据库接入联邦数据库中时，不会对自身储存的数据造成修改，也会对数据进行移动，并且当组分数据库离开联邦数据库时，依然保持着自身的一致性。联邦数据库的独立性主要表现在以下四点。

(1)设计独立：在联邦数据库中，各组分数据库对所有的问题有选择自己设计解决方案的权利。设计独立涉及的方面有数据管理、数据的表现形式和命名、数据的语义解释、约束和串行化条件、并发控制算法、文件和记录结构、组分数据库间数据的关联和共享。保持一定的设计独立，减少对成员数据的改动，能够减少联邦数据库在建立时所花费的时间和成本。因此，对设计独立的损害越小，就越容易建立联邦数据库。

(2)通信独立：是指联邦数据库中的组分数据库的管理系统控制着是否和其他组分数据库管理系统进行通信，以及何时和怎样对其他数据库管理系统进行应答的能力。

(3)执行独立：指组分数据库在执行本地操作时，不会受到外部的干扰，并且有决定外部操作执行顺序的能力。

(4)相关独立：指组分数据库有权利去决定是否与其他组分数据库进行共享以及共享程度，其中包括加入、退出一个或多个联邦。

5. 自治性

联邦数据库系统中，各组分数据库均拥有各自的应用程序和用户。所以，当将组分数据库引入联邦体时，不影响它的操作是很重要的。联邦数据库不影响现有组分数据库的本地操作。现有应用程序的运行不会发生变化，既不会修改数据，也不会移动数据，接口也保持相同。尽管对联邦系统执行全局查询可能会涉及各种组分数据库，但组分数据库处理数据请求的方式并不受此影响。同样，当数据源进入或离开联邦体时，不会影响本地系统的一致性。唯一的例外是在对加入联邦体的组分数据库执行联邦的两阶段提交处理期间，会受到影响。

7.4.2　联邦数据库集成框架

联邦数据库的构建，需要先建立联邦数据库集成框架(Federated Database Integrated

Framework，FDBIF)，以便提供一系列的接口与服务，屏蔽底层的复杂处理，并且具有一定的开放性与扩展性，能够使组分数据库随时加入。并且通过"联邦式"的概念，使集成框架在集成组分数据库提供统一、透明的全局操作时，仍然能够保持各组分数据库的高度独立，能够允许组分数据库在任何时候加入与退出。集成框架不需要建立全局集成模式，只需要建立一个联邦集成模式，使得集成框架能够通过对联邦集成模式进行操作以映射到组分数据库的操作上，完成对组分数据库的管理。

在集成框架中，还需要基于 SQL 建立统一的查询与操作语言，称为联邦结构查询与操作语言(Federated-Structure Query and Manipulation Language，F-SQML)。F-SQML 作为集成框架的一个用户接口，可以实现用户对联邦模式的操作，进而转换成对组分数据库的操作。

联邦数据库集成框架总体结构如图 7-5 所示。

三层结构是现在应用非常流行且成熟的技术，并且在数据集成方面也有非常好的前景，且三层结构相对于两层结构有着更好的应用。例如，在两层结构中，若有用户想要访问多个数据库的数据，需要考虑各个数据库所在的系统、数据的结构、数据的语义表达等问题。而在三层数据结构中，将访问多个异构数据库的能力配置在中间层上，客户端只需要具有访问中间层的能力。

在图 7-5 中，将集成框架分成了三层结构，分别为用户接口层、数据处理层和数据层。三层结构在用户端和数据库端之间创建了一个中间层，用户对数据库的访问都要经过中间层。

用户接口层是集成框架和用户的接口，负责实现加入组分数据库、模式集成、F-SQML的输入、显示查询等功能。集成处理层是联邦数据库的核心，包括数据字典和中心虚拟数据库，F-SQML 语法检查模块，数据组装模块使用分布式处理方法的 DB 通信接口等。集成处理层通过各种模块的功能以及数据字典来将用户的请求传送给 DB 通信接口。联邦数据库服务器内有若干个通信接口，每个通信接口负责一种组分数据库，如 SQL Server 通信接口、Oracle 通信接口等。通过这些通信接口，可以使查询分析器和查询集成器忽略掉组分数据库在 DBMS 和种类上的异构。在查询完成后将结果组装至中心虚拟数据库，呈现给用户。

1. 注册组分数据库

当有新的组分数据库需要进入 FDBIF 时，首先要对组分数据库进行注册。注册的信息包括该组分数据库所在节点的名字、IP 地址、DBMS 类型、基于 OS 类型、网络协议、访问用户名和密码等信息，并将这些信息记录在数据字典中。

2. 联邦集成模式建立

联邦数据库的目的是实现多个数据库之间的透明访问，因此需要消除组分数据库的数据模式的命名差异与语义差异等问题。要消除这些问题可以通过在组分数据库共享数据模式的基础上建立一个与实现无关的逻辑上的数据库模式来完成，在 FDBIF 中我们称之为联邦数据库集成模式。这样若底层的模式发生变化时，我们也仅需要修改联邦集成模式和

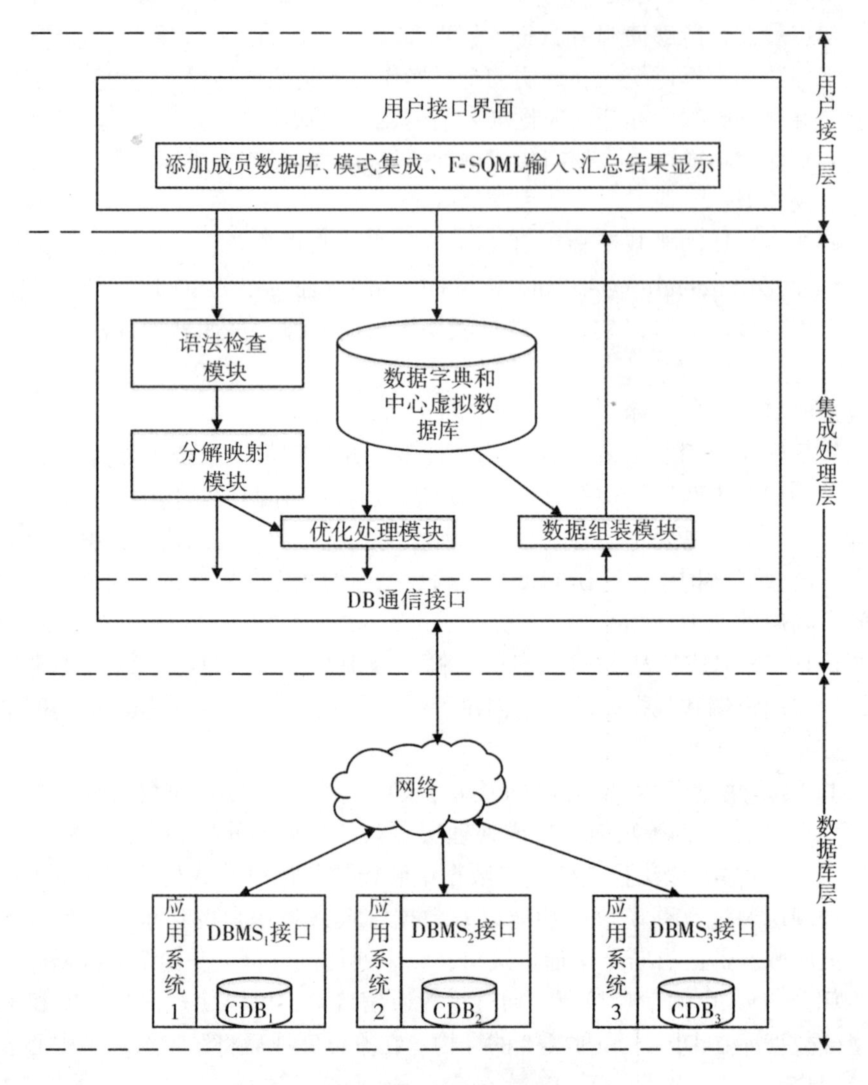

图 7-5　联邦数据仓库(据邹卫国等，2009)

各组分数据库之间的映射。

在 FDBIF 中，联邦集成模式的建立包括建立与实际应用需求相关的数据库表，联邦集成模式与组分数据库的映射。

3. F-SQML 输入与结果显示模块

集成框架的 F-SQML 输入模块提供给用户一个可以编辑的窗口。用户利用这个窗口可以通过 F-SQML 语句对联邦数据集成模式进行操纵。集成框架负责对用户的输入命令进行语法检查、分解、翻译、执行和汇总，并将最终的结果呈现给用户。

4. 数据字典与中心虚拟数据库

FDBIF 中数据字典和中心虚拟数据库能够提供一个面向应用需求的联邦集成模式，从而实现对各个数据库的透明访问。数据字典的核心是属性映射表、元数据类型映射表和应用系统集成表。

5. 语言检查模块

语言检查模块的作用是对数据输入的 F-SQML 进行检查与判断，确认输入的语句满足 F-SQML 的要求。若通过检查，则交给分解映射模块执行下一个部分，如果检查没通过，则对出错信息进行提示。

6. 分解映射模块

分解映射模块负责将用户输入的 F-SQML 进行分解、映射，成为面向组分数据库的 SQL 语言，从而对组分数据库进行操作。

7. 优化处理模块

优化处理模块的任务是对由分解映射模块对 F-SQML 进行分解、映射后的语句进行优化，以提高后续的操作效率。

8. 数据组装模块

数据组装模块负责将分解得到的语句进行综合和汇总。如果用户插入操作语句是执行查询功能，数据组装模块需要对每个数据库得出的查询结果进行组装与汇总。

9. DB 通信接口

DB 通信接口主要功能是进行组分数据库的连接和数据请求、数据接收。利用分布对象计算技术实现不同网络平台上的数据通信。

通过联邦数据库集成框架，可以实现联邦数据库的构建，从而实现各组分数据库之间透明访问的目标。

7.5 基于 Web 的数据库系统结构

互联网技术的发展和 WWW 协议应用为数据库的访问带来了新的方式。即，数据库的资源可以在互联网中以 Web 浏览器作为接口进行访问。由于互联网具有全球访问特性，这就意味着，Web 数据库系统几乎可以允许位于世界任何地方的用户访问其数据库资源。换句话说，这种体系结构不仅允许企业的内部用户(在局域网中)访问其数据库，也允许企业以外的用户通过互联网动态地访问其数据库。这种将数据库连接到互联网中，且允许企业内部和外部的用户以 Web 查询接口方式访问数据库资源的系统结构，定义为 Web 数据库结构。如图 7-6 所示，为一个早期(20 世纪末至 21 世纪初期)的由客户端、Web 服务器和数据库系统三层客户/服务器配置的 Web 数据库体系结构及其数据库访问信息流。

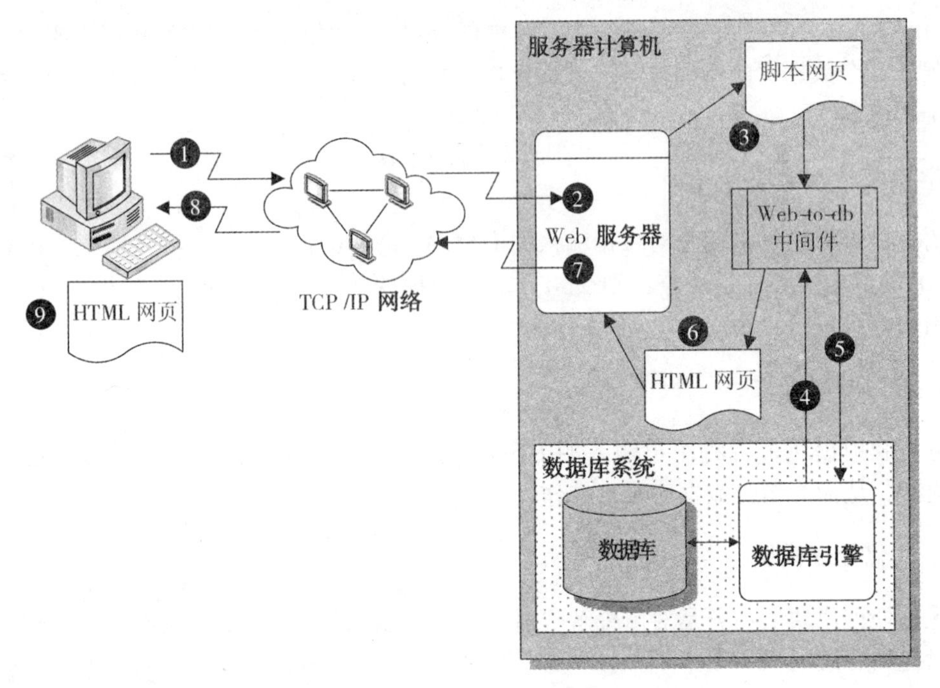

图 7-6　一个典型的基于 Web 的数据库结构(据 Yeung et al，2007)

图 7-6 所示的三层 Web 数据库体系结构中，各层所负载的任务或职能如下所示。

(1)客户端计算机用于用户提交数据库访问请求。通过安装于客户端计算机的浏览器软件，用户的数据库访问请求以互联网超文本标记语言(HTML)格式的网页，基于超文本传输协议(HTTP)发向 Web 服务器。

(2)Web 服务器，也称为 WWW(World Wide Web)服务器，通常通过驻留于互联网的程序提供网上信息浏览服务。这些提供网上信息浏览服务的程序称为扩展服务器端或 Web-数据库中间件。扩展服务器端通过使用通用网关接口(CGI)或 API 协议来理解、验证和处理数据库访问请求。

(3)数据库服务器，接收 Web 服务器(可能驻留在相同或不同的计算机)提交的数据库访问请求，按要求对数据库中的数据进行检索，并动态地生成一个浏览器可以解析的 HTML 格式的页面返回 Web 服务器，再由 Web 服务器基于 HTTP 协议发送给客户端浏览器。

图 7-6 所示的 Web 数据库体系结构中，用户通过 Web 浏览器动态访问远程数据库的信息流。

(1)用户通过浏览器提出数据库访问请求，由浏览器基于 HTTP 协议向 Web 服务器发送(信息流序列❶)。

(2)Web 服务器接到浏览器发送的 HTTP 请求(信息流序列❷)，通过动态脚本网页解析请求，并将根据内容将请求传送给数据库服务器或中间件(信息流序列❸)。

(3)数据库服务器接受请求，按要求对数据库中的数据进行存取访问(信息流序列❹，❺)，并将检索结果动态生成 HTML 文件格式的网页发回 Web 服务器(信息流序列❻)。

(4)Web 服务器将数据处理结果通过 HTTP 协议发回客户端浏览器(信息流序列❼，❽)。

(5)浏览器将 HTML 网页显示到屏幕上(信息流序列❾)。

基于 Web 的数据库现在已非常普遍，随着 Web 服务的广泛应用，Web 数据库的体系结构随之发生变化。通过 Web 服务技术的应用，Web 时空数据库系统从传统的数据提供者变成一个服务提供者。如图 7-7 所示，Web 地图数据服务在一个由软件层组成的体系结构上构建，这些软件层的组成部分之间是松散结合的，相互之间可以使用标准协议进行交互。其基础是现在 Web 构建的标准，即 TCP/IP，HTTP 和 HTML。下一层由软件工具和接口组成，允许客户端浏览器与服务器进行通信，并发现服务提供者所提供的服务及这些服务的获得或访问方式。

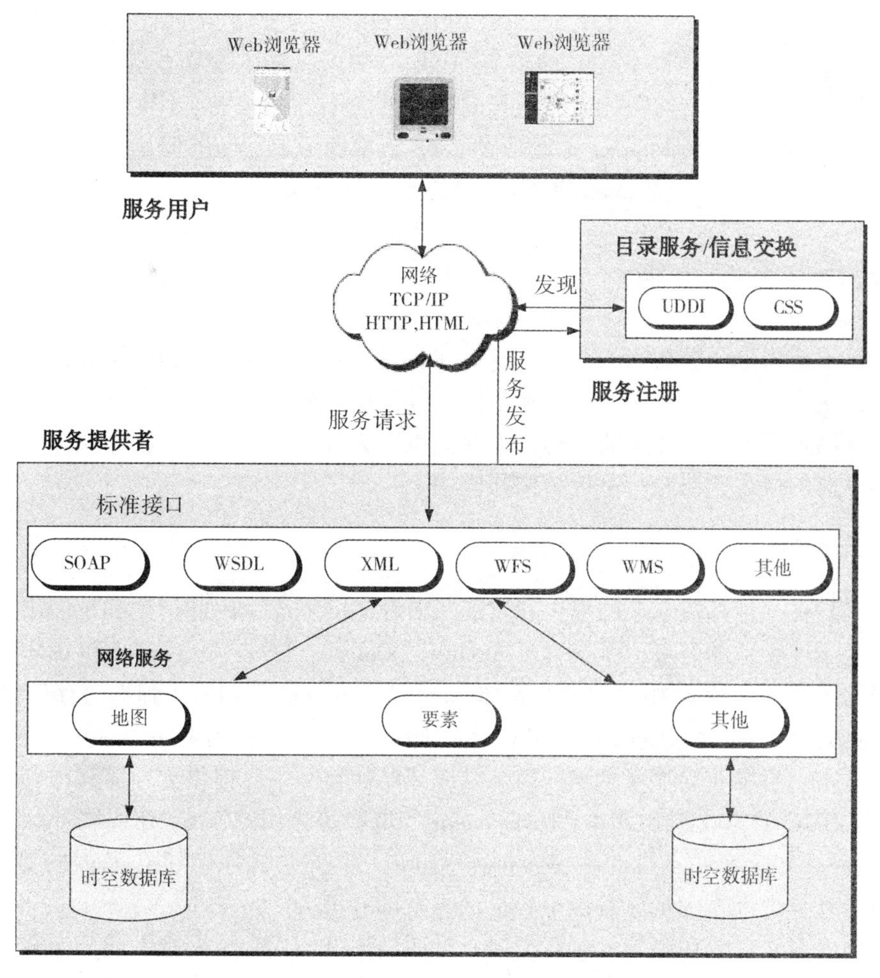

图 7-7 基于 Web 服务模型的时空数据库应用

图7-7所指的软件工具和接口用标准来实施，包括以下6种。

XML，最根本的基础，Web服务在它上面构建，并提供一种语言定义数据和处理数据的方法。

SOAP，是基于XML的规则的集合，它定义Web服务与其客户机之间通信的格式。

WSDL，是基于XML的规则的另一个集合，它定义Web服务界面、数据和消息类型、交互模式和协议映射。

UDDI(Universal Descriptipn, Discovery and Intergration)，它是Web服务注册表和发现机制，用于业务信息的存储和分类，并用于检索指向Web服务接口的指针。

WMS(Web Mapping Server)，是OGC标准家族的标准之一，用来建立一个面向Web的地图系统的实施规范(OGC，2001)，这个规范包括一个通用界面集，客户机(称为一个Web地图浏览器)可以从远程空间数据库(称为地图服务器)中查询、请求和显示空间信息。WMS界面使地图服务器产生一个栅格格式(如JPEG，PNG，GIF等)的地图层，根据请求参数重新格式化和重新投影数据，并以XML文档的形式把它返回给客户机。

WFS(Web Feature Server)规范的接口(OGC，2002b)，为了在远程数据库以对象的形式(即点、线和面)访问空间数据，OGC定义的一个实施WFS规范的接口，面向WFS的地图服务器有能力对单个空间特征提供查询和交易操作。WFS的工作原则与WMS是一样的，用户发送一个请求给Internet上的一个WFS兼容服务器，服务器执行这个请求并把结果以GML返回给客户机，在Web浏览器上显示、查询和编辑。

7.6　云存储系统结构

云计算被认为是一种新兴的商业计算模式，是分布式计算、并行计算和格网计算的进一步发展，是应用、数据中心的硬件和系统软件都作为服务通过互联网进行交付的基于互联网的计算模式。随着云计算的兴起，云存储也成为数据存储的一种新兴模式。本节将主要介绍云存储的概念、功能、系统结构和应用。

7.6.1　云存储

云存储是在云计算概念上的提出和发展，云存储的概念也因此衍生和发展出来。云存储概念一经云计算延伸而来，就获得了Amazon、Google、EMC、Microsoft和IBM等众多厂商或公司的关注和支持。例如，周可等(2010)指出Amazon公司推出弹性块存储(EBS)技术支持数据持久性存储；Google推出在线存储服务GDrive；内容分发网络服务提供商CDNetworks和云存储平台服务商Nirvanix结成战略伙伴关系，提供云存储和内容传送服务集成平台；EMC公司收购Berkeley DataSystems，取得该公司的Mozy在线服务软件，并开展SaaS业务；Microsoft公司推出Windows Azure，并在美国各地建立庞大的数据中心；IBM也将云计算标准作为全球备份中心扩展方案的一部分。

从概念上来看，云存储与云计算类似，是通过集群应用、格网技术或分布式系统等功能，将网络中不同类型的存储设备通过应用软件集合起来协同工作，共同对外提供数据在线存储空间和业务访问功能。但是相比于云计算，云存储仅提供存储服务，即通过互联网提供在线存储空间和访问服务。其本质上是一种基于互联网的在线储存模式，它允许用户将数据存放在第三方提供的多台虚拟服务器构成的在线存储空间，而非专属服务器上。提供在线存储空间的第三方通常称为云存储服务提供商。服务提供商运营大型数据中心，需要数据储存代管的人可按需购买或租赁在线网络储存空间以满足数据储存需求。

云存储作为近10年来兴起的一种新型存储模式，与传统模式相比，具有很多优势的同时也存在一些潜在的问题。概括而言，云存储的优势有以下3个方面。

(1)云存储为用户提供按需、量身定做的存储模式，用户无须购置物理存储设备并构建自己的数据中心。由于存储空间的按需特性，可以降低运营成本和避免物理存储资源浪费。

(2) 数据的存储、维护和管理工作(如备份、数据复制和采购额外存储)由服务提供商的专业人员提供服务。用户则可从庞杂的数据管理中解放出来，把精力集中在核心业务上。

(3)云存储通过虚拟化技术整合了存储资源，提高了存储空间的利用率，解决了存储空间的浪费。

然而，云存储也存在着一些潜在的问题，具体表现为如下3点。

(1)数据安全问题。根据云存储的模式，用户的数据存储于由服务提供商所提供的在线存储空间，尽管大多数云存储提供商提供VPN、加密或者其他的安全措施保障用户数据的安全，但毕竟数据位于用户所控制范围之外，用户对数据的控制权减少，数据面临机密性、版权风险、应用安全、用户的隐私等安全问题。

(2) 性能问题。云存储是将数据存放到云存储空间，用户与存储服务商提供的存储空间之间是通过宽带网络连接的，因此，网络的带宽和网络设备的性能是云存储性能所面临的最大挑战之一。此外，云数据中心提供的性能和整个网络的性能，都对云存储的性能带来影响。

(3)可用性问题。云存储是通过互联网将数据托管于位于远程的由存储服务提供商提供的在线存储空间。这种基于互联网的远程托管模式总是存在延迟时间过长的问题，特别地，互联网本身的特性就严重威胁服务的可用性。

周可等(2010)指出，与传统存储系统相比，云存储系统的不同表现为以下3点。

(1)从功能需求来看，云存储系统面向多种类型的网络在线存储服务，而传统存储系统则面向如高性能计算、事务处理等应用。

(2)从性能需求来看，云存储服务首先需要考虑的是数据的安全、可靠、效率等指标，而且由于用户规模大、服务范围广、网络环境复杂多变等特点，实现高质量的云存储服务必将面临更大的技术挑战。

(3)从数据管理来看，云存储系统不仅要提供类似于POSIX的传统文件访问，还要能够支持海量数据管理并提供公共服务支撑功能，以方便云存储系统后台数据的维护。

7.6.2 云存储系统结构

通常从云存储的技术实现层次上看，从底层向上，可以分为存储层、数据管理层、应用接口层、访问层4个层次，如图7-8所示。

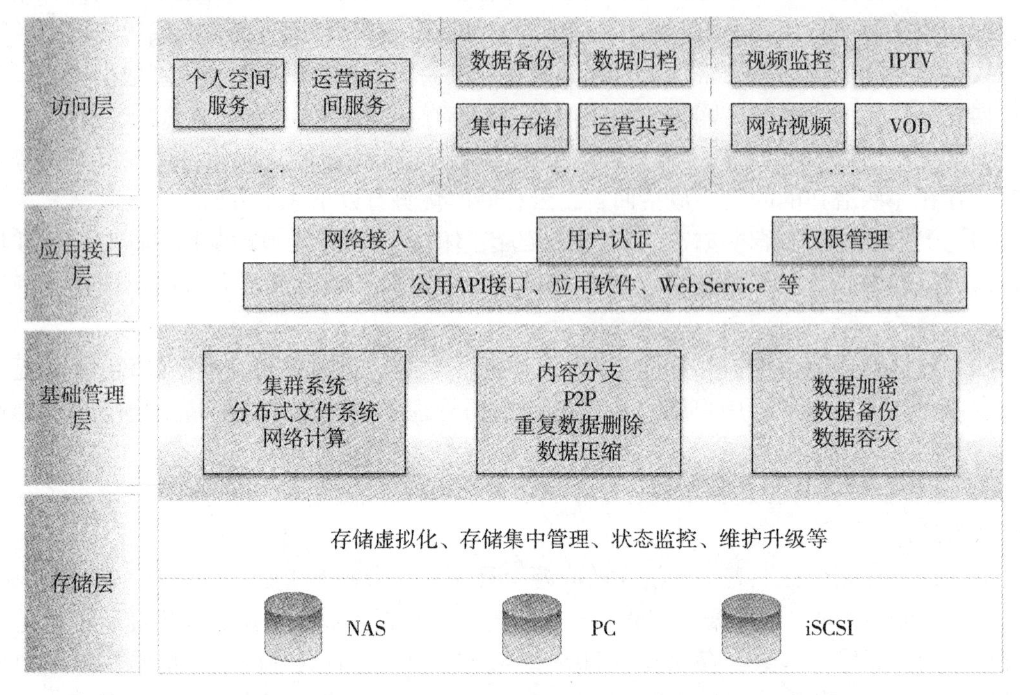

图 7-8　云存储系统结构(据张龙立，2010)

数据存储层，是云存储最基础的部分。存储层将不同类型的存储设备互连起来，实现海量数据的统一管理，同时实现对存储设备的集中管理、状态监控以及容量的动态扩展，其实质是一种面向服务的分布式存储系统。这一分布式存储系统对外提供多种不同的存储服务，各种服务的数据统一存放在云存储系统中，形成一个海量数据池。数据存储层的存储设备可以是 FC 光纤通道存储设备，可以是 NAS 和 iSCSI 等 IP 存储设备，也可以是 SCSI 或 SAS 等 DAS 存储设备。云存储中的存储设备往往数量庞大且分布于多个不同地域，彼此之间通过广域网、互联网或者 FC 光纤通道网络连接在一起。存储设备之上是一个统一存储设备管理系统，可以实现存储设备的逻辑虚拟化管理、多链路冗余管理，以及硬件设备的状态监控和故障维护。

基础管理层，也称数据管理层，是云存储最核心、最难以实现的部分。这一层的主要功能是在存储层提供的存储资源上部署分布式文件系统或者建立和组织存储资源对象，并将用户数据进行分片处理，按照设定的保护策略将分片后的数据以多副本或者冗余纠删码的方式分散存储到具体的存储资源上。

应用接口层，是云存储最灵活多变的部分。不同的云存储运营单位可以根据实际业务类型，开发不同的应用服务接口，提供不同的应用服务。例如，视频监控应用平台、IPTV 和视频点播应用平台、网络硬盘引用平台、远程数据备份应用平台等。

访问层，通过云存储系统提供的各种访问接口，对用户提供丰富的业务类型，如高清视频监控、视频图片智能分析、大数据查找等。任何一个授权用户都可以通过标准的公用应用接口来登录云存储系统，享受云存储服务。云存储运营单位不同，云存储提供的访问类型和访问手段也不同。

7.6.3 云存储类型

云存储是云计算的应用之一，因此在介绍云存储类型之前，首先介绍一下云计算的部署。云计算有 3 种部署方式，即公有云、私有云和混合云。公有云通常指由第三方服务提供商提供的，可供具有不同需求的用户通过互联网络按需使用的云。公有云的最大优点是用户的应用程序、数据及服务(软件服务，平台服务和基础设施服务)均可存放在服务提供商提供的云端，从而节约用户自己的相应投资和建设。但是公有云的最大问题在于数据存储于远程的存储中心，其安全性存在一定的风险。另外，由于公有云通过互联网络使用，受互联网因素的影响，公有云的使用可控性也存在不确定性。

私有云是为企业单独构建的，向企业内部人员或分支机构提供使用服务的云。私有云可部署在企业数据中心的防火墙内，也可以将它们部署在一个安全的主机托管场所。因此，相对于公有云而言，私有云可以极大地保障安全问题，可以提供对数据、安全性和服务质量的最有效控制。

混合云是公有云和私有云两种服务方式的结合，是指可为企业自己和外部客户共同提供使用的云。这对于企业来讲，解决了公有云的安全性和可控性问题，同时为其他目的的弹性需求提供了一个很好的基础，如灾难恢复。这意味着私有云把公有云作为灾难转移的平台，并在需要的时候去使用它。

根据云计算的部署模式，云存储的模式也包括公有云储存、私有云存储或内部云存储和混合云存储 3 种类型。

公有云存储是指由云存储服务提供商所提供的能够满足多用户需求的、付费使用的云存储服务。公有云存储服务的理念是用户按需付费的方式使用在线存储服务，因此公有云存储服务多是收费的，如 Amazon 等公司都提供云存储服务，通常是根据存储空间收取使用费。公有云存储服务的最大优点在于用户可将数据存放于云存储服务提供商提供的存储服务处，而无需投资建设自己的数据中心。但其缺点在于数据中心远离用户后而可能存在一定的风险。

私有云存储是企业或社会团体投资，建设于用户端防火墙内部，由建设者自身拥有和管理，为内部人员或机构提供私有、独享的云存储服务。其目的是满足企业内部员工或分支机构的数据存储需求。私有云存储所拥有数据中心的软硬件设施均在企业内，因此相对于公有云存储而言，数据的安全性和使用的可控性较有保障。但是私有云存储的使用和维护成本较高，企业需要配置专门的服务器，获得云存储系统及相关应用的使用授权，同时还需支付系统的维护费用。

混合云存储则是把公有云存储和私有云存储结合在一起，以满足用户不同需求的云存储服务。它主要用于按用户要求的访问，特别是需要临时配置容量的时候，从公有云上划出一部分容量配置一种私有或内部云，可以在公司面对迅速增长的负载波动或在高峰时很有帮助。混合云存储是一种跨公有云存储和私有云存储的应用，因此其存储分配较单一公有云存储或私有云存储更具复杂性。

7.7 本章小结

随着计算机网络技术的发展，作为计算机应用系统的数据库系统的部署结构也随着计算机系统结构的发展而变化。本章从数据库系统的部署方式的角度，阐述了时空数据库系统的结构。详细介绍了从早期的单用户结构到分布式结构，再到基于互联网的结构，最后到云存储结构的时空数据库的基本架构及特点。

思考题

1. 请回答单用户结构与主从结构的数据库系统特点与异同。
2. 什么是分布式数据库系统？
3. 分布式数据库系统有哪些特征？
4. 简述联邦数据库及其特点。
5. 客户/服务器模式与 Web 数据库系统结构的特点和异同是什么？
6. 云存储系统结构的核心技术有哪些？

参考文献

Yeung A K W, Hall G B. Spatial database systems: design, implementation and project management[M]. Dordrecht: Springer, 2007.

刘高军，鲍晓琦. 基于联邦数据库的数据集成平台研究与改进[J]. 计算机光盘软件与应用，2012(2)：45-46.

邹卫国，郭建胜，刘建军，等. 基于联邦数据库的数据集成体系研究[J]. 中国管理信息化，2009，12(13)：86-88.

周可，王桦，李春花. 云存储技术及其应用[J]. 中兴通讯技术，2010，16(4)：24-27.

张龙立. 云存储技术探讨[J]. 电信科学，2010 (S1)：70-74.

OGC. Web map service [P]//Beaujardiere J de la. Wayland, MA: Open GIS Consortium Inc. 2001.

OGC. Web feature service [P]//Vretanos P. Wayland, MA: Open GIS Consortium Inc. 2002.

OGC. Style layer description [P]//Lelonde B. Wayland, MA: Open GIS Consortium Inc. 2002.

第8章　空间数据质量管理

空间数据质量控制是空间数据库设计和实施过程中关键和不可缺少的部分。空间数据库中数据的质量在很大程度上影响和制约着空间数据的可用性。可以认为，空间数据质量是空间数据库的生命线，也是空间数据服务和应用的重要保障。保障空间数据库提供符合质量要求的空间数据，需要对空间数据的建库过程进行质量控制和管理。本章主要介绍空间数据建库的质量控制方法。

8.1　概述

数据质量是一种感知或评估数据在给定上下文中适合其目的的适合度。数据的质量取决于准确度、完备性、可靠性、相关性和最新数据的因素。随着数据与组织的运作越来越紧密地联系在一起，也越来越重视数据质量。

数据质量是指定性或定量变量的一组值的条件。关于数据质量的定义有很多，但如果数据“适合于操作、决策和规划中的预期用途”，则通常认为数据是高质量的。

几乎所有的自然的、人类的活动都是基于地理空间之上。因此，空间数据也被看作空间信息基础设施，其质量是空间信息应用成功与否的关键。

8.1.1　质量概念和重要性

空间数据质量是指空间数据适用于不同空间应用的能力，或满足于空间规划、分析、决策和其他预期空间用途的程度。随着空间数据的广泛应用，空间数据质量在数据的生产领域和使用领域有不同的含义。在使用领域，不同的使用者因不同的应用目的、需求而对空间数据的质量要求和理解也不相同，可见，空间数据质量是一个相对的概念。

空间特征、专题特征和时间特征是空间数据的3个基本特征，用于表达客观世界地理现象的位置、专题和时间3个基本要素。因此，空间数据质量可以认为空间数据在表达地理现象的位置、专题和时间3个基本要素时，所能够达到的准确性、一致性、完整性以及它们之间统一性的程度。

空间数据质量是指空间数据产品满足一定使用要求的特性，主要包括数据源、点位精度、属性精度、要素完整性和属性完整性、数据逻辑一致性、数据现势性等(赵军喜等，2001)。

在地理信息系统中，空间数据质量也指作为地理信息系统基础的空间数据(包括空间数据和专题数据)的可靠性和精度，通常用空间数据的误差来度量。

空间数据质量是决定空间应用成败的关键，在空间信息系统中具有非常重要的地位。

空间数据是空间信息系统最基础的组成部分，通常也看作一个数字基础设施。很多产业和应用如果没有空间数据的支撑就绝无可能。例如，全球打造的数字地球、数字城市、智慧地球、智慧城市、物联网和自动驾驶，包括随着互联网，特别是宽度技术的发展而衍生的其他新型行业都无法离开空间数据的支撑。

此外，空间数据质量对于评定空间信息系统的算法、减少空间信息系统设计与开发的盲目性具有重要意义。如果不考虑空间数据数据质量，那么当用户发现空间信息系统应用的结论与实际的地理状况相差较大时，则该空间信息系统将毫无意义。同时，空间数据质量问题是一个关系到数据可靠性和系统可信性的重要问题，与系统的成败密切相关。由于现代GIS的先进技术，用户可以不管比例尺的大小、图形的精度，而较容易地把来源不同的数据进行综合、覆盖和分析，如果空间数据质量不高，则其结果是误差增加，导致不能决策，系统失败(赵军喜等，2000)。

8.1.2 空间数据质量问题及成因

由于客观世界中地理现象的多样性、复杂性、模糊性，人类对地理现象认识和表达能力的有限性，地理现象的采集、处理和使用的局限性等，而导致的空间数据总是与真实值之间存在一定程度的差异。这种差异通常不可能完全被消除，只可能在一定程度上控制或减少其影响，这就是数据质量问题。

导致空间数据质量问题的成因很多，也很复杂，有地理现象自身的不稳定性、模糊性等造成的，有人类认识能力的有限性造成的，也有数据处理过程中造成的质量问题。关于空间数据质量问题的来源，卫启云等(2015)从数据源、表达、处理和使用几个方面进行了总结。

1. 数据源误差

数据源中存在的以下问题，即数据源误差，都可能导致空间数据的质量问题。

(1)空间数据源中地理实体位置或分布的不确定性，例如，植被类型分布边界划分时的模糊渐变边界。

(2)不同类型属性划分时规则的不确定性，以及应该划分多少种类时的不确定性。

(3)时间上，同一张图上的不同地区数据的采集和制作有一定时间跨度，但在地图上默认它们为同一时间发生，忽略了期间地理信息可能产生的变化。

2. 空间信息表达的误差

在各种地图数据采集与处理过程中，包括数据采集、地图制作中涉及的测量方法以及测量精度的选择，地图信息的选取等，均受到作业者自身关于空间信息与采集过程的认知与表达方式的影响。因此，通过它们生成的数据都有可能产生误差。

3. 空间数据处理过程中的误差

空间数据处理过程中的误差主要包括空间数据的采集、输入、存储、处理、输出过程中存在的误差。

(1)数据采集。仪器设备误差、影像几何和辐射纠正误差、影像信息提取误差以及坐标转换和制图综合等的误差都会导致空间数据质量问题。

(2)数据输入。数字化仪器误差、操作过程误差和不同系统格式转换(如矢-栅转换、三角网-等值线转换)误差。

(3)数据分析处理。拓扑分析、数据插值、数据叠置等误差。

(4)数据输出。输出设备不精确和输出的媒介不稳定造成的误差。

4. 空间数据使用中的误差

空间数据的不同用户对空间数据所包含信息的不同理解或误解，以及数据使用不当造成文档的不规范与缺失等都会造成用户在数据使用时产生误差。

8.1.3　质量控制目的和过程

空间数据质量控制的目的是保障空间数据的精度、一致性和完整性等质量本征与空间应用对数据质量的要求相符合，即提高或保障空间数据的质量。空间数据库系统是对空间数据的有效组织与管理。为了向空间信息系统的应用提供符合需求的空间数据，空间数据库系统除了具有空间与非空间数据的存储、查询检索、修改和更新的能力，还需要保证数据的质量，即保证输入空间数据库和从空间数据库中输出的数据具有良好的数据质量。换句话说，空间数据质量控制的目的是防止不符合质量要求的空间数据进出空间数据库，如图 8-1 所示。

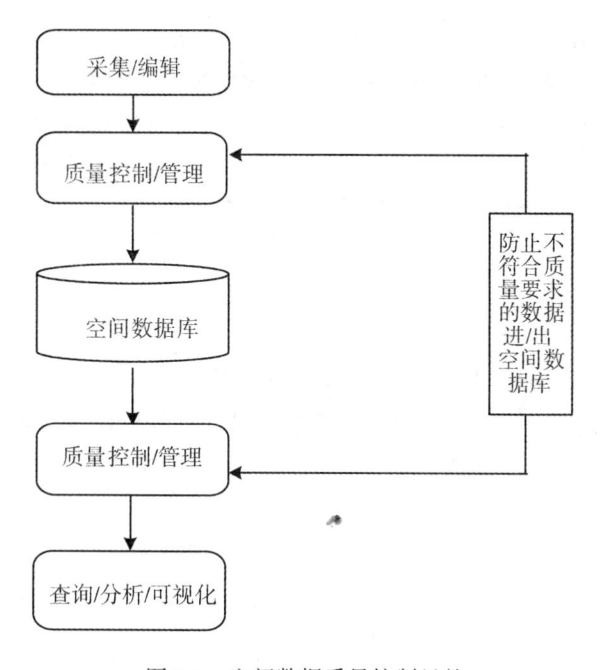

图 8-1　空间数据质量控制目的

空间数据的质量控制就是采用科学的方法，制定出空间数据的生产技术规程，在空间数据的生产过程中采取一系列切实有效的方法针对空间数据质量的关键性问题予以精度控制和错误改正，以保证空间数据的质量。通常空间数据的质量控制一般过程包括问题发现、问题修改和核查 3 个阶段，如图 8-2 所示。其中，修改与核查阶段往往根据问题修改的情况，需要多次往复。

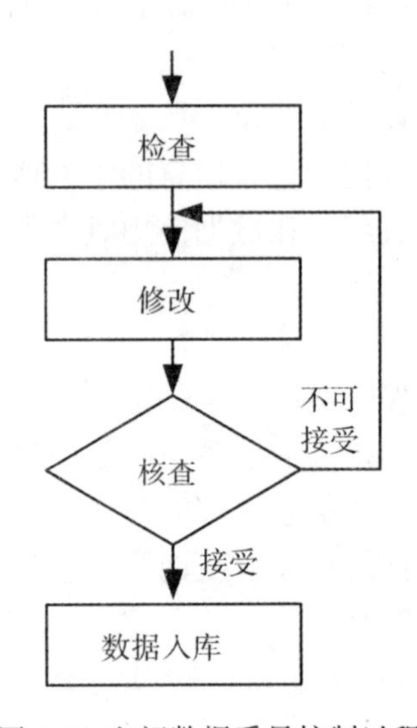

图 8-2　空间数据质量控制过程

质量检查是指利用一定的质量检查模型或通过人工的方式查找并记录空间数据中存在的误差或错误类型、位置等空间数据质量问题。数据修改是对质量检查阶段发现的质量问题进行更正。质量核查实质是空间数据质量的再次检查，目的是检查评估空间数据质量是否符合质量标准，如果符合质量标准则接受入库；反之，再次退回修改。经过一次或多次的往复修改，最终产生符合空间数据质量标准的数据。

8.2　理论基础

如前文所述，引起空间数据质量问题的原因有很多，包括地理现象本身，人类认识，数据采集、处理、存储使用等各阶段的不确定性和误差都可能会导致空间数据的质量问题。虽然质量问题不可能完全消除，但可以在一定程度上进行控制。而空间数据质量问题的有效控制，前提是需要有一套理论和方法，对空间数据质量问题的来源、类型、分布和形式进行识别、描述、度量和评价，为建立传播、抑制或削弱模型等提供支持。本节概要介绍空间数据质量问题描述、量化、建模、控制和评估涉及的基础理论，主要包括空间数据的误差理论、不确定性理论和抽样理论等。

8.2.1　误差理论

误差是空间数据质量问题的主要来源，也是度量空间数据质量的主要方法。测量学中，误差是指由错误或信息的不完整性引起的偏差，其主要类型有随机误差、系统误差、粗差。在一定的观测条件下进行了一系列的观测后，随机误差是指误差的大小、位置和形式都呈现无规律性特点；系统误差则指大小、位置和形式的变化有一定的规律可循；粗差则指明显大于或远大于平均或预期误差的粗大误差。对于空间数据来讲，根据误差产生的阶段或者来源的不同，也可以将其分为源误差和处理误差。

源误差，指数据采集和录入中产生的误差，包括测量数字数据的误差，地图数字化数据的误差和遥感数据误差等。例如，传感器成像过程中摄影平台、传感器的结构及稳定性、分辨率等会造成遥感数据存在误差，GPS 数据受到接收机的精度、定位方法及处理算法的影响而产生误差。

处理误差，是数据的生产处理过程中产生的误差，包括计算机字长、拓扑分析、数据分类和内插等引起的误差等。例如，几何处理误差、辐射误差、数据转换误差、分类和信息提取误差等。

1. 常用的误差指标

精度是空间数据质量评价的主要指标之一。所谓精度，是指误差分布的密集或离散程度。如果两组观测数据观测误差分布相同，则表明这两组观测数据的精度相同，反之也成立(魏克让等，2003)。常用的精度评价指标包括以下 4 种。

1)方差和中误差

概率论中方差用来度量随机变量和其数学期望(即均值)之间的偏离程度。通常用于衡量源数据和期望值相差的度量值。设有观测向量(简称观测值)$\boldsymbol{X}$，$E(X)$ 表示其数学期望，由方差的定义可知 $\boldsymbol{X}$ 的方差 σ^2 为

$$\sigma^2 = \frac{\sum (X - E(X))^2}{N} \tag{8-1}$$

则有中误差也称标准差 σ

$$\sigma = \sqrt{\sigma^2} = \sqrt{\frac{\sum (X - E(X))^2}{N}} \tag{8-2}$$

2) 平均误差

在一定的观测条件下，一组独立观测的真误差绝对值的算术平均值或数学期望称为平均误差。假设用 η 表示平均误差，则有

$$\eta = \frac{\sum |X - E(X)|}{N} \tag{8-3}$$

3) 极限误差

由偶然误差的特性可知，在一组大量的同精度观测中，偶然误差的绝对值通常会落在一个限值内，研究表明，偶然概率的绝对值超出 3 倍中误差的概率是极小的。因此，通常将 3 倍中误差作为偶然误差的限值，称为极限误差，即

$$\Delta_{限} = 3\sigma \tag{8-4}$$

极限误差也称为允许误差。由于实际工作要求的不同，有时也可采用 2σ 作为极限

误差。

4）相对误差

对于有些观测结果，单靠中误差还不能完全表达观测结果的好坏，例如，观测了1000m 和 80m 的两段距离，观测的中误差均为 ±2cm，两者的中误差相同，但就单位长度而言，两者的精度显然不等，前者的相对精度比后者要高。此时，需采用另一种办法来衡量精度，通常采用相对中误差，它是中误差与观测值之比(魏克让等，2003)。

2. 协方差传播律

在间接观测中，观测值必须由一个或一系列的其他直接观测值通过一定的函数关系间接计算出来，阐述观测值函数的中误差和观测值中误差关系的公式称为协方差传播律，由观测值的方差推求观测函数的方差的关系公式。

1）协方差

协方差是用数学期望来定义的。设有观测值 X 和 Y，则二者的协方差表示为

$$\begin{aligned}\sigma_{xy} &= E[(X - E(X))(Y - E(Y))] \\ &= E[XY - XE(Y) - E(X)Y + E(X)E(Y)] \\ &= E(XY) - E(X)E(Y)\end{aligned} \tag{8-5}$$

又因为 X 和 Y 的真误差 Δ_x 和 Δ_y 分别为

$$\Delta_x = X - E(X),\ \Delta_y = Y - E(Y) \tag{8-6}$$

所以有

$$\sigma_{xy} = E(\Delta_x \Delta_y) \tag{8-7}$$

根据数学期望的定义，协方差则是观测值 X 和 Y 真误差所有可能取值乘积的理论平均值，即

$$\begin{aligned}\sigma_{xy} &= \lim_{n\to\infty}\frac{[\Delta_x\Delta_y]}{n} \\ &= \lim_{n\to\infty}\frac{1}{n}(\Delta_{x_1}\Delta_{y_1} + \Delta_{x_2}\Delta_{y_2} + \cdots + \Delta_{x_n}\Delta_{y_n})\end{aligned} \tag{8-8}$$

因为，n 总是有限值，所以，协方差的估值为

$$\hat{\sigma}_{xy} = \frac{[\Delta_x\Delta_y]}{n} \tag{8-9}$$

当 X 和 Y 相互独立时，X 和 Y 的协方差为0。但是反过来却不一定成立，也就是说，X 和 Y 的协方差为0并不意味着 X 和 Y 一定相互独立。只有当 X 和 Y 服从联合正态分布时，协方差为 0 才是相互独立的充分条件。因此，对于服从正态分布的观测值，X 和 Y 的协方差为 0 与 X 和 Y 相互独立是等价条件。

用 σ_x 和 σ_y 分别表示观测值 X 和 Y 的中误差，那么通过变换将随机变量标准化，则两个标准化变量乘积的数学期望就是一个无量纲的数，称之为相关系数 ρ_{xy}，可表示为

$$\rho_{xy} = E\left[\left(\frac{X - E(X)}{\sigma_x}\right)\left(\frac{Y - E(Y)}{\sigma_y}\right)\right] = \frac{\sigma_{xy}}{\sigma_x\sigma_y} \tag{8-10}$$

2）协方差阵

设观测向量 $\boldsymbol{X}$ 包含有 n 个不同精度的相关观测值，如下

$$\boldsymbol{X} = [x_1 \quad x_2 \quad \cdots \quad x_n]^{\mathrm{T}} \tag{8-11}$$

若用 μ_{x_i} 和 $\sigma_{x_i}^2$ 分别表示观测值向量 $\boldsymbol{X}$ 的数学期望和方差，$\sigma_{x_ix_j}$ 表示它们两两之间的协方差，则观测值向量 $\boldsymbol{X}$ 的方差－协方差阵(简称协方差阵)$\boldsymbol{D}_{XX}$ 为

$$\boldsymbol{D}_{XX} = E[(\boldsymbol{X}-\boldsymbol{\mu}_X)(\boldsymbol{X}-\boldsymbol{\mu}_X)^{\mathrm{T}}] = \begin{bmatrix} \sigma_{x_1}^2 & \sigma_{x_1x_2} & \cdots & \sigma_{x_1x_n} \\ \sigma_{x_2x_1} & \sigma_{x_2}^2 & \cdots & \sigma_{x_2x_n} \\ \vdots & \vdots & & \vdots \\ \sigma_{x_nx_1} & \sigma_{x_nx_2} & \cdots & \sigma_{x_n}^2 \end{bmatrix} \tag{8-12}$$

这里，假设有另一个包含 r 个不同精度的相关观测值的观测向量 $\boldsymbol{Y}$，其数学期望为 μ_{y_i}，若令

$$\boldsymbol{Z} = \begin{bmatrix} \boldsymbol{X} \\ \boldsymbol{Y} \end{bmatrix} \tag{8-13}$$

则根据协方差阵的定义，$\boldsymbol{Z}$ 的协方差阵 $\boldsymbol{D}_{ZZ}$ 为

$$\boldsymbol{D}_{ZZ} = \begin{bmatrix} \boldsymbol{D}_{XX} & \boldsymbol{D}_{XY} \\ \boldsymbol{D}_{YX} & \boldsymbol{D}_{YY} \end{bmatrix} \tag{8-14}$$

式中，$\boldsymbol{D}_{XY}$ 是观测值向量 $\boldsymbol{X}$ 关于 $\boldsymbol{Y}$ 的互协方差阵，可表示为

$$\begin{aligned} \boldsymbol{D}_{XX} &= \boldsymbol{E}[(\boldsymbol{X}-\boldsymbol{\mu}_X)(\boldsymbol{Y}-\boldsymbol{\mu}_Y)^{\mathrm{T}}] \\ &= \begin{bmatrix} \sigma_{x_1y_1} & \sigma_{x_1y_2} & \cdots & \sigma_{x_1y_r} \\ \sigma_{x_2y_1} & \sigma_{x_2y_2} & \cdots & \sigma_{x_2y_r} \\ \vdots & \vdots & & \vdots \\ \sigma_{x_ny_1} & \sigma_{x_ny_2} & \cdots & \sigma_{x_ny_r} \end{bmatrix} \\ &= \boldsymbol{D}_{YX}^{\mathrm{T}} \end{aligned} \tag{8-15}$$

3）协方差传播律

在间接观测中，观测值函数的中误差和观测值中误差的关系有线性函数和非线性函数两种情况。例如，观测高差与高程的关系即为线性函数关系，而观测角度、边长与待定点坐标的关系则为非线性函数关系。所以，需要分别从线性函数、非线性函数两种情况讨论协方差传播律。

(1) 线性函数协方差传播律。设有观测值向量 $\boldsymbol{X}$ 的线性函数

$$Z = \sum_{i=1}^{n} k_i x_i \tag{8-16}$$

式中，k_i 为系数，x_i 为观测值向量 $\boldsymbol{X}$ 的相关观测值，它们的方差和两两协方差分别表示为 σ_i^2 和 $\sigma_{ij}(i \neq j)$。为了方便讨论，公式(8-16) 可改写为：

$$\underset{1\times1}{Z} = \underset{1\times n}{\boldsymbol{K}}\ \underset{n\times1}{\boldsymbol{X}} \tag{8-17}$$

其中，

$$\boldsymbol{K}=\begin{pmatrix}k_1 & k_2 & \cdots & k_n\end{pmatrix}_{1\times n},\quad \boldsymbol{X}=\begin{bmatrix}x_1\\x_2\\\vdots\\x_n\end{bmatrix}_{n\times 1}$$

函数 Z 的方差 $\boldsymbol{D}_{ZZ}$ 为

$$\boldsymbol{D}_{ZZ}=\sigma_Z^2=\boldsymbol{K}\boldsymbol{D}_{XX}\boldsymbol{K}^{\mathrm{T}} \tag{8-18}$$

式中，$\boldsymbol{D}_{XX}$ 为观测值向量 $\boldsymbol{X}$ 的协方差阵。

公式(8-18)就是已知观测值向量$\boldsymbol{X}$的方差，求其线性函数Z方差的公式，即线性函数的协方差传播律。

(2) 非线性函数协方差传播律。设有观测值向量 $\boldsymbol{X}$ 的非线性函数

$$Z=f(\underset{n\times 1}{\boldsymbol{X}}) \tag{8-19}$$

函数 Z 的全微分 ΔZ

$$\underset{1\times 1}{\Delta Z}=\underset{1\times n}{\boldsymbol{K}}\ \underset{n\times 1}{\Delta \boldsymbol{X}} \tag{8-20}$$

式中，$\boldsymbol{K}=\left(\frac{\partial f}{\partial x_1}\ \frac{\partial f}{\partial x_2}\cdots\ \frac{\partial f}{\partial x_n}\right)$，$\frac{\partial f}{\partial x_i}$是函数$f$各观测值 x_i 所取的偏导数,以观测值代入并计算出其值,它们都是常数。$\Delta\boldsymbol{X}=[\mathrm{d}x_1\quad \mathrm{d}x_2\quad\cdots\quad \mathrm{d}x_n]^{\mathrm{T}}$。那么,函数 Z 的方差 D_{ZZ} 为

$$D_{ZZ}=\sigma_Z^2=\boldsymbol{K}\boldsymbol{D}_{XX}\boldsymbol{K}^{\mathrm{T}} \tag{8-21}$$

3. 误差合成

系统误差在实际观测中普遍存在，且由于产生的原因多种多样，它们的性质各异，使得完全消除其影响是很困难甚至不可能的。因此，除了研究偶然误差对观测结果的影响外，还应研究偶然误差与系统误差的共同影响。下面简要介绍魏克让等(2003)推导的系统误差与偶然误差的合成方法。

设观测值向量 $\boldsymbol{X}=(x_1,\ x_2,\ \cdots,\ x_n)^{\mathrm{T}}$ 的真误差为 σ_i，$i=1,\ 2,\ \cdots,\ n$。假定每个真误差值中既含有偶然误差 Δ，又含有系统误差 λ，则

$$\sigma_i=\Delta_i+\lambda_i \tag{8-22}$$

如果用 m_σ^2，m_Δ^2 和 m_λ^2 分别表示观测向量 $\boldsymbol{X}$ 的中误差，偶然中误差和系统中误差，则根据方差、协方差的定义有

$$m_\sigma^2=m_\Delta^2+m_\lambda^2 \tag{8-23}$$

如果观测结果的真误差 σ_i，$i=1,\ 2,\ \cdots,\ n$ 是由 k 组偶然误差和 l 系统误差组成的，即

$$\sigma_i=\sum_{\alpha=1}^{k}\Delta_{\alpha i}+\sum_{\beta=1}^{l}\lambda_{\beta i} \tag{8-24}$$

这里，如果各组系统误差主要是指系偶误差，且若各偶然误差是相互独立的，则有

$$m_\sigma^2=\sum_{i=1}^{k}m_{\Delta_i}^2+\sum_{i=1}^{l}m_{\lambda_i}^2 \tag{8-25}$$

在式(8-24)中，如果只取系统误差的前三组，即令$l=3$，且用$\lambda_{\mathrm{I}i}$、$\lambda_{\mathrm{II}i}$和$\lambda_{\mathrm{III}i}$分别表

示系偶误差、不定常差及常差，这时误差合成为

$$m_{\sigma}=\sum m_{\lambda_{\mathrm{III}i}}\pm\left(\sum m_{\lambda_{\mathrm{II}i}}+\sqrt{\sum m_{\lambda_{\mathrm{I}i}}^{2}+\sum m_{\Delta_{i}}^{2}+\gamma}\right) \tag{8-26}$$

式中，γ 表示相关项，指各偶然误差之间的协方差项。当偶然误差之间相互独立时，$\gamma=0$，此时有

$$m_{\sigma}=\sum m_{\lambda_{\mathrm{III}i}}\pm\left(\sum m_{\lambda_{\mathrm{II}i}}+\sqrt{\sum m_{\lambda_{\mathrm{I}i}}^{2}+\sum m_{\Delta_{i}}^{2}}\right) \tag{8-27}$$

上述即为系统误差与偶然误差的合成方法。

8.2.2 不确定性理论

不确定性表示事物的模糊性、不明确性或指默写事物的未决定或不稳定状态。在对客观世界的表达中，不确定性广泛存在于许多科学中，如物理学、统计学、经济学、量测学、心理学以及哲学(史文中，2015)。不确定性是相对于确定性而言的。确定性，指有规律性或虽然无规律性，但可预测性强，解释具有唯一性，只有一种可能。而不确定性则表现为规律性不明显，时有时无，可预测性差，多种解释，多种可能。

1. 空间数据不确定性

1)概念

对于空间数据来说，由于客观世界的多样性、复杂性，数据采集传感器的系统误差和随机误差，以及人类认识的局限性的客观存在，引起空间数据的随机性、模糊性、灰色性、不完整性和未确知性等特征，即为空间数据的不确定性。如图 8-3 所示，为空间数据不确定性的概念化模型。

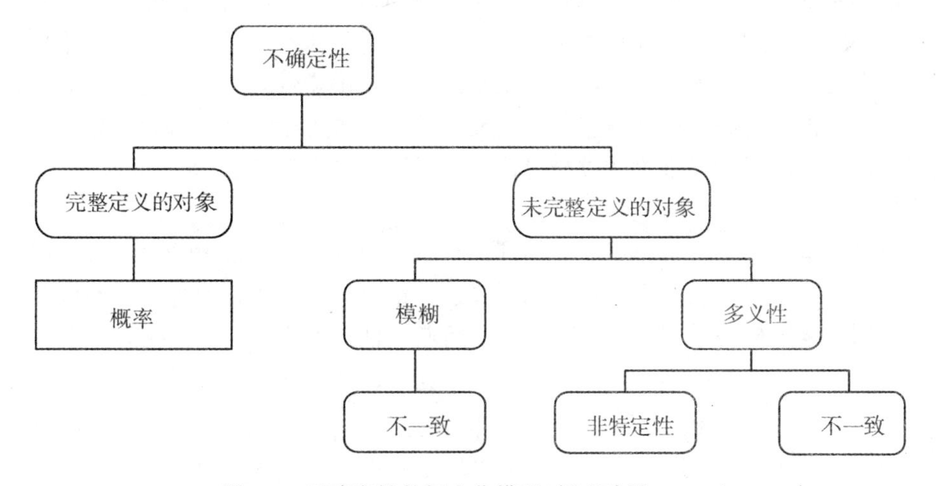

图 8-3　不确定性的概念化模型(据李建松，2006)

不确定性最本质的问题在于如何定义被检验的对象类(如土壤)和单个对象(如土壤地图单元)，即问题的定义。当对象类和对象都能完整定义时，表示有误差产生，不确定性问题转化为概率问题。如果对象类和单个对象都未能完整定义，则可以进一步识别不确定

性的因素(李建松，2006)。

2)来源

至于导致空间数据不确定性的原因，史文中(2015)认为空间数据的不确定性有以下 4 个来源。

(1)客观世界本身的不确定性。地理客观世界是一个复杂的巨系统。地理世界的空间实体通常具有位置、时间、属性、尺度和关系等自身固有特征。而这些特征的不确定性必然会导致空间数据的不确定性。

(2)人类对客观世界认识的局限性及不确定性。事实上，空间数据可以看作人类对客观世界认识的结果。人类根据自己的认识对客观世界进行抽象、描述，最终形成空间数据。因此，人类认识的局限性或认识的差异性都是引起空间数据不确定性的重要来源。

(3)空间数据测量误差。空间数据测量设备的误差和操作误差都会造成空间数据中产生误差和不确定性。

(4)空间数据分析处理所引起的不确定性。空间分析是对基于空间数据及其分布的地理事件和过程进行分析、模拟、预测和控制的一系列技术。空间分析的每一种方法或技术都可能引入、传播甚至是放大原始空间数据的不确定性。

3)框架体系

空间数据的不确定性来源、类型众多，关于不确定性的研究方法也各异。邬伦等(2006)提出了一个 GIS 空间数据不确定性的框架体系，如表 8-1 所示。

2. 空间数据不确定性模型

空间数据的不确定性是空间数据质量问题的重要因素之一。研究空间数据不确定性模型是科学描述不确定性，并在一定程度上有效抑制不确定性影响的基础。邬伦等(2006)指出，点状和线状地理目标的位置不确定性建模理论是矢量空间数据位置不确定性的主要理论依据：点元的位置不确定性理论是线状目标位置不确定性理论的基础；而线状目标的位置不确定性理论又是矢量空间数据中空间面与体的位置不确定性的理论基础。所以，本节以点元的位置不确定性模型为例进行讨论。

1)空间实体

地理信息科学中，空间实体可以有不同的维数。下面简要介绍史文中(2015)从一维、二维和多维几个维度对空间点实体进行的定义。一维空间实体可以看作二维空间实体的一个投影，可用一维随机矢量 $\boldsymbol{Q}_{11}$ 来定义一维空间点，且其可能服从一元正态分布 N_1，有

$$\boldsymbol{Q}_{11} = [x] \sim N_1[\mu_x, \sigma_x^2] \tag{8-28}$$

式中，μ_x，σ_x^2 分别表示一维点统计属性的均值和方差。类似地，二维空间点可以用二维随机矢量 $\boldsymbol{Q}_{21}$ 来定义，且假定二维随机矢量服从二元正态分布 N_2，则有

$$\boldsymbol{Q}_{21} = \begin{bmatrix} x \\ y \end{bmatrix} \sim N_2\left[\begin{bmatrix} \mu_x \\ \mu_y \end{bmatrix}, \begin{bmatrix} \sigma_x^2 & \sigma_{xy} \\ \sigma_{yx} & \sigma_y^2 \end{bmatrix}\right] \tag{8-29}$$

式中，μ_x 和 μ_y 分别为 x 和 y 的数学期望值；σ_x^2 和 σ_y^2 分别为 x 和 y 的数学期望方差；σ_{xy} 和 σ_{yx} 分别为 x 和 y 的协方差。

表 8-1　　空间数据不确定性框架体系及主要研究内容(据邬伦等，2006)

<table>
<tr><th colspan="2">空间数据的不确定性</th><th colspan="2">主要研究内容</th><th>部分主要研究方法</th></tr>
<tr><td rowspan="11">空间数据本身不确定性研究内容</td><td rowspan="3">位置数据的不确定性</td><td>数据源的不确定性</td><td>原始测量数据的不确定性(GPS、全站仪、数字测图成果不确定性)、数字地图获取(手扶跟踪数字化和扫描矢量化)以及遥感数据的不确定性</td><td rowspan="3">1. 经典误差理论以及在此基础上的空间统计理论
2. 模糊集合理论
3. 灰色理论方法
4. 熵理论
5. 神经网络理论等方法
6. 模糊仿真方法</td></tr>
<tr><td>空间数据中基本实体不确定性</td><td>点实体的不确定性、
线实体的不确定性、
面实体的不确定性、
体实体的不确定性</td></tr>
<tr><td>数据处理、空间分析过程不确定性</td><td>数据格式转换的不确定性、
缓冲区分析不确定性、
叠加分析不确定性、
其他空间分析的不确定性</td></tr>
<tr><td rowspan="3">属性数据的不确定性</td><td>属性定义的不确定性</td><td>对现实世界定义不明确、
模糊实体关系定义不确定</td><td rowspan="3">1. 目标模型和域模型
2. 概率论
3. 证据理论
4. 空间统计学
5. 模糊集合理论
6. 云理论
7. 粗集理论</td></tr>
<tr><td>数据源的不确定性</td><td>实体边界界定不确定性、
遥感数据边界提取不确定性</td></tr>
<tr><td>查询分析的不确定性</td><td>叠加分析的不确定性、
查询过程中的不确定性、
其他分析的不确定性</td></tr>
<tr><td>时域数据的不确定性</td><td>时间定义的不确定性</td><td>关于时间语义表达的模糊性带来的不确定性、
界定时间开始与结束的不确定性</td><td rowspan="2"></td></tr>
<tr><td>逻辑不确定性</td><td colspan="2">属性一致性的不确定性、
格式一致性的不确定性、
拓扑关系一致性的不确定性</td></tr>
<tr><td>数据的不完整性</td><td colspan="2">几何数据不完整性、
模型数据的不完整性</td><td></td></tr>
<tr><td>模型的不确定性</td><td colspan="2">模型选择的不确定性、
模型参数的不确定性、
模型不确定性的传播与累加</td><td>1. 总体平均可靠性评价方法
2. 模特卡罗模拟</td></tr>
<tr><td>不确定复合叠加</td><td colspan="2">属性数据不确定性对位置数据不确定性的影响，
时间变更对属性数据不确定性的影响，
时间变更对位置数据不确定性的影响，
位置与属性数据不确定性叠加，
时空不确定性叠加</td><td>缺陷率统计方法</td></tr>
</table>

续表

空间数据的不确定性		主要研究内容	部分主要研究方法
不确定性建模分析与表达	不确定性建模	数据不确定值的数据模型建立	科学计算可视化方法 GIS 可视化方法
	数据不确定性可视化表达	数据的不确定性的显示与表达，数据的不确定性可视化结果分析	
数据产品的不确定性评价	电子地图	电子地图不确定性评价	不确定性的叠加与传播
	4D 产品	DLG、DEM、DRG、DOQ 产品的不确定性评价	

同理，n 维随机矢量空间点可以通过 n 维随机矢量 $\boldsymbol{Q}_{n1}$ 来表达，且假定该点位误差服从 n 元正态分布 N_n，则有

$$\boldsymbol{Q}_{n1}=\begin{bmatrix}x_1\\x_2\\\vdots\\x_n\end{bmatrix}\sim N_n\left[\begin{bmatrix}\mu_{x_1}\\\mu_{x_2}\\\vdots\\\mu_{x_n}\end{bmatrix},\begin{bmatrix}\sigma_{x_1}^2&\sigma_{x_1x_2}&\cdots&\sigma_{x_1x_n}\\\sigma_{x_2x_1}&\sigma_{x_2}^2&\cdots&\sigma_{x_2x_n}\\\vdots&\vdots&&\vdots\\\sigma_{x_nx_1}&\sigma_{x_nx_2}&\cdots&\sigma_{x_n}^2\end{bmatrix}\right]\tag{8-30}$$

式中，μ_{x_i} 和 $\sigma_{x_i}^2$ 分别为 x_i 的数学期望值和方差；$\sigma_{x_iy_j}$ 和 $\sigma_{x_jy_i}$ 分别为 x_i 和 y_j 的协方差，这里 $i,\ j\in\{1,\ 2,\ \cdots,\ n\}$。

2)点元位置不确定模型

点实体是矢量空间数据中的基元，是构成现状实体和多边形实体的基本要素。所以，可以认为点实体的位置不确定性建模是矢量空间数据位置不确定性建模的基础。限于篇幅，本小节下面将仅对史文中(2015)提出的一维和二维空间点的位置不确定性模型进行简要介绍。

(1)空间点的位置误差模型。点目标的位置不确定性可以用误差椭圆或误差矩形这样的可能“域”来建模(史文中，2015)。相对于误差矩形或其他可能的“域”，点目标的不确定性建模中，误差椭圆模型更为常用。假定随机点 Q_{21} 为由公式(8-29)所定义的二维空间点，则有

$$f(x,\ y)=\frac{\exp\left\{\dfrac{-\left[\dfrac{(x-\mu_x)^2}{\sigma_x^2}+\dfrac{(y-\mu_y)^2}{\sigma_y^2}-\dfrac{2\rho_{xy}(x-\mu_x)(y-\mu_y)}{\sigma_x\sigma_y}\right]}{2(1-\rho_{xy}^2)}\right\}}{2\pi\sigma_x\sigma_y\sqrt{1-\rho_{xy}^2}}\tag{8-31}$$

$$E = \frac{\sqrt{\sigma_x^2 + \sigma_y^2 + \sqrt{(\sigma_x^2 - \sigma_y^2)^2 + 4\sigma_{xy}^2}}}{2}$$

$$F = \frac{\sqrt{\sigma_x^2 + \sigma_y^2 - \sqrt{(\sigma_x^2 - \sigma_y^2)^2 + 4\sigma_{xy}^2}}}{2}$$

$$\theta = \frac{1}{2}\arctan\left(\frac{2\sigma_{xy}}{\sigma_x^2 - \sigma_y^2}\right)$$

式中，$f(x, y)$ 为 Q_{21} 的概率密度函数，E 和 F 分别表示对应标准误差椭圆的长、短半轴。设点目标落入标准误差椭圆内的概率值为 P，则有

$$P(x, y \subset \Omega) = \iint_{\Omega} f(x, y)\,\mathrm{d}x\mathrm{d}y \tag{8-32}$$

这样，概率值 P 则为标准误差椭圆对应的二维误差曲面所包围空间的体积，其值随误差椭圆大小的增大而增大。

(2) 空间点的置信域模型。在置信域模型中，利用一维点元 Q_{11} 的置信区间对空间点位置的不确定性建模。例如，一个随机测量点 X 的不确定性可由式(8-28) 定义的一维点元 Q_{11} 的置信区间 J_{11} 来建模，为一个随机区间。这里，置信区间 J_{11}(史文中，2015) 可表示为

$$P(Q_{11} \in J_{11}) < 1 - \alpha \tag{8-33}$$

置信区间 J_{11} 是满足下式的点集

$$\begin{aligned} & X - a_{11} \leqslant x \leqslant X + a_{11} \\ & a_{11} = k^{\frac{1}{2}}\sigma_1, \quad k = \chi^2_{1;\alpha} \end{aligned} \tag{8-34}$$

式中，参数 k 由预先设定的置信水平 $1 - \alpha$ 确定，且可以在 χ^2 分布表中查出。

上述表明，一维空间点 Q_{11} 的置信域 J_{11} 定义为不小于预设置信水平 $1 - \alpha$ 的概率包含了点元的真实位置 ϕ_{11} 的随机区间。同理，二维空间点 Q_{21} 的置信域 J_{21} 定义为不小于预设置信水平 $1 - \alpha$ 的概率包含了点元的真实位置 ϕ_{21} 的区域，即

$$P(Q_{21} \in J_{21}) < 1 - \alpha \tag{8-35}$$

置信区间 J_{21} 由满足下式的点集$(x, y)^{\mathrm{T}}$ 构成

$$\begin{aligned} & X - a_{21} \leqslant x \leqslant X + a_{21} \\ & Y - a_{22} \leqslant y \leqslant Y + a_{22} \\ & a_{21} = k^{\frac{1}{2}}\sigma_x, \quad a_{22} = k^{\frac{1}{2}}\sigma_y, \quad k = \chi^2_{1;\frac{1+\alpha}{2}} \end{aligned} \tag{8-36}$$

8.2.3 抽样检验理论

抽样检验是建立在随机性原则基础上，按预先确定的抽样检验方案，从被检验对象的总体中随机抽取一部分样本，逐个检查或检验，根据样本的检验结果推断总体质量水平，并据此判定是否全部或部分接收产品。抽样检验方案是抽样检验实施的主要依据，是一个规定了抽样次数、样本数量和有关接收准则的具体方案。下面简要介绍抽样检验的理论方法。

1. 抽样方法

抽样是从全部产品中抽取一部分产品的过程。抽样的基本要求是要保证所抽取的样本产品对全部产品具有充分的代表性。常用的抽样方法包括简单随机抽样、系统抽样、分层抽样和整群抽样。我们对这些常用抽样方法的抽样思想和特点进行了总结，如表 8-2 所示。

表 8-2　　常用抽样方法

抽样方法	抽样思想	特点
随机抽样	从 N 个单位的总体中任意抽取 n 个单位作为样本，每个可能的样本被抽中的概率相等	1. 操作非常简便 2. 样本的代表性难以保证
系统抽样	从总体中随机抽取一个初始单位，再按照某种规则确定其他样本单位，即抽样单位按照某种规则排列	1. 经济性：操作更为简单，成本较低 2. 总体单位的排列有可能使“不合格样本”被选中为样本
分层抽样	将 N 个单位的总体划分为多个部分，在各部分中独立进行抽样	1. 可以降低总的抽样误差 2. 抽样手续与简单随机抽样相比更加繁杂
整群抽样	也称“聚类抽样”：将总体中的各个单位划分为群，再以群为单位进行抽样调查	1. 实施方便、节省经费 2. 群间差异较大往往引起抽样误差大于简单随机抽样

2. 样本量与抽样次数

理论上，全数检验比抽样检验更易判定产品送检批产品的质量水平，但需要付出的代价是繁重的检验工作量。因此，通常的产品质量管理中更多地采用抽样检验方案。抽样检验是通过送检批产品的部分样本质量来推断送检批的总体质量水平的，因此抽样检验的次数和样本量就显得尤为重要。

1）样本量估算

虽然样本量越大，抽样误差就越小，抽样结果就越能反映总体的情况，检验的精度就越高，但是所需费用也就越大。反之，当样本量过小时，样本对总体缺乏足够的代表性，从而难以保证推算结果的精确度和可靠性。因此，科学地确定合理的样本量，是抽样检验的一项非常重要的工作。通常，当送检产品批量 N 较小时，样本容量 n 的确定可依据专家经验。反之，当送检产品批量 N 较大时，需要通过科学的计算方法获取样本容量 n。科学的计算样本量 n 时，一般应该在精度和费用两个因素中加以权衡。下面介绍一种考虑精度和费用的简单随机抽样最优样本量计算方法（袁建文等，2013）。

设 c_0 表示与样本量 n 无关的固定费用，c 代表抽取单个样本的平均费用，则有抽样检验的总费用 C 为

$$C = c_0 + c \cdot n \tag{8-37}$$

另外，设 N 表示送检批量，则抽样比 k 为

$$k = \frac{n}{N} \tag{8-38}$$

若用 σ^2 表示总体方差，且选用 $V(\bar{y})$ 表示总体均值估计量的方差对比费用相同情况下的误差，精度要求以 $V(\bar{y})$ 的上限 V 的形式给出。那么，不放回的简单随机抽样总体值的抽样误差为

$$V(\bar{y}) = \frac{1-k}{n}\sigma^2 = \left(\frac{1}{n} - \frac{1}{N}\right)\sigma^2 \tag{8-39}$$

如果将误差折算为损失，则损失与误差成正比，有损失函数 $F_l(n)$ 为

$$F_l(n) = \lambda V(\bar{y}) = \lambda\left(\frac{1}{n} - \frac{1}{N}\right)\sigma^2 \tag{8-40}$$

这里，$\lambda > 0$ 为一常数。

综上可知，抽样检验总成本 $TC(n)$ 可表示为

$$\begin{aligned} TC(n) &= C(n) + F_l(n) \\ &= c_0 + c \cdot n + \lambda\left(\frac{1}{n} - \frac{1}{N}\right)\sigma^2 \end{aligned} \tag{8-41}$$

对 n 求导 $\frac{\partial TC}{\partial n} = 0$，解得

$$n' = \sqrt{\frac{\lambda\sigma^2}{c}} \tag{8-42}$$

由于此时 $TC(n)$ 取得极值，因此，n' 即为简单随机抽样在同时考虑费用和方差情况下的最优样本量。

2）抽样次数

对于抽样次数，需要根据检验结果能否明确判定送检批产品的质量水平或从样本量的角度考虑选择单次、二次或高次抽样检验。

单次抽样检验，即仅抽取一次样本判定整批是否合格的抽样检验。

二次抽样检验，也成两阶段抽样检验，是从送检批量经由一次抽样检验时，可以判定接受、拒收或第一次无法决定时再进行第二次抽样。

高次抽样检验，则是二次抽样结果依然无法决定送检批产品接受或拒收时，再次进行更多次的抽样检验。

对于产品质量较为稳定和均匀的可采用二次或多次抽样的方案，可使平均样本量下降40% ~ 70%。从降低样本量的角度来看，使用抽样方案的次数越高越好，但不是在任何情况下都可以使用高次抽样方案（叶永和，2011）。

3. 接收/拒收概率

对一批送检批产品的 N 个单位总体中随机抽取预定的 n 个单位的样本进行检验，假如检验结果中不合格的单位数小于预先规定的不合格产品限数 l，则表示送检批产品的质量

符合标准，则认定送检批产品可以接受；反之，应拒收。l 和 n 是根据产品的规格预先确定的。通常称可能被接收的概率为接收概率。由于一批送检产品的接受概率通常都与其不合格品率 p 密切相关，所以通常将接受概率记为 p 的函数 $L(p)$ 。那么，如果用横轴表示不合格率 p，纵轴表示接受概率 $L(p)$ ，则二者之间的函数关系可表示为一个直角坐标系中的曲线，即抽样检验特性曲线(简称 OC 曲线)。理想的情况下，一批送检产品的 OC 曲线应如图 8-4 所示，它可以说是全数检验的 OC 曲线。

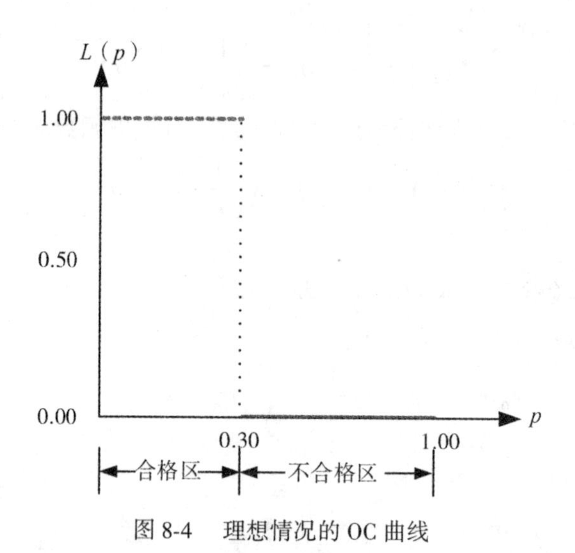

图 8-4　理想情况的 OC 曲线

（来源：http：//wenku. baidu. com/view/61d36956f02d2af90242a8956beco975f465a4d7. html）

然而，在实际中并非如理想情况一样完美。既然是抽样检验，任何送检批产品，在某一不合格率下，总是或多或少有接受不合格产品或拒收合格产品的概率。这里假设给定抽样方案$(N；n，l)$，则抽检样品中出现数量为 d 的不合格产品的概率 p 为

$$p(d) = \frac{l_D^d l_{N-D}^{n-d}}{l_N^n} \tag{8-43}$$

这里，送检批产品中不合格总数 $D = N \cdot p$。那么，对于随机样本数 n，不合格产品数 d 不大于限值 l 的概率 $L(p)$ 为

$$L(p) = \sum_{d=0}^{l} \frac{l_D^d l_{N-D}^{n-d}}{l_N^n} \tag{8-44}$$

关于接受概率或批合格率 $L(p)$ 的计算，可以分以下两种情况(魏克让等，2003)。当 $N \geqslant 10n$ 时，可用二项分布近似计算，则

$$L(p) = \sum_{d=0}^{l} l_n^d p^d \ (1 - p)^{n-d} \tag{8-45}$$

当 $N \geqslant 10n$，且 $p \leqslant 0.1$ 时，也可用泊松分布近似计算接受概率，则有

$$L(p) = \sum_{d=0}^{l} \frac{(np)^d}{d!} \mathrm{e}^{-np} \tag{8-46}$$

例如，某一送检批量共1000件产品，若发现其中有1件或1件以下不良品时，才接受送验。那么，批量 $N=1000$，分别抽样100件、25件、10件和5件时，反映不合格率 p 和接受概率 $L(p)$ 之间的函数关系的OC曲线如图8-5所示。

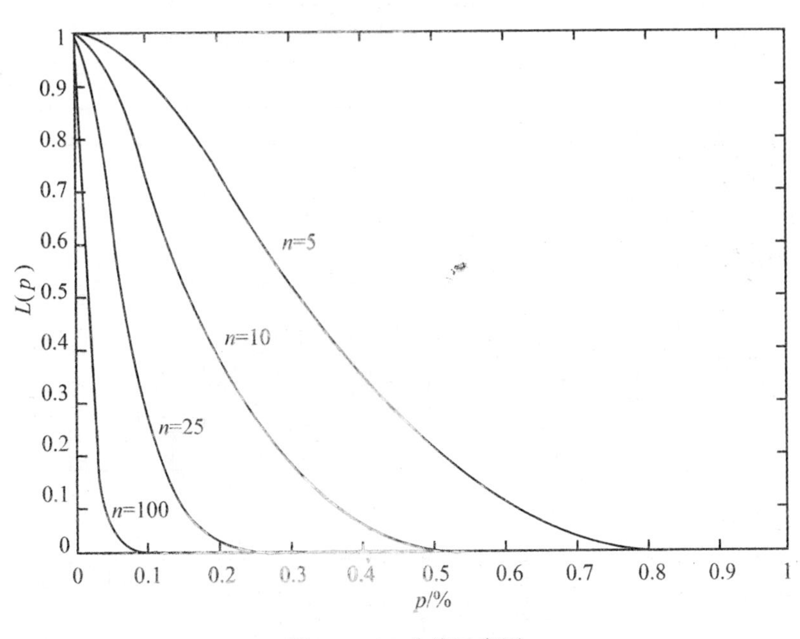

图8-5 OC曲线示意图

8.3 空间数据质量标准

在空间数据库系统中，标准提供数据、应用和用户之间的接口一致性。标准在数据库中的使用将确保生成的数据质量、数据的可访问性、互操作性以及对空间数据进行有效管理。空间数据质量标准是生产、使用和评价空间数据的依据。空间数据质量标准的建立必须考虑数据产生的全过程，并综合考虑数据情况、位置精度、属性精度、时间精度、逻辑一致性、数据完整性及表达形式的合理性等内容。具体而言，空间数据质量标准需要考虑以下几个方面的内容(史文中，2005)。

(1)空间数据的来源，包括空间数据的来源、内容及处理过程等。

(2)空间数据的精确性，主要指体现在空间数据的位置、属性、时间和语义等方面的质量信息。

位置精度，指空间数据库中的位置信息相对现实世界空间位置的接近程度。

属性精度，指空间数据库中的信息相对于实际空间属性的正确表达程度，即空间实体的属性值与其现实世界真实值的相符程度。

时间精度，指空间数据库中的事件时间与现实世界中真实事件时间的差异程度，主要指的是数据的现势性，一般通过数据的采集时间、数据的更新时间以及更新频率来表现。

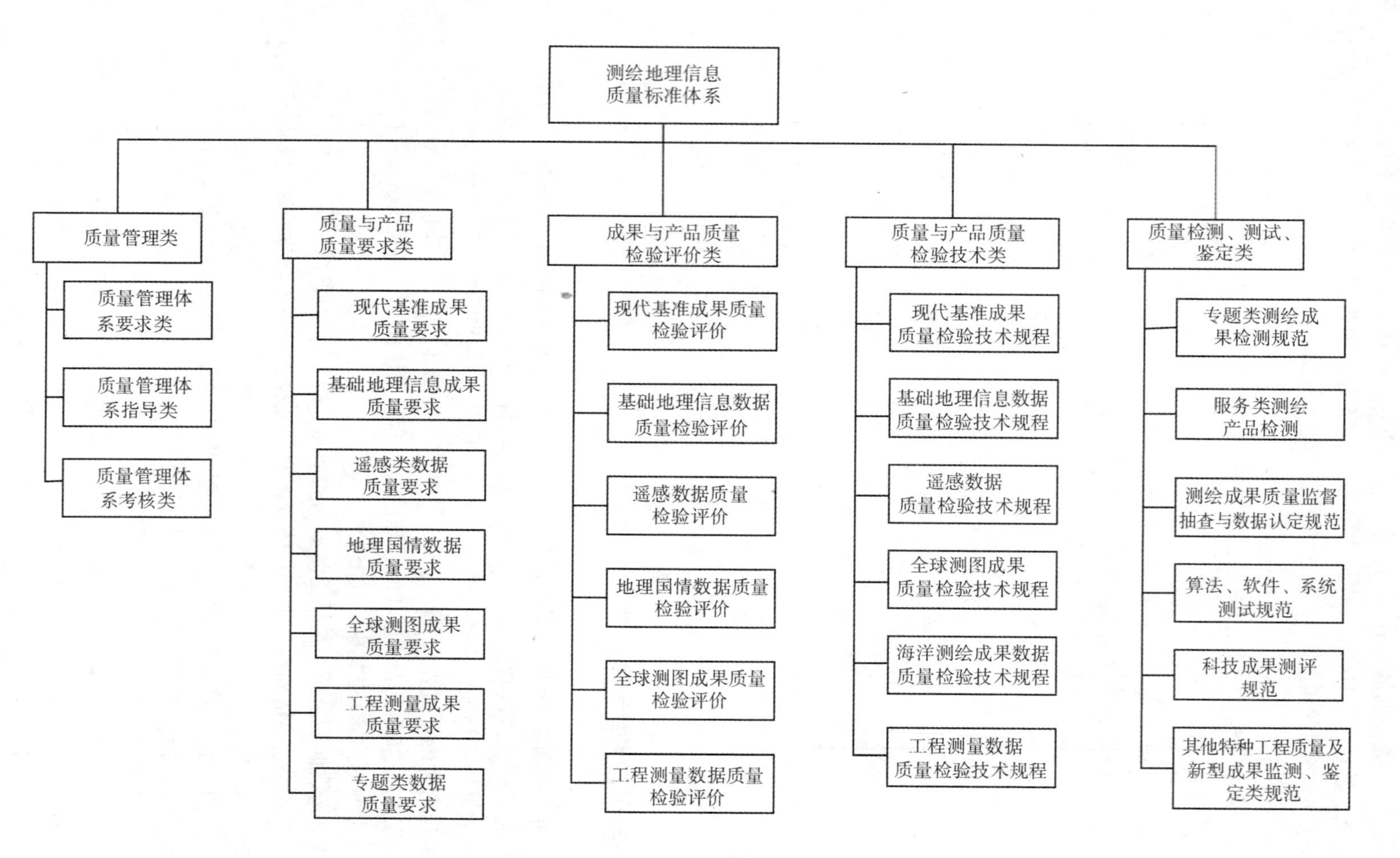

图8-6　测绘地理信息质量标准体系（据张鹤，2018）

语义精度，指图形、关系或属性序列的语义正确性。

(3)空间数据的完整性，指空间数据集是否完整表达了期望表达的实体，例如，是否所有的等级道路都包含在道路数据集中。

(4)逻辑一致性，指空间数据库中的数据是否为逻辑一致的，也指地理数据关系上的可靠性。逻辑一致性包括数据结构、数据内容、空间属性、专题属性以及拓扑性质上的内在一致性。

(5)数据有效性，数据是否具有实际意义。

(6)数据唯一性，数据记录与特征信息是否存在一一对应关系。

(7)空间数据可用性，可用性通常是从时间性、可得性和满意度3个方面来描述数据的质量。其中，时间性主要描述空间数据的现势性和稳定性；可得性主要是对空间数据的来源、版权和使用期限的描述；满意度则是指数据使用者对数据的满意程度、数据表示是否清晰易懂、数据能否动态扩充等。

(8)表达形式的合理性，主要指数据抽象、数据表达与真实地理世界的吻合性，包括空间特征、专题特征和时间特征表达的合理性等。

目前，世界上已建立了一些数据质量标准，如美国FGDC的质量标准等。在我国也建立了完整的测绘地理信息质量标准体系，如图8-6所示，为空间数据生产、管理和使用的质量提供了很好的保障。

8.4　空间数据质量检查

质量检查是空间数据质量控制的第一个阶段，其目的是查找并记录存在于空间数据中的错误信息。

8.4.1　质检基本流程

空间数据成果验收中，质量检查的基本流程如图8-7所示。

在进行空间数据质量检查时，批成果通常需要由同一技术设计书指导下生产的同等级、同规格单位成果汇集而成。生产量较大时，可根据生产时间的不同、作业方法不同或作业单位不同等条件分别组成批成果，实施分批检验。

抽样是依据一定的抽样方法从组成批成果中抽取一部分数量的产品作为检查的对象。包括样本量的确定和样本的抽取。抽样方法的选取和样本量的确定见本章8.2.3小节。

首先由同一技术设计书指导下生产的同等级、同规格单位成果汇集得到批成果，根据数据量确定合适的样本量。

样本的检查包括详查和概查。其中，详查是对样本中单位产品质量要求的所有检查项的检查。而概查是对样本外单位产品根据需要，针对详查中发现的普遍性、倾向性问题进行检查。

单位成果质量评定，统计单位成果的质量分数，并按技术设计方案规定的质量等级标准对单位成果做出合格与不合格的评定。

批成果质量判定，统计样本中出现的合格与不合格单位成果数量，并按一定的标准

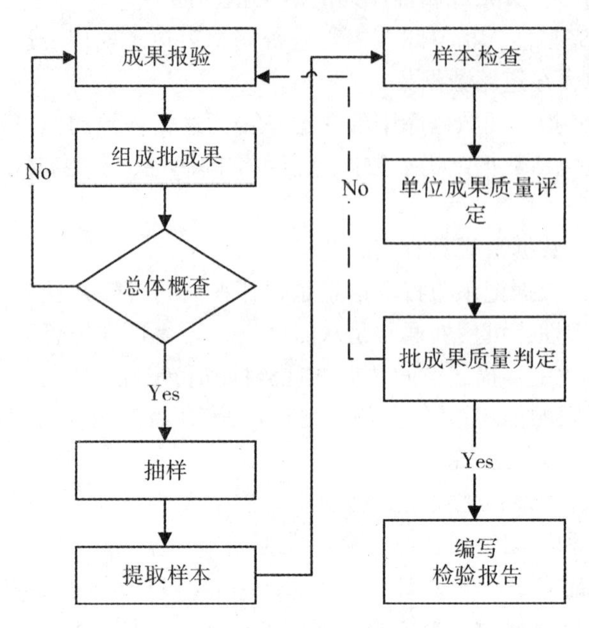

图 8-7　空间数据质量检查基本流程(据张鹤, 2018)

(如《测绘成果质量检查与验收》GB/T 24356—2009)的规定。判定该检验批的合格与不合格。

8.4.2　检查内容与方法

空间数据质量检查是根据一定的空间数据质量元素检查空间数据的质量问题，是空间数据质量标准的重要内容之一。空间数据质量元素是指记录数据集质量的定量成分，数据质量由数据质量元素来描述。按照质量特性的详细程度，空间数据的质量元素由若干质量子元素定义，而空间数据质量的每个子元素又可能由若干个具体检查项构成。这样，空间数据质量元素和具体检查项就形成了一个由粗到细的质量检查层次结构，如图 8-8 所示。

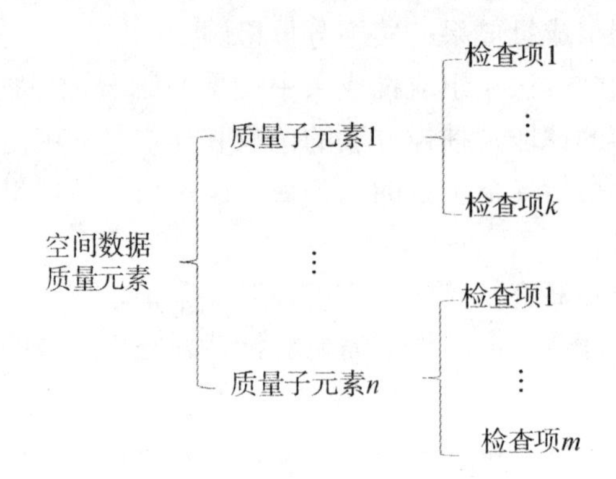

图 8-8　空间数据质量元素划分

在国家标准《地理信息质量原则》(GB/T 21337—2008)中将空间数据的质量元素分成量化元素和非量化元素两种情况。数据质量量化元素说明数据集质量的量化组成部分，而数据质量非量化元素则是对数据集质量的非量化组成部分的说明。数据质量的子元素也有量化和非量化子元素之分。详细信息归纳如表8-3所示。

表8-3 **空间数据质量元素(GB/T 21337—2008)**

空间数据质量元素		空间数据质量子元素	描　述
质量量化元素	完整性	多余	数据集中含有多余的数据
		遗漏	数据集中缺少该包含的数据
	逻辑一致性	概念一致性	对概念模式规则的遵循程度
		域一致性	值对阈值的符合情况
		格式一致性	数据存储符合数据集物理结构的程度
		拓扑一致性	数据集拓扑特征现实编码的正确性
	位置准确度	绝对或外部准确度	数据中的坐标值与可接受值或真值的接近程度
		相对或内部准确度	数据集中要素的相对位置与各自可接受的或真实的相对位置的接近程度
		格网数据位置准确度	格网数据位置值与可接受值或真值的接近程度
	时间准确度	时间度量准确度	一个检验单元时间参照的正确性
		时间一致性	有序的事件或顺序的正确性
		时间有效性	与时间有关的数据的有效性
	专题准确度	分类正确性	赋给要素或其属性的类型与论域的比较
		非量化属性正确性	非量化属性的正确性
		量化属性准确度	量化属性的准确度
质量非量化元素	目的	说明建立数据集的原因和数据集的预期用途	
	使用情况	说明数据集已经实现的实际应用	
	数据志	描述数据集的历史，叙述数据集从采集或获取、编辑和派生，直到其当前状况的生命周期	

在实际中，质量检查根据质量元素的内容分为空间参考系、位置精度、属性精度、完整性、逻辑一致性、时间精度、影像/栅格质量精度、表征质量、附件质量9项内容。图8-9为9项质量元素及其质量子元素和对应的检查项构成图。

下面对图8-9所示的空间数据质量元素、质量子元素、检查项和通常采用的质量检查方法逐一进行详细介绍。

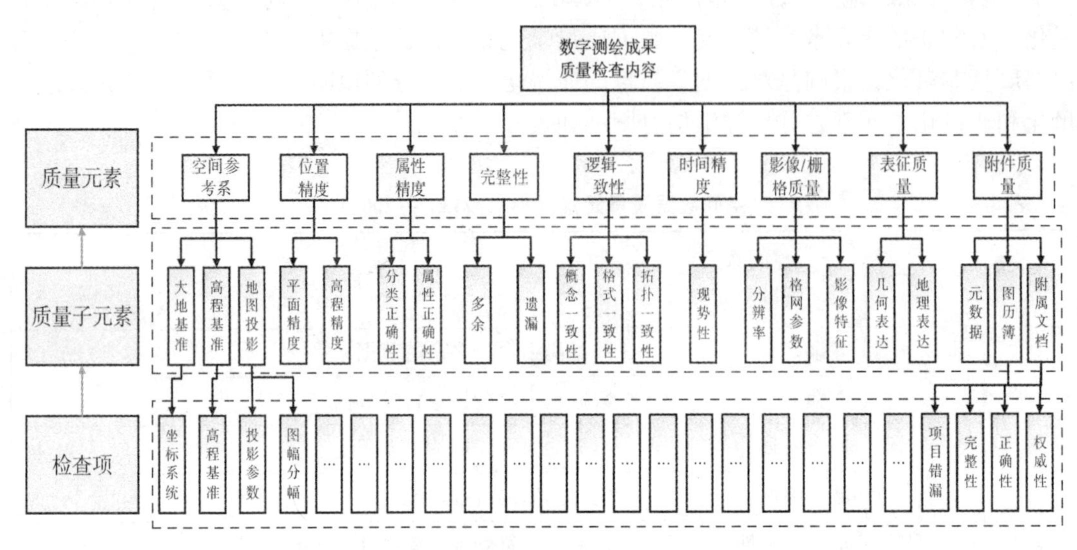

图 8-9　数字测绘成果质检内容(据张鹤，2018)

1. 空间参考系

空间参考系质量元素，指空间参考系使用的正确性，包括大地基准、高程基准和地图投影 3 个质量子元素。它们的检查项分别如下。

(1)大地基准，检查项为坐标系统，检查坐标系统是否符合要求。

(2)高程基准，主要检查高程基准是否符合要求。

(3)地图投影，包括投影参数和图幅分幅两个检查项。投影参数检查项主要检查地图投影各参数是否符合要求；图幅分幅检查项主要检查图廓角点坐标、内图廓线坐标、公里网线坐标是否符合要求。

对空间参考系质量元素进行检查的检查方法包括内部检查和符合性判定两种方法：

(1)内部检查法，主要检查被检数据的内在特性。

(2)符合性判定法，对设定的检查项，进行符合与不符合两级判定的方法。

2. 位置精度

这一质量元素主要用于检查矢量要素位置的准确程度，包括平面精度和高程精度两个质量子元素，各自的质量检查项分别如下。

(1)平面精度，检查项包括平面位置中误差、控制点坐标、几何位移、矢量接边、影像接边和纠正配准等。

(2)高程精度，主要检查项包括等高距、控制点高程、高程中误差、等高线高程中误差、高程注记点高程中误差、套合差、同名格网点高程值。

对于位置精度各质量元素各检查项的检查，通常采用的方法有 3 种。

(1)内部检查法，检查被检数据的内在特性。

(2)野外实测法，高精度检测、同精度检测。

(3)野外核查法，进行野外核查，检查成果的差、错、漏等。在对比中应考虑因野外检查与成果生产的时间因素造成的差异。

3. 属性精度

属性精度质量元素用于检查要素属性值的准确程度、正确性，包括分类正确性和属性正确性两个质量子元素。它们各自的质量检查项分别如下。

(1)分类正确性，检查项包括分类代码值错漏、分类代码值接边检查和影像解译分类。

(2)属性正确性，主要检查项包括属性值的错漏和属性接边检查。

对属性精度各检查项的具体检查方法有 3 种。

(1)内部检查法，检查被检数据的内在特性。

(2)参考数据比对法，与专题数据、生产中使用的原始数据等相关参考数据进行对比，检查被检数据与参考数据的遗漏及差值。在对比中应考虑参考数据与被检数据由于生产时间的差异、综合取舍的差异造成的偏差。

(3)野外核查法，进行野外核查，检查成果的差、错、漏等。在比对中应考虑因野外检查与成果生产的时间因素造成的差异。

4. 完整性

完整性质量元素用于检查要素的多余、遗漏情况，包括多余和遗漏两个质量子元素。它们各自的质量检查项分别如下。

(1)要素多余，检查要素多余的个数，包括非本层要素，即要素放错层。

(2)要素遗漏，检查是否缺少应该包含的要素。

完整性各检查项的检查方法通常包括 3 种。

(1)内部检查法：检查被检数据的内在特性。

(2)参考数据比对法：与专题数据、生产中使用的原始数据等相关参考数据进行对比，检查被检数据与参考数据的遗漏及差值。在对比中应考虑参考数据与被检数据由于生产时间的差异、综合取舍的差异造成的偏差。

(3)野外核查法：进行野外核查，检查成果的差、错、漏等。在对比中应考虑因野外检查与成果生产的时间因素造成的差异。

5. 逻辑一致性

逻辑一致性是反映数据结构、属性及关系的逻辑规则的遵循程度的质量元素，包括概念一致性、格式一致性和拓扑一致性 3 个质量子元素。它们各自的检查项及描述如下。

(1)概念一致性，检查项包括属性项和数据集的检查。其中，属性项主要检查属性项定义是否符合要求；而数据集主要检查数据集(层)的定义是否符合要求。

(2)格式一致性，检查项包括数据归档、数据格式、数据文件、文件命名等。

(3)拓扑一致性，检查项有拓扑关系和拓扑错误两种情况的检查。其中，拓扑关系主要检查拓扑关系定义是否符合要求；而拓扑错误主要检查重合、重复、相接、连续、闭合、打断等拓扑错误现象。

从具体检查方法上来讲，逻辑一致性的检查方法通常有以下3种。

(1)内部检查法：检查被检数据的内在特性。

(2)符合性判定法：对设定的检查项，进行符合与不符合两级判定的方法。

(3)查阅记录、询问交流：通过查阅有关文件、质量控制记录以及人员询问的方式进行检查。

6. 时间精度

时间精度是反映要素时间属性和时间关系的准确程度的质量元素，现势性是时间精度质量元素的质量子元素。它通过原始资料的现势性和成果数据的现势性两个检查项进行检查。具体的检查方法包括以下3种。

(1)内部检查法：检查被检数据的内在特性。

(2)参考数据比对法：与专题数据、生产中使用的原始数据等相关参考数据进行对比，检查被检数据与参考数据的遗漏及差值。在对比中应考虑参考数据与被检数据由于生产时间的差异、综合取舍的差异造成的偏差。

(3)野外核查法：进行野外核查，检查成果的差、错、漏等。在对比中应考虑因野外检查与成果生产的时间因素造成的差异。

7. 影像质量

影像质量指代表影像、栅格数据与要求的符合程度的质量元素，包括分辨率、格网参数和影像特征3个质量子元素。它们各种的检查项分别如下。

(1)分辨率，检查项包括地面分辨率和扫描分辨率。

(2)格网参数，检查项包括格网尺寸、格网/图幅范围。

(3)影像特征，检查项包括色彩模式、色彩特征、影像噪音、信息丢失、RGB值、杂色面积等。

具体的检查方法通常有2种。

(1)内部检查法：检查被检数据的内在特性。

(2)符合性判定法：对设定的检查项，进行符合与不符合两级判定的方法。

8. 表征质量

该质量元素是对几何形态、地理形态、图式及设计的符合程度的检查。其质量子元素及检查项如表8-4所示。

对表征质量的检查，通常有以下几种检查方法。

(1)内部检查法：检查被检数据的内在特性。

(2)参考数据比对法：与专题数据、生产中使用的原始数据等相关参考数据进行对比，检查被检数据与参考数据的遗漏及差值。在对比中应考虑参考数据与被检数据由于生产时间的差异、综合取舍的差异造成的偏差。

表 8-4　　**表征质量质量子元素及检查项**

质量元素	质量子元素	检查项
表征质量	几何表达	几何类型：点、线、面表达
		几何异常：极小面、极短线、回头线、自相交、抖动等
	地理表达	要素取舍、图像概括、要素关系、方向特征
	符号	符号规格、符号配置
	注记	注记规格、注记内容、注记配置
	整饰	内图廓外整饰、内图廓线、公里网线、经纬网线

9. 附件质量

附件质量元素反映各类附件的完整性、准确程度。其质量子元素和检查项如表 8-5 所示。

表 8-5　　**附 件 质 量**

质量元素	质量子元素	检查项
附件质量	元数据	项错漏
		内容错漏
	图历簿	内容错漏
	附属文档	完整性
		正确性
		权威性

对附件质量的检查，通常有以下两种检查方法。

(1)内部检查法：检查被检数据的内在特性。

(2)符合性判定法：对设定的检查项，进行符合与不符合两级判定的方法。

8.5　空间数据质量控制与评价

8.5.1　质量控制流程

在我国测绘地理信息数据的质量控制中，通常遵循“两级检查，一级验收”的基本要求。各级检查验收工作应独立、按顺序进行，不得省略、代替或颠倒顺序，如图 8-10 所示。

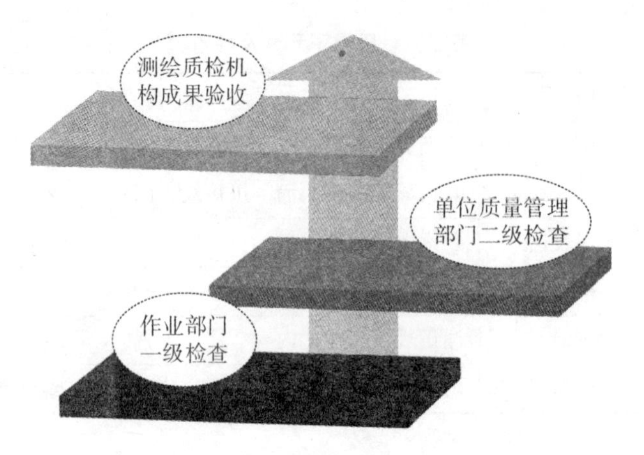

图 8-10　空间数据质量检查层次(据张鹤，2018)

其中，一级检查属于过程检查，一般由作业部门执行。其具体检查要求包括：

(1)全数检查，一级检查需要逐单位成果进行详查，但并不作单位成果质量的评定；

(2)检查出的问题、错误，复查的结果应在检查记录中记录；

(3)经过程检查未达到质量指标要求的，成果资料应全部退回处理；

(4)过程检查提出的质量问题，作业人员应认真修改，修改后应在检查记录上签字；

(5)对于检查出的错误修改后应复查，直至检查无误为止，方可提交最终检查；

(6)过程检查的检查记录随成果资料一并提交最终检查部门。

二级检查为最终检查，需要在过程检查(一级检查)后由质量管理部门实施最终检查，具体要求包括：

(1)一般采用全数检查，涉及野外检查项的可采用抽样检查，样本以外的应实施内业全数检查；

(2)最终检查应审核过程检查记录；

(3)检查出的问题、错误，复查的结果应在检查记录中记录；

(4)最终检查提出的质量问题，任务作业单位应认真组织全面修改；

(5)最终检查不合格的单位成果退回处理，处理后再进行最终检查，直至检查合格为止；

(6)最终检查合格的单位成果，对于检查出的错误修改后经复查无误，方可提交验收；

(7)最终检查完成后，评定单位成果质量等级，编写检查报告，随成果一并提交验收。

按照我国现行的质量控制方法，成果验收一般由测绘质检机构进行。成果验收一般在成果经最终检查合格后进行。成果验收的具体内容包括：

(1)验收样本内的单位成果逐一详查，样本外的单位成果根据需要进行概查；

(2)在检查记录中记录检查出的问题、错误，复查的结果；

(3)验收应审核最终检查记录及报告；

(4)验收不合格的批成果退回处理，并重新提交验收，重新验收时，重新抽样；

(5)验收合格的成果，应对检查出的错误进行修改，并通过复查核实；

(6)验收工作完成后，编写检验报告。

8.5.2 质量控制措施

1. 元数据方法

数据集的元数据中包含了大量的有关数据质量的信息，通过它可以检查数据质量，了解数据质量的状况和变化。

2. 传统的手工方法

将数字化数据与数据源进行比较，图形部分的检查包括目视方法、绘制到透明图上与原图叠加比较，属性部分的检查采用与原属性逐个对比或其他比较方法。

3. 地理相关法

用空间数据的地理特征要素自身的相关性来分析数据的质量。

4. 空间数据质量控制模型

1)基于对象的空间数据质量控制模型

点是矢量对象的基元，由于获取方法的局限性，点的坐标值存在误差(可能是随机误差、系统误差，甚至是粗差)，且会传播，如传播给多边形的面积。可以利用最小二乘平差数据处理方法来处理面积值的计算误差。

2)基于场的空间数据质量控制

卫星可以提供地球表面的遥感影像，但由于受到地形变化、成像过程中卫星传感器的姿态，以及其他一些因素的影响，卫星影像中必然存在误差。在实际应用中需要对获得的卫星影像进行校正以提供高精度的影像数据。

8.5.3 质量评价

质量评价是对数据质量进行评估的方法和过程。具体来说，是指根据确定的目的，对评价对象的属性进行分析和预测，并按照一定的标准、参数和方法将这种属性变为客观定量的计算或者主观效用的评估测定行为(朱蕊等，2018)。质量评价本质上是对评价对象进行价值判断的过程，其目的是量化地描述评价对象的整体水平或效用，揭示其价值和发展规律(蒋景瞳等，2008)。

1. 质量评价流程

空间数据集是一种数据产品，通常由多个数据集组成。质量评价需要在对各个数据集检查评价的基础上，对数据产品进行综合评价。质量检查评价一般需要经过制定验收方案、确定检查内容和方法、实施检查和评价 4 个阶段(图 8-11)。

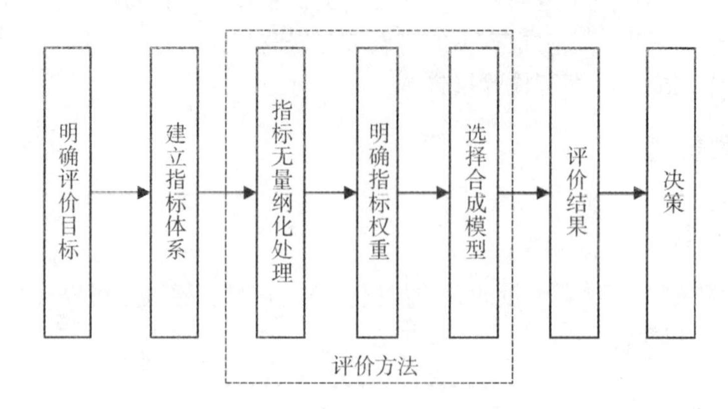

图 8-11　质量评价流程(据朱蕊等，2018)

2. 质量评价体系

根据我国《数字测绘成果质量检查与验收标准》(GB/T 18316—2008)，可以发现，我国空间数据的质量评价体系包括对空间数据质量元素、质量子元素、检查项 3 层评价体系(详见本章 8.4.2 节)。不同的质量元素的评价方式不同，但概括起来主要有两大类：符合性评价和错漏百分比评价。少数几个评价指标(例如，位置精度质量子元素中的平面位置、影像接边、高程注记点高程中误差、等高线高程中误差、高程中误差等)采用中误差进行评价，如图 8-12 所示。

在空间数据质量评价中，当质量元素的检查项出现检查结果不满足合格条件时，不计分，对满足条件的检查项则按计分要求计分。

对于单位成果的质量评定，则根据质量元素分值，按照公式(8-47)评定单位成果质量分值(GB/T 18316—2008)。

$$S = \min(S_i)\,,\ i = 1,\ 2,\ \cdots,\ n \tag{8-47}$$

式中，S 表示单位成果质量得分值；S_i 表示第 i 个质量元素的得分值；函数 $\min(\cdot)$ 表示取最小值；n 为质量元素的总数。

3. 质量评价方法

根据评价过程是否需要进行信息对比，可以将数据质量评价方法分为直接评价法和间接评价法两类。直接法将待评价空间数据与参照信息进行对比，以确定数据的质量等级。而间接法则是根据一些说明信息，例如，数据志等推断待评估数据的质量水平。直接法根据所采用的参照信息源进一步分为内部与外部两种方法(蒋景瞳等，2008)，如图 8-13 所示。内部评价方法的待评价数据和所使用的参照数据都是被评价数据集内部的。相反，外部评价法使用的参照数据来自待评价数据集之外。

直接评价方法是通过对数据集抽样并将抽样数据与各项参考信息(评价指标)进行比较，最后统计得出数据质量结果(朱庆等，2004)。

间接评价法是一种基于外部知识的数据质量评价方法。例如，通过误差传播的数据模

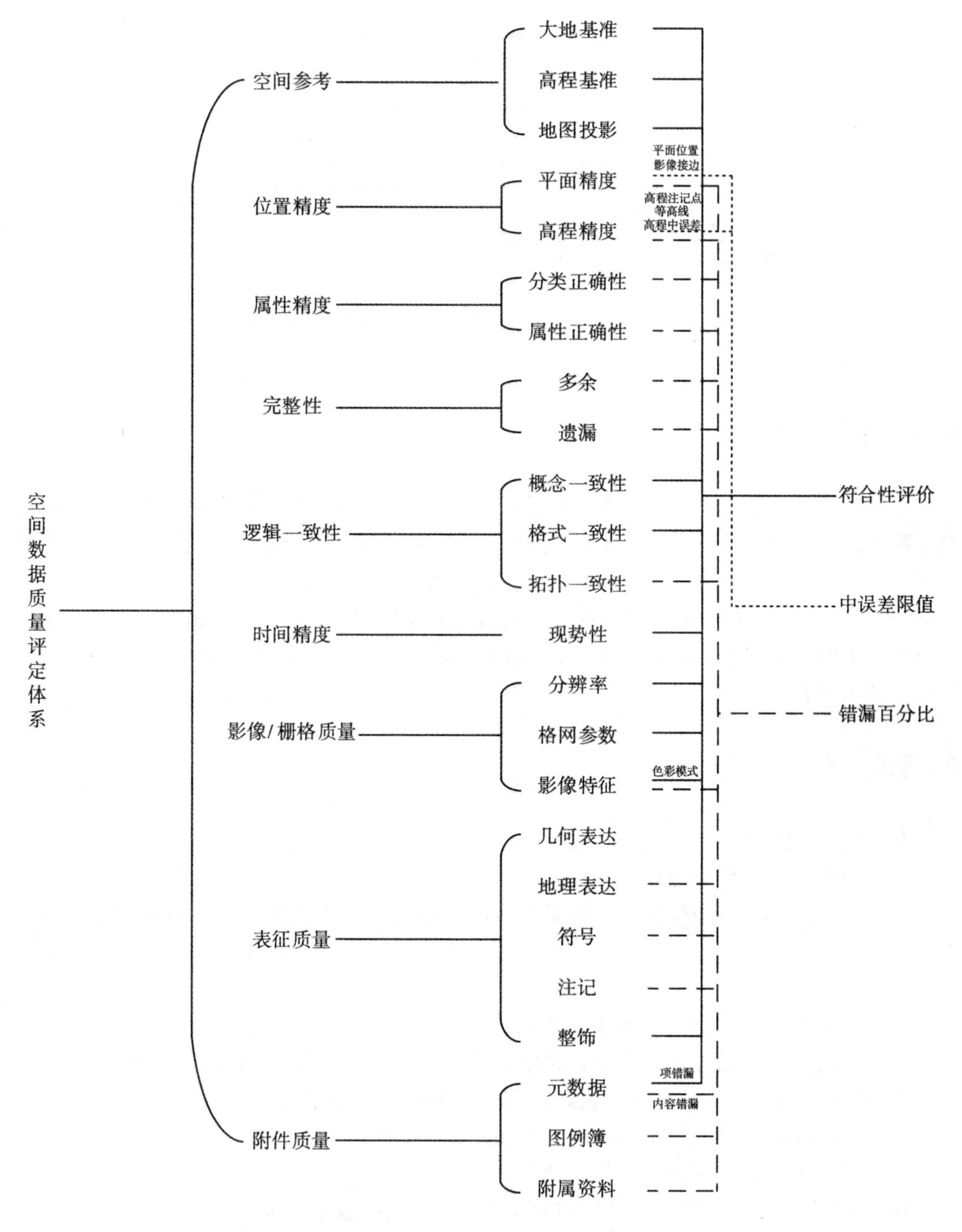

图 8-12　空间数据质量评价体系

型来计算数据质量。这种利用外部知识从已经知道的数据的质量来计算或推断未知的数据质量，在实践中还存在较大的难度。因此，间接评价法仅在直接评价法不能使用时推荐采用(蒋景瞳等，2008)。

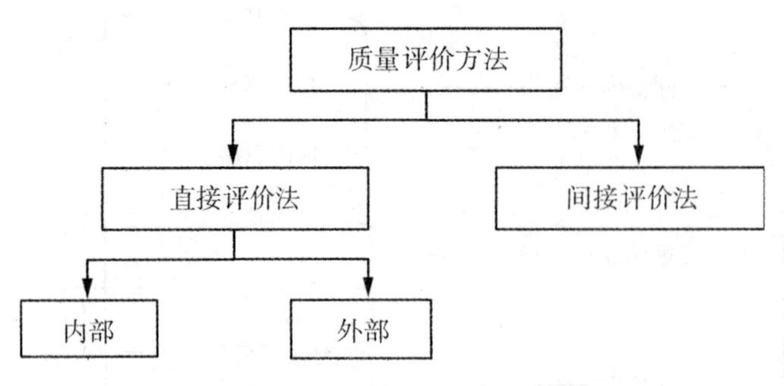

图 8-13　空间数据质量评价方法(据蒋景瞳，2008)

8.6　本章小结

空间数据质量是空间数据管理的重要内容之一。空间数据质量控制的目的是保证空间数据库中的空间数据及空间数据库向空间信息应用提供的数据满足用户对数据质量指标的要求。本章首先在简要介绍空间数据质量相关的概念的基础上，讨论了空间数据质量控制的有关理论。并从空间数据质量标准，空间数据质量检查内容、方法和流程，空间数据的质量控制措施，空间数据质量评价体系和评价方法等多个方面介绍了空间数据质量管理的内容、技术和方法。

思考题

1. 简述空间数据质量及其重要性。
2. 空间数据质量问题的成因是什么？
3. 什么是空间数据质量控制？质量控制的一般过程是什么？空间数据质量控制措施有哪些？
4. 什么是误差和不确定性？二者的区别是什么？
5. 空间数据的不确定性有哪些表现？
6. 什么是空间数据抽样？在什么时候会采用抽样技术？抽样的目的是什么？
7. 空间数据质量检查中抽样的数量多少如何确定？多少合适？
8. 空间数据质量检查包括哪些内容？如何进行检查？
9. 建立空间数据质量标准有什么意义？
10. 什么是空间数据质量评价？通常应如何评价空间数据质量？

参考文献

Morando F, Iemma R, Torchiano M, et al. Open data quality measurement framework: definition and application to open government data[J]. Government Information Quarterly, 2016,

33(2), 325-337.

赵军喜，刘宏林. 研究空间数据质量的常用理论和方法[M]. 地图，2001 (4)：16-18.

魏克让，江聪世. 空间数据的误差处理[M]. 北京：科学出版社，2003.

袁建文，李科研. 关于样本量计算方法的比较研究[J]. 统计与决策，2013(1)：22-25.

叶永和. 也谈产品抽样检验的方法及应用[J]. 质量与认证，2011 (4)：50-52.

邬伦，承继成，史文中. 地理信息系统数据的不确定性问题[J]. 测绘科学，2006，31(5)：13-17.

李坤. 常用抽样方法概述[J]. 市场研究，2012 (11)：38-39.

刘大杰，刘春. GIS 数字产品质量抽样检验方案探讨[J]. 武汉大学学报(信息科学版)，2000，25(4)：348-352.

刘勍. GIS 矢量数据质量控制技术研究[D]. 南京：东南大学，2008.

李诺夫. GIS 数据质量控制方法探讨[J]. 测绘通报，2011 (8)：66-68.

柏延臣，王劲峰. 遥感信息的不确定性研究——分类与尺度效应模型[M]. 北京：地质出版社，2003.

史文中. 空间数据与空间分析不确定性原理[M]. 2 版. 北京：科学出版社，2015.

史文中. 空间数据与空间分析不确定性原理[M]. 北京：科学出版社，2005.

李建松. 地理信息系统原理[M]. 武汉：武汉大学出版社，2006.

茆诗松，汤银才，王玲玲. 可靠性统计[M]. 北京：高等教育出版社，2008.

李志林. 空间数据的关注问题：从质量到可用性[J]. 地理信息世界，2006，4(3)：14-17.

朱蕊，孙群，赵国成. 基于生产过程的矢量空间数据质量控制研究[J]. 测绘与空间地理信息，2018，41 (8)：18-21，30.

蒋景瞳，刘若梅，贾云鹏，等. 地理信息数据质量的概念、评价和表述——地理信息数据质量控制国家标准核心内容浅析[J]. 地理信息世界，2008，6(2)：5-10.

Chrisman N R. The error component in spatial data[M]//Maguire D J, Goodchild M F, Rhind D W. Geographical Information Systems Principles and Applications. Halow：Longman Scientific & Technical, 1991：165-174.

Goodchild M, Guoqing S, Shiren Y. Development and test of an error model for categorical data[J]. International Journal of Geographical Information Systems, 1992, 6(2)：87-103.

葛咏，王劲峰，梁怡，等. 遥感信息不确定性研究[J]. 遥感学报，2004，8(4)：339-348.

张鹤. 测绘地理信息工程和产品质量控制与检验的内容、方法与实践[R]. 2018.

朱庆，陈松林，黄铎. 关于空间数据质量标准的若干问题[J]. 武汉大学学报(信息科学版)，2004，29(10)：863-867.

中华人民共和国国家质量监督检验检疫总局，中国国家标准化管理委员会. GB/T 18316—2008 数字测绘成果质量检查与验收[S]. 北京：中国标准出版社，2008.

中华人民共和国国家质量监督检验检疫总局，中国国家标准化管理委员会. GB/T 24356—2009 测绘成果质量检查与验收[S]. 北京：中国标准出版社，2009.

中华人民共和国国家质量监督检验检疫总局，中国国家标准化管理委员会. GB/T 21337—2008 地理信息质量原则[S]. 北京：中国标准出版社，2008.

卫启云，冯曼琳，王伟. 空间数据质量评价模型和方法研究[J]. 地理信息世界，2015，22(4)：76-80.

第9章 时空数据挖掘

时空空间数据库系统最初的目的主要是对时空数据进行管理。因此，讨论的重点是时空数据结构、高效访问、完整性管理和数据库事务处理。但是以时空数据管理为目的的系统在数据分析上的功能一般比较弱，很难支持知识的提取和决策制定。然而，时空数据库系统和主流数据库技术集成使其在决策支持中的价值日益提升。本章介绍与时空数据库中知识发现有关的时空数据挖掘的概念、原理和方法的综述，重点讨论时空数据聚类的概念、原理、技术和应用。

9.1 数据仓库

9.1.1 从数据库到数据仓库

数据库通常情况下被认为是相互关联数据的集合。数据库系统能够很好地用于事务处理，但它对分析处理的支持一直不能令人满意。特别是当有业务处理为主的联机事务处理(On-line Transaction Processing，OLTP) 应用和以分析处理为主的决策支持系统(Decision Support System，DSS)应用共存于一个数据库系统时，就会产生许多问题。这主要是因为，支持事务处理应用的一般是当前数据，比较注重于较短的响应时间。而分析处理应用需要历史的、综合的、集成的数据支持，且分析处理过程可能持续几个小时或更长，并消耗大量的系统资源。

20世纪90年代初期，W. H. Inmon在*Building the Data Warehouse*一书中首次提出了数据仓库的概念，W. H. Inmon定义的数据仓库是一种"面向主题的、集成的、稳定的、随时间变化的数据集合，主要用于支持经营管理中的决策过程"。而统计分析系统(Statistical Analysis System，SAS)软件研究所对数据仓库的观点为"一种旨在通过通畅、合理、全面的信息管理，达到有效的决策支持"。

可以发现，数据仓库系统是一个面向业务或主题的，可为用户提供从数据中获取信息和知识的手段的信息平台。数据仓库可为决策提供支持服务。从功能结构划分，数据仓库系统至少应该包含数据获取(data acquisition)、数据存储(data storage)、数据访问(data access)3个关键部分。其中，数据的存储和管理是数据仓库关键中的关键，是整个数据仓库系统的核心。而数据库主要服务于事务处理，是整个数据仓库环境的核心，是数据存放的地方和提供对数据检索的支持。

数据仓库通过一致的命名规则、度量规则、物理属性和语义来集成事务性系统数据。数据仓库系统同时提供了许多工具来辅助进行数据分析，其中包括报表生成器、联机分析处理(Online Analytical Processing，OLAP)以及数据挖掘工具(Data Mining)等。

9.1.2　数据仓库的基本特征

W. H. Inmon 定义的数据仓库是一种“面向主题的、集成的、稳定的、具有时间序列特征的数据集合”。对于这样一个用于支持管理中决策制定的过程的数据仓库，归纳起来，数据仓库的主要特征包括以下几个方面(王孝成，2002)。

1. 数据仓库是面向主题的

数据仓库中的数据是按照一定的主题域进行组织。主题是一个抽象的概念，是在较高的层次上对数据的综合、归类和分析利用，是指用户使用数据仓库进行决策时所关心的重点方面，一个主题通常与多个操作型信息系统相关。

2. 数据仓库是集成的

数据仓库对来自于分散的各种系统的操作型数据进行重新组织和集中存储。数据仓库将所需数据从原数据中抽取出来，进行加工与集成，统一与综合之后，为决策分析提供高质量的数据源。

3. 数据具有时间序列特征

传统的关系数据库系统比较适合处理格式化的数据，能够较好地满足商务处理的需求。稳定的数据以只读格式保存，且不随时间改变。而数据仓库数据不仅包含时间项，标明了该数据的历史时期，而且还是一系列的数据的快照，反映不同时期的业务变化，其有效性和准确性与时间相关。

4. 数据仓库的稳定性

在事务处理系统中，数据库数据需要经常更新操作，如数据的插入、删除、修改等。而数据仓库主要是为决策分析提供数据，所涉及的操作主要是数据的查询，并不进行实时的数据更新，只进行定期的数据装入，其数据一经确定，则很少变更。数据的变化反映为新数据补充到数据仓库，而不是替代原数据，这样确保了数据的稳定性，符合决策分析的要求。

5. 数据仓库的决策支持性

数据仓库的组织的根本目的在于对决策分析的支持。从业务处理者到高层决策者均可利用数据仓库进行决策分析，提高管理决策的质量。

时空数据仓库的本质是数据仓库，具有对时空数据的存储、管理和分析能力，并且能够根据主题从不同的 GIS 应用系统中提取不同规模时空尺度上的信息，从而为各方面的研究以及有关环境资源政策的制定提供良好的信息服务。

9.1.3　数据仓库体系结构

从本质上讲，数据仓库技术是一种信息集成技术，它的根本任务是将多源信息进行整理和重组，并将信息及时提供给相应的决策管理人员。在数据仓库工程中，设计数据仓库的体系结构是一个关键的环节。如图 9-1 所示，一个典型的数据仓库系统架构通常包括数据源、数据抽取和转换、数据仓库的目标数据库、前端数据访问和分析 4 个方面(唐世渭等，1998)。

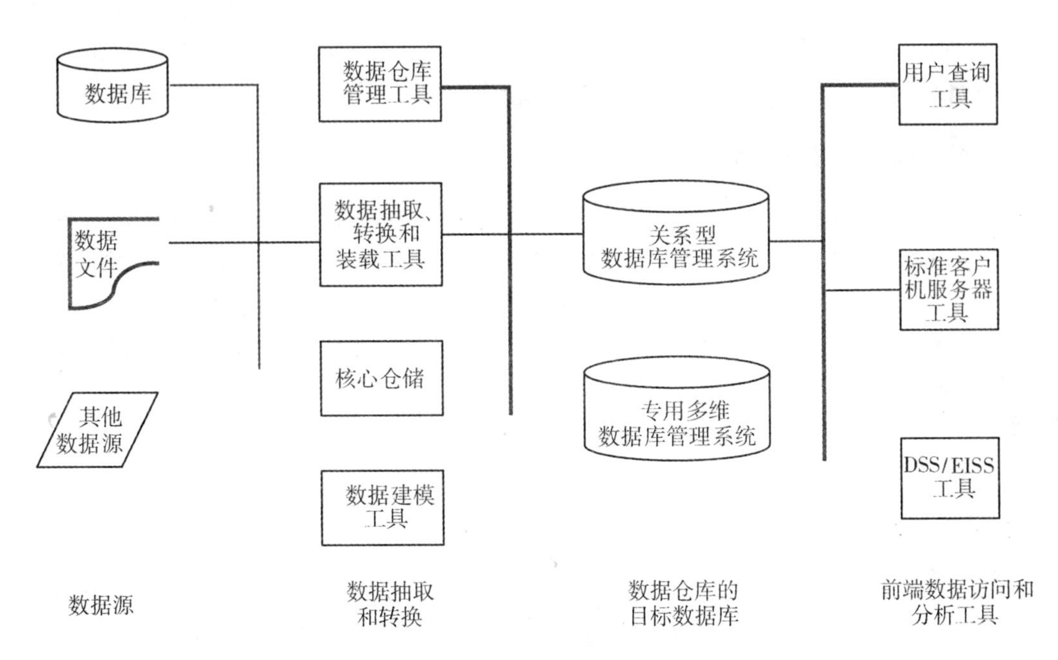

图 9-1　数据仓库体系结构示意图(据唐世渭等，1998)

1. 数据源

数据源是数据仓库的基础，只要能够为数据仓库所支持的决策和分析过程提供所需的信息，就可能成为数据仓库的数据源，如各种生产系统数据库、联机事务处理系统(OLTP)的操作型(operational)数据、外部数据源等。

2. 数据抽取和转换

数据抽取和转换是整个数据仓库体系结构的核心，包括数据抽取、转换和装载工具、数据建模工具、核心仓储和数据仓库管理工具。数据源中的数据在进入仓库之前，利用数据抽取和转换工具对数据进行整理、加工和重组，并将其装载到数据仓库的目标数据库中；而后使用数据建模工具为数据仓库的源数据库和目标数据库建立信息模型，以便根据企业决策和综合分析的需要对数据的检验、整理、加工和重新组织过程进行调整和优化。上述这些信息以数据模型和元数据的形式存放在核心仓储中。而在数据仓库的日常运行过程中，利用数据仓库管理工具不断监控数据仓库的状态，包括系统资源的使用情况、用户操作的合法性、数据的安全性等多个方面。

3. 数据仓库的目标数据库

目标数据库是用来存储经检验、整理、加工和重新组织后的数据，选择合理的目标数据库是数据仓库工程的关键决策之一，既可以选用传统的关系型数据库管理系统，也可以选用专用的多维数据库管理系统。这两个系统各有利弊，但美国著名数据仓库工程专家 Pieter R. Mimno 先生认为除非特别的业务需求，否则从节省成本和降低复杂性的角度出发，一般情况下应优先考虑采用传统的关系型数据库管理系统。

4. 前端数据访问和分析工具

前端数据访问和分析工具主要方便用户(业务分析和决策人员)灵活地访问数据和挖掘数据，以达到数据仓库工程的预定目标。目前市场上数据访问和分析工具种类繁多，主要有关系型查询工具、关系型数据的多维视图工具、DSS/ EIS 软件包客户/ 服务器工具等四大类。在设计数据仓库时，应该根据用户的功能需求作出选择，着眼于工具是否易于使用，功能是否可靠。

9.2　数据挖掘

9.2.1　数据挖掘概念

受到大数据时代的影响，数据的积累正在呈爆炸的趋势增长，形成了“数据量过大但知识贫乏”的状态，使数据的分析和应用方式发生了大幅度的改变。

数据挖掘技术在不同的领域中有着不同的应用，通过数据挖掘可以发掘出数据中未知的、有用的模式或规则，进而转化为有价值的信息或知识，帮助决策者迅速作出决策。模式是指对于数据源中的数据，可以用语言来描述其中数据的特性。数据挖掘出的模式必须是可理解的、易描述、有价值的。数据挖掘具有以下 4 个特性（李涛，2013）。

(1) 应用性：数据挖掘的产生是对实际生产活动中应用的需求结合了理论算法和应用实践，并且通过数据挖掘发现的知识同时又要应用于实际中，以便于辅助使用者对实际进行决策与分析。因此，数据挖掘来源于实际应用，同时也服务于实际应用。

(2)工程性：数据挖掘不是简单地通过一个步骤便可进行，而是通过多个步骤构成的工程化过程。数据挖掘是一个包含了数据准备和管理、数据预处理和转换、挖掘算法开发和应用、结果展示和验证以及知识积累和使用的完整过程。

(3)集合性：数据挖掘是多种功能的集合。这个功能集合中包括了数据探索分析、关联规则挖掘、时间序列模式挖掘、分类预测、聚类分析、异常检测、数据可视化以及链接分析。

(4)交叉性：数据挖掘具有交叉性。时空数据挖掘是时空数据获取技术、计算机技术、管理决策支持技术等发展到一定阶段的产物，汇集了多种学科的知识。例如，统计分析、模式识别、机器学习、人工智能、信息检索、时空数据库、时空信息系统等领域的相关知识。另外，一些其他领域的知识也可以应用于其中。例如，随机算法、信息论、可视化、分布式计算和最优算法。这些交叉学科与知识都在数据挖掘中起到了重要作用。

9.2.2 知识发现

目前的数据量已经达到了前所未有的规模，而使得数据中隐含的、用户感兴趣的模式与特征不易从数据中获取。面对海量数据库和大量繁杂信息，从中提取隐含的、用户感兴趣的、有效的、新颖的、潜在有用的、最终可被理解的模式的非平凡过程，定义为知识发现(Knowledge Discovery in Database，KDD)。

1. 知识发现的特点

知识发现所处理的问题虽有不同，但知识发现具有如下特性(朱廷劭等，1997)。

(1)知识发现是从现实世界存在的一些具体数据中提取知识，这些数据在知识发现出现之前早已存在，且对现实世界很有意义。

(2)知识发现使用的数据来源于数据库，处理的数据量可能很大。因此，知识发现的算法的效率和可扩充性就显得尤为重要。

(3)知识发现所处理的数据来自现实世界。数据的完整性、一致性和正确性都很难保证，如何将这些数据加工成知识发现算法可以接收的数据也需要进行深入的研究。

(4)知识发现利用目前数据库技术所取得的研究成果来加快知识发现过程，提高知识发现效率。

(5)知识发现处理的数据来自于实际的数据库，而与这些数据库数据有关的还有其他一些背景知识，这些背景知识的合理运用也会提高知识发现算法的效率。

2. 知识发现过程

知识发现过程(KDD)是一个人机交互处理过程。该过程需要经历多个步骤，并且很多决策需要由用户提供。从宏观上看，KDD 过程主要由 3 个部分组成，即数据整理、数据挖掘和模式解释与评价，如图 9-2 所示。

下面详细介绍知识发现过程中各部分的具体内容(朱廷劭等，1999)。

1)数据整理

数据准备是知识发现的基础，也是知识发现中不可或缺的一步，数据的质量将对知识发现步骤的效率、正确性以及最终成果的价值都有巨大的影响。数据整理包括数据准备、选取、预处理和数据变换等工作。

(1)数据准备，了解 KDD 应用领域的有关情况(包括熟悉相关的知识背景，搞清用户需求)，对来自于多个数据库运行环境的多源数据库中的数据进行集成处理，解决不同数据库之间的语义冲突的问题，并且需要对其中的不完整数据、不正确数据、过时数据、重复数据等脏数据进行数据清理，以提高数据的质量。

(2)数据选取，数据选取的目的是确定目标数据，根据用户的需要从原始数据库中选取相关数据或样本。在此过程中，将利用一些数据库操作对数据库进行相关处理。

(3)数据预处理，对数据选取阶段选出的数据进行再处理，检查数据的完整性及一致性，消除噪声及与数据挖掘无关的冗余数据，根据时间序列和已知的变化情况，利用统计

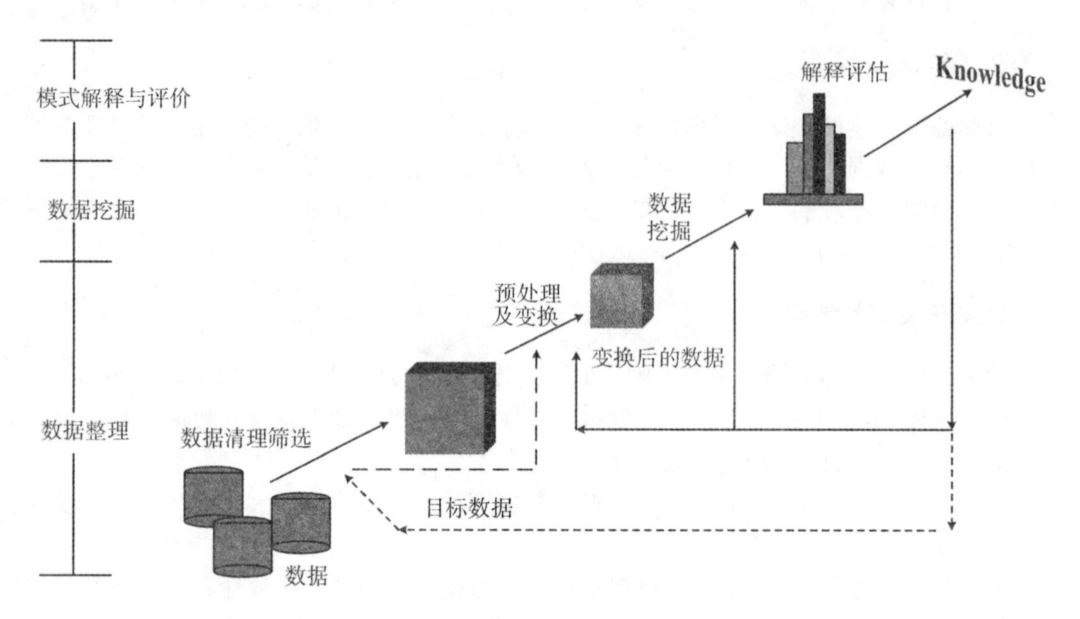

图 9-2　知识发现过程(改自朱廷劭等，1999)

等方法填充丢失的数据。

(4)数据变换，根据知识发现的任务对经过预处理的数据再处理，主要是通过投影或利用数据库的其他操作减少数据量。

2)数据挖掘

数据挖掘是整个知识发现过程中非常重要的一步，是根据需要发现的知识类型和一定的挖掘算法，从数据库中提取用户感兴趣的知识，并以一定的方式表示出来，包括以下 3 个步骤。

(1) 确定 KDD 目标，根据用户的要求，确定 KDD 要发现的知识类型。

(2)选择算法，根据步骤(1)确定的任务，选择合适的知识发现算法，包括选取合适的模型和参数。

(3)挖掘实施，利用选好的数据挖掘算法对准备好的数据执行挖掘运算，从海量数据中提取符合目标的有价值知识。

数据挖掘过程可以由信息系统自动执行，也可以加入用户交互过程。数据挖掘过程需要反复多次，通过评价数据挖掘结果不断调整数据挖掘的精度，以达到发现知识的目的(朱永武，2005)。

3)模式解释与评价

(1)模式解释，对在数据挖掘步骤中发现的模式(知识)进行解释。通过机器评估剔除冗余或无关模式，若模式不满足，再返回到前面某些处理步骤中反复提取。

(2)知识评价，将发现的知识以用户能了解的方式呈现给用户。其中也包括对知识一致性的检查，以确信本次发现的知识不会与以前发现的知识相抵触。

前述表明，数据挖掘的实施，只是整个知识发现过程中的一个阶段，也是知识发现过程中的一个非常重要的阶段。影响数据挖掘结果质量的因素主要有两个：一方面是所采用数据挖掘方法的有效性；另一方面是所采用的数据的质量以及规模。如果选择了不合适的数据，或者选择了不恰当的数据挖掘方法，就不能获得好的挖掘结果。整个阶段是一个不断反馈修正的过程。若在挖掘过程中发现了数据使用不恰当，或者对数据的结果不满意，则需要重复进行数据挖掘，以达到更好的数据挖掘效果。

9.2.3 数据挖掘方法

数据挖掘是多种学科以及多种知识的交叉综合的领域，涉及了机器学习、人工智能、模式识别、数据库、统计学、信息系统、基于知识的系统、可视化等领域知识，因此而衍生出多种数据挖掘的方法。目前主要的数据挖掘方法包括统计学方法、基于聚类方法、基于分类方法、基于关联方法、粗糙集、模糊集、云理论、神经网络。

1. 统计学方法

统计学方法是数据挖掘方法中的一种常用方法。数据一般都与区域高度相关，相似的对象在空间上会有聚集到一起的趋势，即邻近的对象间的相关性会比距离较远的对象相关性高。

统计学方法着重于事物和现象的非时空特征的分析。该方法具有较强的理论基础，拥有大量的算法，可有效地处理数字型数据。但是统计方法难以处理字符型数据，研究人员需要具有深厚的领域知识和统计知识，一般由具有统计经验的领域专家完成。

2. 分类与预测

分类与预测是问题预测的两个主要类型。分类是预测分类(离散、无序的)标号，而预测则是建立连续值函数模型。分类是数据挖掘的关键技术，它是根据已知的训练数据集表现出来的特性来获得每个类别的描述或属性，以构造相应的分类器进行分类。

3. 基于聚类的方法

聚类分析方法按照一定的空间以及时间距离或相似性测度将数据分成一系列相互区分的组，由此发现数据集合的整个分布模式。它与分类法的不同之处在于不需要先验知识。聚类算法通过检测、判断数据自身的“隐藏属性”对其进行划分。聚类对象的相似性度量是影响聚类结果质量的一个很大的因素，实际的对象可能包含连续的属性，也包含着离散的属性，因此如何去度量对象的相似性是提高聚类分析的关键。

4. 关联分析

关联分析是将一个或多个对象与其他对象相关联。关联挖掘最开始由 Agrawal 等(1993)首先提出，最开始主要是为了从超级市场销售事务数据库中发现顾客购买产品与其他产品之间的联系。而空间数据库与事务数据库相同，也可以使用关联挖掘。K. Koperski 等(1995)将关联挖掘扩展到空间数据库，普通的关联规则可表示为

$$X \Rightarrow Y(s\%,\ c\%)$$

其中，X 与 Y 是空间或非空间的谓词的集合，至少有一个属于空间谓词，$s\%$ 表示了规则的支持度，$c\%$ 表示了该规则的可信度。这一类的定义与相关算法都是直接从事务性数据库中的关联规则定义所延伸出来的。

5. 粗糙集

粗糙集是 1982 年由波兰科学家 Z. Pawlak 提出的一种由上近似集和下近似集组成的一种处理不精确、不确定和不完备信息的智能数据决策分析工具，比较适合对基于属性不确定性的数据挖掘。粗糙集理论可用于 GIS 数据库属性表的一致性分析、属性的重要性、属性依赖、属性表简化、最小决策和分类算法生成。

6. 模糊集

模糊集理论是 L. A. Zadeh 教授于 1965 年提出的用隶属函数确定的隶属度来描述不精确的属性数据，重在处理不精确的概率。在时空数据中存在着许多不能用很精确的、确定的概念表示的属性。传统的集合有着明显的定义界线，一般为 0、1 二值逻辑，即一个元素要么属于一个集合，要么不属于。而模糊集把 GIS 中的类型、实体看作模糊几何、几何元素，数据实体对备选类别论域的连续隶属度区间为[0，1]。元素隶属度表示该元素接近该类别的程度，当一个元素的隶属度越接近于 1，实体就越属于该类型。具有类型混合、居间或渐变不确定的实体可用元素隶属度描述，例如，在一块含有植被以及土壤的土地上，就可以用两个元素隶属度进行描述。

7. 异常或偏离分析

异常，也称为意外，是那些观测数值呈现不一致或明显地不同于数据集中的其他观测数值。数据集内的偏离常规上由数据采集差异或计算错误(也称为数据噪音)引起，但它也可以是指一个数据值所表达的特征的特性或行为的例外。在某种意义上，异常分析可视作聚类的一个特例。聚类关注相似性，而异常分析识别异常的情况。因此，异常分析可使用聚类技术来或通过回归分析或专门算法实现，其可被优化以检测数据集中的异常事件。

8. 时间序列分析

时间序列分析也称为趋势检测，它关注检测隐藏在数据集中的时态特性，如序列和子序列、连续模式、周期、趋势和时态偏离。在统计学和经济学中，已经开发了很多时间序列分析的相关技术。从数据挖掘的观点来看，最有用的一个是可论证的先后顺序。

9. 云理论

云理论是一个用于处理不确定性的新理论，由云模型(cloud model)、不确定性推理(reasoning under uncertainty)和云变换(cloud transform)3 部分构成。云理论把模糊性和随机性结合起来，弥补了作为模糊集理论基石的隶属函数概念的固有缺陷，为数据挖掘中定量与定性相结合的处理方法奠定基础。

9.3 空间数据挖掘方法

空间数据挖掘是在空间域中应用数据挖掘概念与技术，从大型空间数据库中发现原先未知的和潜在有用的知识。在本质上，空间数据挖掘与传统的数据挖掘没有区别，概括起来，常见的空间数据挖掘方法包括以下6种。

1. 空间分类

空间分类是把未标记的数据对象分组为预先定义的类或类别。常规的空间分类用面向属性的分类方法完成，首先分类各个数据对象，然后通过空间聚类方法把数据对象合并成相同的类别。Chelghoum等(2002)提出了一个集成的空间分类方法，它考虑了空间数据和空间数据库的特有特征，扩展了决策树的概念，也即在主题层上使用空间数据结构和空间关系。算法能够考虑几个主题层，同时扩展了判别标准来描述可能出现的邻域的影响。使用这种方式方法结合使用了属性值和相邻空间对象的空间关系，以确定分类的最佳标准而不是只考虑属性值。

2. 空间预测

空间预测是确定缺失数据的可能值，或在对象集中预测地理现象的值和空间分布。空间预测可用很多技术实现，包括空间分类(离散类别数据)和回归分析(连续分布数值数据)等(Yeung et al, 2007)。一种最常用到的对经典普通最小二乘回归的扩展是广义线性模型(Generalized Linear Model, GLM)。这个扩展与经典回归方法不同之处在于允许对非正态分布的响应(依赖变量)的建模，因此不能在经典的高斯分析框架中建模(Lahman et al, 2002)。使用GLM，同经典回归一样，预测值(独立变量)以一个线性的或曲线的形式被引入到一个模型中。广义相加模型(Generalized Additive Model, GAM)是GLM的一个非参数扩展，允许对预测值引入非线性响应。响应形式的形状由数据驱动且没有预先定义，这允许响应形状的学习以及通过允许模型更接近和表达真实数据潜在的改进预测(Lehman et al, 2002)。

3. 空间关联

空间关联规则(spatial association rules)是指空间实体之间同时出现的内在规律，描述了给定的空间数据库中空间实体的特征数据项之间频繁出现的条件规则(李德仁等，2006)。空间关联规则的形式有很多种，例如，空间实体间的距离信息如临近(close_to)、远离(far_away)，拓扑关系如交(intersect)、包含(include)、重叠(overlap)、分离(disjoin)，方位信息如右边(right_of)、东边(east_of)。包含单个谓词的为单维空间关联规则，包含两个或两个以上的空间实体或谓词的为多维空间关联规则。

4. 空间聚类

空间聚类的目的是发现适宜的聚类数，是在一个给定的空间数据集/空间数据库内，聚类提供数据集/空间数据库中对象的全局空间分布模式的知识。空间聚类通常有空间数据主导的聚类和非空间数据主导的聚类。前者是利用聚类算法将任务相关的空间数据目标(如点、折线和多边形)组成一个集群；而后者则首先根据空间数据对象的属性进行概括，然后再对空间数据对象进行聚类。

5. 空间异常分析

一个观测值其明显与数据集中其他的观测值不同，如果这个观测值是有地理参照的，则是一个空间异常。实践上所有的空间异常分析的当代技术都是用属性的异常作为识别空间异常的主要方式来构建的。然而，更普遍的是一个空间异常也可通过其异常尺寸和形状，以及当与空间邻居相比较时其随时间的变化率或变化模式来识别。空间异常分析方法一般分为图形异常检测和定量异常检测两类。前者是基于空间数据的可视化来凸显异常。而后者是提供统计检测以识别数据对象，其值与它们的邻居或数据集中的其他值有明显的偏离(Yeung et al，2007)。

6. 空间自相关分析

空间自相关是空间数据的重要性质，描述的是空间域中邻近的空间位置(例如，A 和 B 两个邻近但不是同一空间位置)上同一自变量的相关性。如果自变量在邻近空间位置上相互间的数值接近，则可以认为空间模式上呈现出正空间自相关；反之，则可认为空间模式上表现出负空间自相关。空间自相关的常用计算方法包括 Moran's I 指数、Geary's 指数，半变异函数、协方差函数等。

需要强调的是，虽然空间数据挖掘在本质上与传统非空间数据挖掘具有相同的原理，但由于空间数据结构、空间拓扑关系的复杂性以及空间数据量的巨大等特点，使空间数据挖掘比非空间的传统数据挖掘要复杂得多，传统的挖掘技术必须在理论和技术上进行增强以适应空间数据的这些特征。

9.4　时空数据聚类及应用

时空数据挖掘不同于普通的数据挖掘，普通的数据挖掘的挖掘对象是数据库或者数据仓库，而时空数据挖掘在一般的数据挖掘上增加了时间维和空间维，挖掘的对象为时空数据库或时空数据仓库，时空数据库或时空数据仓库的多维度性为数据挖掘任务增加了复杂性，使得时空数据挖掘更具有挑战性。时空数据挖掘的复杂性主要表现在以下几个方面(裴韬等，2001)。

(1)海量数据。时空数据库中存放的数据是数个历史时期的时空数据和非时空数据的积累，目前仅一年所存储下来的时空数据量已经达到了以 EB 甚至是 ZB 计，而数据量的大量增加，使得数据的价值密度也在不断下降。同时海量的数据使得一些挖掘方法因算法复杂使得困难程度大大增加。因此对于目前的海量数据，研究全新的、高效的数据挖掘计算策略是从海量数据中获取高价值信息的关键。

(2)时空数据的多尺度特征。尺度是时空数据的重要特征，包含时间尺度和空间尺度。时空数据的多尺度特性是指时空数据在不同观察层次上所遵循的规律以及体现出的信息密度的不同。另外，时空的多尺度性也体现出了时空数据的复杂性，通过时空多尺度性，可以研究出时空信息在概化和细化过程中所反映出的特征渐变规律。

(3)时空信息的模糊度。时空数据是反映现实世界的时空特征和过程，是一种抽象的表达。而由于现实世界的复杂性，使得时空数据不可能完全地反映出现实世界的特性，因此时空信息中存在着模糊度。另外，时空数据的抽象表达也存在质量问题，这使得时空数据在对现实世界的空间、属性、时间或者是三者的统一性的抽象表达中，仅能尽量接近于现实世界，而达不到完全的一致性与正确性。因此，时空数据中存在模糊性，典型的时空数据模糊性有时空位置的模糊性、时空相关性的模糊性以及模糊的属性值等。

(4)时空数据的时间特性。时空数据不仅有空间拓扑关系，还具有着时态关系。时空数据是有生命期的数据，仅在其生命期内，时空数据才是有效的，才能体现其价值。时空数据中的时间具有周期性和规律性，随时间变化的数据往往也有一定的规律性。

在时空数据挖掘的复杂性及时空数据挖掘应用目的多样性的驱动下，研究者针对不同的应用目的和技术发展提出了众多的时空数据挖掘算法。基于本书的内容分配和篇幅，本章下面仅以时空数据挖掘中最具代表性和最常用的方法——时空数据聚类为例来介绍时空数据挖掘的一般原理。

9.4.1 聚类

聚类分析方法按照一定的空间以及时间距离或相似性测度将数据分成一系列相互区分的组，由此发现数据集合的整个分布模式。聚类对象的相似性度量是影响聚类结果质量的一个很大的因素，实际的对象可能包含连续的属性，也包含着离散的属性，因此如何去度量对象的相似性是提高聚类分析的关键。通常，聚类的相似性度量方法主要有3种。

1. 空间距离度量

假设每个空间对象中有 m 个属性，可以把该对象看作 m 维空间内的一个点，有 n 个对象时代表 m 维空间内的 n 个点。属于同一类的对象在空间中的距离应该相近，而不同的类在空间中的距离应该较远，因此很自然地可以使用它们之间的距离来表示它们之间的相似度。距离越小时，其相似度也就越小，距离越大时，其相似度越大。

令 $D=\{X_1, X_2, \cdots, X_n\}$ 为 m 维空间内的一组对象，X_i，$X_j \in D$，d_{ij} 是 X_i、X_j 之间的距离，则距离的定义应该满足下列3个性质：① 非负性，$d_{ij} \geqslant 0$，当且仅当 $X_i = X_j$ 时，$d_{ij} = 0$；② 对称性，$d_{ij} = d_{ji}$；③ 三角不等式，$d_{ij} \leqslant d_{ik} + d_{kj}$。

则(D, d) 称为以 d 为距离的度量空间。常用的距离公式有以下几种。

(1) 明可夫斯基(Minkowski) 距离。明可夫斯基距离定义为

$$d_{ij} = \left(\sum_{k=1}^{m} | x_{ik} - x_{jk} |^{n} \right)^{\frac{1}{n}} \tag{9-1}$$

当明可夫斯基距离中的 n 取1、2、无穷大时，可以另外得到曼哈顿距离、欧氏距离和切比雪夫距离。

(2) 曼哈顿(Manhattan)距离。

$$d_{ij} = (\sum_{k=1}^{m} | x_{ik} - x_{jk} |) \tag{9-2}$$

从式(9-2)可以看出，明可夫斯基距离中的 n 取1时，即可得到曼哈顿距离。

(3) 欧氏(Euclidean)距离。

$$d_{ij} = (\sum_{k=1}^{m} | x_{ik} - x_{jk} |^2)^{\frac{1}{2}} \tag{9-3}$$

从式(9-3)可以看出，明可夫斯基距离中的 n 取2时，即可得到欧氏距离。

(4) 切比雪夫(Chebyshev)距离。

$$d_{ij} = \max_{1 \leqslant k \leqslant m} (| x_{ik} - x_{jk} |) \tag{9-4}$$

切比雪夫距离为明可夫斯基距离中的 n 趋于无穷大时近似简化得到。

(5) 马氏距离。

对于包含 d 维专题属性的空间实体 X_i 和 X_j，其马氏距离记为 $d_{\text{mah}}(X_i, X_j)$，即

$$d_{\text{mah}}(X_i, X_j) = \sqrt{(x_i - x_j)^{\text{T}} \boldsymbol{V}^{-1} (x_i - x_j)^{\frac{1}{2}}} \tag{9-5}$$

在式(9-5)中，$\boldsymbol{V}$ 表示空间数据库中所有实体专题属性的协方差矩阵，即

$$\boldsymbol{V} = \frac{1}{n-1} \sum_{i=1}^{n} (s_i - \bar{s})(s_i - \bar{s})^{\text{T}} \tag{9-6}$$

式中，S_i 表示空间数据库中任一空间实体的专题属性；$\bar{s}$ 表示空间数据库中所有实体专题属性的平均值。

马氏距离考虑了专题属性之间的相关性，对一切非奇异线性变化都是不变的，并且能够克服量纲的影响。

(6) 兰氏距离，也可称为Caberra距离或者Willims距离，对于包含 d 维专题属性的空间实体 X_i 和 X_j，其兰氏距离表示为 $d_{\text{lan}}(X_i, X_j)$，即

$$d_{\text{lan}}(X_i, X_j) = \sum_{k=1}^{d} \frac{| x_{ik} - x_{jk} |}{| x_{ik} + x_{jk} |} \tag{9-7}$$

从以上公式中可以看出，兰氏距离可以克服量纲的影响，但不能克服变量间的相关性。

(7) 平均距离，是欧氏距离的一种变种，对于两个包含 d 维专题属性的空间实体 X_i 和 X_j，其平均距离为 $d_{\text{avg}}(X_i, X_j)$，即

$$d_{\text{avg}}(X_1, X_2) = \left[\frac{1}{d} \sum_{k=1}^{d} (x_{ik} - x_{jk})^2 \right]^{\frac{1}{2}} \tag{9-8}$$

2. 空间数据相似性测度

相似性测度旨在比较两个属性向量的相近程度，不涉及向量的矢量长度度量。相似系数与距离相反，相似系数越小，对象间的相似性越小。包含 d 维专题属性的空间实体 X_i 与 X_j 的相似系数 r_{ij} 主要有以下几种。

(1) 角度相似系数。

$$r_{i,j}=\frac{\left|\sum_{k=1}^{m}x_{ik}x_{jk}\right|}{\sqrt{\left(\sum_{k=1}^{m}x_{ik}^{2}\right)\left(\sum_{k=1}^{m}x_{jk}^{2}\right)}} \tag{9-9}$$

角相似系数具有对于坐标系旋转与尺度缩放不变的特性，但对于线性变换以及平移等操作不具有不变性。

（2）数量积。

$$r_{ij}=\begin{cases}1, & i=j,\\ \dfrac{1}{M}\sum_{k=1}^{m}x_{ik}x_{jk}, & i\neq j,\end{cases} \tag{9-10}$$

式中，$M\geqslant \max\left[\sum_{k=1}^{m}x_{ik}x_{jk}\right]$。

（3）相关系数。

$$r_{ij}=\frac{\sum_{k=1}^{m}(x_{ik}-\bar{x}_i)(x_{jk}-\bar{x}_j)}{\sqrt{\sum_{k=1}^{m}(x_{ik}-\bar{x}_i)^2}\sqrt{\sum_{k=1}^{m}(x_{jk}-\bar{x}_j)^2}} \tag{9-11}$$

式中，设$\bar{x}_i=\frac{1}{m}\sum_{k=1}^{m}x_{ik}$，$\bar{x}_j=\frac{1}{m}\sum_{k=1}^{m}x_{jk}$。

（4）指数相似系数。

$$r_{ij}=\frac{1}{d}\sum_{k=1}^{d}\exp\left[-\frac{3}{4}\frac{(x_{ik}-x_{jk})^2}{\sigma_i^2}\right] \tag{9-12}$$

式中，σ_k^2 表示分量的方差。

每种度量方法都有着优点以及缺点，并且聚类的结果受到选择的相似性度量方法的影响。因此，选择合适的相似性度量方法能够提升聚类的准确性。

3. 时间数据相似性度量方法

（1）欧氏距离，可以用来对两个等长度的时间序列的相似性进行度量，把两个等长的时间序列看作两个维度相同的向量，设u和v是长度相同的两个时间序列，则u和v的欧氏距离描述为

$$D=\sqrt{\sum w_i(u_i-v_i)^2} \tag{9-13}$$

式中，i为小于或等于时间序列长度的正整数；w_i为权值，通常情况下权值可以简单地取为1，但有时为了能够区分向量之间的影响，会选择不同的权值。

由于欧氏距离对时间序列噪声或序列段突变的敏感性较强，通常依赖于数据的预处理操作，并且对时间序列的缩放和位移无法识别。另外，欧氏距离仅能对相同长度的时间序列进行相似性度量，无法对不同长度的时间序列之间的相似性进行度量(王书芹，2018)。

因此，欧氏距离通常结合时间序列的特征表示方法，能更为有效地进行时间序列相似性度量。

(2)相关性度量方法(Correlation Coefficient)，是根据时间序列的统计中的线性相关系数进行相似性度量，对两个等长的时间序列，设 u 与 v 是长度相同的两个时间序列，则 u 与 v 的相关系数可以描述为

$$\rho(u, v)=\frac{\sum_{i=1}^{n}(u_i-\bar{u})(v_i-\bar{v})}{\sqrt{\sum_{i=1}^{n}(u_i-\bar{u})^2}\sqrt{\sum_{i=1}^{n}(v_i-\bar{v})^2}} \tag{9-14}$$

式中，n表示时空序列的长度，$\rho(u, v)$的取值范围为$[-1, 1]$，当$\rho(u, v)>0$时表示正相关，$\rho(u, v)<0$时表示负相关，且当$\rho(u, v)=1$时为完全正相关，$\rho(u, v)=-1$时未完全负相关。

(3) 动态时间扭曲法(Dynamic Time Warping，DTW)。动态时间扭曲距离是用一种弯曲时间轴来规整两条序列的路径，使两条序列间的距离最小，更好地对时间序列形态进行匹配的相似性度量方法(杨文涛，2013)。设 u 与 v 为两条时间序列，长度分别为 m 与 n，则 u 与 v 的动态时间扭曲距离可以描述为

$$\mathrm{DTW}(u, v)=\min\left\{\frac{1}{k}\sum_{k=1}^{k}w_k\right\} \tag{9-15}$$

为对 DTW 进行计算，需要通过动态规划来构造一个 $n\times m$ 的代价矩阵$\boldsymbol{R}$，矩阵中的元素是$d(u_i, v_j)$，$d(u_i, v_j)$一般采用欧氏距离。其中规整的路线为

$$W=\{w_1, w_2, w_3, \cdots, w_k\}, \max(m, n)\leqslant K\leqslant m+n+1 \tag{9-16}$$

路径的起点规定为$w_1=(u_1, v_1)$，且终点规定为$w_k=(u_m, v_n)$。满足此条件的所有路径中的最小路径即为$\mathrm{DTW}(u, v)$。

9.4.2　空间数据聚类

目前的聚类方法有成千上百种，每一种聚类方法都可能产生不同的结果，这取决于计算哪些属性变量、使用什么样的距离度量以及如何计算度量的属性。聚类的一般方法步骤如下(陈奎，2013)：①定义距离的度量方法或任意两个个体之间的相似性；②选择一个适用的算法并使用距离度量形成聚类；③ 对分析主题给出有意义的解释和描述。目前主要使用的聚类方法主要有 3 个类型：层次聚类、密度聚类、划分聚类。

1. 层次聚类

层次聚类方法是一种比较常用的空间聚类方法，其主要思想在于将空间实体构成一棵聚类树，通过反复的聚合或分裂来完成空间聚类结果。层次聚类算法分为聚合的层次聚类算法和分解的层次聚类算法。聚合层次聚类算法采用自下而上的策略，主要思想是将每个实体作为一个空间簇，然后合并这些簇成为一个更大的空间簇，直到所有对象都在一个簇中，或者某个终结条件被满足则停止聚类。分解层次聚类算法采用自上而下的策略，主要思想是将所有实体视为一个空间簇，然后分割这些簇形成更小的簇，直到每个实体自成一

簇，或者某个终止条件被满足则停止聚类。

聚合法与分解法属于两个相反的聚类过程，如图 9-3 所示。

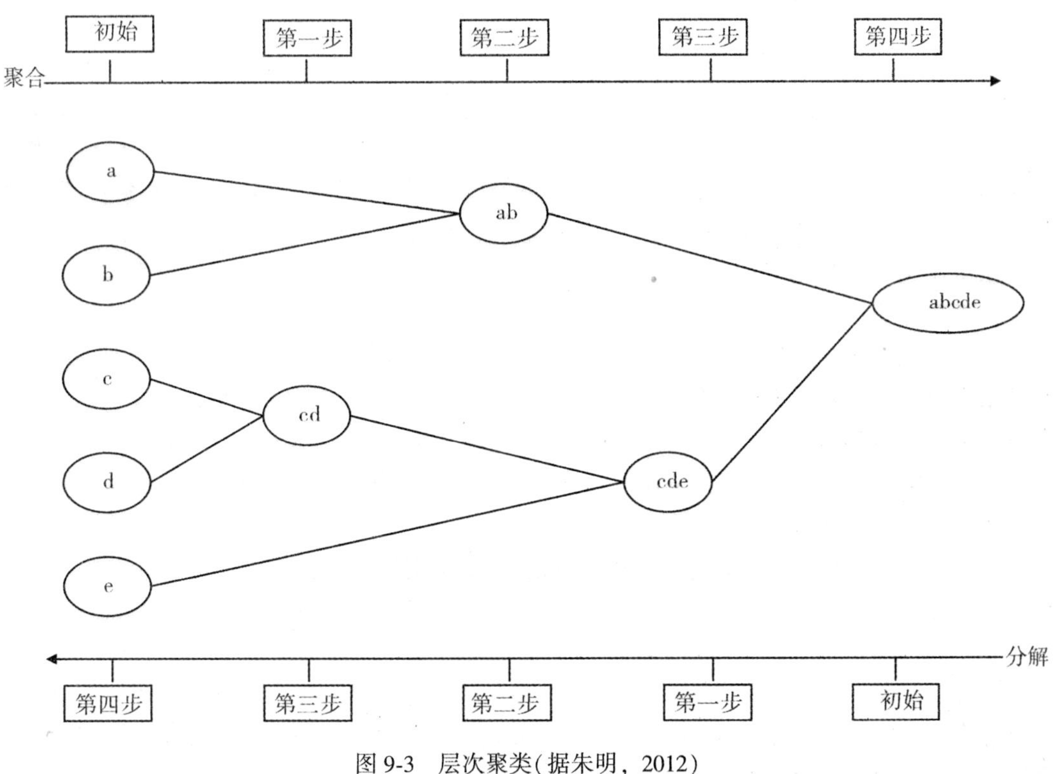

图 9-3　层次聚类(据朱明，2012)

聚合层次聚类法的步骤如下。

输入：簇的数目 k；两个最近空间簇之间的距离阈值 d；包含 n 个实体的空间数据库。

输出：k 个空间簇。

(1) 聚类开始时，每个空间实体都组成一个空间簇，每个簇仅包含一个空间实体，并计算簇与簇之间的距离。

(2) 在每一阶段，距离最近的簇合并成新的簇类。

(3) 重新计算新的簇与簇之间的距离。

(4) 重复第(2) 步与第(3) 步，直到簇的个数或最小的间距达到预定值。

常用的簇间距离有以下几种。

(1) 最小距离，即分别属于两个簇类的两个对象之间的最近距离，即

$$D_{\min}(C_i, C_j) = \min_{p \in C_i,\ q \in C_j}(d(p, q)) \tag{9-17}$$

(2) 最大距离，即分别属于两个簇类的两个对象之间的最远距离，即

$$D_{\max}(C_i, C_j) = \max_{p \in C_i,\ q \in C_j}(d(p, q)) \tag{9-18}$$

(3) 质心距离，即两个簇类的质心之间的距离，即

$$D_{\text{mean}}(C_i, C_j) = d(m_i, m_j) \tag{9-19}$$

（4）平均距离，即分别属于两个簇类的对象之间的平均距离，即

$$D(C_i, C_j) = \frac{1}{n_i n_j}\sum_{p \in C_i}\sum_{q \in C_j}(d(p, q)) \tag{9-20}$$

式中，$n_i = |C_i|$，$n_j = |C_j|$。

不同的层次空间聚类算法采用了不同的距离度量，这些度量又称连接度量(linkage measure)。例如，在单连接算法(single-link algorithm)中，采用了最近距离进行空间簇距离度量；在全连接算法(complete-link algorithm)中，采用了最远距离进行空间簇距离度量；在平均连接算法中，采用平均距离进行空间簇距离度量。

层次聚类算法执行过程比较简单，并且能够得到不同粒度上的多层次聚类结构。但是层次聚类算法也有明显的缺点，主要包括以下3个方面。

(1)层次聚类的操作是不可逆的，在对象分裂或聚合后，下一次聚类是在上一次聚类的结果下进行，并且没有考虑引起误差和变化的原因。因此，层次聚类方法对孤立点和噪声较为敏感，例如，单连接与全连接容易受到噪声点的影响，导致聚类结果不准确。

(2)层次聚类算法的复杂度较大，一般为$O(n^2)$(n为空间实体数目)。在大型数据库中层次聚类方法不适用。

(3)层次聚类的最终结果受到终止条件的影响，但终止条件一般难以确定。

2. 划分聚类方法

划分算法是一种最为经典的空间聚类算法，也是目前应用最为广泛的聚类算法之一。其思想为给定的包含n个数据对象的数据库和所要形成的聚类个数k，划分算法把对象集合划分为k个($k \leqslant n$)聚类。K均值聚类算法即为划分聚类的一个典型算法。

K均值聚类算法的核心在于迭代优化过程，通过不断优化平方差准则，最终将数据集划分为k个聚类。

K均值聚类算法的具体步骤归纳如下(朱明，2012)：

(1)从n个数据数据对象中随机选择k个对象作为初始的簇质心。

(2)计算每个对象与这些中心对象的距离，并将对象划分给距离最小的簇质心。

(3)重新计算每个有变化的聚类的聚类质心。

(4)重复(2)(3)，直到平方误差准则收敛，即各簇的质心位置不变，聚类过程完成。平方误差准则定义如下

$$E = \sum_{i=1}^{k}\sum_{p \in C_i}|p - m_i|^2 \tag{9-21}$$

式中，E表示平方均方误差准则；p表示空间实体；m_i表示簇C_i的质心。

从上述过程可以看出，K均值聚类算法先设定了聚类的个数k，然后将n个数据划分给k个聚类中，使得同一聚类中的对象相似度较高，不同聚类中的对象相似度较小。另外，平方误差实际上针对数据库中所有的实体，计算其到每个簇质心的距离，最后平方求和。K均值聚类算法通过不断更新质心，直到平方误差准则收敛。

假设，这里有28个数据对象，且设定$k=3$，也就是最终得到3个聚类，利用K均值

聚类算法进行聚类的示意图如图 9-4 所示。

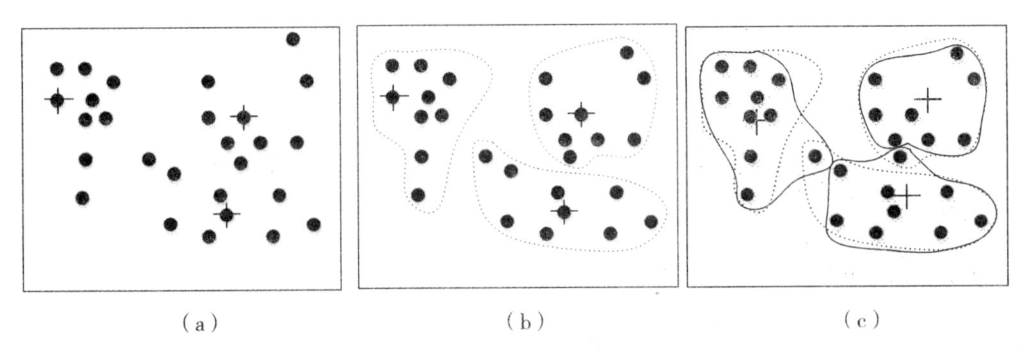

图 9-4 K 均值聚类算法的聚类过程(据朱明，2012)

图 9-4(a)表示的是 28 个数据对象，并随机选择了 3 个对象作为聚类中心(以+表示聚类的中心)，其他的对象根据最近距离原则分别聚类到 3 个聚类中心所表示的聚类中，如图 9-4(b)所示。在进行了第一次聚类后，聚类中心发生了变化，因此需要重新计算聚类中心的位置，也就是分别根据聚类中的对象计算相应聚类的均值，之后再对所有对象进行重新聚类。最终由于聚类中的对象已不再变化，整个聚类操作结束，最后结果如图 9-4(c)所示，其中虚线表示第一次聚类的结果，实线表示第二次聚类的结果。

K 均值聚类算法擅长处理球状分布的数据，当结果聚类是密集的，而且类和类之间的区别比较明显时，K 均值的效果比较好。另外，K 均值聚类算法比较简单、容易掌握，使其在包括空间聚类在内的各种聚类应用中被广泛使用。但是，K 均值聚类算法也同样存在一些问题。概括起来，K 均值聚类算法的主要缺陷有如下几点。

(1)初始空间簇质心点是随机选择的，这个初始簇质心对聚类的结果有较大的影响，经常会导致迭代次数过多或限于某个局部最优。

(2)划分类型的数量(即簇数目 k)是事先由用户给定的，但是，很多时候并不知道给定的空间数据集应该划分为多少类才合适，k 的选择经验性太强。

(3)从 K 均值的计算过程可以看出，该算法需要不断地进行样本分类调整，并不断重新计算调整后的空间簇质心，因此，当空间数据量越来越大时，算法的时间开销也会随着迅速增大。因此，往往需要对算法的复杂度进行分析，并考虑优化方法。K 均值聚类算法复杂度可表示为 $O(nkt)$，n 表示数据库中实体的数目，k 表示用户选定的簇数目，t 表示迭代的次数。

(4)K 均值聚类对异常偏离的数据(即离群点)比较敏感。换句话讲，K 均值对“噪声”和孤立点数据是敏感的，少量的这类数据就能对平均值造成极大的影响。

3. 密度聚类方法

绝大多数划分方法是基于对象之间的距离进行聚类。如前所述，这种基于对象间距离进行聚类的方法更适合用于发现球状簇，而在发现任意形状的簇方面并不是很适用(张文秀，2010)。因此，研究者提出了基于密度来过滤“噪声”孤立点数据，以发现任意形状的簇的方法。其主要思想是：只要邻近区域的密度(对象或数据点的数目)超过了某个阈值，就继续进行聚类，也就是说，对于给定类中的每个数据点，在一个给定范围的区域中必须至少包含某个数目的点(朱明，2008)。

在基于密度的聚类方法中，DBSCAN(Density-Based Spatial Clustering of Applications with Noise)是一个比较有代表性的基于密度的聚类算法。其基本思想在于采用一定领域范围内包含空间实体的最小数目来定义空间密度，并不断产生高密度区域来完成空间密度聚类。为了便于讲解 DBSCAN 的基本思想，首先介绍一些该方法涉及的重要术语(朱明，2008；Birant et al，2007)。

定义 9.1　ε 邻域，一个给定对象 p 的 ε 半径内的近邻称为该对象的 ε 邻域。p 对象的 ε 邻域被定义为 $\{q \in D \mid \mathrm{dist}(p, q) \leqslant \varepsilon\}$。其中，$\mathrm{dist}(\cdot)$ 为距离函数。

定义 9.2　核对象，若一个对象的 ε 领域内至少包含定义核心点时的阈值(MinPts, minimum number of points required to form a cluster)个数的对象，则称该对象为核对象。

定义 9.3　直接密度可达，给定对象集 D，若对象集中的对象 p 为对象 q 的 ε 近邻，且 q 为核对象，那么称 p 从对象 q 出发是直接密度可达的。

定义 9.4　密度可达，若有一个对象链 $p_1, p_2, \cdots, p_n$，$p_1 = q$，$p_n = p$，对 $p_i \in D_i (1 < i < n)$，p_{i+1} 是从 p_i 关于 ε 和 MinPts 直接密度可达的，那么，对象 p 是从对象 q 关于 ε 和 MinPts 密度可达的。

定义 9.5　密度相连，对于对象集 D 中，存在一个对象 o，使得对象 p 和 q 是从 o 关于 ε 和 MinPts 密度可达的，那么对象 p 和对象 q 是关于 ε 和 MinPts 密度相连的。

定义 9.6　边界对象，如果一个对象 p 不是核对象，但是从其他核对象密度可达的，则该对象被称为边界对象。

定义 9.7　基于密度的聚类，一个聚类 C 是满足下列极大性(maximality)和连接性(connectivity)要求的 D 的非空子集：① $\forall p, q$，如果 $q \in C$ 且 p 是从 q 关于 ε 和 MinPts 密度可达的，那么 $p \in C$；② $\forall p, q \in C$，对象 p 和对象 q 是关于 ε 和 MinPts 密度相连的。

基于上述的概念或术语，DBSCAN 聚类方法一般过程可概括如下(朱明，2008)：

(1) 从数据集中任取一对象 p。

(2) 若 p 的 ε 邻域包含多于 MinPts 个对象，则创建 p 的新聚类空间簇，循环收集直接密度可达的对象，否则继续下一个点。

(3) 聚类中再无新对象加入时，聚类算法结束。

可以看出，密度可达是密度连接的一个传递闭包，这种关系是非对称的，仅有核对象是互相密度可达，而密度连接是对称的。

例如，如图9-5所示，设 ε 邻域的半径为 ε，MinPts = 3。根据 DBSCAN 密度聚类的思想则有：

(1) 在图9-5中，M、P、Z 的 ε 近邻都包括了3个或3个以上的空间点，因此，它们都是核对象。

(2) M 是从 P 可直接密度可达，Q 则是从 M 可直接密度可达，所以 Q 是从 P 可密度可达，Q 不是核对象，P 从 Q 无法密度可达。

(3) Y 和 K 是从 Z 密度可达的，所以 Y 和 K 是密度相连的。

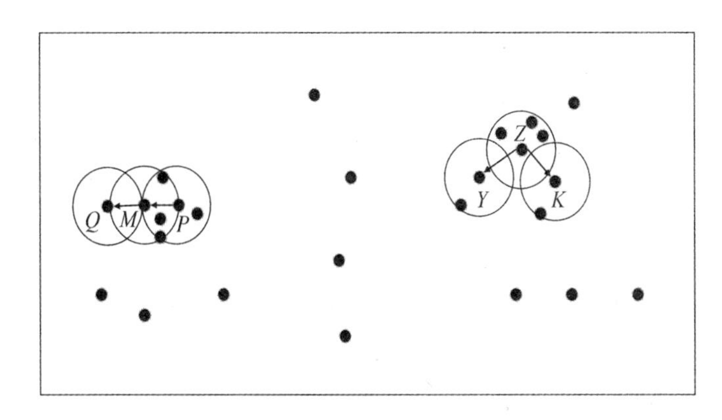

图 9-5　密度聚类(据朱明，2008、2012)

从上面分析可以看出，DBSCAN 的基本定义就是由密度可达关系导出最大密度相连的样本集合。若一个对象 p 的 ε 近邻多余 MinPts，就创建包含 p 的新聚类，即为一个簇。然后 DBSCAN 根据这些核对象，循环收集“直接密度可达”的对象，其中可能涉及进行若干“密度可达”聚类的合并，当没有新的点加入时聚类进程结束，不包含在任何簇中的对象就是噪声数据。

9.4.3　时空数据聚类

时空聚类挖掘是传统的聚类挖掘的一个延伸与发展。传统的聚类被定义为将一个有限的、未标记的数据集分解成一系列有限的、自然的潜在数据结构，而不需要一个由同概率分布获得的未观测样本的精确分类(陈奎，2013)。时空聚类挖掘是指基于空间和时间相似度把具有相似行为的时空对象划分到同一组中，使组间差别尽量大，而组内差别尽量小。在这其中有一个很容易被混淆的概念，即分类与聚类分析。分类可分为监督分类和非监督分类，根本的区别在于是否将实体分配到一个预先设定好的分类系统去。在聚类分析中本身是没有定义好类别，分组的数目是事先未知的，因此属于非监督分类，而分类中可以将其归为监督分类。

在传统的聚类挖掘中，习惯将对象抽象称为空间中的一个点，当属性维数超过三维时，这种抽象会使得对象失去物理意义，导致聚类结果很难可视化。在地理空间内，空间对象是有明确的物理意义的，具有一定的空间位置，通常使用特定的坐标进行表示；并且同时具有几何意义，即形状、大小、分布等，结合时间属性，能够发现一些动态事件之间的时空规律。

时空数据聚类可以用于天气预测、交通拥挤预测、移动计算和异常点分析等方面。例如，气象专家研究海岸线附近或海上飓风的共同行为，发现共同子轨迹有助于提高飓风登陆预测的准确性；又或者通过研究区域气温检测数据，对我国气温演变与气温分布模式进行研究(刘大有，2013)。

时空数据聚类是在空间聚类的基础上加入了时间维而产生的算法。根据空间聚类挖掘的定义，我们可以将其在时间维上进行扩展，将时空数据聚类定义为基于空间和时间相似度把具有相似行为的时空对象聚集成一个时空簇，使时空簇之间的差别尽可能大，簇内部差别尽可能小。时空聚类可以很好地挖掘出地理现象发展变化的规律与本质的特征，对于预测时空要素发展变化的趋势有着重要意义。

时空数据聚类挖掘的过程主要分三步：时空数据预处理，时空对象相似性判定标准选择和时空聚类分析。

1. 时空数据的预处理

在时空数据库或时空数据仓库中，选择合适的时空聚类的数据，并且去除丢失和错误的数据，进行相关的数据清洗工作。

2. 时空对象相似性度量选择

选择合适的时空相似性度量标准，进行时空簇之间差异的判定。聚类分析中的差异判定一般可分为根据属性差异以及距离差异进行判定。属性差异如利用密度的定义描述时空对象属性之间的差异，距离差异如利用时空对象间的各种距离函数(如欧氏距离)进行判定(刘瑶杰，2014)。

3. 时空聚类分析

选择合适的时空数据聚类算法，根据时空数据聚类相似性度量标准对时空对象之间的差异进行判别，将时空数据进行聚类，并输出聚类结果。

关于时空数据聚类算法，比较有代表性的是 ST-DBSCAN，是对基于密度的空间聚类算法 DBSCAN 在时间维上进行扩展所得的时空聚类算法。下面对 ST-DBSCAN 时空聚类算法思想进行简要介绍(Birant et al，2007)：

基于密度的聚类算法 DBSCAN 仅包括 ε 和 MinPts 两个输入参数，而 ST-DBSCAN 需要 4 个输入参数。

(1) ε_1，是一个空间属性(经度，纬度)的距离参数(如欧氏距离)。

(2) ε_2，是一个非空间属性(经度，纬度)的距离参数(如欧氏距离)。

(3) MinPts，形成一个聚类簇需要的最小点的数量。

(4) $\Delta\varepsilon$，用于防止发现组合簇的参数，因为相邻位置的非空间值差异很小。

ST-DBSCAN 时空聚类算法的主要过程包括 6 个步骤。

(1) 从数据库 D 中任选一对象 p 作为开始。

(2) 检索所有从对象 p 关于 ε_1 和 ε_2 的密度可达点(对象)。

(3) 如果 p 是核对象(见定义 9.2)，则创建新聚类簇。

(4) 如果 p 是边界对象(见定义 9.6)，表明没有点是从 p 密度可达的，则算法访问数据库 D 的下一个点。

(5) 重复以上过程，直至数据库中所有的点被处理。

例如，图 9-6 所示为 Birant 等(2007)提供 ST-DBSCAN 算法处理详细过程的示例。下面是对图 9-6 所示 ST-DBSCAN 算法的具体过程的解释(Birant et al，2007)。

```
Algorithm ST_DBSC(D,Eps1,Eps2,Minpts, Δg )
  // Inputs:
      //D={O1,O2,···,On} Set of objects
      //Eps1 : Maximum geographical coordinate (spatial) distance value.
      //Eps2 : Maximum non-spatial distance value.
      //Minpts :Minimum number of points within Eps1 and Eps2 distance.
      // Δg: Threshold value to be included in cluster.
  // Output :
      // C={C1,C2, - Ck} Set of clusters

Cluster_Label = 0

For i=1 to n                                            //(i)
   If oi is not in a cluster Then                       //(ii)
      X=Retrieve_Neighbors(oi , Eps1, Eps2 )            //(iii)

      If |X|< MinPts Then
           Mark oi as noise                             //(iv)
      Else                               //construct a new cluster (v)
         Cluster_Label = Cluster_Label +1
         For j=1 to |X|
           Mark all objects in X with current Cluster_Label
         End For

         Push (all objects in X)                        // (vi)

         While not IsEpmty()
              CurrentObj =Pop()
              Y=Retrieve_Neighbors(CurrentObj, Eps1,Eps2)

            If |Y| >= MinPts Then
               ForAll   objects o in Y                  //(vii)
                   If ( o is not marked as noise or it is not in a cluster) and
                      |Cluster_Avg() - o.Value| <= Δg Then
                      Mark o with current Cluster_Label
                      Push(o)
                   End If
               End For
            End If
         End While
      End If
   End If
End For
End Algorithm
```

图 9-6 ST-DBSCAN 算法(据 Birant et al, 2007)

(1)ST-DBSCAN 算法从数据库 D 中的第一个点开始，处理完第一个点后，算法在数据库 D 中选择下一个点。

(2)如果所选择的点不属于任何簇，则调用函数 Retrieve_Neighbors，调用 Retrieve_Neighbors(object，ε_1，ε_2)返回到所选对象距离小于 ε_1 和 ε_2 的所有对象。换句话说，函数 Retrieve_Neighbors 返回从所选对象关于 ε_1，ε_2 和 MinPts 密度可达(见定义 9.4)的所有对象。结果是形成所选对象的 ε 邻域(见定义 9.1)集。

(3)如果返回点的总数量小于 MinPts 输入，则该对象被指定为噪声点。这意味着所选点没有足够的邻居进行聚类。如果不能直接密度可达，但可以从数据库的其他点密度可达，则标记为噪声的点可以稍后进行更改。这通常发生在聚类簇的边界点上。

(4)如果所选点在 ε_1 和 ε_2 距离内有足够的邻居，且如果它是核对象，则构建新的簇。

(5)接下来，该核对象的所有直接密度可达邻居也标记为新建簇的标签。然后，算法利用堆栈迭代地收集从该核对象密度可达的所有对象。

(6)如果对象没有被标记为噪声或不在某一个簇中，且簇的平均值与新加入的值之间的差小于 $\Delta\varepsilon$，则将其放入当前的簇中。

(7)在处理选定的点之后，算法将选择 D 中的下一个点，并且算法将重复进行，直到所有点都被处理完毕。

9.4.4　时空数据挖掘应用案例

时空过程是过程机理驱动的结果，如日地环绕、大陆漂移碰撞和万有引力等机理分别导致了地球气候的经纬度差异、海拔高程地带性和地壳物质分层和迁移等时空现象。自然环境演化等机理产生了生物和人类(王劲峰，2014)。时空过程是由有限次的时空数据所记录。时空数据挖掘就是利用数据挖掘算法从记录时空过程的有限次时空数据中发现知识。下面以武汉城市圈(图 9-7)1992 年到 2012 年的 GDP 数据为例，挖掘武汉城市圈 20 年内 GDP 的时空变化模式(Zhang et al，2017)。

所用的主要数据包括武汉、黄石、鄂州、孝感、黄冈、咸宁、仙桃、潜江、天门等 8+1 城市圈(以下简称“武汉城市圈”)的 1992—2012 年 20 年各城市的区县 GDP 数据，收集于美国国家海洋和大气管理局(NOAA)国家地球物理数据中心(NGDC)官方网站的 DMSP/OLS 夜间灯光遥感数据。在灯光遥感数据中，包括了非辐射校正(NRC)光照强度，范围从 0 (不亮)到 63(饱和)，时间长度从 1992 年到 2012 年收集的全年稳定光照图像的值。

1. DMSP/OLS 数据处理

非辐射定标 DMSP/OLS 夜间灯光数据的过饱和数据可能会造成低估饱和像素的统计数据值，并高估了非饱和像素的值。Cao 等(2014)发现 GDP 与中国的 DMSP/OLS 数据之间存在着的强相关性(Liu et al，2014)。在 1992—2012 年武汉城市圈上收集的 NRC DMSP/OLS 数据集中，2010— 2012 年的数据中只存在饱和像素。因此，NRC DMSP/OLS 数据中的饱和像素采用 Cao 等(2014)开发的方法，选择武汉城市圈 2011 年的 DMSP/OLS 数据中的定标数据和地区 GDP 数据进行模型构建并校正有饱和像素年份影像。

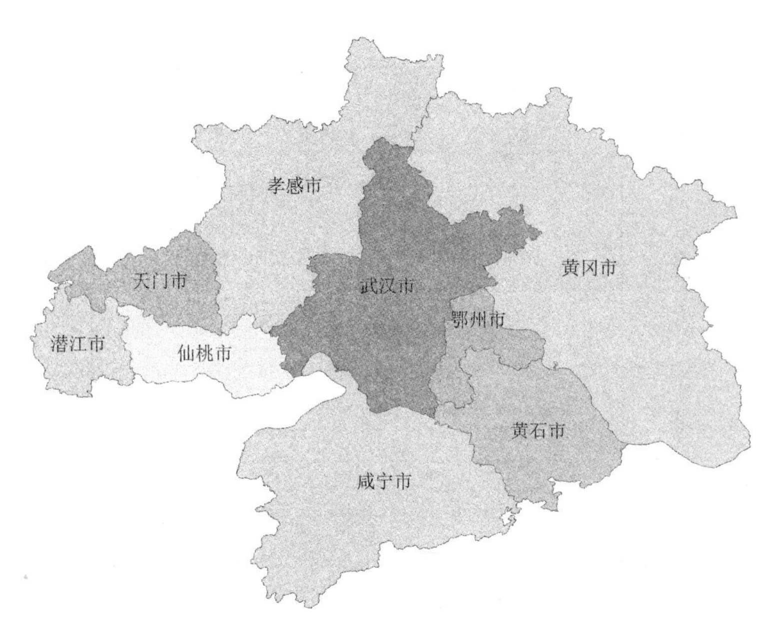

图 9-7 武汉城市圈行政区域示意图

模型的构建是通过 GDP 数据与夜间灯光数据之间的相关性进行构建的，通过在辐射定标数据中选取了在构建模型中拟合效果最好的 2011 年全球辐射定标产品来构建 GDP 值与总 DN 值之间的相关模型。

图 9-8 展示了 GDP 和 RC DMSP/OLS DN 值之间在 2011 年 9 个市级区域中每平方千米的线性关系。这种模型应用于其他年份的武汉城市群区域以实现去饱和。在武汉城市圈，武汉的 GDP 比其他地区的 GDP 要大得多，因此为了避免由不均匀数据分布引起回归方程的确定系数的高估，在计算中使用独立变量和因变量的对数进行回归模拟。

回归模型的建立，是通过辐射定标数据(进行过饱和修正的数据)进行构建的，模型的建设，意在通过辐射定标数据，来确定 GDP 数据与 DN 值之间的真实关系。并借此模型关系实现对非辐射定标数据(NRC)，即本书中的主要实验数据，实现 1992—2012 年的 20 期影像数据的数据去饱和修正。此模型对 NRC 的 DMSPOLS 数据公式如下式：

$$D_{\text{total\_area}} = a \times \text{GDP}_{\text{area}} + b \tag{9-22}$$

式中，$D_{\text{total_area}}$是每平方千米的修正的夜间灯光的 DN 值的对数；GDP_{area}是对应的市域的每平方千米的 GDP 的对数；a 和 b 为回归参数，分别为 0.636 15 和−1.274 74。

由于缺乏机载校准和相互校准，DMSP-OLS 夜间稳定光数据之间的不一致性是时间序列分析中的障碍。因此，通过 Small 和 Elvidge 等(2010)提出的二次回归的模型进行建模，对来自不同卫星的不同年份的 DMSP/OLS 夜间光数据进行校准。每年 t 的模型参数 a_t，b_t 和 c_t 来自 Liu 和 Li 的一项研究(He et al，2006)，他们使用 2007 年 F16 号星的夜间稳定灯光数据作为基线，并通过数据对比观察发现在意大利西西里岛的区域中，随着时间的变

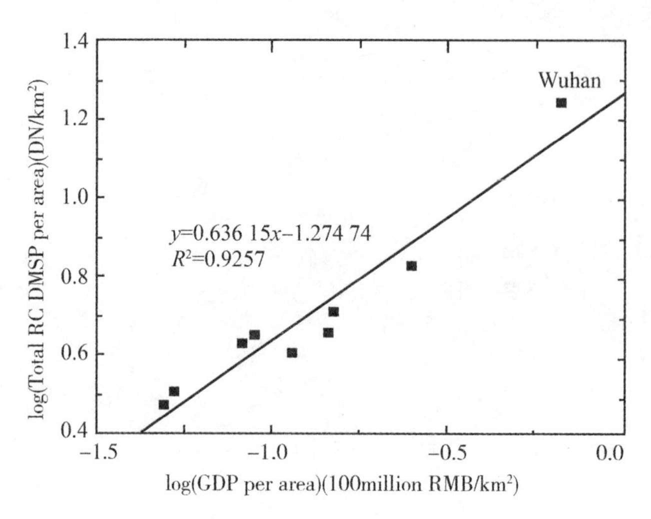

图 9-8　每平方千米 GDP 的对数和每平方千米总 DN 值的对数的线性回归图

化，实际 DN 值基本没有变化，在所有的审查区域中，其具有最有利的特征，其区域内的数据均匀分布，并且定义明显，故以此为例，在此不变区域执行二次回归。另外，需要注意的是，在相互校准的过程中，需要从中排除具有零值的像素。

$$\mathrm{DN}_t' = a_t \times \mathrm{DN}_t^2 + b_t \times \mathrm{DN}_t + c_t \tag{9-23}$$

式中，DN_t'是第 t 年校准后像素的 DN；DN_t 是当年像素的原始 DN；a_t，b_t 和c_t 是对应的模型参数。如图 9-9 所示，为未校正之间的研究区域中各年份的 DN 值的总和，图 9-10 为校正后的夜间灯光 DN 值总和。可以看出，在未校正时，夜间灯光数据之间存在着较明显的非正常波动，与实际的灯光变化规律相差较大，相互校准则较好地改善了研究区 1992—2012 年间夜间稳定光数据的连续性及稳定性。

2. GDP 统计数据空间化

GDP 数据分布的不对称性可以揭示特定地区在发展水平方面的内部差异，并为 GDP 数据增长变化以及变化的时空过程提供数据依据。目前有许多方法已被用于通过夜间灯光数据实现 GDP 的空间化，如线性回归模型、对数回归模型、二阶回归模型等。线性回归模型是使用夜间灯光数据估算 GDP 的相对准确和简单的工具。因此，使用 DMSP-OLS 数据集的 DN 值作为自变量，在县级每年建立线性回归模型

$$G_g = a \times D_g + b \tag{9-24}$$

式中，G_g为各县的统计 GDP 数据；D_g 为相应市域内 DMSP-OLS 数据的总 DN 值。

空间化模型在空间化的过程中，对数据进行线性拟合，使得空间化的成果与真实的统计数据值之间存在由于拟合而产生的系统误差。故为了纠正格网统计数据的误差，以最好的统计数据空间化分布来反映各个地区的统计数据，在此使用归一化因子 k 来修改格网级

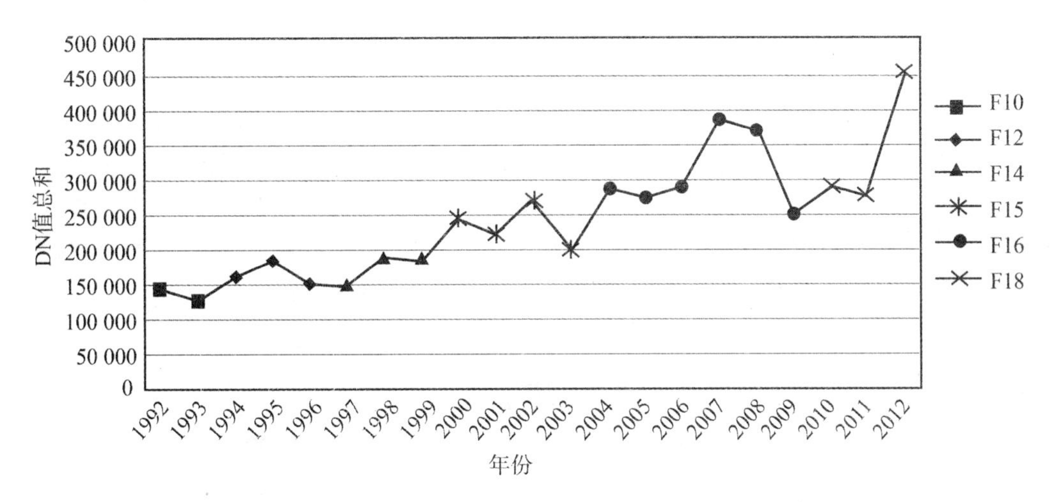

图 9-9 研究区 1992—2012 年夜间灯光数据的校准前 DN 值总和

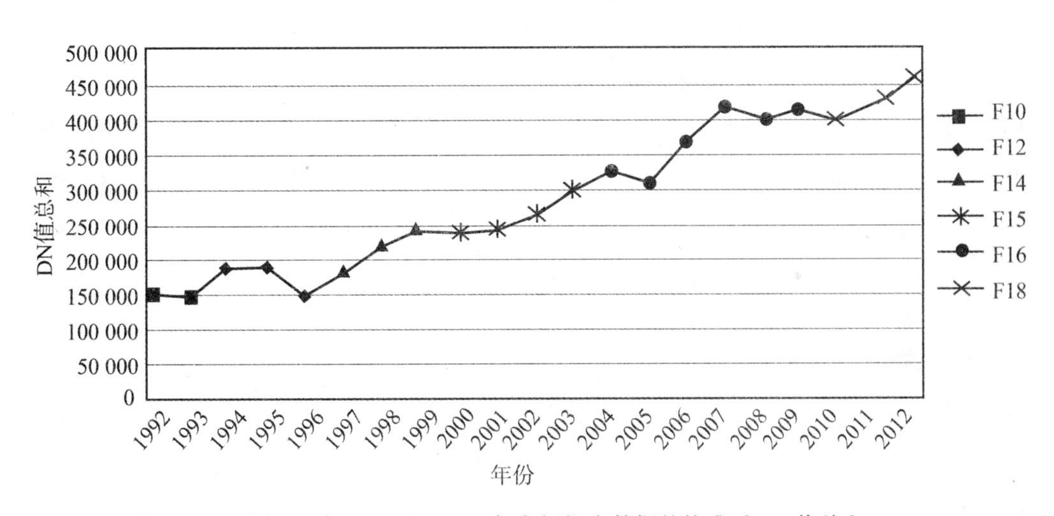

图 9-10 研究区 1992—2012 年夜间灯光数据的校准后 DN 值总和

别的统计数据的估计值(Li, Zhou, 2017)。

$$k = T_p / \sum p \times T_g \tag{9-25}$$

式中，T_p是各市域内的统计数据；$\sum p \times T_g$ 则是各市域内的各个格网的预估统计值的总和。通过下式计算得出的 k 值，可以将 GDP 空间化模型校正

$$G_g = k \times G'_g \tag{9-26}$$

针对不同年份，其具体的空间化模型及进行了 k 值纠正的回归模型如表 9-1 所示。

表 9-1　**GDP 空间化回归模型**　（单位：亿元）

年份	GDP 空间化模型			
	NRC 数据		k-NRC	
	回归模型	R^2	回归模型	R^2
1992	$y = 0.0045x + 9.6097$	0.9435	$y = 0.0047x$	0.9630
1993	$y = 0.0072x + 5.5751$	0.9777	$y = 0.0078x$	0.9768
1994	$y = 0.0100x - 2.6774$	0.9775	$y = 0.013x$	0.9775
1995	$y = 0.0127x - 11.919$	0.9764	$y = 0.0123x$	0.9769
1996	$y = 0.0153x - 22.355$	0.9751	$y = 0.0151x$	0.9757
1997	$y = 0.0150x - 25.686$	0.9817	$y = 0.0128x$	0.9740
1998	$y = 0.0169x - 29.908$	0.9810	$y = 0.0144x$	0.9818
1999	$y = 0.0160x - 25.013$	0.9834	$y = 0.0122x$	0.9844
2000	$y = 0.0180x - 48.724$	0.9864	$y = 0.0183x$	0.9873
2001	$y = 0.0185x - 49.241$	0.9921	$y = 0.0168x$	0.9931
2002	$y = 0.0206x - 85.218$	0.9850	$y = 0.0210x$	0.9855
2003	$y = 0.0223x - 120.66$	0.9726	$y = 0.0148x$	0.9728
2004	$y = 0.0237x - 155.38$	0.9584	$y = 0.0204x$	0.9585
2005	$y = 0.0248x - 189.32$	0.9440	$y = 0.0215x$	0.9442
2006	$y = 0.0257x - 222.50$	0.9301	$y = 0.0198x$	0.9301
2007	$y = 0.0265x - 254.98$	0.9170	$y = 0.0246x$	0.9173
2008	$y = 0.0289x - 293.35$	0.9263	$y = 0.0269x$	0.9263
2009	$y = 0.0298x - 336.37$	0.9380	$y = 0.0180x$	0.9382
2010	$y = 0.0368x - 317.45$	0.9517	$y = 0.0234x$	0.9404
2011	$y = 0.0444x - 222.38$	0.9543	$y = 0.0228x$	0.9402
2012	$y = 0.0377x - 464.73$	0.9405	$y = 0.0374x$	0.9405

GDP 统计数据的空间化实现，即结合上述 GDP 数据与各年份的相关回归模型，实现相关的空间化操作，以此完成对 GDP 的空间化相关的实现操作。通过上述对指标之间的相关性进行分析之后选择的指标，并就目前有许多方法已被用于通过夜间灯光数据实现空间化，选择线性回归模型，并通过上节介绍的校正因子进行结果校正，如表 9-2 所示，用于实现对 GDP 的高精度空间化的实现，并就此生产出针对武汉城市圈的统计数据空间化分布图。在所有的模型中，对数据空间化分布图最终以研究区域内的栅格影像假彩图呈现。

表 9-2 统计数据变化模式分类表

年份	GDP 数据		
	RMSE	MRE(%)	R
1997	4.9614	4.5572	0.9982
1998	3.6867	3.0326	0.9992
1999	1.8850	1.8516	0.9988
2000	4.2335	3.3435	0.9949
2001	3.2224	2.5797	0.9989
2002	3.3361	2.1376	0.9995
2003	10.9458	6.1353	0.9729
2004	8.1877	4.0032	0.9895
2005	28.8478	11.404	0.9649
2006	14.3577	5.1784	0.9929
2007	22.5479	7.4647	0.9826
2008	17.6268	4.3592	0.9934
2009	12.5426	2.8741	0.9969
2010	19.7350	3.8184	0.9935
2011	48.0933	7.6910	0.9694
2012	68.3982	9.3377	0.9468

使用 1992—2012 年经过校正的 GDP 空间化模型，便可分别制作出研究区域中的 GDP 空间分布图。图 9-11 显示了 2011 年的武汉城市圈的 GDP 空间化分布。

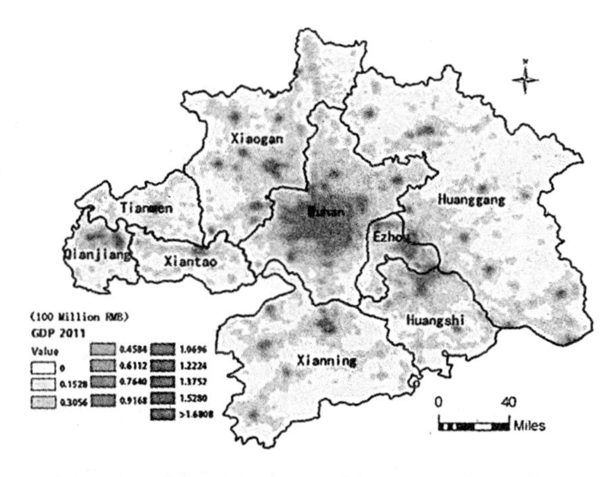

图 9-11 武汉城市圈 2011 年 GDP 空间化分布图

3. 基于图谱法的时空聚类

随着时空趋势发展研究的逐渐跟进，大多数研究集中在空间或时间背景下提取相应的变化模式，而未能很好地将时间与空间两个维度的变化进行整合分析。本研究则提出一种改进的K均值聚类算法，以提取这些时空模式。与传统的K均值聚类有所不同，在本书提出的K均值聚类算法的实现过程中，只能在空间维或时间维中形成聚类，通过所提出的"时空地物属性"模型，改进的K均值聚类算法可以执行时空聚类，以实现对武汉城市圈的变化分析。

1)基于图谱法的时空变化模型的提出

对于获取的空间化分布图，如何快速有效地获取长时间序列数据中所存在的变化信息是本模型的构思与构建的原因所在。在这样的问题下，首先由Small等(2010)的研究中发现，基于无云、低月光干扰的夜间灯光数据，将三期多时像数据的夜间灯光影像分别赋予红色、绿色、蓝色三通道进行叠加复合，形成假彩图像，进行直接的比较(Shi et al, 2014)。通过颜色的变化而直观地得到变化、发展范围，以及城市群各城的联系与发展趋势。

时空整合表示模型对于时空模式提取至关重要。在这里，数据的空间分布被用来形成一张地图。时间轴上的分布被定义为频谱，并且基于地图频谱的时空表示模型可以被表示为

$$MS = f(x, G(t)) \tag{9-27}$$

式中，MS是地图的时间谱；$f(x, G(t))$即是时空模型；x是格网单元的空间位置；$G(t)$是单元x在时间t内的数据值。为了有效可视化，基于上述方程式所示的模型，将1992—2012年的一列像素的GDP统计数据分布用作数据样本，以生成时空映射谱，如图9-12(a)所示。想要获得空间化后的相关统计数据的走势，对两个时间谱中的每个像素执行归一化操作。在图9-12(b)中，标有"序列号"的轴表示图像中像素的位置，GDP谱表示每年在相同位置的归一化GDP值(Pandey et al, 2017)。

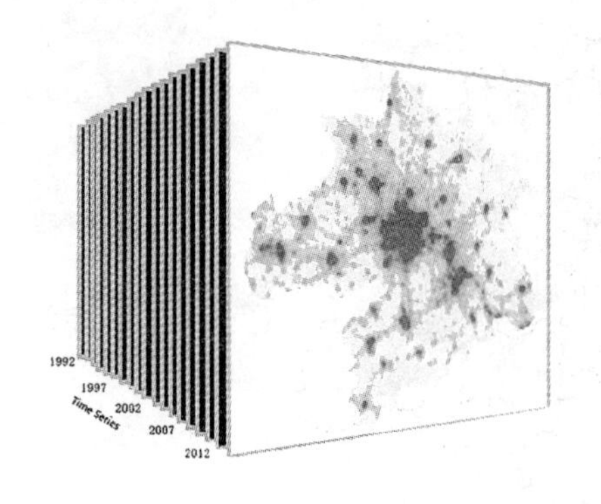

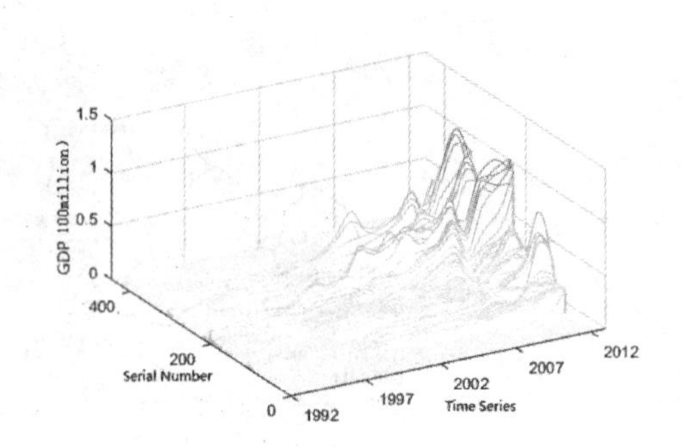

(a) 用于生成时空图谱的列的位置　　(b) 时间谱

图9-12　1992—2012年给定列像素的时间谱

2)时空变化模型的相似性度量

谱线之间的相似度测量是基于地图谱的时空聚类模型的关键组成部分。而常用的度量模型中，关于维度间相对层面间存在的不同，我们可以通过余弦相似度进行衡量，而在此，欧氏度量衡量的关注点则主要集中于对不同数值、向量之间在不同维度间存在的绝对差异。余弦相似度，可以更形象地形容，其是对空间中的两个向量之间存在的夹角的大小，并利用夹角的余弦值的形式以模型表达，从而借助余弦相似度实现对不同的数据集之间在空间维度上相互之间存在的不同性，而不是过分关注于各个数据集在个体之间存在的差异性，即并不是将重点放在数值大小的不同之上。由此可以发现，两个数据集之间的余弦相似度与欧氏距离之间并不存在直接的关联，即向量之间存在的夹角的余弦值的大小(差异性的大小)，与欧氏距离的大小之间不存在因果关系。所以，针对本书对 GDP 的时空变化模式的研究中，进行聚类，区分 GDP 统计值的区域高低值是不合适的。由于这样的操作会使得对相同经济发展程度的区域划分为一体，但相较于其中存在的绝对数值的高低，其实我们更加关注对整体经济变化模式的研究，其研究价值要高得多。因为在此时，需要注重的是维度(即不同的时间节点)之间的差异，而不是只停留在对数值大小的差异上。因此，在这项研究中，采用余弦相似度进行度量，且两个矢量的余弦由谱线的节点变量组成，如下式所示：

$$\cos\phi = \frac{\sum_{i=1}^{n}(a_i \times b_i)}{\sqrt{\sum_{i=1}^{n} a_i^2} \times \sqrt{\sum_{i=1}^{n} b_i^2}} \tag{9-28}$$

式中，矢量 $\boldsymbol{a} = (a_1, a_2, \cdots, a_n)$ 和 $\boldsymbol{b} = (b_1, b_2, \cdots, b_n)$ 代表涉及相似性测量的谱线的节点。两个向量之间的余弦值的范围是[0，1]。该值与1越相近，两条谱线之间的相似度也就越大。

3)GDP 聚类类别分析

为了获得合理的聚类结果，必须考虑两个主要因素。首先，必须分配一组随机初始平均中心。为减少结果对平均中心初始分配的依赖性，初始平均中心从所有相似值范围内随机统一选择，并重复 10 次以产生聚类结果。其次，分类数量必须确定。其中，轮廓系数是通过将分类完成的各个类别的数据之间的相速度与相关程度进行评估、计算、比较，以评估分类数对聚类效果的好坏，并以此决定具体的分类个数。

(1)初始化聚类中心。在常用的 K 均值初始化的方法中，Forgy 法和随机分区的使用率与初始化效果都是很好的。而其中的 Forgy 法，是数据中通过随机抽选的方式选择 k 个值作为初始的聚类中心。第二种方法，随机分区方法是一种通过将所有的数据进行预分类，随机地分配到各个簇，然后不断地进行数据迭代，完成各个类别中的数据重心的计算，而对簇中所有点的重心便是随机分类中得出的初始化聚类中心。

(2)Calinski-Harabaz 指数，作为轮廓系数的一种，其计算较为简略直接，故本书将其作为评价分类质量的指标选择。在实验中，结合得到的 Calinski-Harabaz 指数，当数值越大，则说明在该聚类中的聚类效果越好，而当实际的聚类值未知时，Calinski-Harabaz 指数可以用来评估这个数值。给定一定数量的类别的聚类方法，其计算公式为

$$s(k) = \frac{(\boldsymbol{B}_k)^{\mathrm{T}}}{(\boldsymbol{W}_k)^{\mathrm{T}}} \frac{m-k}{k-1} \tag{9-29}$$

式中，m 表示在聚类中需要用到的样本个数，k 则是在聚类中的聚类的类别的数量，$\boldsymbol{B}_k$ 是进行分类的各个类别的协方差之间构成的矩阵，$\boldsymbol{W}_k$ 则是作为数据类别内部的协方差构成的矩阵。

Calinski-Harabaz 评分被定义为群集间散布与群内散布的比率。高的 Calinski-Harabaz 评分表示聚类很好地被分类了。在图 9-13 中可见，在 GDP 评分中，当它们被分为两类聚类时，Calinski-Harabaz 指数表现最高分。然而，两类不足以区分统计数据之间的变化，因为其中一类代表了不含夜间灯光值的区域。因此，我们选择四级聚类，以二者皆得分第二高的类别数进行分类，该类别数量足以代表统计数据变化中的模式，且可以较好地控制类别间的差异。

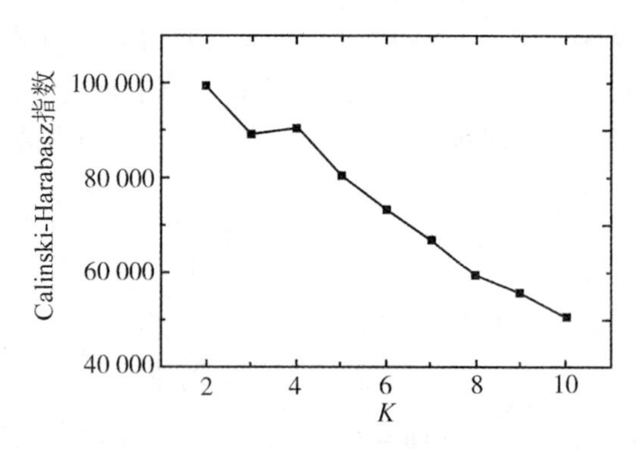

图 9-13　GDP 的 Calinski-Harabaz 评分

结合 Calinski-Harabaz 的评分方式，GDP 的时空变化分为四类。第四类代表没有夜间照明的地区，不能反映 GDP 的时间和空间变化趋势与差别。因此，前三类被用来分析研究区域中的统计数据变化模式。

4) GDP 时空聚类分析

城市群，作为区域经济的重心，其发展现状及模式优良的评价对于区域经济的整体影响是不可忽略的，尤其是以武汉为城市中心的城市圈，更是在武汉这样的龙头城市的引导下，逐渐形成一个具有很强的空间聚集能力、辐射扩散能力和扩张影响力的统一整体。因此，武汉城市圈的经济发展模式的现状对于湖北乃至华中地区的经济及生态环境问题都具有重要意义。本书通过获取的 1992—2012 年间的武汉城市圈的整体变化及各城市的扩展变化对城市群整体发展变化进行分析。

图 9-14(a) 为武汉城市圈 1992—2012 年间的 GDP 变化模式分布图，除去第四类(不含灯光值)，其他 3 类经济变化模式的变化曲线如图 9-14(b) 所示，显示了随着时间的不断变化，上述 3 类 GDP 的变化。在图 9-14(b) 中，x 轴类别代表聚类类别，而 GDP 变化代表两个相邻年份每个类别的平均 GDP 变化。从中可以发现，在 2007 年以前，研究区域的总体 GDP 变化相对较小，在此之后出现了快速增长。通过对当时政策的研究发现，这一

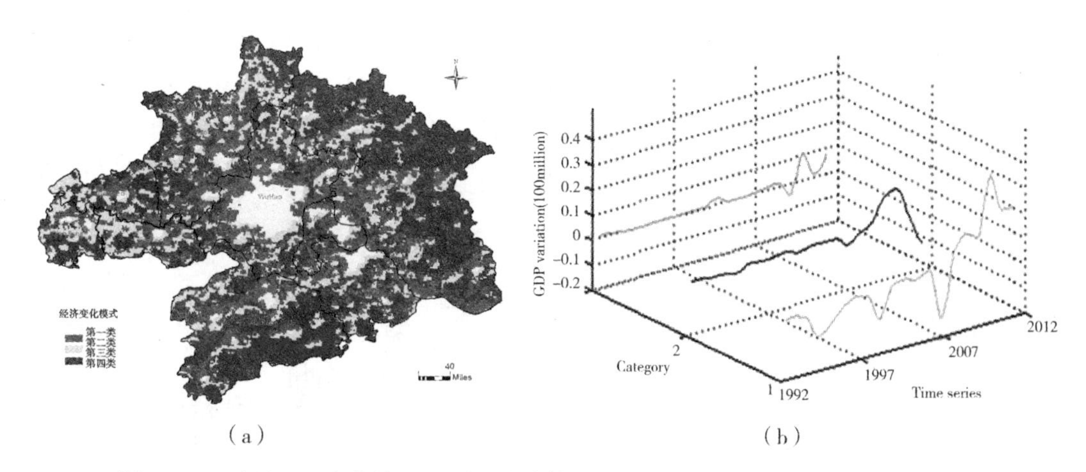

图 9-14　(a)基于 4 个类的 GDP 时空聚类结果，(b) GDP 时空变化 3 类的时变模式

增长的原因是在 2007 年武汉城市圈作为一个资源节约型和环境友好型社会的改革领域获得批准。改革政策的制定促进了研究区城市之间的经济联系和一体化实现、完善。

对于图 9-14 中的部分零散点面的分布，其存在的原因主要有以下两点。其一，由于影像的城镇像元在这样的间隔时间点上是不具有明确的时间的连续性和空间的相关性，而真实的城镇分布是具备的，也正因如此，尽管 DMSP/OLS 产品数据已经过对灯光噪声等意外因素产生的影响，而数据中却依旧存在部分灯光噪声对最后的结果产生了影响。但是另一方面，在武汉城市圈的发展和壮大的过程中，随着城际经济往来联系不断密切，基本交通环境的完善在交通建设工业的发展过程中实现。

从总体来看，武汉城市圈的经济分布发展变化，总体呈现出一种良性成片扩张性的经济增长，且在城市圈战略提出后整体的经济增长速度也有提高，开启了一个经济增长的新时期。

4. 结果精度评估

1)空间化模型精度评估

通过结合武汉市城市圈 13 个区县的统计年鉴数据上的 GDP 数据，对空间化中实现的各区县的 GDP 数据的估算结果进行误差评估与分析。如表 9-2 中，分别选择了标准误差(RMSE)，平均相对误差(MRE)和决定系数(R)，1997 年到 2012 年，由于武汉城市圈 GDP 增长近 10 倍，RMSE 的数值得到了增加。每年的 R 值越高，同时 MRE 值越低，则表明县级估计的和实际的 GDP 值相似。

验证结果如表 9-2 所示，可以看出，夜间灯光数据可以有效地用于武汉城市圈的统计数据的空间化，估计的 GDP 的空间化分布图可以精确地表达 GDP 的空间分布。

2)时空聚类精度评估

基于 1995 年、2000 年、2005 年和 2010 年的中国土地利用/覆盖数据集，对每个聚类类别计算了 3 种主要的土地利用类型，包括城市建成区、农村居民区和工业区。图 9-15

显示了基于上述分类的每个类别与 3 种土地利用类型的统计结果，(a)到(c)分别表示第一类到第三类与 3 种土地覆盖之间的相关性。图 9-15 的比较表明，(a)可以用来表示第一类主要土地利用类型为城市建成区，这表明第一类与大中小城市的城市中心有很强的关联性。第二类和第三类的主要土地利用类型是农村居民区。然而，城市建成面积在第二类中比在第三类中要普遍得多。因此，第二类一般与城市边缘地区相关，第三类则可以较好地反映出农村地区的相关特征。

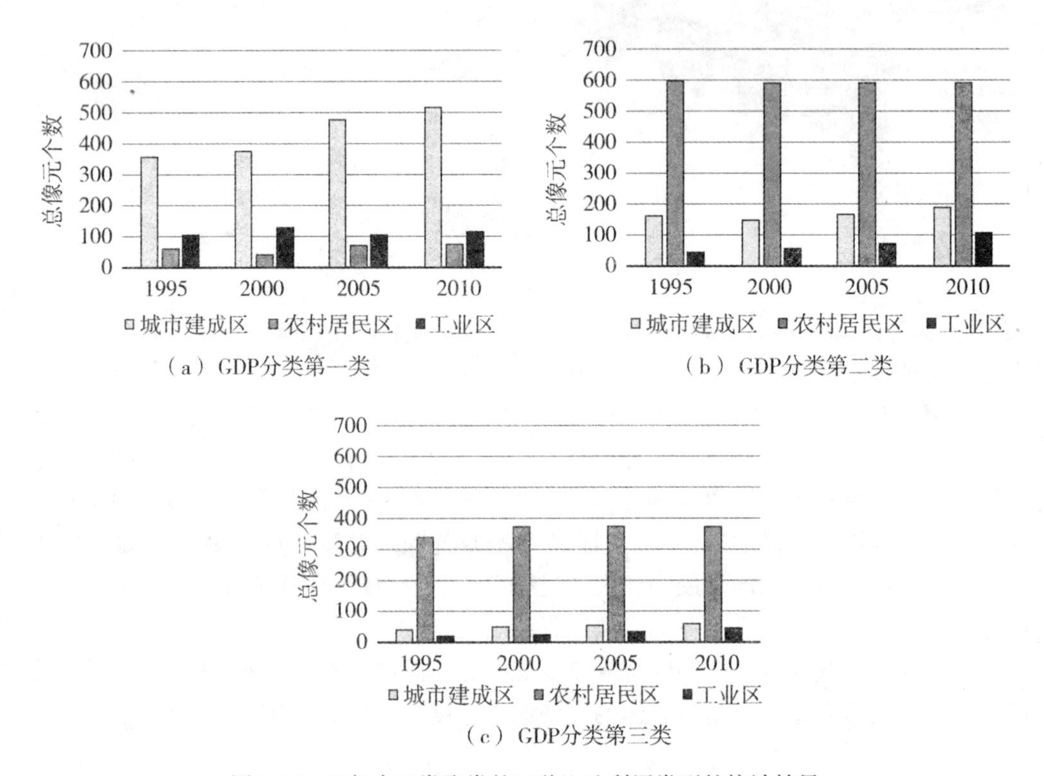

图 9-15　四年内三类聚类的三种土地利用类型的统计结果

从 1992 年到 2012 年，可以观察到每个类别的 GDP 的变化模式的差异。代表城市中心的第一类 GDP 变化波动很大。2007 年以前，由于政府率先发展东部沿海地区经济，研究区城市经济发展速度放缓甚至倒退。当时，由于政策影响，许多资源密集型产业被搬迁，导致 GDP 短暂下降。第二类是城市边缘地区的 GDP 变化。在 2007 年之前，这些地区的 GDP 变化很小，因为这些欠发达地区主要由第一产业支配，而第一产业的产业特点决定了其对经济的贡献率较为稳定。然后，随着行业移民带来的城市化和产业结构转型的加快，二、三产业在这些地区开始活跃并导致 GDP 快速增长。由于这些地区分布在农村地区，第三阶段的国内生产总值发展停滞不前。这些地区 GDP 小幅增长与武汉大都市区 GDP 的辐射效应有关。并且，随着农业生产技术的持续提升，GDP 在从事第一产业的地区有所增加。

9.5 本章小结

本章包括时空间数据库的一个重要的引入领域，称为时空数据挖掘。首先，讨论数据仓库和数据挖掘的起源、概念、原理和多种方法。由于相关内容超出了本书的讨论范畴，因此，本章的讨论以综述为主。

因为空间数据与非空间数据相比，存在结构复杂性，使空间数据挖掘技术需要针对空间数据的固有特征进行增强。因此，本章第3节综述了空间数据挖掘的一些常用方法。第4节重点讨论了时空数据挖掘中最常用的聚类技术，通过非空间的属性数据聚类、空间数据聚类和时空数据聚类的介绍，详细讨论了时空数据聚类的原理，并以一个时空数据挖掘案例作为结束。

思考题

1. 简述数据仓库及其基本特征。
2. 数据库和数据仓库的区别是什么？
3. 什么是知识发现？其一般过程是什么？
4. 简述空间分类和空间聚类。
5. 什么是时空数据挖掘？时空数据挖掘的关键技术是什么？

参考文献

IBM. What is big data? [EB/OL]. [2012-10-12]. http://www01.ibm.com/software/data/bigdata/

Friedman J H. Data mining and statistics: what's the connection? [C]//29th Symposium on the Interface: Computing Science and Statistics, 1997: 3-9

李涛. 数据挖掘的应用与实践[M]. 厦门：厦门大学出版社，2013.

唐世渭，裴健. 数据仓库的体系结构[J]. 中国金融电脑，1998 (3)：10-14.

王孝成. 数据仓库的特征、应用类型和实施方法[J]. 计算机与现代化，2002 (11)：11-13.

朱廷劭，高文，Charlex X Ling. 数据库中知识发现的处理过程模型的研究[J]. 计算机科学，1999，26(2)：44-47.

施蕾，孟凡荣. 数据挖掘系统结构的研究[J]. 微计算机信息，2007，23(18)：167-168.

裴韬，周成虎，骆剑承，等. 空间数据知识发现研究进展评述[J]. 中国图象图形学报A辑，2001 (9)：42-48.

朱明. 数据挖掘[M]. 2版. 合肥：中国科学技术大学出版社，2008.

朱明. 数据挖掘导论[M]. 合肥：中国科学技术大学出版社，2012.

Birant D, Kut A. ST-DBSCAN: an algorithm for clustering spatial—temporal data[J]. Data & Knowledge Engineering, 2007, 60(1): 208-221.

Cherkassky V, Mulier F. Learning for data: concepts, theory and methods[M]. New York: Wiley, 1998.

李德仁，王树良，李德毅. 空间数据挖掘理论与应用[M]. 北京：科学出版社，2006.

Verhein F, Chawla S. Mining spatio-temporal patterns in object mobility databases[J]. Data Mining & Knowledge Discovery, 2008, 16(1): 5-38.

夏英，张俊，王国胤. 时空关联规则挖掘算法及其在 ITS 中的应用[J]. 计算机科学，2011，38(9)：173-176.

李涛，曾春秋，周武柏，等. 大数据时代的数据挖掘——从应用的角度看大数据挖掘[J]. 大数据，2015(4)：57-80.

于洪涛，朱仲英. 基于 GIS 的时空数据仓库技术的若干应用研究[J]. 微型电脑应用，2003，19(12)：5-8.

Yeung A K W, Hall G B. Spatial database systems: design, implementation and project management[M]. Dordrecht: Springer, 2007.

Chelghoum N, Zeitouni K, Boulmakoul A. A decision tree for multi-layered spatial data[C]//Proceedings Symposium on Spatial Theory, Processing and Applications. 2002.

Lehman A, Overton J Mc C, Austin M P. Regression models for spatial prediction: their role for biodiversity and conservation[J]. Biodiversity and Conservation, 2002 (11): 2085-2092.

尹章才，邓运员. 时空数据仓库初探[J]. 测绘科学，2002，27(3)：8-12.

杨文涛. 时空序列数据挖掘中若干关键技术研究[D]. 长沙：中南大学，2013.

陈奎. 基于聚类分析的目标分群问题的应用研究[D]. 西安：西安电子科技大学，2013.

张黎. 数据挖掘在公共图书馆管理决策中的应用[J]. 现代情报，2006，26(8)：122-123.

朱廷劭，高文. KDD：数据库中的知识发现[J]. 计算机科学，1997，21(6)：5-9.

朱永武. 基于数据挖掘的企业竞争情报系统[J]. 现代情报，2005，25(6)：168-169.

王书芹. 基于深度学习的瓦斯时间序列预测与异常检测[D]. 徐州：中国矿业大学，2018.

刘瑶杰. 基于实时路况的交通拥堵时空聚类分析[D]. 北京：首都师范大学，2014.

王劲峰，葛咏，李连发，等. 地理学时空数据分析方法[J]. 地理学报，2014，69(9)：1326-1345.

Zhang P, Liu S, Du J. A map spectrum-based spatiotemporal clustering method for GDP variation pattern analysis using nighttime light images of the Wuhan Urban Agglomeration [J]. ISPRS International Journal of Geo-Information, 2017, 6(6): 160.

Liu J, Li W. A nighttime light imagery estimation of ethnic disparity in economic well-being in mainland China and Taiwan (2001—2013)[J]. Eurasian Geography & Economics, 2014, 55 (6): 691-714.

Cao X, Wang J M, Chen J, et al. Spatialization of electricity consumption of China using saturation-corrected DMSP-OLS data[J]. International Journal of Applied Earth Observation and Geoinformation, 2014, 28: 193-200.

He C, Shi P, Li J, et al. Restoring urbanization process in China in the 1990s by using non-radiance-calibrated DMSP/OLS nighttime light imagery and statistical data[J]. 科学通报(英文版), 2006, 51(13): 1614-1620.

Li X, Zhou Y. Urban mapping using DMSP/OLS stable night-time light: a review[J]. International Journal of Remote Sensing, 2017, 38(21): 6030-6046.

Small C, Elvidge C D, Balk D, et al. Spatial scaling of stable night lights[J]. Remote Sensing of Environment, 2010, 115(2): 269-280.

Shi K, Yu B, Huang Y, et al. Evaluating theability of NPP-VIIRS nighttime light data to estimate the gross domestic product and the electric power consumption of China at multiple scales: a comparison with DMSP-OLS data[J]. Remote Sensing, 2014, 6(2): 1705-1724.

Pandey B, Zhang Q, Seto K C. Comparative evaluation of relative calibration methods for DMSP/OLS nighttime lights[J]. Remote Sensing of Environment, 2017, 195: 67-78.

Agrawal Rakesh, Imielinski Tomasz, Swami Arum. Mining association rules between sets of items in large databases[C]//The ACM SIGMOD Conference on Management of Data. 1993: 207-216.

Koperski K, Han J. Discovery of Spatial Association Rules in Geographic Information Databases[C]//The 4th International Symposium on Large Spatial Databases (SSD95), Marine. 1995: 47-66.

张文秀. 聚类技术在网络入侵检测中的研究与应用[D]. 北京: 电子科技大学, 2010.

刘大有, 陈慧灵, 齐红, 等. 时空数据挖掘研究进展[J]. 计算机研究与发展, 2013, 50(2): 225-239.

第10章　空间数据管理案例

本书前面主要讨论了数据库、空间数据库和时空数据库的基本原理和技术方法。为了加强前述原理和方法的理解和应用，本章引入某省的快速供图服务体系这样一个实际案例，来讨论空间数据管理的原理和方法在实际数据管理中的应用。

10.1　业务需求

面向广泛的地图服务需求，现有的各类地理信息数据资源，包括基础测绘数据、地理国情普查数据、天地图数据、影像数据、DEM 数据、各类型专题数据等，数据种类多、数据量大且更新维护工作量大。在缺乏有效的集成管理的情况下，地图服务效率低，难以满足快速供图需求。

快速供图业务对基础数据和数据管理有明确的需求，既需要有优势数据资源，也需要有集成化、高效的软件体系作支撑保障。地图服务对数据现势性要求较高，且数据库必须具有更新机制。在数据更新时，需要能维护数据的各个版本，追溯每一条数据在何时何地进行了何种更新，能方便快速地提取任意版本的数据。数据分发方面需要根据数据应用需求，能够为用户提供数据库中任意范围、任意图层、任意尺度的数据。在数据操作方面需要能够多用户协同，即根据数据操作需求，在快速供图数据生产和更新中，需要多用户同时访问数据，共同修改数据，共同维护数据。

根据快速供图数据库管理、维护、数据服务等业务，以及其他相关业务对数据库进行查询、浏览、修改等操作，不同用户对象对数据管理的需求主要包含 3 种情况。

(1)数据库管理人员：对数据库日常系统运行维护管理、数据库的更新、数据库的备份、数据库用户管理、用户权限管理等。

(2)数据加工与提供人员：对数据库数据进行查询、提取、加工、入库等操作，提供数据服务。

(3)授权用户：在数据库授权的情况下只对数据库有浏览、查询等操作权限。

此案例中的快速供图服务系统的业务需求包括数据管理需求、数据集成需求和快速供图需求。

1. 数据管理的功能需求

根据空间数据库中数据内容的类型、状态、结构等角度考虑(图 10-1)，需要对数据实现有效的存储管理，也需要根据应用需求及时向用户提供数据浏览、数据查询、数据提取、数据编辑、数据更新等功能服务。

此外，还要提供对数据库中的数据进行基本操作，如数据裁切、数据拼接、数据格式转换、数据分发等，才能达到快速供图服务体系建设的目标。

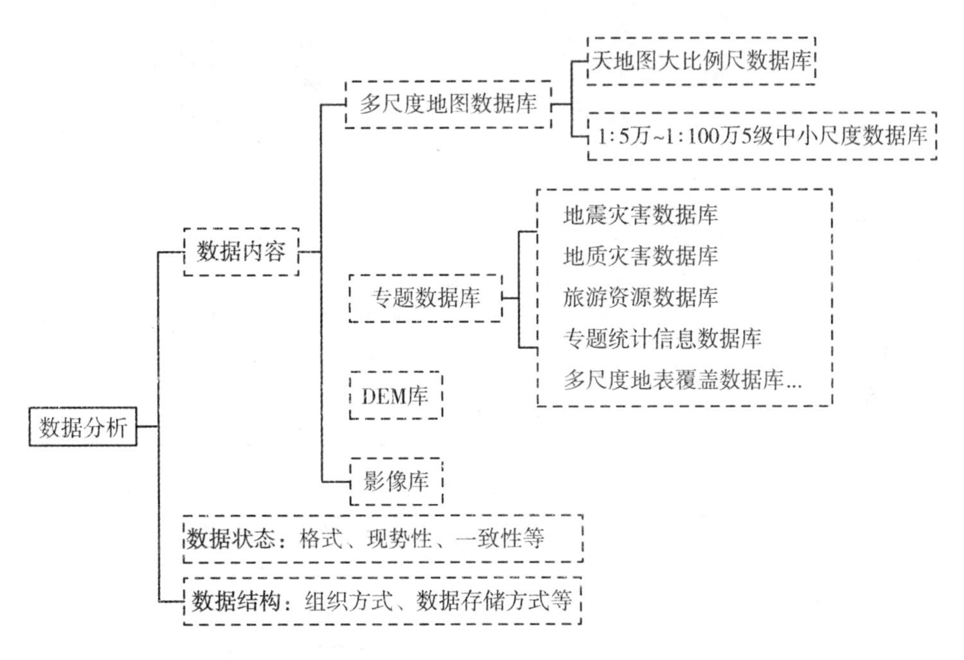

图 10-1 快速供图服务体系空间数据管理分析

2. 数据集成管理的需求

由于案例快速供图服务系统中涉及数据类型较多，数据库的时间版本多样，形成了多个独立的数据库，因此数据管理需按照数据库集成的统一技术框架，实现对各独立数据库的集成统一管理，并预留与其他数据库集成的接口。如图 10-2 所示，为案例系统的数据统一集成框架。

3. 快速供图应用需求

快速供图的应用需求包括政务保障用图和灾害应急用图。政府职能机构的政务规划决策往往需要以图(空间数据)为依据，各类区域宏观规划的制定、产业布局分析、国土空间开发等领导科学决策和日常政务工作都离不开地图。各类政务保障地图需求业务类型多样，地图范围要求也不固定且对时效性要求高，对快速供图服务提出了很高的要求。例如，某省在我国属于自然灾害频发区、易发区和重灾区，尤其地质灾害点多面广，灾害类型众多，危害严重，防灾减灾形势十分严峻。快速供图业务需建立完备的地理数据库和灾害专题数据库，才能满足突发灾害应急供图的需求。

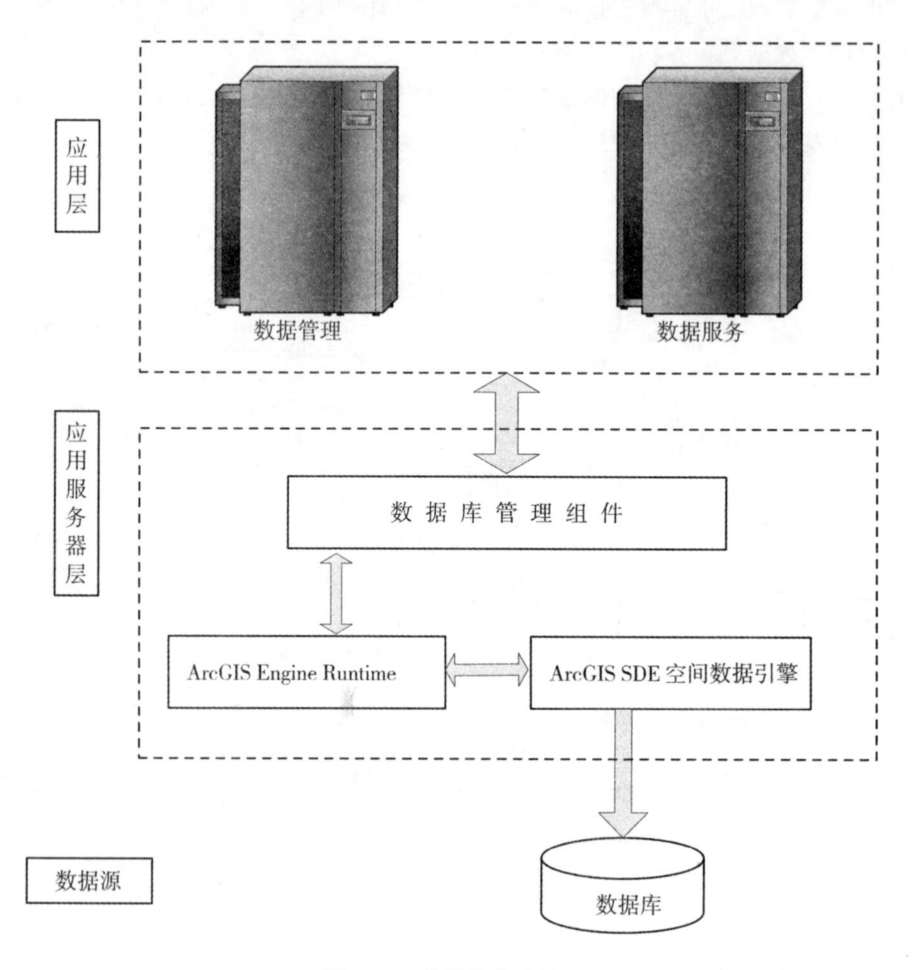

图 10-2　数据的集成管理

10.2　案例设计

快速供图服务数据库设计包括系统总体结构、数据库构成、逻辑结构和数据库系统结构等方面的设计。数据库管理系统应包括数据整理、数据访问、数据查询、数据编辑、数据更新、数据保护等功能。数据管理的具体实施通过数据建库、数据库管理系统和应用系统的研发来实现。

10.2.1　总体结构设计

快速供图服务系统围绕标准规范和生产服务需求，以总体设计、统一构建为原则，将总体框架分为基础支撑层、业务逻辑层与应用服务层 3 个层级，如图 10-3 所示。其中，基础支撑层主要为业务逻辑提供稳定可靠的算法模型与数据支撑；业务逻辑层采用模块化设计，将算法模型与具体业务逻辑封装成自由组装、独立扩展的功能单元，以供上层系统调用；应用服务层根据不同的系统建设需求，将下层业务逻辑进行组装集成，分别形成面向数据整理与地图综合、级联更新、地图快速制图以及服务发布的定制化独立系统。

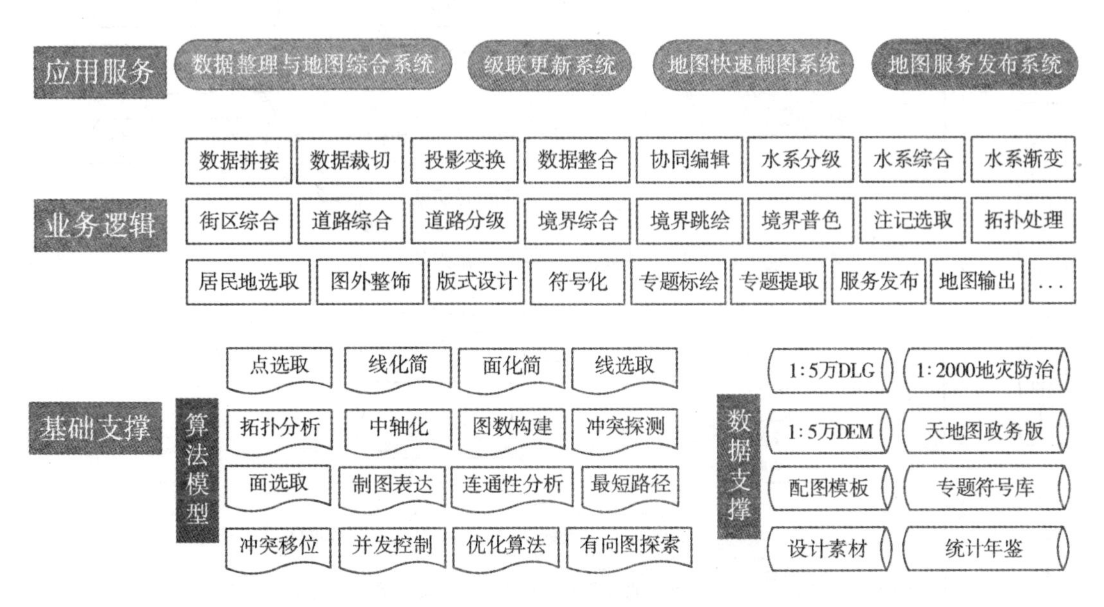

图 10-3 快速供图服务体系总体框架

10.2.2 数据库构成设计

快速供图服务数据库由多尺度地图数据库、多类型专题数据库、影像数据库和数字高程模型数据库构成，如图 10-4 所示。多尺度地图数据库包含天地图数据库和 1 : 5 万、1 : 10万、1 : 25 万、1 : 50 万、1 : 100 万五个中小比例尺数据库。专题数据库包含多尺度地表覆盖数据库、地质灾害数据库、旅游资源数据库、专题统计信息数据库等。影像数据库由地理国情影像、国土三调影像和 1 : 5 万影像等。数字高程模型数据库由精细化的 2 米格网 DEM 和 25 米格网 DEM 构成。

10.2.3 数据组织与存储

快速供图服务数据库的数据组织形式为矢量数据分层组织，DOM 数据以栅格数据集组织和 DEM 以 TIN 数据集存储。数据存储形式为服务器远程存储。数据的表达模型为多尺度地图数据库、专题数据库采取矢量模型，影像库和 DEM 库采用栅格模型。逻辑模型采用关系模型。多尺度地图数据库按尺度分为五级，包括 1 : 5 万地图数据库、1 : 10 万地图数据库、1 : 25 万地图数据库、1 : 50 万地图数据库、1 : 100 万地图数据库，各尺度数据按要素类型(交通、水系、境界、居民地等)分层；“天地图”数据库按尺度分级、按要素类型分层；专题数据库按地震、地质灾害、地表覆盖、旅游资源等专题类型分类分层；遥感影像数据库按类型和分辨率分类；DEM 数据库按格网分类组织。

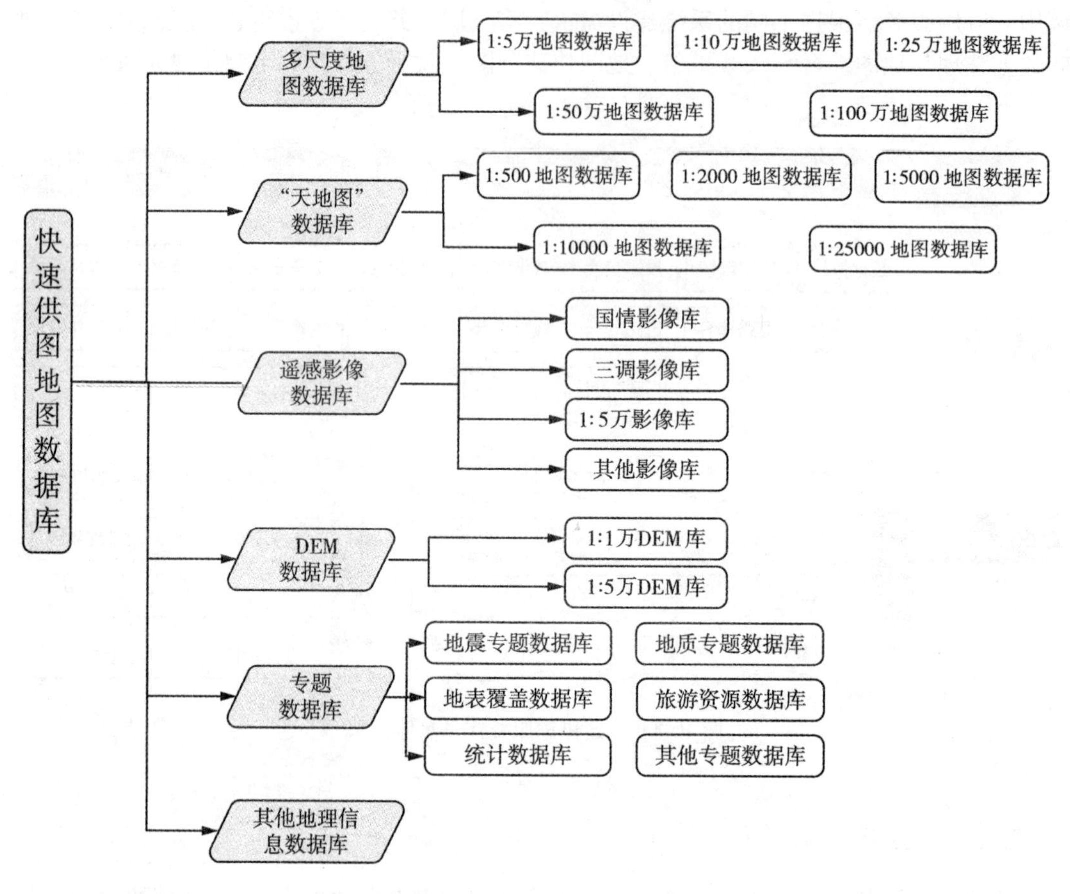

图 10-4　快速供图服务体系空间数据构成

10.2.4　数据库逻辑模型设计

多尺度地图数据库是基于对象-关系逻辑模型构建 Geodatabase，底层数据库管理系统采用 PostgreSQL，空间数据引擎对空间数据的访问和存取提供了接口。空间数据库的逻辑层次结构化为四级：数据库、数据集、图层和要素。

(1)数据库，在案例中也被称为总库，是快速供图数据库的总称。

(2)数据集(dataset)，也称为子库，是总库下按照数据类型及地理要素的分类进行逻辑分层并建立对应比例尺的数据库，如表 10-1 所示。

(3)图层，在案例中也称为逻辑层，是要素集中的要素类，每个要素类由具有相同属性表结构的要素(对象)构成。

(4)要素，图层中的要素或对象。

具体的数据结构设计采用自顶而下的方式，即先整体设计数据库的总体框架，再逐步细化数据分层。数据库中的每一个图层对应一个要素类(feature class)。数据库的要素类/图层设计包含各大类要素，按照数据的空间数据类型进行合理的要素分类组织。除要素分层外，对每类要素通过设计属性表，定义每个属性字段的数据类型，如表10-2、表10-3所示。在快速供图数据库中还设计了3个特殊的数据表：RecordTable、SMGIServerState和SMGISystem。RecordTable表记录每一条数据更新情况，包括操作类型、更新时间、版本号、更新人员等。SMGIServerState表记录整体数据更新情况，包括更新时间、更新人员、备注等。SMGISystem表记录更新采用的共享文件，数据范围等信息。

表10-1 多尺度地图数据库逻辑设计示例

序号	要素分类	数据分层	内　容	几何特征
2	水系(H)	HYDP	水系(点)	点
3		HYDL	水系(线)	线
		HYDA	水系(面)	面
4	境界(B)	BOUL	境界(线)	线
5		BOUA	境界(面)	面
6	交通(L)	LRRL	铁路(线)	线
7		LRDL	道路(线)	线
8		LFCP	交通附属设施(点)	点
9	居民地(R)	RESP	地名(点)	点
10		RESA	居民地(面)	面

表10-2 多尺度地图数据库属性表示例

属性项名	属性项含义	数据类型	允许为空	长度	备注
GB	国标分类码	LONG	No	—	
HYDC	水系名称代码	TEXT	Yes	8	
PAC	政区代码	LONG	No	—	
RN	道路编号	TEXT	Yes	30	
RN2	道路编号2	TEXT	Yes	30	
RDPAC	道路行政归属	LONG	Yes	—	
NAME	名称	TEXT	Yes	60	
JIANCH	简称	TEXT	Yes	60	
WQL	水质	TEXT	Yes	4	
VOL	库容量	LONG	Yes	—	单位：$\times 10^4 m^3$

续表

属性项名	属性项含义	数据类型	允许为空	长度	备注
CLASS	地名分类码	TEXT	Yes	3	
RTEG	公路技术等级	TEXT	Yes	4	
MATRL	铺设材料	TEXT	Yes	6	
LANE	车道数	LONG	Yes	—	
SDTF	单/双行线	TEXT	Yes	2	
WIDTH	宽度	DOUBLE	Yes	—	单位：m
WEIGHT	载重	LONG	Yes	—	单位：t
BRGLEV	层数	LONG	Yes	—	
KM	公里数	LONG	Yes	—	
SMGIGUID	唯一标识	TEXT	No	255	
PERIOD	时令月份、通行月份	TEXT	Yes	20	
TYPE	类型、混杂种类	TEXT	Yes	20	
ANGLE	角度	LONG	Yes	—	单位:°
…	…	…	…	…	…

表 10-3　**专题数据库属性表示例**

数据库名称	要素名	属性项	填写示范
地质灾害数据库	地质灾害隐患点	隐患点名称	八步里沟泥石流
		隐患点类型	泥石流
		地级行政隶属	阿坝州
		县级行政隶属	金川县
		乡镇	金川镇
		村	八步里村
		组	五组
		经度	102°28′19″
		纬度	31°28′30″
		X	101.53
		Y	32.61
		规模等级	大型
		险情等级	特大型

续表

数据库名称	要素名	属性项	填写示范
地质灾害数据库	地质灾害隐患点	威胁财产(万元)	10 000
		威胁人数(人)	30 000
		威胁户数(户)	3600
	地质灾害易发度分区	等级	高易发区
地震灾害数据库	地震点	地震时间	2014-11-22
		位置	××市××县
		经度	101.7°
		纬度	30.2°
		震级	6.3
		死亡人数	5
		伤亡人数	80
	地震断裂带	类型	一般断层
		断裂带名称	龙门山断裂带(北川-映秀断裂带)
		属性	实测逆冲推覆断层
		特征	为逆冲推覆断裂带，系龙门山主中央断裂带，北起广元，北延人陕西，南达泸定，总体走向北东，倾向北西
	地震动峰值加速度	加速度	≤0.05g
多尺度地表覆盖数据库	省1:1万地表覆盖	地表覆盖分类代码	0110
	省1:5万地表覆盖	地表覆盖分类代码	0110
	省1:10万地表覆盖	地表覆盖分类代码	0110
	省1:25万地表覆盖	地表覆盖分类代码	0110
	省1:50万地表覆盖	地表覆盖分类代码	0110
旅游资源数据库	旅游景点	分类代码	670103
		分类名称	世界遗产
		实体名称	贡嘎山
		省级行政隶属	××省
		地级行政隶属	××市
		县级行政隶属	××区

续表

数据库名称	要素名	属性项	填写示范
旅游资源数据库	旅游热线	分类名称	旅游热线
	自然、文化保护区	地级行政隶属	甘孜藏族自治州
		县级行政隶属	理塘县
		保护区名称	海子山国家级自然保护区
		面积	4591. 61km^2
		等级	国家级
		特征	高寒湿地生态系统及白唇鹿、马麝、金雕、藏马鸡等珍稀动物

10. 2. 5　数据库系统结构与安全设计

数据库系统结构采用 C/S 结构。数据库访问通过空间数据引擎，允许数据通过局域网进行远程访问，访问速度较快，相对稳定。数据库管理系统采用 PostgreSQL，该系统支持大部分 SQL 标准，并且提供了复杂查询、外键、触发器、视图、事务完整性等其他现代特性。数据查询通过空间范围、地名、经纬度等方式进行。

客户端软件是基于地理信息系统开发的快速制图系统、多尺度地图数据库生产系统和数据库级联更新系统。

通过设定各级用户的访问权限对数据库进行访问控制，以保障数据库的安全。数据库管理通过用户信息表来实现用户权限控制。用户信息管理表用于记录用户信息，包括序号、用户名、密码、角色，如表 10-4 所示。角色用于控制用户访问数据库的权限。

表 10-4　**用户信息表**

属性名称	属性类型	是否为空	是否主键
序号	int	否	
用户名	string	否	是
密码	string	否	
角色	string	否	

10. 3　案例实施

10. 3. 1　空间数据初始化

基于空间数据引擎接口访问数据库，如图 10-5 所示。初始化后增加元数据表、版本管理和配置表。要素类(feture class)增加 SMGIGUID、SMGIVERSION、SMGIOPUSER 属性字段，如图 10-6 所示。

(1)SMGIGUID，为要素唯一标志码。

(2)SMGIVERSION，为要素版本号，记录要素历史版本。

(3)SMGIOPUSER，操作者，记录该要素操作者。

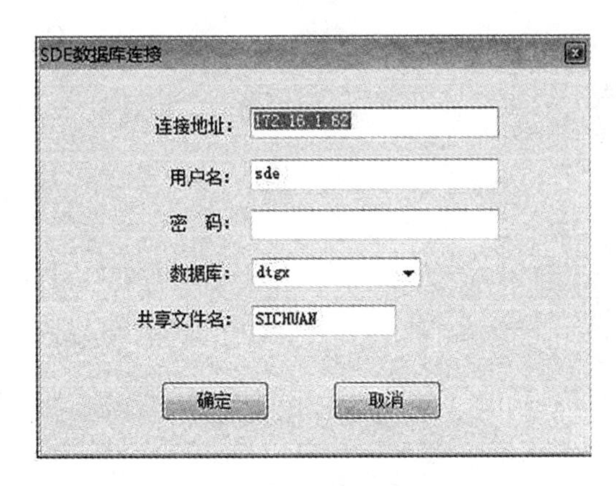

图 10-5　SDE 数据库连接

dcd10w.sde.HYDL

VERS	GRADE2	FROMWIDTH	TOWIDTH	PATHID	smgiversion	smgiguid	smgiopuser	smgidel *	SHAPE *
2015	0	<空>	<空>	25797	67	43475326-afbb-4db9-80c1-1c817c0d1e37	STZX-WGQ-WIN7	<空>	折线
2015	0	<空>	<空>	25797	67	e1760f0f-d173-446d-96c5-d5fb1088bc47	STZX-WGQ-WIN7	<空>	折线
2015	0	<空>	<空>	27985	67	ee194eb3-2ccc-41e7-b1f8-23b74db9c04d	STZX-WGQ-WIN7	<空>	折线
2015	7	<空>	<空>	29327	67	a6d01126-0231-4b7d-90b5-fd3b332cb957	STZX-WGQ-WIN7	<空>	折线
2015	0	<空>	<空>	20580	73	92388cab-d36a-4784-a373-d7394ab20533	STZX-WGQ-WIN7	<空>	折线
2015	0	<空>	<空>	28781	67	a63c7086-eeba-48a2-b0b1-39cb86cd9128	STZX-WGQ-WIN7	<空>	折线
2015	<空>	<空>	<空>	<空>	67	9b436be7-cd32-440e-a717-abaf9449234d	STZX-WGQ-WIN7	<空>	折线
2015	4	<空>	<空>	19579	67	2032d75d-9f03-4cb0-bbad-a6be2ca77ee2	STZX-WGQ-WIN7	<空>	折线
2015	10	<空>	<空>	21717	70	8e229870-3282-4f64-9c91-ff05f1a7fa78	STZX-PYN-W7	<空>	折线
2015	2	<空>	<空>	27321	67	1d0352c3-abb2-4ae4-ae97-93448c272f81	STZX-WGQ-WIN7	<空>	折线
2015	5	<空>	<空>	27655	67	de5d0dca-f487-4301-9e00-712666dec99d	STZX-WGQ-WIN7	<空>	折线

图 10-6　数据库中增加 SMGIGUID、SMGIVERSION、SMGIOPUSER 属性字段

10.3.2　数据整理

案例系统设计研发了数据整理工具，包括格式转换、投影变换、数据选取、数据拼接、影像裁切等工具，以完成数据整理工作，如图 10-7 所示。

图 10-7　数据整理工具条

10.3.3　数据库配置

数据库配置包括配置多尺度数据库的连接信息、配置地图服务、配置地图定位、配置DEM 数据源、配置专题数据等，如图 10-8 所示。

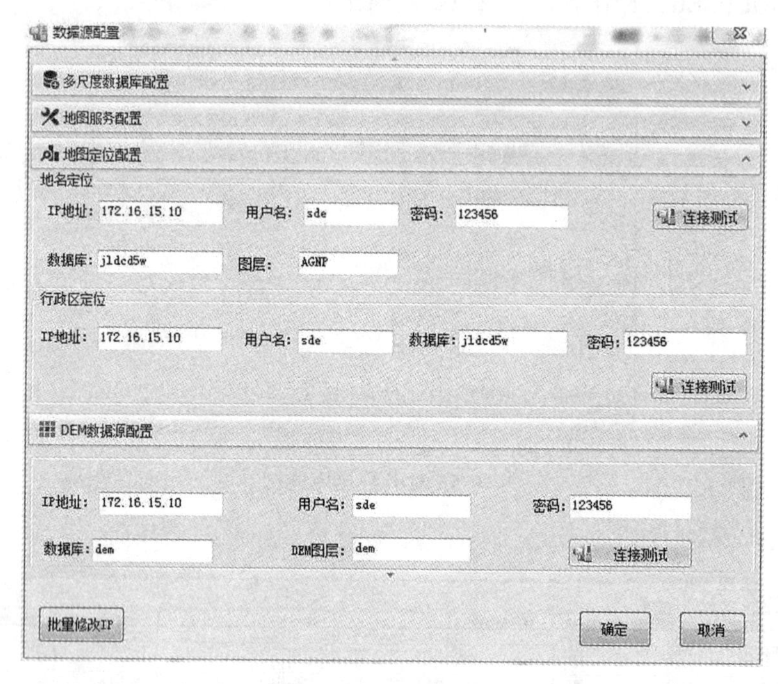

图 10-8　数据库配置

10.3.4　用户管理

在用户管理模块中，管理员可以查看用户信息(图 10-9)，还可以进行新增用户、修改用户信息、删除用户、设置用户权限等操作(图 10-10、图 10-11)。

用户管理

序号	用户名	密码	角色
1	tiadaofu	jlla	管理员
2	wjz	23123	管理员
3	lcl	41123	管理员
4	wgq	901123	数据加工与提取人员
5	fgc	581123	数据加工与提取人员
6	lj	jkaskdf	授权用户
7	py	jkkakd	授权用户
8	yyh	41131k	授权用户

新增用户　修改用户　删除用户　退 出

图 10-9　用户管理

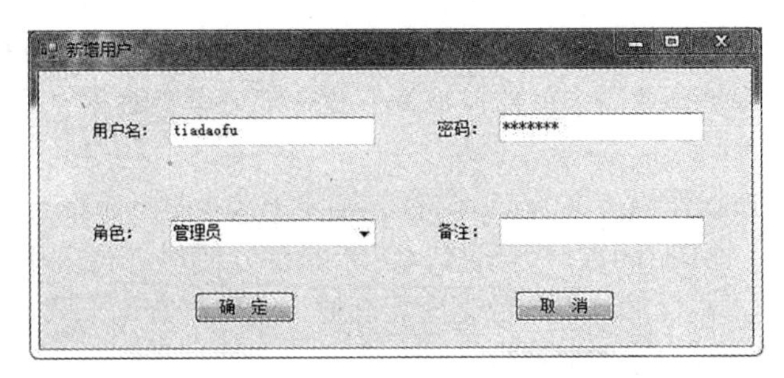

图 10-10　新增用户

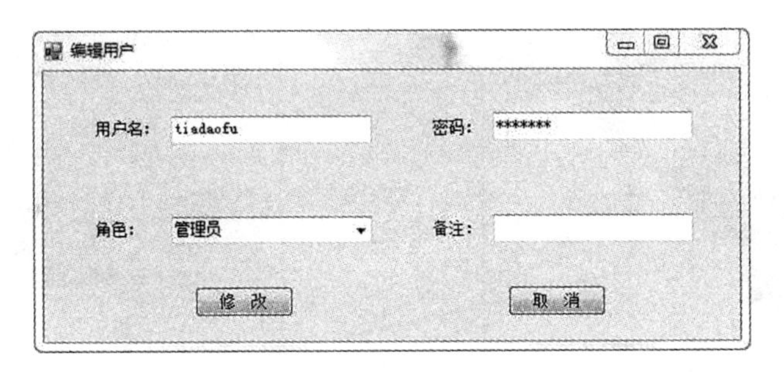

图 10-11　用户权限设置

10.3.5 数据库连接与下载

用户根据权限可以进行数据库的访问和数据下载，如图 10-12 所示，分为 3 个步骤。

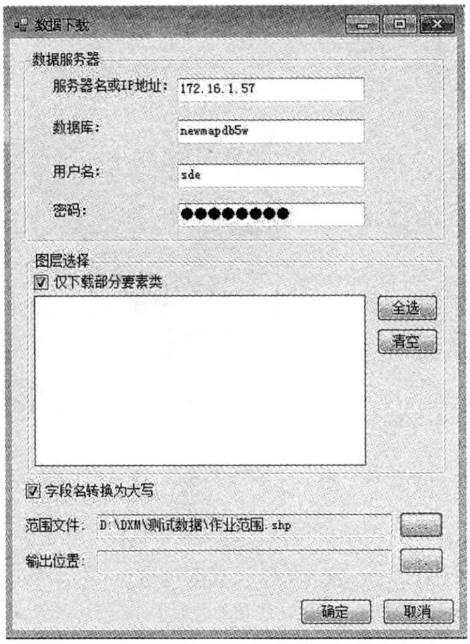

图 10-12　数据下载设置

(1)数据服务器：设定服务器上数据库 IP 地址、数据库名称、用户名和密码。

(2)图层选择：根据作业需求，选择是否下载全部要素类数据，或者勾选部分需要的要素类数据。

(3)范围文件：选择作业范围的 shp 文件，确定下载数据的范围，如图 10-13 所示。

在 .net 平台下，基于空间数据引擎接口，能非常方便地进行多用户并发访问和操作统一数据，提供了非常高性能的 GIS 数据库管理通道。数据查询下载通过空间位置索引进行，数据下载并保持边界要素的完整性。

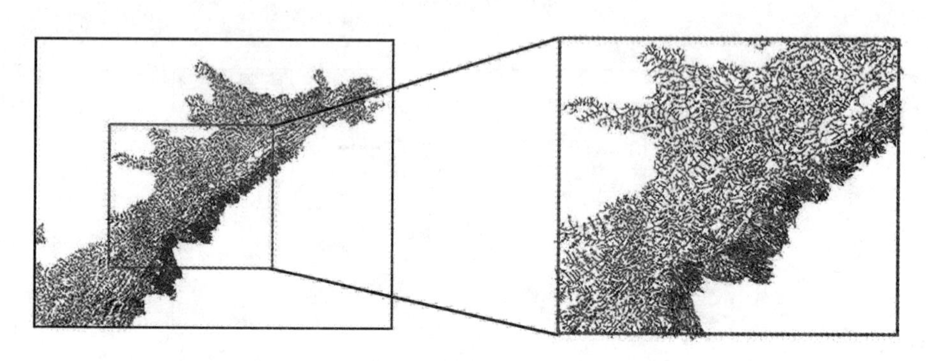

图 10-13　数据范围

10.3.6　数据定位与浏览

在数据库中，我们可以指定范围进行数据查询和数据浏览，如图 10-14 所示。

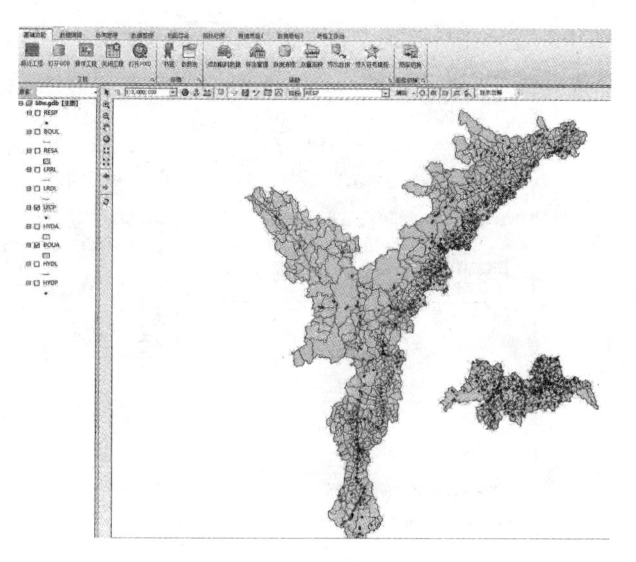

图 10-14　数据浏览

10.3.7 数据编辑

案例系统设计研发了 9 个功能模块，包括数据编辑功能，多尺度地图数据建库编辑、数据质量检查的需求，如图 10-15 所示。

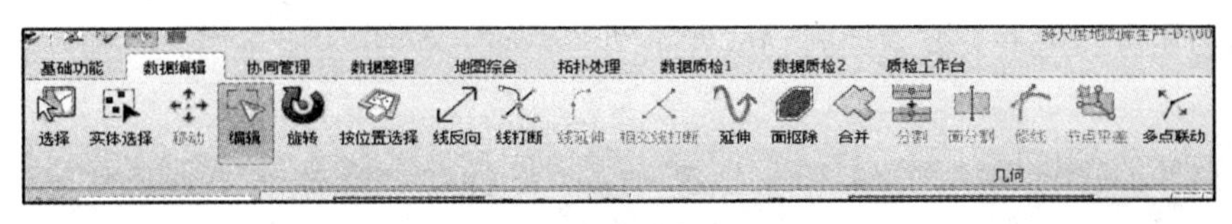

（a）数据编辑工具1

（b）数据编辑工具2

（c）数据编辑工具3

图 10-15 数据编辑工具

10.3.8 数据更新

多尺度数据库设计、建库时定义了要素唯一编码，以方便利用数据增量包，逐级进行数据增量匹配与要素更新功能，如图 10-16 所示。

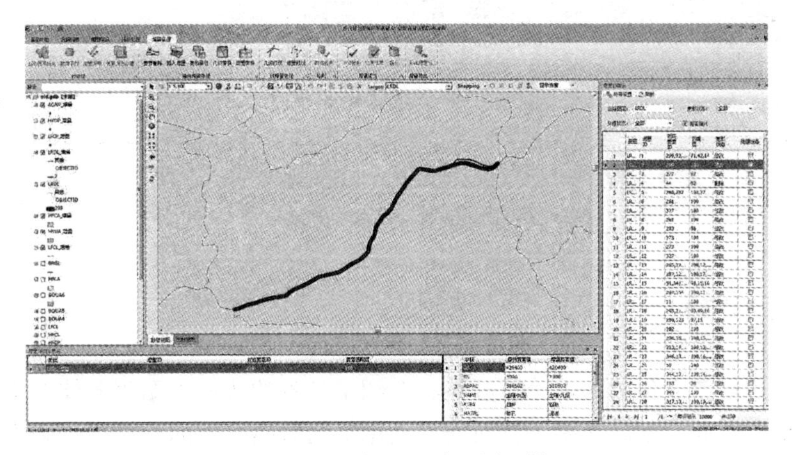

图 10-16 增量匹配与要素更新

10.3.9　冲突检测

数据经编辑更新，在数据上传数据库前必须进行冲突检测，如图 10-17 所示。检测本地将提交的更新数据，在服务器中是否也被其他人所编辑。若存在被编辑的情况，则该要素和服务器中最新版本要素有冲突，应将这些冲突要素下载到本地数据库。通过查看本地冲突要素与服务器上冲突要素，自动或者手动解决冲突。

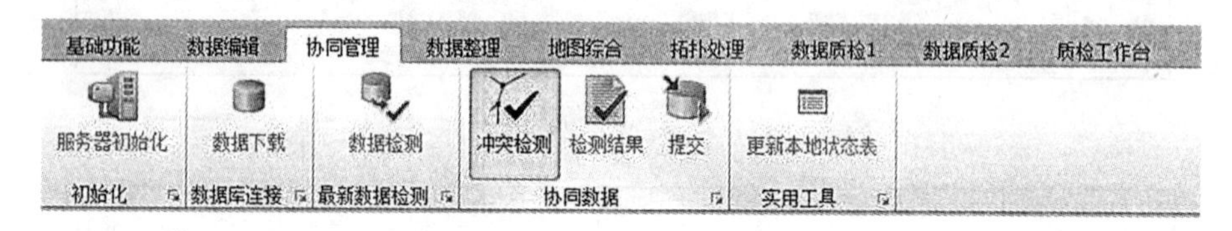

图 10-17　冲突检测功能

10.3.10　数据上传

数据上传，即提交本地作业成果数据到服务器，如图 10-18 所示。程序更新服务器端数据的同时也更新本地数据库数据，保持提交后本地数据库的数据与服务器端数据的一致性。在本地数据库，程序自动备份了一份提交更新前的数据库。

dcd10w.sde.RecordTable

OBJECTID *	optype	keygid	opuser	OPTIME	versid
85968	新增	afe2588b-abe6-4cc3-b4ad-a2ac3b645b7	STZX-WJZ-WIN7	2017/4/11 14:08:38	136
134951	修改	9a348534-7fa3-416e-ab8d-19663a4d657	STZX-ZLL-WIN7	2017/5/9 16:40:01	229
10210	修改	0341622c-eaba-4250-9238-50669054ade	STZX-FGC-WIN7	2017/2/6 19:46:41	98
134758	修改	645715cc-85c9-4646-89b7-a957e134c65	STZX-ZLL-WIN7	2017/5/9 15:36:46	229
7363	修改	254354f0-2681-4ab0-9385-ef87a5cd584	STZX-FGC-WIN7	2017/1/16 15:36:29	98
135710	修改	b7d1eca0-df93-496e-bce3-023bd1a4c7b	STZX-ZLL-WIN7	2017/5/10 14:17:24	229
4071	修改	0de0865d-6936-4340-a73b-4116f0b5074	STZX-FGC-WIN7	2017/1/16 15:29:24	98
136464	修改	387beffb-1199-4eac-9be3-95743faa2b8	STZX-ZLL-WIN7	2017/5/10 17:28:00	229
6504	修改	bb05f67f-6615-44cb-8864-7bcd056bd7d	STZX-FGC-WIN7	2017/1/16 15:34:35	98
136161	新增	fa32279c-01e5-4395-ae4c-ad0fb8c4980	STZX-ZLL-WIN7	2017/5/10 16:18:30	229
2722	修改	f92522b2-cf63-4717-b6ec-c0fdff9aecf	STZX-FGC-WIN7	2017/1/16 15:26:04	98
134500	新增	47702261-d763-4926-83be-2b651eba299	STZX-ZLL-WIN7	2017/5/9 11:11:02	229
9626	修改	b4897b60-85db-4b55-bc11-ba7e236b0e8	STZX-FGC-WIN7	2017/2/6 11:04:49	98
134777	修改	73004893-35fa-4aa3-a6aa-39c898c8a01	STZX-ZLL-WIN7	2017/5/9 15:42:43	229
7583	修改	2b47c010-bf99-4186-94e4-1646af4d688	STZX-FGC-WIN7	2017/1/17 9:27:09	98
136705	修改	e4ee2038-054c-4a9b-966f-d8a8f237bed	STZX-ZLL-WIN7	2017/5/11 10:01:15	229
2700	修改	00470903-b90e-4aa4-8a1a-ee092f8d163	STZX-FGC-WIN7	2017/1/16 15:26:02	98
135090	删除	2070b21e-f17b-4468-a81b-015073b8031	STZX-ZLL-WIN7	2017/5/9 17:33:22	229
8046	修改	7b34d4f8-9d28-4733-871f-a3e29482d71	STZX-FGC-WIN7	2017/1/17 17:10:32	98

操作类型　标识码　上传人员　上传时间　版本号

图 10-18　数据上传

10.4　本章小结

本章从快速供图业务的需求分析开始，介绍了某省的快速供图服务体系中空间数据管理的应用需求，以此为基础介绍了针对需求利用空间数据管理的有关原理和方法进行空间数据库的设计情况。最后，以对设计的实践案例实施情况的介绍作为本章的结束。

思考题

1. 空间数据管理系统需要满足哪些业务需求？
2. 空间数据库设计的具体内容包括哪些？
3. 访问控制是如何保护数据库安全的？
4. 简述空间数据库和空间数据管理系统的异同。